prépabac

Réussir l'examen

Mathématiques

ENSEIGNEMENT OBLIGATOIRE

T^le S

Ludovic Alasseur
Professeur agrégé de mathéma.

Franck Ellul
Professeur certifié de mathématiques

Pierre Larivière
Professeur certifié de mathématiques

Hatier

Maquette de principe : Frédéric Jély
Mise en page et schémas : IDT – Versailles
Illustrations : Xavier Gorce

 ISBN : 978-2-218-96258-5

Le mot des auteurs

Pourquoi ce Prépabac ?

Pour vous aider à vous préparer à l'épreuve de mathématiques T^{le} S, tout au long de l'année et lors de la phase de révision finale.

Sur chaque thème du programme, vous sont proposés des **fiches de synthèse**, un **quiz** pour faire un bilan rapide de vos connaissances et des **sujets de type bac** corrigés pas à pas.

FICHES **BILAN** **SUJETS CORRIGÉS**

Quel a été notre objectif ?

Tous enseignants de mathématiques, nous avons travaillé avec le même objectif : vous proposer un outil de travail complet et efficace.

Ludovic Alasseur

Franck Ellul

Pierre Larivière

Et le site annabac.com, quels compléments offre-t-il ?

L'achat de ce Prépabac vous permet de bénéficier, pendant un an, d'un **accès GRATUIT** à toutes les ressources d'annabac.com en **Mathématiques T^{le} S** : fiches de cours, quiz audio, tests interactifs, sujets corrigés...

Pour profiter de cette offre, rendez-vous sur www.annabac.com, dans la rubrique « Vous avez acheté un ouvrage Hatier ? ».

SOMMAIRE

ANALYSE

Suites numériques

FICHES

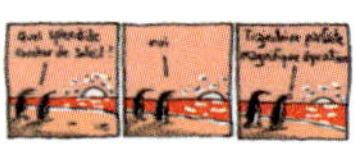

Calculs algébriques

FICHES

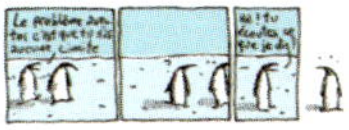

Limites et comportement asymptotique

Dérivation

Fonctions usuelles

FICHES

Intégration

FICHES

GÉOMÉTRIE

Nombres complexes

FICHES

Position relative de droites et de plans de l'espace

FICHES

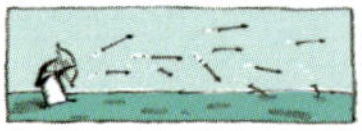

Géométrie vectorielle dans l'espace

PROBABILITÉS ET ESTIMATION

Probabilités discrètes

Probabilités continues

FICHES

ANNEXES

ANALYSE

Suites numériques

FICHES

BILAN

SUJETS CORRIGÉS

1 Démontrer par récurrence

Le principe de récurrence fournit une méthode de démonstration très puissante. Elle permet de démontrer, en deux étapes seulement, des propriétés vérifiées par tous les entiers naturels.

RAPPEL DE COURS

Principe de récurrence

Soient $P(n)$ une propriété définie pour un entier naturel n et n_0 un entier naturel.
Si $P(n_0)$ est vraie et si pour tout entier naturel n, $n \geqslant n_0$, $P(n)$ implique $P(n+1)$, alors la propriété $P(n)$ est vraie pour tout entier naturel n, $n \geqslant n_0$.

■ Pour démontrer par récurrence qu'une propriété $P(n)$ est vraie pour tout entier naturel n, $n \geqslant n_0$, on suit les **deux étapes** suivantes :

- **initialisation** : on démontre que $P(n_0)$ est vraie ;
- **hérédité** : on démontre que si $P(n)$ est vraie, alors $P(n+1)$ est vraie.

Exemple : Démontrons par récurrence que, pour tout entier naturel n,

$$\sum_{k=0}^{n} k = \frac{n(n+1)}{2} \text{ c'est-à-dire : } 0+1+2+\ldots+n = \frac{n(n+1)}{2}.$$

Ici, la propriété $P(n)$ est l'égalité $\sum_{k=0}^{n} k = \frac{n(n+1)}{2}$ pour un rang n fixé.

• **Initialisation** : $\sum_{k=0}^{0} k = 0$ et $\frac{0 \times (0+1)}{2} = 0$, donc $\sum_{k=0}^{0} k = \frac{0 \times (0+1)}{2}$,
ce qui signifie que $P(0)$ est vraie.

• **Hérédité** : Soit n un entier naturel. Supposons que $P(n)$ est vraie.

$\sum_{k=0}^{n+1} k = \sum_{k=0}^{n} k + n + 1$; or $P(n)$ est vraie, donc : $\sum_{k=0}^{n} k = \frac{n(n+1)}{2}$. Ainsi :

$$\sum_{k=0}^{n+1} k = \frac{n(n+1)}{2} + n + 1 = \frac{n(n+1)+2(n+1)}{2}$$

$\sum_{k=0}^{n+1} k = \frac{(n+1)(n+2)}{2}$, ce qui signifie que $P(n+1)$ est vraie.

On a démontré que $P(n)$ implique $P(n+1)$: $P(n)$ est donc héréditaire.

• La propriété $P(n)$ est vraie pour $n = 0$ et héréditaire, donc, d'après le principe de récurrence, $P(n)$ est vraie pour tout entier naturel n.

APPLICATION Démontrer une inégalité par récurrence

Soit a un réel strictement positif.
Démontrer que, pour tout entier naturel n, $(1+a)^n \geqslant 1+na$.

$(1+a)^n \geqslant 1+na$ est l'inégalité de Bernoulli.

POINT MÉTHODE

- Commencez toujours par expliciter la propriété $P(n)$.
- Respectez bien les deux étapes d'une démonstration par récurrence : l'initialisation et l'hérédité.
- Pour l'initialisation, faites attention à la première valeur de n pour laquelle $P(n)$ est définie. Ici, c'est 0.
- Pour l'hérédité, écrivez l'inégalité correspondant à $P(n+1)$. Cela peut vous aider à trouver comment passer de $P(n)$ à $P(n+1)$. Ici, vous pouvez remarquer que : $(1+a)^{n+1} = (1+a)^n(1+a)$.

Solution

Soit n un entier naturel. On note $P(n)$ l'inégalité $(1+a)^n \geqslant 1+na$.

On raisonne par récurrence sur l'entier naturel n.

- **Initialisation :** $(1+a)^0 = 1$ et $1+0\times a = 1$, donc $(1+a)^0 \geqslant 1+0\times a$, ce qui signifie que $P(0)$ est vraie.
- **Hérédité :** soit n un entier naturel, on suppose que $P(n)$ est vraie, c'est-à-dire : $(1+a)^n \geqslant 1+na$ [1].

L'inégalité [1] est l'hypothèse de récurrence.

On veut démontrer qu'alors $P(n+1)$ est vraie, c'est-à-dire : $(1+a)^{n+1} \geqslant 1+(n+1)a$.

En multipliant l'inégalité [1] par $1+a$ qui est positif, on obtient : $(1+a)^{n+1} \geqslant (1+na)(1+a)$.

Attention au signe lorsque vous multipliez les deux membres de l'inégalité !

Or $(1+na)(1+a) = 1+a+na+na^2$

et $1+a+na+na^2 \geqslant 1+a+na$ car $na^2 \geqslant 0$.

Donc $(1+a)^{n+1} \geqslant 1+a+na$, c'est-à-dire, en factorisant par a :

$(1+a)^{n+1} \geqslant 1+(n+1)a$, ce qui signifie que $P(n+1)$ est vraie.

On a démontré que $P(n)$ implique $P(n+1)$.

- La propriété $P(n)$ est vraie pour $n=0$ et héréditaire, donc, d'après le principe de récurrence, $P(n)$ est vraie pour tout entier naturel n.

2 Étudier les variations d'une suite

L'étude des variations d'une suite peut être menée de plusieurs manières suivant la définition de la suite.

RAPPEL DE COURS

- Une suite (u_n) est croissante lorsque pour tout entier naturel n, $u_{n+1} \geqslant u_n$.
- Une suite (u_n) est décroissante lorsque pour tout entier naturel n, $u_{n+1} \leqslant u_n$.

Lorsque l'inégalité est stricte, on dit que la suite est strictement croissante. De même pour une suite strictement décroissante.

Étudier le sens de variation d'une suite (u_n), c'est comparer u_{n+1} et u_n pour tout entier naturel n. Pour cela, on dispose de plusieurs méthodes.

I Étudier le signe de $u_{n+1} - u_n$

- Si pour tout entier naturel n, $u_{n+1} - u_n$ est positif, alors (u_n) est croissante.
- Si pour tout entier naturel n, $u_{n+1} - u_n$ est négatif, alors (u_n) est décroissante.

Exemple : Soit (u_n) la suite définie sur $\mathbb{N}$ par $u_n = \dfrac{-4}{n+1}$.

$$u_{n+1} - u_n = \frac{-4}{n+2} - \frac{-4}{n+1} = \frac{-4(n+1)+4(n+2)}{(n+2)(n+1)} = \frac{4}{(n+2)(n+1)}.$$

Pour tout entier naturel n, $(n+2)(n+1) > 0$ donc $u_{n+1} - u_n \geqslant 0$, c'est-à-dire $u_{n+1} \geqslant u_n$. La suite (u_n) est donc croissante.

II Comparer $\dfrac{u_{n+1}}{u_n}$ et 1 pour $u_n > 0$

- Si pour tout entier naturel n, $u_n > 0$ et $\dfrac{u_{n+1}}{u_n} \geqslant 1$, alors (u_n) est croissante.
- Si pour tout entier naturel n, $u_n > 0$ et $\dfrac{u_{n+1}}{u_n} \leqslant 1$, alors (u_n) est décroissante.

Cette hypothèse est fondamentale, car on passe de $\dfrac{u_{n+1}}{u_n} \geqslant 1$ à $u_{n+1} \geqslant u_n$ en multipliant par u_n.

Exemple : Soit (u_n) la suite définie pour tout entier naturel n par $u_n = \mathrm{e}^{-n}$.

Pour tout entier naturel n, $\dfrac{u_{n+1}}{u_n} = \dfrac{\mathrm{e}^{-(n+1)}}{\mathrm{e}^{-n}} = \mathrm{e}^{-1} = \dfrac{1}{\mathrm{e}}$ et comme $\mathrm{e} \approx 2{,}7$, $\dfrac{u_{n+1}}{u_n} \leqslant 1$, c'est-à-dire $u_{n+1} \leqslant u_n$, la suite (u_n) est donc décroissante.

III Utiliser le sens de variation de f dans le cas $u_n = f(n)$

Soit (u_n) une suite définie par $u_n = f(n)$ pour tout entier naturel n, où f est une fonction définie sur l'intervalle $[0\,;+\infty[$.

- Si f est croissante sur $[0\,;+\infty[$, alors la suite (u_n) est croissante.
- Si f est décroissante sur $[0\,;+\infty[$, alors la suite (u_n) est décroissante.

Exemple : Soit (u_n) la suite définie sur $\mathbb{N}$ par : $u_n = \frac{2}{3}n - 1$.
Pour tout entier naturel n, $u_n = f(n)$ où f est la fonction affine définie sur $\mathbb{R}$ par $f(x) = \frac{2}{3}x - 1$. Le coefficient $\frac{2}{3}$ étant positif, la fonction f est croissante sur $\mathbb{R}$, donc sur $[0\,;+\infty[$, et ainsi la suite (u_n) est croissante.

Attention, le théorème ne s'applique pas aux suites définies par récurrence ! Voir l'application.

La condition « f est croissante sur $[0\,;+\infty[$ » est suffisante mais pas nécessaire : la suite (u_n) peut être croissante sans que f le soit.

APPLICATION Étudier les variations d'une suite récurrente

Soit (u_n) la suite définie sur $\mathbb{N}$ par $u_0 = 9$ et $u_{n+1} = \frac{2}{3}u_n - 1$.
Démontrer par récurrence que la suite (u_n) est décroissante.

POINT MÉTHODE

- Respectez les deux étapes de la démonstration par récurrence : initialisation et hérédité.
- Pour l'hérédité, appliquez les opérations successives qui mènent de u_n à u_{n+1}.

Solution

Dire que la suite (u_n) est décroissante signifie que pour tout entier naturel n, $u_{n+1} \leqslant u_n$. Soit n un entier naturel, on note $P(n)$ la propriété $u_{n+1} \leqslant u_n$.

- **Initialisation :** $u_1 = \frac{2}{3}u_0 - 1 = 5$ et $u_0 = 9$, donc $u_1 \leqslant u_0$, et $P(0)$ est vraie.
- **Hérédité :** Soit n un entier naturel ; on suppose que $P(n)$ est vraie c'est-à-dire $u_{n+1} \leqslant u_n$.
En multipliant par $\frac{2}{3}$ qui est positif, puis en ajoutant -1, on obtient alors $\frac{2}{3}u_{n+1} - 1 \leqslant \frac{2}{3}u_n - 1$, c'est-à-dire $u_{n+2} \leqslant u_{n+1}$; ainsi $P(n+1)$ est vraie.
- La propriété $P(n)$ est vraie au rang 0 et héréditaire, donc, d'après le principe de récurrence, elle est vraie pour tout entier naturel n.
Donc la suite (u_n) est décroissante.

Cette application fournit un exemple d'une suite définie par $u_{n+1} = f(u_n)$ décroissante alors que f est croissante.

3 Étudier la convergence d'une suite

L'étude du comportement d'une suite à l'infini, c'est-à-dire pour les « très grandes » valeurs de n, consiste à déterminer si une suite admet une limite, finie ou infinie, ou non. Des théorèmes permettent de mener cette étude et de conclure dans un certain nombre de cas.

RAPPEL DE COURS

I Définitions

- Une suite (u_n) a pour limite le réel l ou **converge** vers l lorsque tout intervalle ouvert contenant l contient tous les termes de la suite (u_n) à partir d'un certain rang. On écrit : $\lim\limits_{n\to+\infty} u_n = l$.
- Une suite (u_n) a pour limite $+\infty$ (resp. $-\infty$) lorsque tout intervalle de la forme $]A\,;+\infty[$ (resp. $]-\infty\,;A[$) contient tous les termes de la suite (u_n) à partir d'un certain rang. On écrit : $\lim\limits_{n\to+\infty} u_n = +\infty$ $\left(\text{resp. } \lim\limits_{n\to+\infty} u_n = -\infty\right)$.
- Une suite qui n'est pas convergente est dite divergente.

Lorsque la limite existe, elle est unique.

Une suite diverge si elle a pour limite $+\infty$ ou $-\infty$ ou si elle n'a pas de limite.

II Étudier la convergence d'une suite

1. Utiliser une comparaison

Théorème : Soient (u_n) et (v_n) deux suites.

- Si $u_n \leqslant v_n$ à partir d'un certain rang et $\lim\limits_{n\to+\infty} u_n = +\infty$, alors $\lim\limits_{n\to+\infty} v_n = +\infty$.
- Si $v_n \leqslant u_n$ à partir d'un certain rang et $\lim\limits_{n\to+\infty} u_n = -\infty$, alors $\lim\limits_{n\to+\infty} v_n = -\infty$.

La démonstration de ce théorème est proposée au sujet 3.

Exemple : Soit (u_n) la suite définie sur $\mathbb{N}$ par $u_n = n + (-1)^n$.

Pour tout entier naturel n, $-1 \leqslant (-1)^n$, donc $n-1 \leqslant n+(-1)^n$, c'est-à-dire $n-1 \leqslant u_n$. Or $\lim\limits_{n\to+\infty}(n-1) = +\infty$, donc $\lim\limits_{n\to+\infty} u_n = +\infty$.

2. Utiliser un encadrement

Théorème « des gendarmes » : Soient (u_n), (v_n) et (w_n) trois suites. Si $u_n \leqslant v_n \leqslant w_n$ à partir d'un certain rang et $\lim\limits_{n\to+\infty} u_n = \lim\limits_{n\to+\infty} w_n = l$, alors la suite (v_n) converge et $\lim\limits_{n\to+\infty} v_n = l$.

Le théorème des gendarmes permet non seulement de démontrer qu'une suite est convergente, mais aussi d'obtenir la limite.

• Dans le cas des **suites monotones**, des théorèmes permettent de conclure.

→ Fiche 4

• Dans certains cas, pour des suites du type $u_n = f(n)$, calculer la limite permet de démontrer qu'une suite est convergente ou divergente.

→ Fiche 5

APPLICATION Appliquer le théorème des gendarmes

Soit (u_n) la suite définie par :

$$u_0 = 0 \text{ et pour tout entier naturel } n,\ u_{n+1} = \frac{e^{-u_n}}{n+1}.$$

1. Démontrer que, pour tout entier naturel $n \geqslant 1$, $0 \leqslant u_1 \leqslant \frac{1}{1}$.

2. En déduire que la suite converge et donner sa limite.

POINT MÉTHODE

1. Utilisez une démonstration par récurrence.
2. Appliquez le théorème des gendarmes.

Solution

1. Soit n un entier naturel, $n \geqslant 1$; on note $P(n)$ la propriété : $0 \leqslant u_1 \leqslant \frac{1}{1}$.
Démontrons que $P(n)$ est vraie pour tout entier naturel $n \geqslant 1$.

• **Initialisation :** $u_1 = \frac{e^{-0}}{0+1} = 1$ donc $0 \leqslant u_1 \leqslant \frac{1}{1}$ donc $P(1)$ est vraie.

• **Hérédité :** Soit n un entier naturel, $n \geqslant 1$.
On suppose que $P(n)$ est vraie, c'est-à-dire : $0 \leqslant u_n \leqslant \frac{1}{n}$.
En multipliant par –1 qui est négatif, on obtient : $-\frac{1}{n} \leqslant -u_n \leqslant 0$.
La fonction *exponentielle* est croissante sur $\mathbb{R}$, donc $e^{-\frac{1}{n}} \leqslant e^{-u_n} \leqslant 1$ **[1]**.
De plus, elle est positive sur $\mathbb{R}$, donc $e^{-\frac{1}{n}} \geqslant 0$ **[2]**.
De **[1]** et **[2]**, on déduit que : $0 \leqslant e^{-u_n} \leqslant 1$.
En multipliant par $\frac{1}{n+1}$ qui est positif, on obtient : $0 \leqslant \frac{e^{-u_n}}{n+1} \leqslant \frac{1}{n+1}$, donc :
$0 \leqslant u_{n+1} \leqslant \frac{1}{n+1}$, ce qui signifie que $P(n+1)$ est vraie.

• La propriété $P(n)$ est vraie au rang 1 et est héréditaire, donc, pour tout entier naturel $n \geqslant 1$, on a $0 \leqslant u_n \leqslant \frac{1}{n}$.

2. D'après la question précédente : si $n \geqslant 1$, alors $0 \leqslant u_n \leqslant \frac{1}{n}$.
Or $\lim\limits_{n\to+\infty} 0 = 0$ et $\lim\limits_{n\to+\infty} \frac{1}{n} = 0$; donc, d'après le théorème des gendarmes, la suite (u_n) converge et $\lim\limits_{n\to+\infty} u_n = 0$.

On a encadré la suite (u_n) par deux suites qui convergent vers 0 donc (u_n) converge vers 0.

4 Étudier la convergence des suites monotones

On peut parfois conclure immédiatement quant à la convergence d'une suite monotone sous réserve que cette suite vérifie certaines conditions.

RAPPEL DE COURS

I Suite majorée, minorée, bornée

- Dire qu'une suite (u_n) est **majorée** signifie qu'il existe un réel M tel que pour tout entier naturel n, $u_n \leqslant M$. On dit que M est **un majorant** de (u_n).
- Dire qu'une suite (u_n) est **minorée** signifie qu'il existe un réel m tel que pour tout entier naturel n, $u_n \geqslant m$. On dit que m est **un minorant** de (u_n).
- Une suite qui est minorée et majorée est dite **bornée**.

Si M (resp. m) est un majorant (resp. minorant) de (u_n), alors tout nombre supérieur à M (resp. inférieur à m) est aussi un majorant (resp. minorant) de (u_n).

II Convergence des suites monotones

1. Démontrer qu'une suite monotone converge

Théorème

- Si une suite est croissante et majorée, alors elle converge.
- Si une suite est décroissante et minorée, alors elle converge.

Ainsi, pour démontrer qu'une suite croissante (resp. décroissante) converge, il suffit de trouver un majorant (resp. un minorant).

Remarques :

- Ce théorème permet de prouver qu'une suite croissante et majorée converge mais ne permet pas de préciser sa limite l. En effet, le majorant M trouvé n'est pas nécessairement la limite l de la suite. On peut seulement affirmer que $l \leqslant M$.

- Si une suite est croissante et admet pour limite l, alors tous les termes de cette suite sont inférieurs ou égaux à l.

Pour démontrer cette propriété, on utilise un raisonnement par l'absurde.

2. Démontrer qu'une suite monotone a une limite infinie

Théorème

- Si une suite est croissante et non majorée, alors elle a pour limite $+\infty$.
- Si une suite est décroissante et non minorée, alors elle a pour limite $-\infty$.

Remarque : En pratique, ce théorème est rarement utilisé car démontrer qu'une suite croissante (resp. décroissante) n'est pas majorée (resp. minorée) revient souvent à démontrer qu'elle a pour limite $+\infty$ (resp. $-\infty$).

APPLICATION Démontrer qu'une suite définie par récurrence converge

Soit (u_n) la suite définie par :

$$u_0 = 0 \text{ et pour tout entier naturel } n,\ u_{n+1} = \frac{u_n + 1}{2}.$$

1. Démontrer que la suite (u_n) est croissante et majorée par 1.

2. Démontrer que la suite (u_n) converge.

POINT MÉTHODE

Utilisez un raisonnement par récurrence après avoir explicité la propriété $P(n)$, puis appliquez le théorème pour conclure.

Solution

1. Dire que la suite (u_n) est croissante et majorée par 1 signifie que, pour tout entier naturel n, $u_n \leqslant u_{n+1} \leqslant 1$.

Démontrons par récurrence la propriété $P(n)$: $u_n \leqslant u_{n+1} \leqslant 1$.

On démontre que la suite est croissante et majorée dans une seule récurrence.

• **Initialisation :** $u_1 = \frac{0+1}{2} = \frac{1}{2}$ donc $u_0 \leqslant u_1 \leqslant 1$, donc $P(0)$ est vraie.

• **Hérédité :** Soit n un entier naturel, on suppose que $P(n)$ est vraie c'est-à-dire $u_n \leqslant u_{n+1} \leqslant 1$.

En ajoutant 1 puis en multipliant par $\frac{1}{2}$ qui est positif, on obtient :

$\frac{u_n + 1}{2} \leqslant \frac{u_{n+1} + 1}{2} \leqslant \frac{1+1}{2}$, c'est-à-dire $u_{n+1} \leqslant u_{n+2} \leqslant 1$, ce qui signifie que $P(n+1)$ est vraie.

• La propriété $P(n)$ est vraie au rang 0 et est héréditaire, donc elle est vraie pour tout entier naturel n, ce qui signifie que pour tout entier naturel n, $u_n \leqslant u_{n+1} \leqslant 1$, c'est-à-dire que la suite (u_n) est croissante et majorée par 1.

2. La suite (u_n) est croissante et majorée par 1, donc elle converge.

On ne peut pas préciser la limite l de la suite (u_n), on peut seulement affirmer que $l \leqslant 1$.

5 Déterminer la limite d'une suite

Connaissant la limite de deux suites, on peut déterminer, dans la plupart des cas, la limite de leur somme, de leur produit, de leur quotient s'il existe, grâce aux règles opératoires sur les limites.

RAPPEL DE COURS

- Les règles opératoires ci-dessous conduisent parfois à une **forme indéterminée** (F.I. dans les tableaux), ce qui signifie que l'on ne peut pas conclure.
- Pour lever une indétermination, il faut transformer l'expression de la somme, du produit ou du quotient obtenu. On dispose pour cela de différentes méthodes : factorisation, multiplication par l'expression conjuguée, définition du nombre dérivé.

On peut retenir les différents cas d'indétermination sous la forme « $\infty - \infty$ », « $0 \times \infty$ », « $\frac{\infty}{\infty}$ », « $\frac{0}{0}$ » mais il ne faut pas utiliser ces notations dans votre copie.

1. Limite d'une somme

Si $\lim\limits_{n \to +\infty} u_n$	l	l ou $+\infty$	l ou $-\infty$	$+\infty$
et $\lim\limits_{n \to +\infty} v_n$	l'	$+\infty$	$-\infty$	$-\infty$
alors $\lim\limits_{n \to +\infty} (u_n + v_n)$	$l + l'$	$+\infty$	$-\infty$	F. I.

2. Limite d'un produit

Si $\lim\limits_{n \to +\infty} u_n$	l	$l \neq 0$	$+\infty$ ou $-\infty$	0
et $\lim\limits_{n \to +\infty} v_n$	l'	$+\infty$ ou $-\infty$	$+\infty$ ou $-\infty$	$+\infty$ ou $-\infty$
alors $\lim\limits_{n \to +\infty} (u_n \times v_n)$	$l \times l'$	$+\infty$ ou $-\infty$ (avec la règle des signes)	$+\infty$ ou $-\infty$ (avec la règle des signes)	F. I.

3. Limite d'un quotient avec $\lim\limits_{n \to +\infty} v_n \neq 0$

Si $\lim\limits_{n \to +\infty} u_n$	l	l	$+\infty$ ou $-\infty$	$+\infty$ ou $-\infty$
et $\lim\limits_{n \to +\infty} v_n$	$l' \neq 0$	$+\infty$ ou $-\infty$	$l' \neq 0$	$+\infty$ ou $-\infty$
alors $\lim\limits_{n \to +\infty} \frac{u_n}{v_n}$	$\frac{l}{l'}$	0	$+\infty$ ou $-\infty$ (avec la règle des signes)	F. I.

4. Limite d'un quotient avec $\lim\limits_{n \to +\infty} v_n = 0$

Si $\lim\limits_{n\to+\infty} u_n$	$l > 0$ ou $+\infty$	$l < 0$ ou $-\infty$	$l > 0$ ou $+\infty$	$l < 0$ ou $-\infty$	0
et $\lim\limits_{n\to+\infty} v_n$	0 par valeurs positives	0 par valeurs positives	0 par valeurs négatives	0 par valeurs négatives	0
alors $\lim\limits_{n\to+\infty} \frac{u_n}{v_n}$	$+\infty$	$-\infty$	$-\infty$	$+\infty$	**F.I.**

Exemple : Soit (u_n) la suite définie sur $\mathbb{N}$ par $u_n = n^2 - \dfrac{2}{e^n - 10}$.

Voir le tableau 3.

$\left.\begin{array}{l}\lim\limits_{n\to+\infty} -2 = -2 \\ \lim\limits_{n\to+\infty} (e^n - 10) = +\infty\end{array}\right\}$ donc, par quotient : $\lim\limits_{n\to+\infty} -\dfrac{2}{e^n-10} = 0$; puis :

$\lim\limits_{n\to+\infty} n^2 = +\infty$ et $\lim\limits_{n\to+\infty} -\dfrac{2}{e^n-10} = 0$; donc, par somme : $\lim\limits_{n\to+\infty} u_n = +\infty$.

Voir le tableau 1.

APPLICATION Lever des indéterminations

Soit (u_n) la suite définie pour tout entier naturel $n \neq 2$ par $u_n = \dfrac{3n^2+5n}{4-n^2}$.

Calculer $\lim\limits_{n\to+\infty} u_n$.

POINT MÉTHODE

- Remarquez que l'on a une forme indéterminée.
- Pour lever l'indétermination, factorisez par n^2 (non nul).

Solution

$\lim\limits_{n\to+\infty} 3n^2 + 5 = +\infty$ et $\lim\limits_{n\to+\infty} 4 - n^2 = -\infty$.

On est donc en présence d'une forme indéterminée.

F.I. du type « $\frac{\infty}{\infty}$ ».

On transforme l'expression en factorisant par n^2 :

$$u_n = \frac{n^2\left(3+\dfrac{5}{n}\right)}{n^2\left(\dfrac{4}{n^2}-1\right)} = \frac{3+\dfrac{5}{n}}{\dfrac{4}{n^2}-1}.$$

$\lim\limits_{n\to+\infty} \dfrac{5}{n} = 0$ donc, par somme, $\lim\limits_{n\to+\infty} 3 + \dfrac{5}{n} = 3$.

De la même façon, $\lim\limits_{n\to+\infty} \dfrac{4}{n^2} - 1 = -1$.

Par quotient, on en déduit que $\lim\limits_{n\to+\infty} u_n = -3$.

6 Étudier une suite arithmétique

Les suites arithmétiques permettent de décrire des phénomènes dont l'évolution est constante au cours du temps. On parle de croissance linéaire.

RAPPEL DE COURS

- Une suite (u_n) est **arithmétique** lorsque l'on passe d'un terme de la suite au suivant en ajoutant toujours le même nombre r appelé raison de la suite. Autrement dit : pour tout entier naturel n, $u_{n+1} = u_n + r$.

> • (u_n) est définie par récurrence.
> • La raison r peut être un nombre négatif.

- (u_n) étant une suite arithmétique de premier terme u_0 et de raison r :

- pour tout entier naturel n, $u_n = u_0 + nr$.
- pour tous entiers naturels m et p, $\boldsymbol{u_m = u_p + (m - p)r}$.

> • Formule explicite de u_n.
> • Cette différence est alors la raison de la suite.

- Pour démontrer qu'une suite est arithmétique, on démontre que la différence $u_{n+1} - u_n$ est constante (indépendante de n).

Exemple : Soit (u_n) la suite définie sur $\mathbb{N}$ par $u_n = \dfrac{5-7n}{3}$.

Pour tout entier naturel n :

$$u_{n+1} - u_n = \frac{5-7(n+1)}{3} - \frac{5-7n}{3} = \frac{5-7n-7-5+7n}{3} = -\frac{7}{3}$$

donc la suite (u_n) est arithmétique de raison $-\dfrac{7}{3}$.

- Une suite (u_n) est arithmétique si et seulement si les points de coordonnées $(n\,;u_n)$ de sa représentation graphique sont alignés.

- Soit (u_n) une suite arithmétique de raison r.

- Si $r = 0$, alors la suite (u_n) est constante et converge.
- Si $r < 0$, alors la suite (u_n) est strictement décroissante et $\lim\limits_{n\to+\infty} u_n = -\infty$.
- Si $r > 0$, alors la suite (u_n) est strictement croissante et $\lim\limits_{n\to+\infty} u_n = +\infty$.

- La **somme de termes consécutifs** d'une suite arithmétique est égale à :

$$(\text{nombre de termes de la somme}) \times \frac{\text{premier terme} + \text{dernier terme}}{2}$$

Soit $u_0 + u_1 + \ldots + u_n = (n+1) \times \dfrac{u_0 + u_n}{2}$.

APPLICATION Démontrer qu'une suite est arithmétique

Soit (u_n) la suite arithmétique de premier terme $u_0 = 1$ et de raison 2.

1. Exprimer u_n en fonction de n puis démontrer que pour tout entier naturel n,

$$u_0 + u_1 + \ldots + u_n = (n+1)^2.$$

2. Pour tout entier naturel n, on pose $v_n = \dfrac{u_0 + u_1 + \ldots + u_n}{n+1}$.

Démontrer que la suite (v_n) est arithmétique.

Préciser sa raison.

POINT MÉTHODE

- Pour trouver les expressions en fonction de n, utilisez la formule explicite $u_n = u_0 + nr$ puis celle donnant la somme de termes consécutifs d'une suite arithmétique.
- Calculez $v_{n+1} - v_n$ pour démontrer que la suite est arithmétique.

Solution

1. La suite (u_n) est arithmétique de premier terme $u_0 = 1$ et de raison 2, donc, pour tout entier naturel n, $u_n = 1 + 2n$.

$u_0 + u_1 + \ldots + u_n$ est la somme des $n + 1$ premiers termes de la suite (u_n), donc :

$$u_0 + u_1 + \ldots + u_n = (n+1) \times \frac{u_0 + u_n}{2}$$

$$u_0 + u_1 + \ldots + u_n = (n+1) \times \frac{1+1+2n}{2} = (n+1) \times \frac{2(1+n)}{2}$$

> Il faut bien faire attention au nombre de termes de la somme. Ici, le premier terme est u_0, le dernier est u_n, donc il y a $n + 1$ termes.

d'où :

$$u_0 + u_1 + \ldots + u_n = (n+1)^2.$$

2. D'après le résultat précédent :

pour tout entier naturel n, $v_n = \dfrac{(n+1)^2}{n+1} = n+1$.

Donc pour tout entier naturel n, $v_{n+1} - v_n = (n + 1 + 1) - (n + 1) = 1$.

La suite (v_n) est donc arithmétique de raison 1.

7 Étudier une suite géométrique

Les suites géométriques permettent de décrire des phénomènes dont l'évolution est proportionnelle à la quantité, comme par exemple les placements à taux d'intérêts composés.

RAPPEL DE COURS

- Une suite (u_n) est **géométrique** lorsque l'on passe d'un terme de la suite au suivant en multipliant toujours par le même nombre q appelé raison de la suite.

Autrement dit : pour tout entier naturel n, $u_{n+1} = u_n \times q$.

> • (u_n) est définie par récurrence.
> • La raison q peut être un nombre négatif.

- (u_n) étant une suite géométrique de premier terme u_0 et de raison q :

– pour tout entier naturel n, $u_n = u_0 \times q^n$.

– pour tous entiers naturels m et p, $u_m = u_p \times q^{m-p}$.

- Pour démontrer qu'une suite est géométrique, on démontre que le rapport $\frac{u_{n+1}}{u_n}$ est constant (indépendant de n).

> • Formule explicite de u_n.
> • Ce rapport est alors la raison de la suite.

Exemple : Soit (u_n) la suite définie pour tout entier naturel n par : $u_n = 3 \times 2^{n+2}$.

Pour tout entier naturel n, $\frac{u_{n+1}}{u_n} = \frac{3 \times 2^{n+1+2}}{3 \times 2^{n+2}} = 2^{n+3-(n+2)} = 2$.

donc la suite (u_n) est géométrique de raison 2.

- Soit q un réel non nul.

– Si $q > 1$, alors la suite (q^n) est strictement croissante et $\lim\limits_{n \to +\infty} q^n = +\infty$.

– Si $q = 1$, alors la suite (q^n) est constante et converge vers 1.

– Si $0 < q < 1$, alors la suite (q^n) est strictement décroissante et converge vers 0.

– Si $-1 < q < 0$, alors la suite (q^n) converge vers 0.

– Si $q \leqslant -1$, alors la suite (q^n) n'a pas de limite.

> La démonstration de ce résultat est proposée dans le sujet 2.

Ces résultats permettent de déterminer la limite éventuelle de n'importe quelle suite géométrique.

> Il suffit, en effet, d'utiliser les règles sur le produit de limites avec $u_n = u_0 \times q^n$.

Remarque : Lorsque $q < 0$, la suite (q^n) n'est ni croissante, ni décroissante.

- Pour tout nombre réel $q \neq 1$, $1 + q + ... + q^n = \frac{1 - q^{n+1}}{1 - q}$.

APPLICATION Limite d'une somme de termes consécutifs d'une suite géometrique

Soit (u_n) la suite géométrique de premier terme $u_0 = 2$ et de raison $\frac{1}{3}$.

1. Exprimer u_n en fonction de n.

2. Pour tout entier naturel n, on pose $S_n = u_0 + u_1 + \ldots + u_n$.

Démontrer que $S_n = 3 - \frac{1}{3^n}$ et en déduire la limite de la suite (S_n).

POINT MÉTHODE

1. Utilisez la formule explicite $u_n = u_0 \times q^n$.

2. Pour déterminer S_n en fonction de n, utilisez la formule explicite de u_n.

Factorisez par u_0 et utilisez la formule $1 + q + \ldots + q^n = \frac{1-q^{n+1}}{1-q}$.

Solution

1. La suite (u_n) est géométrique de premier terme $u_0 = 2$ et de raison $\frac{1}{3}$, donc pour tout entier naturel n, $u_n = 2 \times \left(\frac{1}{3}\right)^n$.

2. D'après la formule explicite de u_n obtenue dans la question précédente :

pour tout entier naturel n, $S_n = 2 + 2 \times \left(\frac{1}{3}\right)^1 + 2 \times \left(\frac{1}{3}\right)^2 + \ldots + 2 \times \left(\frac{1}{3}\right)^n$

soit $S_n = 2\left(1 + \left(\frac{1}{3}\right)^1 + \left(\frac{1}{3}\right)^2 + \ldots + \left(\frac{1}{3}\right)^n\right)$.

Or $1 + \left(\frac{1}{3}\right)^1 + \left(\frac{1}{3}\right)^2 + \ldots + \left(\frac{1}{3}\right)^n = \frac{1 - \left(\frac{1}{3}\right)^{n+1}}{1 - \frac{1}{3}} = \frac{3}{2} \times \left(1 - \frac{1}{3^{n+1}}\right)$.

D'où : $S_n = 2 \times \frac{3}{2} \times \left(1 - \frac{1}{3^{n+1}}\right) = 3 \times \left(1 - \frac{1}{3^{n+1}}\right) = 3 - \frac{1}{3^n}$.

Comme $3 > 1$, $\lim\limits_{n \to +\infty} 3^n = +\infty$, et par quotient : $\lim\limits_{n \to +\infty} \frac{-1}{3^n} = 0$.

Puis, par somme : $\lim\limits_{n \to +\infty} \left(3 - \frac{1}{3^n}\right) = 3$.

La suite (S_n) converge donc vers 3.

8 Utiliser des algorithmes

Pour calculer le terme d'indice n d'une suite définie par récurrence, il faut connaître les valeurs de tous les termes qui le précèdent. Lorsque ce type de suite tend vers $+\infty$, il est compliqué, sans formule explicite, de calculer le premier indice dépassant un nombre donné.

RAPPEL DE COURS

Les quatre phases d'un algorithme sont l'**entrée** des données, l'initialisation des données, le **traitement** des données (selon les instructions programmées) et la **sortie** du (des) résultat(s).

I Terme d'indice n d'une suite définie par récurrence

Soit (u_n) la suite définie par son terme initial u_0 et par la formule de récurrence $u_{n+1} = f(u_n)$. L'algorithme suivant affiche le terme d'indice n de la suite pour une valeur de n donnée.

Il repose sur une boucle itérative « Pour... ».

On souhaite connaître la valeur du terme d'indice n. →	Saisir n
La valeur de la suite est initialisée. →	u prend la valeur u_0
On entre dans la boucle si $n \geqslant 1$. →	Pour i allant de 1 à n faire
On applique n fois la fonction f : en l'appliquant une fois on obtient u_1, ...	u prend la valeur $f(u)$
On affiche la dernière valeur calculée. →	Afficher u

II Terme d'indice n d'une suite définie par une somme

La suite (u_n) étant donnée, on considère la suite (S_n) définie pour tout entier naturel n par $S_n = u_0 + u_1 + ... + u_n$. L'algorithme suivant affiche le terme d'indice n de la suite (S_n) pour un rang n donné.

On souhaite connaître la valeur du terme d'indice n. →	Saisir n
La valeur de la somme est initialisée. →	S prend la valeur u_0
On entre dans la boucle si $n \geqslant 1$. →	Pour i allant de 1 à n faire
On ajoute les termes de la suite (u_n) : La première fois on obtient $u_0 + u_1$, ...	S prend la valeur $S + u$
On affiche la dernière valeur calculée. →	Afficher S

III Premier indice d'une suite dépassant un nombre donné

(u_n) est une suite telle que $\lim_{n\to+\infty} u_n = +\infty$. L'algorithme suivant affiche l'indice du premier terme de la suite qui dépasse un nombre A donné.

> Il repose sur une boucle conditionnelle « Tant que... ».

On souhaite dépasser le nombre A. →	Saisir A
La valeur du rang est initialisée. →	i prend la valeur 0
On s'arrête dès que $u_i > A$. →	Tant que $u_0 < A$ faire
On augmente le rang d'une unité.	i prend la valeur $i+1$
On affiche la valeur de l'indice du dernier terme calculé. →	Afficher S

> La boucle s'arrête car $\lim_{n\to+\infty} u_n = +\infty$.

APPLICATION Comprendre un algorithme

Le but de cet exercice est d'expliquer l'algorithme ci-contre.

1. Donner le premier terme de la suite (u_n) définie dans les lignes (2) et (6), puis l'expression de u_{n+1} en fonction de u_n.

2. Expliquer l'algorithme puis justifier que, pour n'importe quelle valeur de s, l'algorithme finit par s'arrêter.

```
(1) Saisir S
(2) u prend la valeur 3
(3) i prend la valeur 0
(4) Tant que u < S faire
(5)     i prend la valeur i + 1
(6)     u prend la valeur u × 2
(7) Afficher i
```

POINT MÉTHODE

2. Pour expliquer l'algorithme, regardez ce que l'on saisit et ce que l'on obtient en sortie.

Solution

1. D'après la ligne (2), la suite (u_n) a pour premier terme $u_0 = 3$.

D'après la ligne (6), $u_{n+1} = 2 \times u_n$.

On en déduit que (u_n) est la suite géométrique de premier terme 3 et de raison 2.

2. L'algorithme permet de trouver l'indice du premier terme de la suite (u_n) qui est supérieur à s.

$2 > 1$, donc $\lim_{n\to+\infty} 2^n = +\infty$, et $3 > 0$, donc $\lim_{n\to+\infty} (3 \times 2^n) = \lim_{n\to+\infty} u_n = +\infty$.

Par définition, $\lim_{n\to+\infty} u_n = +\infty$ signifie que la suite (u_n) dépasse n'importe quel réel s, à partir d'un certain rang : l'algorithme ne tourne donc jamais sans s'arrêter.

9 Étudier une suite récurrente

Les suites définies par récurrence sont données par leur premier terme et une formule permettant de passer d'un terme au suivant. Il est parfois possible d'étudier leur comportement sans exprimer u_n en fonction de n.

RAPPEL DE COURS

■ Soit (u_n) une suite définie par son premier terme u_0 et la relation $u_{n+1} = f(u_n)$, où f est une fonction définie et continue sur un intervalle I tel que pour tout x de I, $f(x)$ appartient à I.

Si la suite (u_n) converge vers un réel L appartenant à I, alors $f(L) = L$.

Autrement dit, une fois que l'on a prouvé la convergence de la suite, on obtient sa limite en résolvant l'équation $f(L) = L$.
Voir l'application.

■ Une suite **arithmético-géométrique** est une suite dont le terme général est de la forme $u_{n+1} = au_n + b$, où a et b sont deux réels.

- Lorsque $a = 1$, (u_n) est une suite arithmétique (de raison b).
- Lorsque $b = 0$, (u_n) est une suite géométrique (de raison a).

Exemple : Soit (u_n) la suite définie par $u_0 = 5$ et pour tout entier naturel n, $u_{n+1} = 3u_n + 4$. Pour étudier la convergence de cette suite arithmético-géométrique, on utilise la suite auxiliaire (v_n) définie par : pour tout entier naturel n, $v_n = u_n + \alpha$ où α est un nombre réel.

On détermine la valeur de α pour laquelle la suite (v_n) est géométrique :

$$\frac{v_{n+1}}{v_n} = \frac{u_{n+1} + \alpha}{u_n + \alpha} = \frac{3u_n + 4 + \alpha}{u_n + \alpha} = \frac{3\left(u_n + \frac{4}{3} + \frac{1}{3}\alpha\right)}{u_n + \alpha}.$$

La suite (v_n) est géométrique si et seulement si $\frac{4}{3} + \frac{1}{3}\alpha = \alpha$, soit $\frac{2}{3}\alpha = \frac{4}{3}$, c'est-à-dire $\alpha = 2$. Dans ce cas : $\frac{v_{n+1}}{v_n} = 3 \times \frac{u_n + 2}{u_n + 2} = 3$.

(v_n) est donc la suite géométrique de raison 3 et de premier terme $v_0 = u_0 + 2 = 5 + 2 = 7$.

Donc, pour tout entier naturel n, $v_n = 7 \times 3^n$
et $u_n = v_n - 2 = 7 \times 3^n - 2$.

La suite auxiliaire (v_n) nous a permis d'exprimer u_n en fonction de n.

Comme $3 > 1$, $\lim\limits_{n \to +\infty} 3^n = +\infty$, donc $\lim\limits_{n \to +\infty} \left(7 \times 3^n\right) = +\infty$.

On en déduit (par somme) : $\lim\limits_{n \to +\infty} u_n = +\infty$.

APPLICATION Étudier une suite définie par récurrence

On considère la suite (u_n) définie par $u_0 = 10$ et pour tout entier naturel n, $u_{n+1} = f(u_n)$, où f est la fonction définie sur $]-6\,;+\infty[$ par $f(x)=\sqrt{6+x}$.

1. Démontrer que la fonction f est croissante sur $]-6\,;+\infty[$.

2. a. Démontrer que pour tout entier naturel n, $3 \leqslant u_{n+1} \leqslant u_n$.

b. En déduire que la suite (u_n) converge.

3. Calculer la limite de la suite (u_n).

POINT MÉTHODE

2. Effectuez une démonstration par récurrence. → **Fiche 1**

3. Résolvez l'équation $f(x) = x$ puis concluez en utilisant le fait que la suite (u_n) est minorée par 3 donc que sa limite est supérieure à 3. → **Fiche 4**

Solution

1. La fonction est dérivable et strictement positive sur $]-6\,;+\infty[$.

Elle est donc dérivable sur $]-6\,;+\infty[$ et a pour dérivée $f'(x)=\dfrac{1}{2\sqrt{6+x}}$ qui est positive sur $]-6\,;+\infty[$ donc la fonction f est croissante sur $]-6\,;+\infty[$.

> La fonction *racine carrée* n'est pas dérivable en 0 donc f n'est pas dérivable en -6.

> La dérivée de $\sqrt{u}$ est $\dfrac{u'}{2\sqrt{u}}$.
> →Fiche 22

2. a. Démontrons par récurrence la propriété $P(n) : 3 \leqslant u_{n+1} \leqslant u_n$.

• **Initialisation :** $u_1 = \sqrt{6+10} = 4$ donc $3 \leqslant u_1 \leqslant u_0$, donc $P(0)$ est vraie.

• **Hérédité :** Soit n un entier naturel, on suppose que $P(n)$ est vraie c'est-à-dire : $3 \leqslant u_{n+1} \leqslant u_n$.

f étant croissante sur $]-6\,;+\infty[$, on en déduit $f(3) \leqslant f(u_{n+1}) \leqslant f(u_n)$, soit $3 \leqslant u_{n+2} \leqslant u_{n+1}$, ce qui signifie que $P(n+1)$ est vraie.

• **Conclusion :** la propriété $P(n)$ est vraie au rang 0 et est héréditaire, donc pour tout entier naturel n, $3 \leqslant u_{n+1} \leqslant u_n$.

b. La suite (u_n) est décroissante et minorée par 3, donc elle converge.

3. Soit L la limite de la suite (u_n).

Comme f est continue sur $]-6\,;+\infty[$, L vérifie l'équation $f(x) = x$, c'est-à-dire $\sqrt{6+x} = x$ qui équivaut à $6+x = x^2$ et $x \geqslant 0$, soit $-x^2+x+6=0$ et $x \geqslant 0$.

$-x^2+x+6=0$ a pour discriminant $\Delta = 25$ et pour solutions -2 et 3.

On en déduit $L = 3$.

Quiz express

Vérifiez que vous avez bien retenu les points clés des **fiches 1 à 9**.

Étudier les variations d'une suite

1 La suite (u_n) définie pour tout entier $n \geqslant 1$ par $u_n = \dfrac{n+1}{n}$ est :

☐ **a.** croissante ☐ **b.** décroissante

2 La suite (v_n) définie pour tout entier naturel n par $v_n = \dfrac{n}{n+1}$ est :

☐ **a.** croissante ☐ **b.** décroissante

FICHE 2

Déterminer la limite d'une suite

3 La suite (u_n) définie pour tout entier $n \geqslant 1$ par $u_n = \dfrac{n+1}{n}$ a pour limite :

☐ **a.** 1 ☐ **b.** $+\infty$

4 La suite (v_n) définie pour tout entier naturel n par $v_n = \dfrac{n}{n+1}$ a pour limite :

☐ **a.** 0 ☐ **b.** 1

FICHE 5

Étudier la convergence d'une suite monotone

5 Soit (u_n) une suite croissante et majorée par un réel M. On peut affirmer que :

☐ **a.** (u_n) converge vers M

☐ **b.** (u_n) converge vers un réel inférieur à M

☐ **c.** (u_n) diverge

6 Soit (v_n) une suite décroissante non minorée. On peut affirmer que :

☐ **a.** (v_n) n'a pas de limite

☐ **b.** (v_n) a pour limite $-\infty$

☐ **c.** (v_n) converge

FICHE 4

Suites arithmétiques, suites géométriques et algorithmes

7 Soient (u_n), (v_n) et (w_n) les suites définies pour tout entier naturel n par :

$$u_n = \frac{n}{3} + 2\,,\ v_n = \left(\frac{1}{3}\right)^n + 1 \text{ et } w_n = \frac{2}{3^n}.$$

Associer chaque suite à sa nature.

La suite (u_n)	•	•	n'est ni arithmétique ni géométrique
La suite (v_n)	•	•	est géométrique
La suite (w_n)	•	•	est arithmétique

8 Associer chaque suite à l'algorithme qui permet de calculer son terme de rang n.

Algorithme A	Algorithme B	Algorithme C
Saisir n a prend la valeur 2 Pour i allant de 1 à n faire a prend la valeur $a+\frac{1}{3}$ Afficher a	Saisir n a prend la valeur 2 Pour i allant de 1 à n faire a prend la valeur $\frac{a}{3}$ Afficher a	Saisir n a prend la valeur 2 Pour i allant de 1 à n faire a prend la valeur $\frac{a}{3}+\frac{2}{3}$ Afficher a

Suite (u_n) •   • Algorithme A
Suite (v_n) •   • Algorithme B
Suite (w_n) •   • Algorithme C

FICHES 6, 7, 8

Étudier le comportement d'une suite définie par récurrence

9 Soit (u_n) la suite définie par son premier terme u_0 et la formule de récurrence $u_{n+1}=\frac{u_n}{2}+1$. Compléter le tableau ci-dessous en cochant les cases qui correspondent aux propriétés de la suite (u_n) selon la valeur de son premier terme u_0.

(u_n)	est constante	est croissante	est décroissante	est majorée par 2	est minorée par 2	converge vers 2
$u_0=-3$						
$u_0=2$						
$u_0=4$						

RÉPONSES

1. b. • **2.** a. • **3.** a. • **4.** b. • **5.** b. • **6.** b. • **7.** (u_n) est arithmétique ; (v_n) n'est ni arithmétique ni géométrique ; (w_n) est géométrique. • **8.** (u_n) : algorithme A ; (v_n) : algorithme C ; (w_n) : algorithme B.
• **9.**

(u_n)	constante	croissante	décroissante	majorée par 2	minorée par 2	converge vers 2
$u_0=-3$		×		×		×
$u_0=2$	×	×	×	×	×	×
$u_0=4$			×		×	×

SUJET 1 | Utilisation d'une suite arithmétique

DURÉE 40 MIN

→ Fiche 1 Démontrer par récurrence
→ Fiche 2 Étudier les variations d'une suite
→ Fiche 3 Étudier la convergence d'une suite
→ Fiche 4 Étudier la convergence des suites monotones
→ Fiche 5 Déterminer la limite d'une suite
→ Fiche 6 Étudier une suite arithmétique

PARTIE A Étude de la convergence d'une suite

Soit (u_n) la suite définie par son premier terme $u_0 = 0$ et :
pour tout entier naturel n, $u_{n+1} = \dfrac{-4}{4+u_n}$.

1. Démontrer par récurrence que pour tout entier naturel n, $-2 < u_n \leqslant 0$.

2. Étudier le sens de variation de la suite (u_n).

3. Étudier la convergence de la suite (u_n).

PARTIE B Utilisation d'une suite auxiliaire arithmétique

On définit la suite (v_n) par : pour tout entier naturel n, $v_n = \dfrac{1}{2+u_n}$.

1. Démontrer que la suite (v_n) est arithmétique de raison $\dfrac{1}{2}$.

2. Exprimer (v_n) en fonction de n et en déduire que :
pour tout entier naturel n, $u_n = \dfrac{2}{n+1} - 2$.

3. Calculer la limite de la suite (u_n) et celle de la suite (v_n).

DÉMARRONS ENSEMBLE

PARTIE A

2. Étudiez le signe de la différence $u_{n+1} - u_n$. → **Fiche 2**

3. Utilisez les résultats des deux questions précédentes. → **Fiche 4**

PARTIE B

1. Exprimez d'abord v_{n+1} en fonction de u_n puis calculez $v_{n+1} - v_n$. → **Fiche 6**

3. Utilisez les règles opératoires. → **Fiche 5**

CORRIGÉ

PARTIE A Étude de la convergence d'une suite

1. Démontrer une inégalité par récurrence

Pour tout entier naturel n, on note $P(n)$ l'inégalité : $-2 < u_n \leqslant 0$.

- Initialisation : $u_0 = 0$, donc $-2 < u_0 \leqslant 0$ et $P(0)$ est vraie.
- Hérédité : soit n un entier naturel, on suppose que $P(n)$ est vraie, c'est-à-dire : $-2 < u_n \leqslant 0$.

On en déduit $2 < u_n + 4 \leqslant 4$, puis, en appliquant la fonction inverse qui est décroissante sur $]0\,;+\infty[$, on obtient $\frac{1}{2} > \frac{1}{u_n+4} \geqslant \frac{1}{4}$.

Pensez à changer le sens des inégalités.

Enfin, en multipliant par -4 qui est négatif, on a $-2 < \frac{-4}{u_n+4} \leqslant -1$, c'est-à-dire $-2 < u_{n+1} \leqslant 0$, ce qui signifie que $P(n+1)$ est vraie.

- La propriété $P(n)$ est vraie pour $n = 0$ et héréditaire, donc pour tout entier naturel n, $-2 < u_n \leqslant 0$.

2. Étudier le sens de variation d'une suite

Pour tout entier naturel n, $u_{n+1} - u_n = \frac{-4}{u_n+4} - u_n = \frac{-4}{u_n+4} - \frac{(u_n+4)u_n}{u_n+4}$,

$$u_{n+1} - u_n = \frac{-4-4u_n-u_n^2}{u_n+4} = \frac{-(2+u_n)^2}{u_n+4}.$$

Repérez l'identité remarquable au numérateur.

Le numérateur est donc négatif et on a vu, dans la question précédente, que $u_n > -2$, donc $u_n + 4$ est positif.

Ainsi, pour tout entier naturel n, $u_{n+1} - u_n$ est négatif, donc la suite (u_n) est décroissante.

3. Étudier la convergence d'une suite

La suite (u_n) est décroissante (question 2.) et minorée par -2 (question 1.), donc elle converge.

→ Fiche 4

PARTIE B Utilisation d'une suite auxiliaire arithmétique

1. Démontrer qu'une suite est arithmétique

Pour tout entier naturel n,

$$v_{n+1} = \frac{1}{2+u_{n+1}} = \frac{1}{2-\frac{4}{4+u_n}} = \frac{1}{\frac{8+2u_n-4}{4+u_n}} = \frac{4+u_n}{2u_n+4} = \frac{4+u_n}{2(u_n+2)},$$

donc :

$$v_{n+1} - v_n = \frac{4+u_n}{2(u_n+2)} - \frac{1}{2+u_n} = \frac{4+u_n-2}{2(2+u_n)} = \frac{2+u_n}{2(2+u_n)} = \frac{1}{2}.$$

Pour tout entier naturel n, $v_{n+1} - v_n = \frac{1}{2}$; donc la suite (v_n) est arithmétique de raison $\frac{1}{2}$.

2. Exprimer le terme général d'une suite arithmétique

– La suite (v_n) est arithmétique de raison $\frac{1}{2}$,

donc pour tout entier naturel n, $v_n = v_0 + \frac{1}{2}n$,

$v_n = v_0 + nr$.
→ Fiche 6

Or $v_0 = \frac{1}{2+u_0} = \frac{1}{2+0} = \frac{1}{2}$;

donc pour tout entier naturel n, $v_n = \frac{1}{2} + \frac{1}{2}n = \frac{1}{2}(n+1)$.

– On en déduit l'expression de u_n en fonction de n.

Pour tout entier naturel n, $v_n = \frac{1}{2+u_n}$, donc :

$$v_n = \frac{1}{2+u_n} \Leftrightarrow \frac{1}{2}(n+1) = \frac{1}{2+u_n} \Leftrightarrow 2 + u_n = \frac{1}{\frac{1}{2}(n+1)} \Leftrightarrow u_n = \frac{2}{n+1} - 2 .$$

3. Calculer la limite d'une suite

Pour tout entier naturel n, $v_n = \frac{1}{2}(n+1)$ et $u_n = \frac{2}{n+1} - 2$.

$\lim\limits_{n \to +\infty} \frac{1}{2} = \frac{1}{2}$ et $\lim\limits_{n \to +\infty} n+1 = +\infty$; donc, par produit : $\lim\limits_{n \to +\infty} v_n = +\infty$.

$\lim\limits_{n \to +\infty} -2 = -2$ et $\lim\limits_{n \to +\infty} \frac{2}{n+1} = 0$; donc, par somme : $\lim\limits_{n \to +\infty} u_n = -2$.

SUJET 2 | Convergence d'une somme

DURÉE 40 MIN

→ **Fiche 1** Démontrer par récurrence
→ **Fiche 2** Étudier les variations d'une suite
→ **Fiche 7** Étudier une suite géométrique
→ **Fiche 8** Utiliser des algorithmes

PARTIE A Étude d'une suite géométrique

Soit (u_n) la suite définie pour tout entier $n \geqslant 1$ par $u_n = \frac{1}{2^{n-1}}$.

1. a. Démontrer que la suite (u_n) est géométrique. Préciser sa raison.

b. En déduire la limite de la suite (u_n).

2. Démontrer que pour tout entier $n \geqslant 1$, $u_1 + u_2 + ... + u_n = 2 - \frac{1}{2^{n-1}}$.

PARTIE B Étude de la convergence d'une somme

On se propose de démontrer que la suite (vn) définie pour tout entier $n \geqslant 1$ par $v_n = \sum_{k=1}^{n} \frac{1}{k!}$, c'est-à-dire $v_n = \frac{1}{1!} + \frac{1}{2!} + \frac{1}{3!} + ... + \frac{1}{n!}$, est convergente.

On rappelle que pour tout entier $n \geqslant 1$, $n! = 1 \times 2 \times 3 \times \ldots \times n$.

$n!$ se lit « factorielle n ».

1. Écrire un algorithme permettant de calculer v_n pour un rang n donné.

2. Étudier le sens de variation de la suite (v_n).

3. Démontrer que pour tout entier $n \geqslant 1$, $\frac{1}{n!} \leqslant \frac{1}{2^{n-1}}$.

4. En déduire, à l'aide de la **partie A**, que la suite (v_n) est majorée par 2.

5. Démontrer que la suite (v_n) converge.

DÉMARRONS ENSEMBLE

PARTIE A

1. Calculez $\frac{u_{n+1}}{u_n}$ et les propriétés des suites géométriques. → **Fiche 7**

2. Démontrez directement le résultat en utilisant la formule donnant la somme des premiers termes d'une suite géométrique. → **Fiche 7**

PARTIE B

1. Utilisez une boucle dans laquelle vous ferez calculer $n!$ puis la somme v_n. → **Fiche 8**

2. Calculez $v_{n+1} - v_n$ puis étudiez son signe. → **Fiche 1**

3. Démontrez l'inégalité par récurrence. → **Fiche 2**

CORRIGÉ

PARTIE A Étude d'une suite géométrique

1. Démontrer qu'une suite est géométrique et déterminer sa limite

a. Pour tout entier $n \geqslant 1$, $\frac{u_{n+1}}{u_n} = \frac{\frac{1}{2^n}}{\frac{1}{2^{n-1}}} = \frac{1}{2^n} \times \frac{2^{n-1}}{1} = 2^{n-1-n} = 2^{-1} = \frac{1}{2}$.

Donc la suite (u_n) est géométrique de raison $\frac{1}{2}$.

b. Comme $-1 < \frac{1}{2} < 1$, la suite converge vers 0.

2. Calculer une somme de termes consécutifs d'une suite géométrique

(u_n) est la suite géométrique de premier terme $u_1 = \frac{1}{2^{1-1}} = \frac{1}{2^0} = 1$ et de raison $\frac{1}{2}$, donc pour tout entier naturel $n \geqslant 1$, $u_n = \left(\frac{1}{2}\right)^{n-1}$.

Attention à l'indice du premier terme. Ici, c'est 1, donc $u_n = u_1 \times q^{n-1}$.

Ainsi, pour tout entier $n \geqslant 1$, $u_1 + u_2 + \ldots + u_n = 1 + \left(\frac{1}{2}\right)^1 + \ldots + \left(\frac{1}{2}\right)^{n-1}$, donc

$$u_1 + u_2 + \ldots + u_n = \frac{1 - \left(\frac{1}{2}\right)^n}{1 - \frac{1}{2}} = \frac{1 - \frac{1}{2^n}}{\frac{1}{2}} = 2\left(1 - \frac{1}{2^n}\right) = 2 - \frac{1}{2^{n-1}}.$$

PARTIE B Étude de la convergence d'une somme

1. Écrire un algorithme pour calculer une somme

La variable a permet de définir la factorielle en utilisant la relation suivante : $i! = i \times (i-1)!$.

La variable v permet de définir la somme en utilisant la formule de récurrence suivante : $v_n = v_{n-1} + \frac{1}{n!}$.

L'utilisation de la formule de récurrence dans la boucle permet de calculer v_2 lors du premier passage, puis v_3 lors du deuxième passage,..., et enfin v_n lors du $(n-1)$-ième passage.

```
Saisir n
a prend la valeur 1
v prend la valeur 1
Pour i allant de 2 à n faire
    a prend la valeur i×a
    v prend la valeur v + 1/a
Afficher v
```

2. Étudier le sens de variation d'une somme

Pour tout entier $n \geqslant 1$,

$$v_{n+1} - v_n = \frac{1}{1!} + \frac{1}{2!} + \ldots + \frac{1}{n!} + \frac{1}{(n+1)!} - \left(\frac{1}{1!} + \frac{1}{2!} + \ldots + \frac{1}{n!}\right),$$

$v_{n+1} - v_n = \frac{1}{(n+1)!}$, qui est positif, donc la suite (v_n) est croissante.

3. Démontrer une inégalité par récurrence

Pour tout entier $n \geqslant 1$, on note $P(n)$ l'inégalité : $\frac{1}{n!} \leqslant \frac{1}{2^{n-1}}$.

On raisonne par récurrence sur n.

- Initialisation : $\frac{1}{1!} = 1$ et $\frac{1}{2^{1-1}} = \frac{1}{2^0} = 1$, ainsi : $\frac{1}{1!} \leqslant \frac{1}{2^{1-1}}$ donc $P(1)$ est vraie.

- Hérédité : soit n un entier naturel, $n \geqslant 1$, on suppose que $P(n)$ est vraie, c'est-à-dire : $\frac{1}{n!} \leqslant \frac{1}{2^{n-1}}$.

En multipliant par $\frac{1}{n+1}$ qui est positif, on obtient :

$$\frac{1}{(n+1)!} \leqslant \frac{1}{2^{n-1}} \times \frac{1}{n+1}.$$

Or $n \geqslant 1$, donc $n + 1 \geqslant 2$ et $\frac{1}{n+1} \leqslant \frac{1}{2}$.

N'oubliez pas que la fonction *inverse* est décroissante sur $]0\,;+\infty[$.

Donc : $\dfrac{1}{(n+1)!} \leqslant \dfrac{1}{2^{n-1}} \times \dfrac{1}{n+1} \leqslant \dfrac{1}{2^{n-1}} \times \dfrac{1}{2}$, c'est-à-dire : $\dfrac{1}{(n+1)!} \leqslant \dfrac{1}{2^n}$,

ce qui signifie que $P(n+1)$ est vraie.

• La propriété $P(n)$ est vraie pour $n = 1$ et héréditaire, donc, d'après le principe de récurrence : pour tout entier naturel $n \geqslant 1$, $\dfrac{1}{n!} \leqslant \dfrac{1}{2^{n-1}}$.

4. Majorer une somme

D'après la question précédente :

pour tout entier naturel $n \geqslant 1$, $\dfrac{1}{n!} \leqslant \dfrac{1}{2^{n-1}}$, c'est-à-dire : $\dfrac{1}{n!} \leqslant u_n$.

Donc, pour tout entier naturel $n \geqslant 1$,

$\dfrac{1}{1!} + \dfrac{1}{2!} + ... + \dfrac{1}{n!} \leqslant u_1 + u_2 + ... + u_n$, c'est-à-dire

$v_n \leqslant u_1 + u_2 + ... + u_n$.

Afin de majorer une somme, on majore chaque terme, puis on effectue la somme.

Or, d'après la question **2.** de la **partie A** :

pour tout entier naturel $n \geqslant 1$, $u_1 + u_2 + ... + u_n = 2 - \dfrac{1}{2^{n-1}}$.

Donc pour tout entier naturel $n \geqslant 1$, $v_n \leqslant 2 - \dfrac{1}{2^{n-1}}$ et comme $-\dfrac{1}{2^{n-1}}$ est négatif, $v_n \leqslant 2$. La suite (v_n) est donc majorée par 2.

5. Démontrer qu'une suite monotone converge

La suite (v_n) est croissante d'après la question **2.** et majorée par 2 d'après la question **4.**, donc elle converge.

→ Fiche 4

SUJET 3 | Une suite récurente particulière

DURÉE 40 MIN

→ **Fiche 1** Démontrer par récurrence
→ **Fiche 3** Étudier la convergence d'une suite
→ **Fiche 7** Étudier une suite géométrique

PARTIE A Restitution organisée de connaissances

On suppose connu le résultat suivant :

La suite (u_n) tend vers $+\infty$ lorsque n tend vers $+\infty$ si tout intervalle de la forme $]A\,;+\infty[$ contient toutes les valeurs de u_n à partir d'un certain rang.

Soient (u_n) et (v_n) deux suites telles que :

(1) u_n est inférieur ou égal à v_n à partir d'un certain rang ;

(2) u_n tend vers $+\infty$ lorsque n tend vers $+\infty$.

Démontrer que la suite (v_n) tend vers $+\infty$ lorsque n tend vers $+\infty$.

PARTIE B Étude d'une suite récurrente

Soit (u_n) la suite définie par son premier terme $u_0 = 0$ et pour tout entier naturel n, $u_{n+1} = \frac{1}{3}u_n + n - 1$.

1. a. Démontrer que pour tout entier naturel $n \geqslant 3$, $u_n \geqslant 0$.

b. Démontrer que pour tout entier naturel $n \geqslant 4$, $u_n \geqslant n-2$.

c. En déduire, en utilisant le résultat démontré dans la **partie A**, la limite de la suite (u_n).

2. a. Pour tout entier naturel n, on pose $v_n = 12u_n - 18n + 45$.

Démontrer que la suite (v_n) est géométrique de raison $\frac{1}{3}$.

b. En déduire l'expression de v_n puis celle de u_n en fonction de n.

DÉMARRONS ENSEMBLE

PARTIE A

Choisissez un intervalle de la forme $]A;+\infty[$ puis démontrez qu'il contient toutes les valeurs de (v_n) partir d'un certain rang en utilisant l'hypothèse (2) puis l'hypothèse (1). → **Fiche 3**

PARTIE B

Observez la particularité de cette suite : son terme général est défini par une relation qui n'est ni du type $u_n = f(n)$ ni du type $u_{n+1} = f(u_n)$.

1. Démontrez les inégalités par récurrence. → **Fiche 1**

2.a. Exprimez v_{n+1} en fonction de n et de u_n puis calculez $\frac{v_{n+1}}{v_n}$. → **Fiche 7**

b. Utilisez les formules concernant les suites géométriques. → **Fiche 7**

CORRIGÉ

PARTIE A Restitution organisée de connaissances

Soit $]A;+\infty[$ un intervalle de $\mathbb{R}$.

D'après l'hypothèse **(2)**, la suite (u_n) tend vers $+\infty$, donc à partir d'un certain rang n_0, l'intervalle $]A;+\infty[$ contient toutes les valeurs de (u_n).

D'autre part, d'après l'hypothèse **(1)**, (u_n) est inférieur ou égal à v_n à partir d'un rang n_1.

Ainsi, à partir du maximum des rangs n_0 et n_1, l'intervalle $]A;+\infty[$ contient toutes les valeurs de u_n et également toutes les valeurs (v_n) car v_n est supérieur ou égal à u_n.

Donc tout intervalle de la forme $]A;+\infty[$ contient toutes les valeurs de v_n à partir d'un certain rang, ce qui signifie que la suite (v_n) tend vers $+\infty$.

> Si $n \geqslant n_0$ et $n \geqslant n_1$, alors $u_n \geqslant A$ et $v_n \geqslant u_n$, donc $v_n \geqslant A$.

PARTIE B Étude d'une suite récurrente

1. Étude de la convergence de la suite (u_n)

a. Notons $P(n)$ la propriété : $u_n \geqslant 0$ et démontrons par récurrence que pour tout entier $n \geqslant 3$, $P(n)$ est vraie.

> Ici, l'initialisation commence avec $n = 3$, mais on a besoin de calculer les termes précédents pour obtenir la valeur de u_3.

• Initialisation : $u_1 = \frac{1}{3}\times 0 + 0 - 1 = -1$,
$u_2 = \frac{1}{3}\times(-1) + 1 - 1 = -\frac{1}{3}$ et $u_3 = \frac{1}{3}\times\left(-\frac{1}{3}\right) + 2 - 1 = -\frac{1}{9} + 1 = \frac{8}{9}$,
donc $u_3 \geqslant 0$ et $P(3)$ est vraie.

• Hérédité : soit n un entier, $n \geqslant 3$, on suppose que $P(n)$ est vraie, c'est-à-dire $u_n \geqslant 0$.

En multipliant par $\frac{1}{3}$ qui est positif, puis en ajoutant $n - 1$, on obtient :
$\frac{1}{3}u_n + n - 1 \geqslant \frac{1}{3}\times 0 + n - 1$, c'est-à-dire : $u_{n+1} \geqslant n - 1$.
Or $n \geqslant 3$, donc $n - 1 \geqslant 2 \geqslant 0$.

Ainsi, $u_{n+1} \geqslant 0$, ce qui signifie que $P(n+1)$ est vraie.

• Conclusion : la propriété $P(n)$ est vraie au rang 3 et héréditaire.

Donc : pour tout entier $n \geqslant 3$, $u_n \geqslant 0$.

b. Notons $P(n)$ la propriété : $u_n \geqslant n - 2$ et démontrons par récurrence que pour tout entier $n \geqslant 4$, $P(n)$ est vraie.

> Ici, l'initialisation commence avec $n = 4$.

• Initialisation : $u_4 = \frac{1}{3}\times\frac{8}{9} + 4 - 1 = \frac{8}{27} + 3$, donc $u_4 \geqslant 4 - 2$ et $P(4)$ est vraie.

• Hérédité : soit n un entier, $n \geqslant 4$, on suppose que $P(n)$ est vraie, c'est-à-dire $u_n \geqslant n - 2$. On doit démontrer que $P(n+1)$ est vraie, soit $u_{n+1} \geqslant (n+1) - 2$. Or $u_{n+1} \geqslant (n+1) - 2$ équivaut à $u_{n+1} \geqslant n - 1$, ou encore $\frac{1}{3}u_n + n - 1 \geqslant n - 1$, ce qui équivaut à $\frac{1}{3}u_n \geqslant 0$.

> On utilise ici un raisonnement par équivalences.

D'après la question précédente, cette dernière inégalité est vraie pour tout entier n ... 3, donc *a fortiori* pour $n \geqslant 4$. Ainsi, $P(n+1)$ est vraie.

• Conclusion : la propriété est vraie au rang 4 et héréditaire. Donc :

pour tout entier $n \geqslant 4$, $u_n \geqslant n - 2$.

c. Pour tout entier $n \geqslant 4$, $u_n \geqslant n - 2$ et $\lim\limits_{n\to+\infty}(n-2) = +\infty$, donc, d'après la propriété démontrée dans la **partie A**, $\lim\limits_{n\to+\infty} u_n = +\infty$.

2. Utilisation d'une suite auxiliaire géométrique

a. Pour tout entier naturel n, $v_{n+1} = 12u_{n+1} - 18(n+1) + 45$,

> Attention ! Remplacez n par $n + 1$ deux fois dans l'expression de v_n.

donc :

$$v_{n+1}=12\left(\frac{1}{3}u_n+n-1\right)-18n-18+45=4u_n-6n+15.$$

D'où, pour tout entier naturel n,

$$\frac{v_{n+1}}{v_n}=\frac{4u_n-6n+15}{12u_n-18n+45}=\frac{4u_n-6n+15}{3(4u_n-6n+15)}=\frac{1}{3}.$$

(v_n) est donc une suite géométrique de raison $\frac{1}{3}$.

b. $v_0=12u_0-18\times 0+45=45$.

(v_n) est la suite géométrique de raison $\frac{1}{3}$ et de premier terme $v_0=45$, donc :

pour tout entier naturel n, $v_n=45\times\left(\frac{1}{3}\right)^n$.

$v_n=v_0\times q^n$
→ Fiche 7

Comme $v_n=12u_n-18n+45$, alors $u_n=\frac{v_n}{12}+\frac{3}{2}n-\frac{15}{4}$. D'où :

pour tout entier naturel n, $u_n=\frac{15}{4}\times\left(\frac{1}{3}\right)^n+\frac{3}{2}n-\frac{15}{4}$.

SUJET 4 | Suite récurrente double

DURÉE 40 MIN

- → **Fiche 1** Démontrer par récurrence
- → **Fiche 7** Étudier une suite géométrique
- → **Fiche 8** Utiliser des algorithmes
- → **Fiche 31** Appliquer les propriétés algébriques de la fonction logarithme népérien

PARTIE A Restitution organisée de connaissances

On suppose connu le résultat suivant :

La suite (u_n) tend vers $+\infty$ lorsque n tend vers $+\infty$ si tout intervalle de la forme $]A\,;+\infty[$ contient toutes les valeurs de (u_n) à partir d'un certain rang.

Soit q un réel strictement supérieur à 1. Pour tout entier naturel n, on pose $u_n=q^n$. Démontrer que (u_n) tend vers $+\infty$ lorsque n tend vers $+\infty$.

PARTIE B Étude d'une suite récurrente double

Soit (u_n) la suite définie par $u_0=0$, $u_1=1$ et pour tout entier naturel n, $u_{n+2}=6u_{n+1}-5u_n$.

La suite (v_n) est définie pour tout entier naturel n par : $v_n=u_{n+1}-u_n$.

1. a. Démontrer que la suite (v_n) est géométrique. Préciser sa raison.

b. Pour tout entier naturel n, exprimer v_n en fonction de n.

c. En déduire que $\lim\limits_{x \to +\infty} v_n = +\infty$.

d. Compléter l'algorithme ci-contre qui permet de trouver le rang du premier terme de la suite (v_n) supérieur ou égal au nombre A donné. Justifier que cet algorithme fonctionne.

```
(1) Saisir A
(2) v prend la valeur ...
(3) n prend la valeur ...
(4) Tant que ... faire
(5)     v prend la valeur ...
(6)     n prend la valeur ...
(7) Retourner (...)
```

2. a. Démontrer que : pour tout entier $n \geqslant 1$, $v_0 + v_1 + ... + v_{n-1} = u_n$.

b. En déduire l'expression de u_n en fonction de n pour tout entier naturel n.

DÉMARRONS ENSEMBLE

PARTIE A

Choisissez un intervalle de la forme $]A;+\infty[$ où $A > 0$, puis résolvez l'inéquation $q^n > A$ à l'aide de la fonction ln. → **Fiche 31**

PARTIE B

1. a. Calculez $\dfrac{v_{n+1}}{v_n}$. → **Fiche 7**

b. c. Utilisez les propriétés des suites géométriques. → **Fiche 7**

d. Initialisez la valeur de la suite (v_n) et du rang n dans les lignes (2) et (3) ; puis trouvez la condition d'arrêt dans la ligne (4) ; enfin utilisez les formules de récurrence dans les lignes (5) et (6). → **Fiche 8**

2. a. Utilisez un raisonnement par récurrence. → **Fiche 1**

b. Utilisez la formule donnant la somme de termes consécutifs d'une suite géométrique. → **Fiche 7**

CORRIGÉ

PARTIE A Restitution organisée de connaissances

$q > 1$, donc pour tout entier naturel n, $(q^n) > 0$.

Soit $]A;+\infty[$ un intervalle de $\mathbb{R}$.

- Si $A \leqslant 0$, alors pour tout entier naturel n, $u_n > A$, donc $]A;+\infty[$ contient toutes les valeurs de la suite (u_n).
- Si $A > 0$, on résout l'inéquation $u_n > A$, c'est-à-dire : $q^n > A$.

$A > 0$, $q^n > 0$, et la fonction ln est croissante sur $]0;+\infty[$, donc l'inéquation $q^n > A$ est équivalente à $\ln(q^n) \geqslant \ln A$, donc à $n \ln q \geqslant \ln A$.

> Il faut connaître le sens de variation de la fonction ln et ses propriétés algébriques, notamment $\ln(a^n) = n \ln a$. $(a > 0)$ → **Fiche 31**

Or $q > 1$, donc $\ln q > 0$, et $n \ln q \geqslant \ln A$ équivaut à $n \geqslant \dfrac{\ln A}{\ln q}$.
On note n_0 le plus petit entier tel que $n \geqslant \dfrac{\ln A}{\ln q}$.
Alors pour tout entier $n \geqslant n_0$, $u_n > A$, ce qui signifie que, à partir du rang n_0, tous les termes de la suite (u_n) sont dans l'intervalle $]A\,;+\infty[$.

• Ainsi, pour tout nombre A, l'intervalle $]A\,;+\infty[$ contient toutes les valeurs de (u_n) à partir d'un certain rang, ce qui signifie que la suite (u_n) tend vers $+\infty$ lorsque n tend vers $+\infty$.

Chaque terme d'une suite récurrente double s'exprime en fonction des deux précédents.

PARTIE B Étude d'une suite récurrente double

1. Étude d'une suite auxiliaire géométrique

a. Pour tout entier naturel n,

$$\frac{v_{n+1}}{v_n} = \frac{u_{n+2} - u_{n+1}}{u_{n+1} - u_n} = \frac{6u_{n+1} - 5u_n - u_{n+1}}{u_{n+1} - u_n},$$

$$\frac{v_{n+1}}{v_n} = \frac{5u_{n+1} - 5u_n}{u_{n+1} - u_n} = \frac{5\left(u_{n+1} - u_n\right)}{u_{n+1} - u_n} = 5,$$

donc la suite (v_n) est géométrique de raison 5.

b. $v_0 = u_1 - u_0 = 1 - 0 = 1$. Donc, d'après la question précédente :
pour tout entier naturel n, $v_n = v_0 \times 5^n = 1 \times 5^n$, soit $v_n = 5^n$.

c. Comme $5 > 1$, d'après la **partie A**, $\lim\limits_{x \to +\infty} v_n = +\infty$.

d. L'instruction « Tant que... » est effectuée jusqu'à ce que la condition ne soit plus vérifiée.
Pour que l'algorithme fonctionne, il ne doit pas tourner en boucle sans s'arrêter.
Ici, on s'arrête dès que $v \geqslant A$, c'est-à-dire dès que $v_n \geqslant A$, et comme la suite (v_n) a pour limite $+\infty$, l'algorithme fonctionne.

```
(1) Saisir A
(2) v prend la valeur 1
(3) n prend la valeur 0
(4) Tant que v < A faire
(5)     v prend la valeur v × 5
(6)     n prend la valeur n + 1
(7) Retourner (n)
```

2. Définition de la suite (u_n) sous forme explicite

a. Pour tout entier $n \geqslant 1$, on note P(n) la propriété : $v_0 + v_1 + ... + v_{n-1} = u_n$.
• Initialisation : $v_0 = 1$ et $u_1 = 1$; donc $P(1)$ est vraie.
• Hérédité : soit n un entier, $n \geqslant 1$; on suppose que $P(n)$ est vraie, c'est-à-dire $v_0 + v_1 + ... + v_{n-1} = u_n$.
On en déduit que $v_0 + v_1 + ... + v_{n-1} + v_n = u_n + v_n = u_n + \left(u_{n+1} - u_n\right) = u_{n+1}$, ce qui signifie que $P(n+1)$ est vraie.

• La propriété $P(n)$ est vraie au rang 1 et héréditaire, donc : pour tout entier $n \geqslant 1$, $v_0 + v_1 + ... + v_{n-1} = u_n$.

b. Pour tout entier $n \geqslant 1$,

$$v_0 + v_1 + ... + v_{n-1} = 1 + 5^1 + ... + 5^{n-1} = 1 \times \frac{1-5^n}{1-5} = \frac{5^n - 1}{4}.$$

Somme des n premiers termes de la suite géométrique (v_n) de premier terme 1 et de raison 5.

Donc, pour tout entier $n \geqslant 1$, $u_n = \dfrac{5^n - 1}{4}$.

Pour $n = 0$, $u_0 = 0$ et $\dfrac{5^0 - 1}{4} = \dfrac{1-1}{4} = 0$.

On peut donc conclure que pour tout entier naturel n, $u_n = \dfrac{5^n - 1}{4}$.

Cette vérification permet d'étendre la formule à tout entier naturel.

SUJET 5 | Suite définie par récurrence

DURÉE 50 MIN

→ **Fiche 1** Démontrer par récurrence
→ **Fiche 4** Étudier la convergence des suites monotones
→ **Fiche 9** Étudier une suite récurrente
→ **Fiche 22** Calculer la dérivée d'une fonction
→ **Fiche 24** Appliquer les variations de fonctions usuelles

PARTIE A Étude d'une fonction f

Soit f la fonction définie sur $[0\,;+\infty[$ par : $f(x) = 5 - \dfrac{8}{x+2}$.

1. Étudier les variations de f sur $[0\,;+\infty[$.

2. Résoudre l'équation $f(x) = x$ sur l'intervalle $[0\,;+\infty[$.

On note α la solution.

PARTIE B Étude de la suite définie par $u_{n+1}=f(u_n)$

On définit la suite (u_n) par $u_0 = 0$ et pour tout entier naturel n, $u_{n+1} = f(u_n)$.

1. La courbe représentative $\mathscr{C}$ de la fonction f est donnée en annexe ainsi que la droite $\mathscr{D}$ d'équation $y = x$.

a. Construire les points $M_0(u_0\,;0)$, $M_1(u_1\,;0)$, $M_2(u_2\,;0)$ et $M_3(u_3\,;0)$.

b. Placer α sur le graphique.

2. Démontrer par récurrence que pour tout entier naturel n, $0 \leqslant u_n \leqslant u_{n+1} \leqslant \alpha$.

3. En déduire que la suite (u_n) est convergente puis déterminer sa limite.

4. Que peut-on dire du sens de variation et de la convergence de la suite (u_n) suivant les valeurs du réel positif u_n ? (On n'attend pas de justification ici.)

DÉMARRONS ENSEMBLE

PARTIE A

1. Calculez la dérivée, puis étudiez son signe pour déterminer le sens de variation de f. → **Fiches 24 et 22**

2. Réduisez au même dénominateur.

PARTIE B

3. Utilisez le théorème de convergence des suites monotones → **Fiche 4**, puis la continuité de f sur $[0;+\infty[$ pour déterminer la limite. → **Fiche 9**.

4. Distinguez les trois cas : $0 \leqslant u_0 < \alpha$ (remarquez la similitude avec le cas traité $u_0 = 0$), $u_0 = \alpha$ et $u_0 > \alpha$, et utilisez le graphique. → **Fiche 9**

CORRIGÉ

PARTIE A Étude d'une fonction f

1. Étude du sens de variation

La fonction f est dérivable sur $[0;+\infty[$ et

$f'(x) = -8 \times \dfrac{-1}{(x+2)^2} = \dfrac{8}{(x+2)^2}$ qui est positif sur $[0;+\infty[$.

Donc la fonction f est croissante sur $[0;+\infty[$.

> Utilisez la formule $\left(\dfrac{1}{v}\right)' = -\dfrac{v'}{v^2}$ après avoir remarqué que $-\dfrac{8}{x+2} = -8 \times \dfrac{1}{x+2}$

> Le sens de variation suffit, on ne demande pas le tableau de variation.

2. Résolution d'une équation

Dans l'intervalle $[0;+\infty[$:

$$f(x) = x \Leftrightarrow 5 - \frac{8}{x+2} = x \Leftrightarrow 5 - \frac{8}{x+2} - x = 0$$

$$f(x) = x \Leftrightarrow \frac{5(x+2) - 8 - x(x+2)}{x+2} = 0 \Leftrightarrow \frac{-x^2 + 3x + 2}{x+2} = 0$$

$$f(x) = x \Leftrightarrow -x^2 + 3x + 2 = 0.$$

On résout l'équation du second degré $-x^2 + 3x + 2 = 0$ dans $[0;+\infty[$:

$\Delta = 3^2 - 4 \times (-1) \times 2 = 17 > 0$; donc dans $\mathbb{R}$, l'équation a deux solutions :

$$x_1 = \frac{-3-\sqrt{17}}{2\times(-1)} = \frac{3+\sqrt{17}}{2} \text{ et } x_2 = \frac{3-\sqrt{17}}{2} \approx -0{,}56.$$

$x_2 \notin [0;+\infty[$, donc l'équation $f(x) = x$ admet une unique solution dans l'intervalle $[0;+\infty[$: $\alpha = \dfrac{3+\sqrt{17}}{2}$.

PARTIE B Étude de la suite définie par $u_{n+1}=f(u_n)$

1. Représentation graphique d'une suite définie par récurrence

a. On place le point d'abscisse u_0 de la courbe $\mathscr{C}$; il a pour ordonnée $f(u_0)$, c'est-à-dire u_1.
Partant de u_1 parallèlement à l'axe des abscisses, on rejoint la droite $\mathscr{D}$ au point $B_1(u_1 ; u_1)$. On obtient donc le point $M_1(u_1 ; 0)$ sur l'axe des abscisses.
De B_1, on rejoint la courbe $\mathscr{C}$ parallèlement à l'axe des ordonnées au point $C_1(u_1 ; f(u_1))$, c'est-à-dire $C_1(u_1 ; u_2)$, puis, de C_1, on rejoint la droite $\mathscr{D}$ au point $B_2(u_2 ; u_2)$. On obtient ainsi le point $M_2(u_2 ; 0)$. Etc.

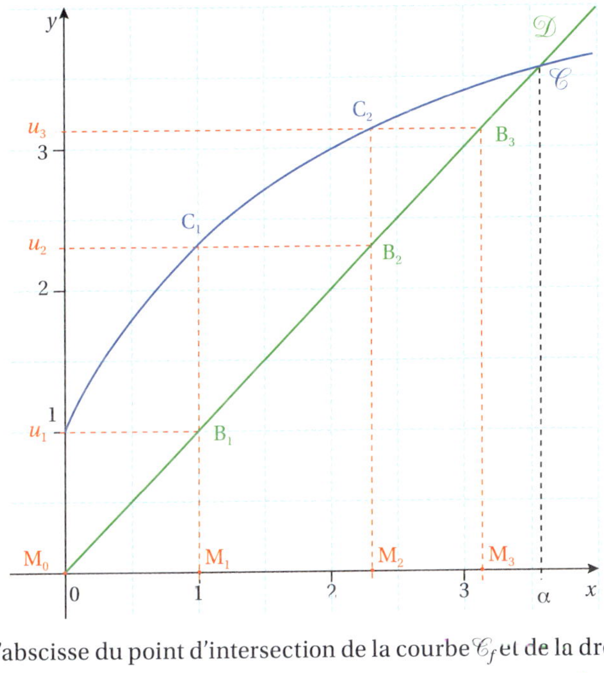

b. α est l'abscisse du point d'intersection de la courbe $\mathscr{C}_f$ et de la droite $\mathscr{D}$.

2. Démontrer par récurrence qu'une suite est croissante et majorée

On note $P(n)$ la propriété : $0 \leqslant u_n \leqslant u_{n+1} \leqslant \alpha$.

Démontrons par récurrence que $P(n)$ est vraie pour tout entier naturel n.

- Initialisation : $u_0 = 0$, $u_1 = 5 - \dfrac{8}{u_0+2} = 1$ et $\alpha = \dfrac{3+\sqrt{17}}{2} \approx 3{,}56$;

donc $0 \leqslant u_n \leqslant u_{n+1} \leqslant \alpha$ et $P(0)$ est vraie.

- Hérédité : soit n un entier naturel, on suppose que $P(n)$ est vraie, soit :

$$0 \leqslant u_n \leqslant u_{n+1} \leqslant \alpha$$

La fonction f étant croissante sur $\left[0\,;+\infty\right[$, on en déduit :

$$f(0) \leqslant f(u_n) \leqslant f(u_{n+1}) \leqslant f(\alpha)$$

Or $f(0) = 1$ et α est solution de l'équation $f(x) = x$ donc $f(\alpha) = \alpha$.

On obtient alors $1 \leqslant u_{n+1} \leqslant u_{n+2} \leqslant \alpha$, donc, *a fortiori*, $0 \leqslant u_{n+1} \leqslant u_{n+2} \leqslant \alpha$, ce qui signifie que $P(n+1)$ est vraie.

• La propriété est vraie au rang 0 et héréditaire donc :
pour tout entier naturel n, $0 \leqslant u_n \leqslant u_{n+1} \leqslant \alpha$.

3. Limite d'une suite définie par récurrence

D'après la question précédente, la suite (u_n) est croissante et majorée par α, donc elle converge vers une limite réelle l.

Pour tout entier naturel n, u_n appartient à $\left[0\,;+\infty\right[$ et la fonction f est continue sur $\left[0\,;+\infty\right[$, donc l appartient à $\left[0\,;+\infty\right[$ et vérifie $f(l) = l$.

D'après la question **2.** de la **partie A** : $l = \alpha = \dfrac{3+\sqrt{17}}{2}$.

4. Convergence d'une suite définie par récurrence en fonction de la valeur de son premier terme

On peut conjecturer graphiquement que :

- si $0 \leqslant u_0 < \alpha$, alors la suite (u_n) est croissante et converge vers α ;
- si $u_0 = \alpha$, alors la suite (u_n) est constante égale à α ;
- si $u_0 > \alpha$, alors la suite (u_n) est décroissante et converge vers α.

On a démontré ce résultat dans le cas particulier où $u_0 = 0$.

SUJET 6 | Suite définie par récurrence

DURÉE 40 MIN

→ **Fiche 1** Démontrer par récurrence
→ **Fiche 2** Étudier les variations d'une suite
→ **Fiche 4** Étudier la convergence des suites monotones
→ **Fiche 9** Étudier une suite récurrente
→ **Fiche 18** Déterminer la limite d'une fonction
→ **Fiche 22** Calculer la dérivée d'une fonction
→ **Fiche 24** Appliquer les variations de fonctions usuelles
→ **Fiche 25** Bâtir et utiliser un tableau de variations
→ **Fiche 31** Appliquer les propriétés algébriques de la fonction logarithme népérien

PARTIE A Étude d'une fonction auxiliaire

Soit f la fonction définie sur $]0\,;+\infty[$ par : $f(x)=\ln(x)+1-x$.

1. a. Calculer $\lim\limits_{x\to 0} f(x)$.

b. Justifier que pour tout x appartenant à $]0\,;+\infty[$, $f(x)=x\left(\dfrac{\ln x}{x}+\dfrac{1}{x}-1\right)$, puis calculer $\lim\limits_{x\to+\infty} f(x)$.

2. Démontrer que la dérivée de la fonction f sur $]0\,;+\infty[$ est définie par : $f'(x)=\dfrac{1-x}{x}$.

3. Dresser le tableau de variation de la fonction f sur $]0\,;+\infty[$ en faisant figurer les limites et les valeurs extrêmes.

4. En déduire que 1 est l'unique solution sur $]0\,;+\infty[$ de l'équation $f(x)=0$.

PARTIE B Étude d'une suite récurrente

Soit g la fonction définie sur $]0\,;+\infty[$ par $g(x)=\ln(x)+1$.

On définit la suite (u_n) par $u_0=5$ et pour tout entier naturel n, $u_{n+1}=g(u_n)$.

1. Déterminer le sens de variation de la fonction g.

2. Démontrer par récurrence que pour tout entier naturel n, $1\leqslant u_{n+1}\leqslant u_n$.

3. En déduire que la suite (u_n) est convergente.

4. On admet que la limite α de la suite (u_n) est telle que $g(\alpha)=\alpha$.

À l'aide de la **partie A**, donner la limite de la suite(u_n).

DÉMARRONS ENSEMBLE

PARTIE A

2. Calculez la dérivée puis réduisez au même dénominateur. → **Fiche 22**

3. Étudiez le signe de la dérivée. → **Fiche 24**

4. Déduisez du tableau de variation que $f(1)$ est le maximum de f sur $]0;+\infty[$. → **Fiche 25**

PARTIE B

1. Ne calculez pas la dérivée de la fonction g, utilisez le sens de variation de la fonction ln. → **Fiche 31**

3. Traduisez la double inégalité démontrée dans la question précédente et utilisez le théorème de convergence des suites monotones. → **Fiche 4**

CORRIGÉ

PARTIE A Étude d'une fonction auxilliaire

1. Limites d'une fonction

a. $\left.\begin{array}{l}\lim\limits_{x\to 0}\ln x=-\infty\\ \lim\limits_{x\to 0}1-x=1\end{array}\right\}$ donc, par somme, on en déduit que $\lim\limits_{x\to 0}f(x)=-\infty$.

b. En factorisant par $x\neq 0$ dans l'expression de $f(x)$, on obtient :

$f(x)=x\left(\dfrac{\ln x}{x}+\dfrac{1}{x}-1\right)$.

C'est une limite à connaître.
➜ Fiche 18

$\lim\limits_{x\to+\infty}\dfrac{\ln x}{x}=0$ et $\lim\limits_{x\to+\infty}\dfrac{1}{x}=0$, donc : $\lim\limits_{x\to+\infty}\dfrac{\ln x}{x}+\dfrac{1}{x}-1=-1$.

Comme $\lim\limits_{x\to+\infty}x=+\infty$, on en déduit par produit, que $\lim\limits_{x\to+\infty}f(x)=-\infty$.

2. Dérivée d'une fonction

La fonction f est dérivable sur $]0;+\infty[$ comme somme des fonctions $u:x\mapsto\ln x$ et $v:x\mapsto 1-x$ dérivables sur $]0;+\infty[$, et pour tout x de $]0;+\infty[$, $f'(x)=u'(x)+v'(x)$, c'est-à-dire $f'(x)=\dfrac{1}{x}-1=\dfrac{1-x}{x}$.

3. Dresser le tableau de variation d'une fonction

Pour $x>0$: $f'(x)=0\Leftrightarrow 1-x=0\Leftrightarrow x=1$.

$f(1)=\ln(1)+1-1=0$. On obtient le tableau de variation suivant :

x	0		1		$+\infty$
$1-x$		$+$	0	$-$	
x	0	$+$		$-$	
Signe de $f'(x)=\dfrac{1-x}{x}$	‖	$+$	0	$-$	
Variations de f	‖ $-\infty$	↗	0	↘	$-\infty$

4. Exploiter le tableau de variation d'une fonction

D'après le tableau de variation, 0 est le maximum de f sur $]0;+\infty[$ et il est atteint pour $x=1$. Donc 1 est l'unique solution de l'équation $f(x)=0$.

PARTIE B Étude d'une suite récurrente

1. Sens de variation d'une fonction

La fonction g est la somme d'une fonction constante et de la fonction ln qui est croissante sur $]0\,;+\infty[$, donc g est croissante sur $]0\,;+\infty[$.

→ Fiche 3

2. Sens de variation et minoration d'une suite définie par récurrence

On note $P(n)$ la propriété : $1 \leqslant u_{n+1} \leqslant u_n$.

Démontrons par récurrence que $P(n)$ est vraie pour tout entier naturel n.

- Initialisation : $u_1 = \ln(u_0)+1 = \ln(5)+1 \approx 2{,}6$ donc $1 \leqslant u_1 \leqslant u_0$ et $P(0)$ est vraie.
- Hérédité : soit n un entier naturel, on suppose que $P(n)$ est vraie, soit :

$$1 \leqslant u_{n+1} \leqslant u_n$$

La fonction g étant croissante sur $]0\,;+\infty[$, on en déduit :

$$g(1) \leqslant g(u_{n+1}) \leqslant g(u_n),$$

c'est-à-dire $1 \leqslant u_{n+2} \leqslant u_{n+1}$, ce qui signifie que $P(n+1)$ est vraie.

- La propriété est vraie au rang 0 et est héréditaire, donc pour tout entier naturel n, $1 \leqslant u_{n+1} \leqslant u_n$.

3. Convergence d'une suite monotone

La suite (u_n) est décroissante et minorée par 1, donc elle converge.

→ Fiche 4

4. Limite d'une suite définie par récurrence

$$g(\alpha) = \alpha \Leftrightarrow \ln(\alpha)+1 = \alpha \Leftrightarrow \ln(\alpha)+1-\alpha = 0 \Leftrightarrow f(\alpha) = 0$$

où f est la fonction étudiée dans la **partie A**.

L'équation $f(x) = 0$ ayant comme unique solution 1, on en déduit que $\alpha = 1$ et donc que la suite (u_n) converge vers 1.

ANALYSE

Calculs algébriques

FICHES

BILAN

SUJETS CORRIGÉS

10 Factoriser une expression dans $\mathbb{R}$

Factoriser une expression, c'est la transformer en un produit de facteurs. La factorisation est particulièrement utile, en analyse, pour les études de signe.

RAPPEL DE COURS

I Utiliser un facteur commun

Pour tous nombres réels k, a, b :

$$ka+kb=k(a+b) \text{ et } ka-kb=k(a-b).$$

k est le facteur commun.

II Utiliser une identité remarquable

Pour tous nombres réels a et b :

- $a^2+b^2+2ab=(a+b)^2$
- $a^2+b^2-2ab=(a-b)^2$
- $a^2-b^2=(a+b)(a-b)$

III Utiliser le discriminant d'un trinôme du second degré

Soit $P(x)=ax^2+bx+c$, avec a, b et c, trois nombres réels, $a \neq 0$.

- **Si $\Delta > 0$**, alors le trinôme P admet deux racines, $x_1=\dfrac{-b-\sqrt{\Delta}}{2a}$ et $x_2=\dfrac{-b+\sqrt{\Delta}}{2a}$, et pour tout réel x, $P(x)=a(x-x_1)(x-x_2)$.
- **Si $\Delta = 0$**, alors le trinôme P admet alors une racine double, $x_0=\dfrac{-b}{2a}$, et pour tout réel x, $P(x)=a(x-x_0)^2$.
- **Si $\Delta < 0$**, alors le trinôme P n'admet pas de racine et ne peut pas être factorisé.

N'oubliez pas cette factorisation d'un trinôme ayant deux racines.

APPLICATION Factoriser des expressions

1. Factoriser les expressions suivantes.

a. $3x^2-4x$. **b.** $-3x^2-4x+4$. **c.** $(x-1)^2+(3x+2)(x-1)$.

d. $(x+2)^2-49$. **e.** $x(x-10)+25$. **f.** $\ln x - x\ln x$. **g.** $x^2e^x-xe^x$.

2. Soit $A=(x+1)^2-(3x-1)^2$ et $B=(2x-3)^2-(2x-3)(x-1)$.

a. Développer A et B. **b.** Factoriser A et B.

POINT MÉTHODE

1. Utilisez l'une des trois méthodes rappelées en cours.
2. Attention ! Ne confondez pas développement et factorisation et soyez attentifs aux signes, c'est la première cause d'erreur.

Solution

1. a. Pour tout réel x, $3x^2-4x=3x\times \underline{x}-4\times \underline{x}=x(3x-4)$.

> Avant d'utiliser cette méthode, cherchez un facteur commun. À défaut, essayez de reconnaître une identité remarquable.

b. L'expression $-3x^2-4x+4$ est celle d'un trinôme du second degré : on peut appliquer la méthode du discriminant.

$\Delta=b^2-4ac=(-4)^2-4\times(-3)\times 4=64>0$.

Δ est strictement positif, le trinôme admet donc deux racines :

$$x_1=\frac{-b-\sqrt{\Delta}}{2a}=\frac{4-8}{-6}=\frac{2}{3} \quad \text{et} \quad x_2=\frac{-b+\sqrt{\Delta}}{2a}=\frac{4+8}{-6}=-2.$$

Par conséquent, $-3x^2-4x+4=-3\left(x-\frac{2}{3}\right)(x+2)$.

> $P(x)=a(x-x_1)(x-x_2)$

c. Pour tout réel x, $\underline{(x-1)}^2+(3x+2)\underline{(x-1)}=(x-1)\left[(x-1)+(3x+2)\right]$.

On conclut par $(x-1)^2+(3x+2)(x-1)=(x-1)(4x+1)$.

d. $(x+2)^2-49=(x+2)^2-7^2$, donc $(x+2)^2-49=(x+2+7)(x+2-7)$.

Il en résulte que : $(x+2)^2-49=(x+9)(x-5)$.

e. On développe l'expression avant de pouvoir la factoriser :

> C'est parfois nécessaire !

$$x(x-10)+25=x^2-10x+25.$$

On reconnaît la forme développée d'une identité remarquable :

$x^2-10x+25=x^2-2\times 5\times x+5^2$. Donc : $x(x-10)+25=(x-5)^2$.

> On peut aussi calculer Δ et en déduire la factorisation, mais cette méthode nécessite plus de calculs.

f. Pour tout réel x strictement positif, on a :

$\underline{\ln x}-x\underline{\ln x}=(\ln x)(1-x)$.

g. Pour tout réel x, $x^2\mathrm{e}^x-x\mathrm{e}^x=x\times \underline{x\mathrm{e}^x}-\underline{x\mathrm{e}^x}=(x-1)x\mathrm{e}^x$.

2. a. $A=\left(x^2+2x+1\right)-\left(9x^2-6x+1\right)=x^2+2x+1-9x^2+6x-1$,

donc $A=-8x^2+8x$.

$B=\left(4x^2-12x+9\right)-\left(2x^2-2x-3x+3\right)$

$\quad=4x^2-12x+9-2x^2+2x+3x-3$ soit $B=4x^2-7x+6$.

b. On utilise l'expression développée de A : $A=-8x^2+8x=-8x(x-1)$.

$B=(2x-3)^2-(2x-3)(x-1)$

$B=(2x-3)\left[(2x-3)-(x-1)\right]=(2x-3)(2x-3-x+1)$, donc :

$B=(2x-3)(x-2)$.

11 Déterminer l'équation réduite d'une droite

Dans le plan muni d'un repère, toute droite admet une infinité d'équations. L'équation réduite, dont la forme est particulière, est unique.

RAPPEL DE COURS

I Définition et propriétés

Le plan est muni d'un repère.

- Si une droite d est parallèle à l'axe des ordonnées, alors son équation réduite est de la forme $x = a$, où a est un réel.
- Si une droite d n'est pas parallèle à l'axe des ordonnées, alors son équation réduite est de la forme $y = mx + p$, où m et p sont des réels.
m est appelé le coefficient directeur de la droite et p l'ordonnée à l'origine.
- Deux droites non parallèles à l'axe des ordonnées sont parallèles si et seulement si elles ont le même coefficient directeur.
- Dans un repère orthonormé, deux droites non parallèles à l'axe des ordonnées sont perpendiculaires si et seulement si le produit de leurs coefficients directeurs est égal à – 1.

II Détermination d'une équation réduite

1. Algébriquement

Soit $A(x_A\,;y_A)$ et $B(x_B\,;y_B)$ deux points tels que la droite (AB) n'est pas parallèle à l'axe des ordonnées.

- On calcule d'abord le coefficient directeur : $m = \dfrac{y_B - y_A}{x_B - x_A}$.
- On calcule ensuite l'ordonnée à l'origine : $p = y_A - mx_A$.

On peut aussi utiliser les coordonnées du point B.

2. Graphiquement

Soit d une droite non parallèle à l'axe des ordonnées.

- On calcule le coefficient directeur m. Pour cela, on se place « judicieusement » sur d, en B par exemple. De là, on effectue un déplacement parallèle à l'axe des abscisses puis un autre parallèle à l'axe des ordonnées de façon à rejoindre un autre point « judicieux » de d, D par exemple.

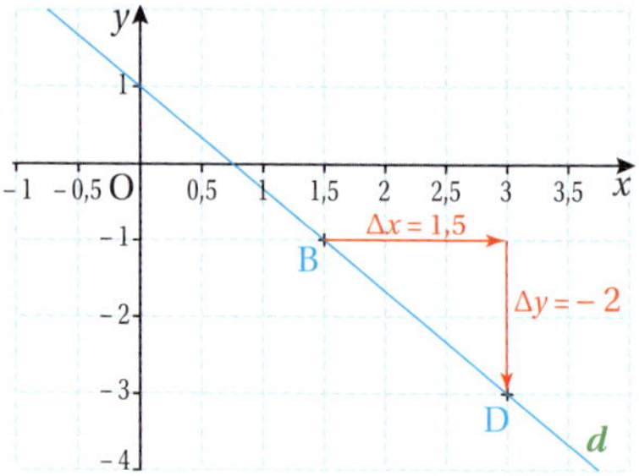

Alors : $m = \dfrac{\Delta y}{\Delta x} = \dfrac{-2}{1{,}5} = \dfrac{-2}{\dfrac{3}{2}} = -2 \times \dfrac{2}{3} = -\dfrac{4}{3}$.

Attention au signe ! On « descend » vers D donc $\Delta y < 0$.

■ On lit l'ordonnée à l'origine : c'est l'ordonnée du point d'intersection de la droite et de l'axe des ordonnées. On lit ici : $p = 1$.

L'équation réduite de la droite d est donc : $y = -\dfrac{4}{3}x + 1$.

APPLICATION Déterminer l'équation réduite d'une droite

1. Dans un repère orthogonal $(O ; \vec{i}, \vec{j})$, on considère les points $A(-1;2)$, $B(5;6)$ et $C(2;-1)$. Déterminer l'équation réduite de la droite (AB) et de la droite T parallèle à la droite (AB) passant par C.

2. Déterminer l'équation réduite de chaque droite représentée ci-dessous.

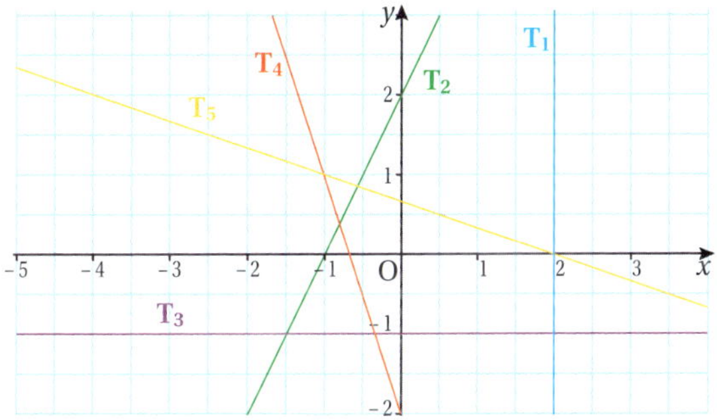

POINT MÉTHODE

1. Suivez consciencieusement la méthode algébrique proposée.

2. Repérez d'abord si la droite étudiée est oblique, verticale ou horizontale. Pour T_5, vous ne pourrez pas déterminer graphiquement avec précision l'ordonnée à l'origine. Il vous faudra donc mener une étude algébrique.

Solution

1. (AB) : $y = \dfrac{2}{3}x + \dfrac{8}{3}$; T : $y = \dfrac{2}{3}x - \dfrac{7}{3}$.

2. $T_1 : x = 2$; $T_2 : y = 2x + 2$; $T_3 : y = -1$; $T_4 : y = -3x - 2$; $T_5 : y = -\dfrac{1}{3}x + \dfrac{2}{3}$.

12 Résoudre une équation dans $\mathbb{R}$

La résolution d'un problème concret ou purement mathématique passe, la plupart du temps, par la résolution d'une équation.

RAPPEL DE COURS

I Résoudre une équation du premier degré

Toute équation du premier degré peut se ramener à une équation du type : $ax+b=0$, avec $a \neq 0$.

Cette équation a pour solution unique $x=-\dfrac{b}{a}$.

Exemple : $-2x+3=\dfrac{2}{5}+7x \Leftrightarrow -2x-7x=\dfrac{2}{5}-3$

$\Leftrightarrow -9x=-\dfrac{13}{5} \Leftrightarrow x=-\dfrac{13}{5}\times\dfrac{1}{-9} \Leftrightarrow x=\dfrac{13}{45}$.

On isole les termes inconnus d'un côté en utilisant les techniques vues au collège.

On a résolu l'équation par équivalences.

II Résoudre une équation du second degré

Soit (E) l'équation du second degré : $ax^2+bx+c=0,\ a \neq 0$.

On utilise le discriminant $\Delta=b^2-4ac$.

$\Delta > 0$	$\Delta = 0$	$\Delta < 0$
$x_1=\dfrac{-b-\sqrt{\Delta}}{2a}$ et $x_2=\dfrac{-b+\sqrt{\Delta}}{2a}$	$x_0=\dfrac{-b}{2a}$	pas de solution dans $\mathbb{R}$

III Résoudre une équation produit ou quotient

Lorsque l'équation à résoudre n'est pas une équation usuelle, on peut parfois se ramener à une équation de l'un des deux types suivants :

(1) équation produit : $A\times B=0 \Leftrightarrow A=0$ ou $B=0$;

(2) équation quotient : $\dfrac{A}{B}=0 \Leftrightarrow A=0$ et $B\neq 0$.

Exemples :

- $x^2+3x=0 \Leftrightarrow x(x+3)=0 \Leftrightarrow x=0$ ou $x=-3$.
- Pour tout réel x, $x\neq 0$ et $x\neq -1$,

$$\frac{1}{x+1}=-\frac{2}{x} \Leftrightarrow \frac{1}{x+1}+\frac{2}{x}=0 \Leftrightarrow \frac{x}{x(x+1)}+\frac{2(x+1)}{x(x+1)}=0 \Leftrightarrow \frac{3x+2}{x(x+1)}=0.$$

Ainsi, $\dfrac{1}{x+1}=\dfrac{2}{x} \Leftrightarrow 3x+2=0 \Leftrightarrow x=\dfrac{-2}{3}$.

On a trop souvent tendance à utiliser directement la technique du discriminant.
→ Fiche 10

APPLICATION Résoudre une équation du 3e degré

1. Soit (E) l'équation : $x^3-7x+6=0$.

a. Déterminer une solution évidente de (E).

b. Démontrer que : pour tout réel x, $x^3-7x+6=(x-1)(x^2+x-6)$.

c. Résoudre dans $\mathbb{R}$ l'équation (E).

2. Résoudre dans $\mathbb{R}-\{0;2\}$ l'équation $\frac{x}{x-2}-\frac{3}{x}=0$.

POINT MÉTHODE

1. a. Observez qu'un nombre évident vérifie l'égalité.

b. Pour démontrer que A = B, vous pouvez partir de A pour obtenir B ou partir de B pour obtenir A.

c. Utilisez la factorisation proposée à la question précédente pour vous ramener à une équation produit.

2. Ramenez-vous à une équation quotient en réduisant les deux termes initiaux au même dénominateur.

Solution

1. a. $1^3-7\times1+6=1-7+6=0$, donc 1 est solution.

b. Pour tout réel x,

$(x-1)(x^2+x-6)=x^3+x^2-6x-x^2-x+6=x^3-7x+6$.

On a bien démontré que pour tout x réel, $x^3-7x+6=(x-1)(x^2+x-6)$.

> Ici, on développe le second membre de l'égalité pour obtenir le premier.

c. D'après la question précédente, $x^3-7x+6=0$.

$\Leftrightarrow (x-1)(x^2+x-6)=0 \Leftrightarrow x-1=0$ ou $x^2+x-6=0$.

> On obtient une équation produit.

Résolvons l'équation du second degré $x^2+x-6=0$:

$\Delta=1^2-4\times1\times(-6)=25$, $\Delta>0$ donc l'équation a deux solutions :

$x_1=\frac{-1-\sqrt{25}}{2}=\frac{-1-5}{2}=-3$ et $x_2=\frac{-1+\sqrt{25}}{2}=\frac{-1+5}{2}=2$.

L'équation (E) admet donc trois solutions dans $\mathbb{R}$: – 3, 2 et 1.

> N'oubliez pas la solution de l'équation $x-1=0$.

2. Pour tout x appartenant à $\mathbb{R}-\{0;2\}$:

$\frac{x}{x-2}-\frac{3}{x}=0 \Leftrightarrow \frac{x^2}{x(x-2)}-\frac{3(x-2)}{x(x-2)}=0$

$\Leftrightarrow \frac{x^2-3x+6}{x(x-2)}=0 \Leftrightarrow x^2-3x+6=0$.

> On réduit au même dénominateur.

Résolvons l'équation du second degré $x^2-3x+6=0$:

$\Delta=9-4\times1\times6=-15$; $\Delta<0$, donc l'équation n'a pas de solution.

L'équation (E) n'admet donc pas de solution dans $\mathbb{R}$.

13 Résoudre un système de deux équations à deux inconnues

Résoudre un système de deux équations à deux inconnues consiste à déterminer, lorsque c'est possible, pour quelles valeurs des inconnues les deux équations du système sont vérifiées simultanément.

RAPPEL DE COURS

I Méthode par substitution

1. On exprime x en fonction de y.	$\begin{cases} x-2y=3 \\ 4x+5y=12 \end{cases} \Leftrightarrow \begin{cases} x=3+2y \\ 4x+5y=12 \end{cases}$
2. On remplace x, dans la deuxième équation, par l'expression obtenue.	$\begin{cases} x=3+2y \\ 4(3+2y)+5y=12 \end{cases} \Leftrightarrow \begin{cases} x=3+2y \\ 13y+12=12 \end{cases}$
3. On résout l'équation à une seule inconnue, y, obtenue.	$\begin{cases} x=3+2y \\ 13y+12=12 \end{cases} \Leftrightarrow \begin{cases} x=3+2y \\ y=0 \end{cases}$
4. On remplace y par la valeur obtenue dans l'expression de x.	$\begin{cases} x=3+2y \\ y=0 \end{cases} \Leftrightarrow \begin{cases} x=3 \\ y=0 \end{cases}$
5. On conclut.	L'unique solution est le couple $(3\,;0)$

On a choisi x car son coefficient est 1.

On a raisonné par équivalences, la vérification est inutile.

II Méthode par combinaisons

1. On multiplie chaque équation de façon à obtenir des coefficients opposés pour l'une des inconnues.	$\begin{cases} 5x+2y=-5 & \times 3 \\ 4x-3y=1 & \times 2 \end{cases}$
2. On additionne membre à membre les deux équations.	$\begin{cases} 15x+6y=-15 \\ 8x-6y=2 \end{cases} \Leftrightarrow \begin{cases} 15x+6y=-15 \\ 23x=-13 \end{cases}$
3. On résout l'équation à une seule inconnue, x, obtenue.	$\begin{cases} 15x+6y=-15 \\ 23x=-13 \end{cases} \Leftrightarrow \begin{cases} 15x+6y=-15 \\ x=-\frac{13}{23} \end{cases}$
4. On remplace x par la valeur obtenue dans la première équation.	$\begin{cases} 6y=-15-15\left(-\frac{13}{23}\right) \\ x=-\frac{13}{23} \end{cases} \Leftrightarrow \begin{cases} y=-\frac{25}{23} \\ x=-\frac{13}{23} \end{cases}$
5. On conclut.	La solution est le couple $\left(-\frac{13}{23}\,;-\frac{25}{23}\right)$

III Interprétation graphique

Graphiquement, résoudre le système $\begin{cases} ax+by=c \\ a'x+by'=c' \end{cases}$ revient à déterminer l'intersection des deux droites d'équations cartésiennes $ax+by-c=0$ et $a'x+b'y-c'=0$.

APPLICATION Résoudre un système

1. Résoudre les systèmes suivants :

a. $\begin{cases} x+5y=12 \\ 4x-3y=2 \end{cases}$ **b.** $\begin{cases} 2x-3y=-1 \\ 4x+5y=2 \end{cases}$

2. a. Déterminer graphiquement une valeur approchée au dixième de chaque nombre du couple solution $\begin{cases} x+y=4 \\ -2x+y=-3 \end{cases}$

b. Trouver algébriquement la solution exacte du système.

POINT MÉTHODE

1. Si l'une des inconnues a pour coefficient 1, utilisez la méthode de substitution. Dans le cas contraire, procédez par combinaisons linéaires.

2. a. Tracez les droites d'équations $y=-x+4$ et $y=2x-3$. Lisez les coordonnées du point d'intersection.

Solution

1.a. $\begin{cases} x+5y=12 \\ 4x-3y=2 \end{cases} \Leftrightarrow \begin{cases} x=12-5y \\ 4(12-5y)-3y=2 \end{cases} \Leftrightarrow \begin{cases} x=12-5y \\ 48-20y-3y=2 \end{cases} \Leftrightarrow \begin{cases} x=2 \\ y=2 \end{cases}$

b. $\begin{cases} 2x-3y=-1 \\ 4x+5y=2 \end{cases} \Leftrightarrow \begin{cases} 4x-6y=-2 \\ 4x+5y=2 \end{cases} \Leftrightarrow \begin{cases} 4x-6y=-2 \\ -11y=-4 \end{cases} \Leftrightarrow \begin{cases} x=\dfrac{1}{22} \\ y=\dfrac{4}{11} \end{cases}$

Le coefficient de x est 1, on utilise la méthode par substitution.

2. a. On trace les droites d'équations $y=-x+4$ et $y=2x-3$.

Par lecture graphique, le point d'intersection des deux droites a pour coordonnées (2,3 ; 1,7), à 10^{-1} près. Le couple (2,3 ; 1,7) est donc une valeur approchée à 10^{-1} près de la solution du système.

$\begin{cases} y=-x+4 \\ y=2x-3 \end{cases} \Leftrightarrow \begin{cases} y=-x+4 \\ -x+4=2x-3 \end{cases} \Leftrightarrow \begin{cases} y=\dfrac{5}{3} \\ x=\dfrac{7}{3} \end{cases}$

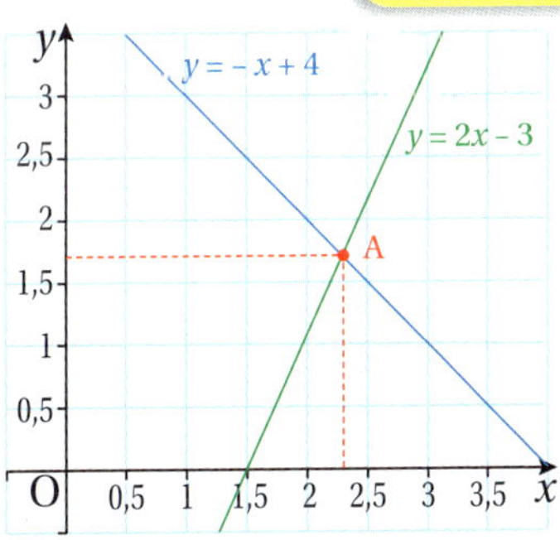

14 Étudier le signe d'une expression

Savoir étudier le signe d'une expression permet de déterminer, par exemple, la position relative entre deux courbes, les variations d'une fonction...

RAPPEL DE COURS

I Signe de $ax+b$

x	$-\infty$		$-\frac{b}{a}$		$+\infty$
$ax+b$		signe de $-a$	0	signe de a	

II Signe d'un trinôme ax^2+bx+c

$\Delta = b^2 - 4ac$.

- Si $\Delta > 0$

x	$-\infty$		x_1		x_2		$+\infty$
ax^2+bx+c		signe de a	0	signe de $-a$	0	signe de a	

Dans ce cas, on dit que ax^2+bx+c est du signe de a à « l'extérieur des racines ».

- Si $\Delta \leqslant 0$, le trinôme ax^2+bx+c a le signe de a pour tout réel x.

Ce rappel semble trivial. Cependant, nombreux sont les exemples dans lesquels il permet de conclure rapidement.

III Règle des signes d'une somme

- La somme de deux termes positifs est positive.
- La somme de deux termes négatifs est négative.

IV Règle des signes d'un produit et d'un quotient

- Si le nombre de facteurs négatifs d'un produit est pair, alors le produit est positif.
- Si le nombre de facteurs négatifs d'un produit est impair, alors le produit est négatif.
- Soit $b \neq 0$, le signe de $\frac{a}{b}$ est le même que le signe du produit $a \times b$.

APPLICATION Étudier le signe de fonctions rationnelles

1. Étudier le signe de $f(x)=\frac{x^2-9}{x+5}$ sur $\mathbb{R}-\{5\}$.

2. Étudier le signe de $f(x)=\dfrac{-3x-4}{x+2}+\dfrac{4}{x(x+2)}$ sur $]0,+\infty[$.

3. a. Étudier le signe de la fonction $f: x \mapsto x^2+x+1$ sur $\mathbb{R}$.

b. En déduire la résolution de l'inéquation $x^2+x>-1$ dans $\mathbb{R}$.

POINT MÉTHODE

1. Factorisez l'expression au numérateur dans le but d'obtenir un produit de facteurs usuels dont on sait déterminer le signe.

2. Réduisez les deux quotients au même dénominateur, puis utilisez un tableau de signes après avoir étudié les signes d'expressions usuelles.

3. a. $f(x)$ est un trinôme du second degré, on sait déterminer son signe.

b. Résoudre une inéquation revient à étudier le signe d'une expression. Remarquez ici que l'inéquation $x^2+x>-1$ est équivalente à $f(x)>0$.

Solution

1. Pour tout x de $\mathbb{R}-\{5\}$, $f(x)=\dfrac{x^2-9}{x+5}=\dfrac{(x+3)(x-3)}{x+5}$.

x	$-\infty$		-5		-3		3		$+\infty$
$(x-3)(x+3)$		+	|	+	0	−	0	+	
$(x+5)$		−	0	+	|	+	|	+	
$f(x)=\dfrac{x^2-9}{x+5}$		−	‖	+	0	−	0	+	

La double barre signifie que − 5 est une valeur interdite (elle annule $x + 5$).

2. Pour tout x de $]0\,;+\infty[$,

Les conditions $x \neq 0$ et $x \neq -2$ sont ainsi vérifiées.

$$f(x)=\frac{x(-3x-4)}{x(x+2)}+\frac{4}{x(x+2)}=\frac{x(-3x-4)+4}{x(x+2)}=\frac{-3x^2-4x+4}{x(x+2)}.$$

On étudie le signe du trinôme $-3x^2-4x+4$: $\Delta=64>0$, donc :

$$x_1=\frac{-(-4)-\sqrt{64}}{2(-3)}=\frac{4-8}{-6}=\frac{2}{3} \text{ et } x_2=\frac{-(-4)+\sqrt{64}}{2(-3)}=\frac{4+8}{-6}=-2.$$

Il est négatif à l'extérieur de ses racines et positif entre celles-ci.

Du signe de $a=-3$.

x	0		$\frac{2}{3}$		$+\infty$
$-3x^2-4x+4$		+	0	−	
$x(x+2)$	0	+		+	
$f(x)$	‖	+	0	−	

3. a. $\Delta=1-4=-3<0$. Le trinôme x^2+x+1 est donc positif.

Du signe de $a=1$.

b. $x^2+x>-1 \Leftrightarrow x^2+x+1>0 \Leftrightarrow f(x)>0$, pour tout réel x, d'après **3. a.**.

Donc l'ensemble des solutions de l'inéquation $x^2+x>-1$ est $\mathbb{R}$.

15 Étudier une équation du type $f(x) = k$

Pour déterminer si une équation du type $f(x) = k$ admet des solutions, on peut utiliser une méthode graphique et, dans certains cas, le théorème des valeurs intermédiaires.

RAPPEL DE COURS

I Méthode graphique

Soit f une fonction et k un nombre réel.

Pour résoudre graphiquement l'équation $f(x) = k$:

- on trace la courbe $\mathscr{C}_f$ de la fonction f et la droite d d'équation $y = k$;
- on repère le(s) éventuel(s) point(s) d'intersection de $\mathscr{C}_f$ et d ;
- on lit les abscisses de ce(s) point(s), lorsqu'ils existent.

Exemple : L'équation $f(x) = k$ associée à la figure ci-contre admet trois solutions dans $[-4 ; 4]$. En effet, $\mathscr{C}_f$ et d ont trois points d'intersection sur cet intervalle.

Les solutions de l'équation sont les abscisses α, β et γ de ces trois points.

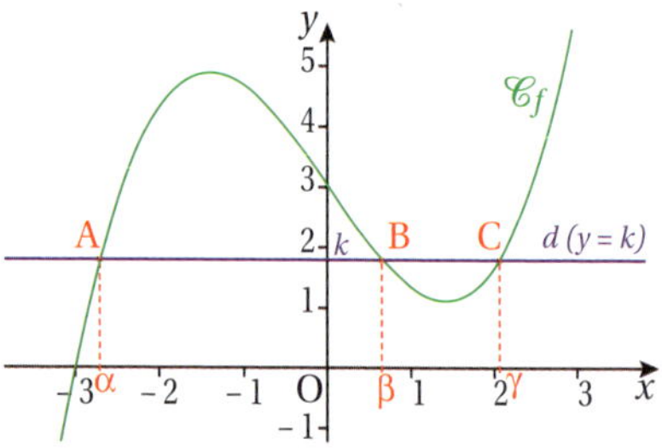

II Méthode algébrique

Il n'est pas toujours possible de résoudre algébriquement les équations du type $f(x) = k$. D'autre part, la méthode graphique est limitée. On est donc souvent amené à prouver l'existence de solutions puis à en donner des valeurs approchées. On procède rigoureusement en appliquant le théorème suivant et en réduisant autant que l'on veut l'intervalle d'étude.

> **Théorème des valeurs intermédiaires**
>
> Si f est continue sur $[a ; b]$ et si k appartient à l'intervalle $[f(a) ; f(b)]$ ou $[f(b) ; f(a)]$, alors l'équation $f(x) = k$ admet au moins une solution dans $[a ; b]$.
>
> De plus, si f est strictement monotone sur $[a ; b]$, alors la solution est unique.

On l'appelle aussi « théorème de l'ascenseur » : si un ascenseur est au 10e étage à 5h00 et au sous-sol à 6h00, alors il est nécessairement passé par le rez-de-chaussée entre 5h00 et 6h00.

Conséquence : Si une fonction f est continue et strictement monotone sur un intervalle $[a\,;b]$ et si $f(a)\times f(b)<0$, alors l'équation $f(x)=0$ admet une unique solution dans $[a\,;b]$.

$f(a)$ et $f(b)$ sont de signes opposés, donc $0\in[f(a)\,;f(b)]$ ou $0\in[f(b)\,;f(a)]$.

Pour appliquer le théorème, il faut bien :

- justifier que f est continue sur $[a\,;b]$, dérivable et strictement monotone ;
- calculer $f(a)$ puis $f(b)$ (ou la limite de f en a ou en b le cas échéant) et vérifier que $f(a)<k<f(b)$ ou suivant le cas $f(b)<k<f(a)$.

APPLICATION Théorème des valeurs intermédiaires

Soit la fonction $f : x \mapsto x^3-9x^2+20$ définie sur $\mathbb{R}$.

1. Étudier les variations de f.

2. Démontrer que l'équation $f(x)=8$ admet une unique solution α dans l'intervalle $[1\,;2]$. Donner un encadrement de α à 10^{-2} près.

POINT MÉTHODE

1. f est une fonction polynôme, donc elle est dérivable sur $\mathbb{R}$. Réalisez un tableau de signe pour la dérivée de f.
2. Vérifiez que l'on est dans les conditions d'application du théorème.

Solution

1. f est une fonction polynôme, donc elle est continue et dérivable sur $\mathbb{R}$.

Pour tout réel x, $f'(x)=3x^2-18x=3x(x-6)$. On obtient le tableau de signe de f' :

x	$-\infty$		0		6		$+\infty$
$3x$		$-$	0	$+$		$+$	
$x-6$		$-$		$-$	0	$+$	
$f'(x)$		$+$	0	$-$	0	$+$	

On en déduit que f est strictement croissante sur $]-\infty\,;0]$ et sur $[6\,;+\infty[$, et strictement décroissante sur $[0\,;6]$.

2. D'après 1., f est continue et strictement décroissante sur $[1\,;2]$.

De plus, $f(1)=12$ et $f(2)=-8$, donc $8\in[f(2)\,;f(1)]$.

D'après le théorème des valeurs intermédiaires, l'équation $f(x)=8$ admet un unique solution α dans l'intervalle $[1\,;2]$.

En utilisant une calculatrice, on obtient : $1{,}24<\alpha<1{,}25$.

Ici, f est strictement décroissante sur $[a\,;b]$, donc l'intervalle est de la forme $[f(b)\,;f(a)]$.

→ Fiche 16

16 Utiliser la méthode de balayage ou de dichotomie

Les algorithmes de balayage et de dichotomie donnent des valeurs approchées des éventuelles solutions d'une équation du type $f(x)=k$.

RAPPEL DE COURS

I Algorithme de balayage et utilisation de la calculatrice

Cette technique repose sur l'utilisation du tableau des valeurs d'une fonction.

Dans l'application de la fiche 15, nous avons démontré que l'équation $f(x)=8$ avec $f: x \mapsto x^3-9x^2+20$ définie sur $\mathbb{R}$ admet une solution unique α dans l'intervalle $[1 ; 2]$.

Trouvons un encadrement de α à 10^{-3} près par exemple.

- On entre l'expression de la fonction : $y=x^3-9x^2+20$.
- On paramètre le tableau des valeurs : valeur d'entrée : 1 ; pas : 0,1.

On affiche le tableau des valeurs, puis on repère, dans la colonne des images $f(x)$, deux valeurs successives, l'une plus grande que 8, l'autre plus petite que 8.

On en déduit que $1{,}2<\alpha<1{,}3$ (écran ①).

On recommence en modifiant le paramétrage du tableau de valeurs : valeur d'entrée : 1,2 ; pas : 0,01. On obtient $1{,}24<\alpha<1{,}25$ (écran ②). Etc. (écran ③).

①

X	Y1
1	12
1.1	10.441
1.2	8.768
1.3	6.987
1.4	5.104
1.5	3.125
1.6	1.056

X=1.2

②

X	Y1
1.2	8.768
1.21	8.5947
1.22	8.4202
1.23	8.2448
1.24	8.0682
1.25	7.8906
1.26	7.712

X=1.24

③

X	Y1
1.24	8.0682
1.241	8.0505
1.242	8.0328
1.243	8.0151
1.244	7.9973
1.245	7.9796
1.246	7.9618

X=1.243

II Algorithme de la dichotomie

Soit f une fonction continue et strictement monotone sur un intervalle $[a ; b]$ telle que $f(a)\times f(b)<0$. D'après le théorème des valeurs intermédiaires, l'équation $f(x)=0$ admet une unique solution s dans $[a ; b]$.

$f(a)$ et $f(b)$ sont de signes opposés.
→ Fiche 15

Le principe de la dichotomie consiste à partager l'intervalle d'étude en deux et à déterminer si la solution s appartient à $\left[a\,;\frac{a+b}{2}\right]$ ou à $\left[\frac{a+b}{2}\,;b\right]$. Pour cela, on étudie le signe de $f\left(\frac{a+b}{2}\right)$.

En réitérant le procédé, on restreint l'intervalle d'étude pour obtenir un encadrement de s de plus en plus précis.

L'algorithme ci-contre fournit une valeur approchée de s à 10^{-n} près.

```
Lire f, a, b, n
s prend la valeur (a+b)/2
Tant que  b−a > 10^(−n)
  Si f(s)=0
  Alors afficher s
  Sinon
  Si f(a)×f(s)<0
  Alors b prend la valeur s
  Sinon a prend la valeur s
  Fin Si
  Fin Si
Fin Tant Que
Afficher s.
```

APPLICATION Équation du 5e degré

Soit la fonction $f : x \mapsto x^5 + x^3 + 3$ définie sur $\mathbb{R}$.

1. Démontrer que l'équation $f(x) = 0$ admet une unique solution α dans l'intervalle $[-2\,;0]$.

2. a. Démontrer, en utilisant la méthode de dichotomie, que $\alpha \in [-1{,}125\,;-1]$.

b. Utiliser la méthode de balayage pour donner un encadrement de α à 0,001 près.

POINT MÉTHODE

1. Appliquez le théorème des valeurs intermédiaires sur l'intervalle $[-2\,;-1]$.

2. a. Calculez l'image par f du milieu de l'intervalle $[-2\,;0]$, puis réitérez le procédé jusqu'à ce que vous obteniez le résultat annoncé.

b. Reportez-vous au paragraphe **I**. Valeur de départ : $-1{,}125$; pas : 0,001.

Solution

1. f est une fonction polynôme, donc f est dérivable sur $\mathbb{R}$, et pour tout réel x, $f'(x) = 5x^4 + 3x^2 = x^2(5x^2 + 3)$. Pour tout x de $[-2\,;0]$, $f'(x) \geqslant 0$ et f' ne s'annule qu'en 0, donc f est strictement décroissante sur $[-2\,;0]$. De plus, $f(-2) = -37$ et $f(0) = 3$, donc $f(-2) \times f(0) < 0$. L'équation $f(x) = 0$ admet une solution α dans $[-2\,;0]$.

2. a. Le milieu de $[-2\,;0]$ est -1 et $f(-1) = 1 > 0$; donc $\alpha \in [-2\,;-1]$.

$\frac{-2+(-1)}{2} = -1{,}5$

$f(-1{,}5) \approx -7{,}97 < 0$; donc $\alpha \in [-1{,}5\,;-1]$.

$f(-1{,}25) \approx -2 < 0$; donc $\alpha \in [-1{,}25\,;-1]$.

$\frac{-1{,}5+(-1)}{2} = -1{,}25$

$f(-1{,}125) \approx -0{,}23 < 0$; donc $\alpha \in [-1{,}125\,;-1]$.

b. On utilise le résultat précédent pour la valeur de départ $-1{,}106 < \alpha < -1{,}105$.

17 Déterminer l'expression d'un polynôme par identification

La méthode dite d'identification permet de factoriser, par exemple, certains polynômes dont le degré est supérieur ou égal à 3.

RAPPEL DE COURS

I Factorisation d'un polynôme

Si x_0 est une racine d'un polynôme P de degré p, alors il existe un polynôme Q de degré $p-1$ tel que pour tout x réel, $P(x)=(x-x_0)Q(x)$.

Exemple : Le polynôme défini sur $\mathbb{R}$ par $P(x)=x^3-7x+6$ admet une racine évidente 1. En effet, $P(1)=0$.

Il existe donc un polynôme Q de degré 2 et trois réels a, b et c tels que pour tout réel x, $P(x)=(x-1)(ax^2+bx+c)$.

II Méthode d'identification

L'objectif est alors de déterminer les coefficients du polynôme Q défini sur $\mathbb{R}$ par $Q(x)=ax^2+bx+c$. Pour cela, on utilise la propriété suivante :

deux polynômes de même degré sont égaux si, et seulement si, ils ont les mêmes coefficients.

Exemple :

- On développe l'expression factorisée obtenue.

$P(x)=(x-1)(ax^2+bx+c)=ax^3+bx^2+cx-ax^2-bx-c.$

- On réduit et on ordonne l'expression obtenue.

$P(x)=ax^3+(b-a)x^2+(c-b)x-c$.

- On identifie les coefficients des termes de même degré.

Pour tout réel x, $x^3-7x+6=ax^3+(b-a)x^2+(c-b)x-c$

si, et seulement si $\begin{cases} a=1 \\ b-a=0 \\ c-b=-7 \\ -c=6 \end{cases}$

- On résout le système obtenu : $\begin{cases} a=1 \\ b-a=0 \\ c-b=-7 \\ -c=6 \end{cases} \Leftrightarrow \begin{cases} a=1 \\ b=1 \\ c=-6 \end{cases}$
- On conclut : pour tout réel x, $P(x)=(x-1)(x^2+x-6)$.

APPLICATION Déterminer l'expression d'une fonction rationnelle

Soit f la fonction définie sur $\mathbb{R}-\{-3\}$ par $f(x)=\dfrac{-2x^2-5x+4}{x+3}$.

1. Déterminer les réels a, b et c tels que pour tout réel x, $f(x)=ax+b+\dfrac{c}{x+3}$.

2. Calculer $\lim\limits_{x\to+\infty}\left(f(x)-(-2x+1)\right)$.

POINT MÉTHODE

1. Dans l'expression $ax+b+\dfrac{c}{x+3}$, réduisez tous les termes au même dénominateur. Appliquez la méthode d'identification pour le polynôme du second degré obtenu au numérateur.

2. → Fiches 18 à 21

Solution

1. Pour tout réel $x\neq-3$,

$$ax+b+\frac{c}{x+3}=\frac{(ax+b)(x+3)+c}{x+3}=\frac{ax^2+3ax+bx+3b+c}{x+3}$$

soit $ax+b+\dfrac{c}{x+3}=\dfrac{ax^2+(3a+b)x+3b+c}{x+3}$.

Donc pour tout réel x, $f(x)=\dfrac{-2x^2-5x+4}{x+3}=ax+b+\dfrac{c}{x+3}$ équivaut à :

$$\begin{cases} a=-2 \\ 3a+b=-5 \\ 3b+c=4 \end{cases} \Leftrightarrow \begin{cases} a=-2 \\ -6+b=-5 \\ 3b+c=4 \end{cases} \Leftrightarrow \begin{cases} a=-2 \\ b=1 \\ c=1 \end{cases}$$

Ainsi, pour tout réel $x\neq-3$, $f(x)=-2x+1+\dfrac{1}{x+3}$.

2. D'après le résultat précédent :

pour tout réel $x\neq-3$, $f(x)-(-2x+1)=\dfrac{1}{x+3}$.

Ainsi, $\lim\limits_{x\to+\infty}\left(f(x)-(-2x+1)\right)=\lim\limits_{x\to+\infty}\dfrac{1}{x+3}=0$.

Quiz express

Vérifiez que vous avez bien retenu les points clés des **fiches 10 à 17**.

Factoriser une expression dans $\mathbb{R}$

1 La forme factorisée de l'expression $(x-2)^2-49$ est :

- [ ] **a.** $(x+7)(x-7)$
- [ ] **b.** $(x-7)^2$
- [ ] **c.** $(x+5)(x-9)$

FICHE 10

Déterminer l'équation réduite d'une droite

2 Soit $A(-4;2)$ et $B(4;0)$. L'équation réduite de la droite (AB) est :

- [ ] **a.** $y=-0{,}25x+1$
- [ ] **b.** $y=0{,}25x-1$
- [ ] **c.** $y=4x+1$

FICHE 11

Résoudre une équation dans $\mathbb{R}$

3 La solution de l'équation $-5x+1=5(4x-3)$ dans $\mathbb{R}$ est :

- [ ] **a.** $-\dfrac{16}{25}$
- [ ] **b.** $\dfrac{16}{25}$
- [ ] **c.** $\dfrac{25}{16}$

4 L'équation $\ln x - x\ln x = 0$ admet dans $]0;+\infty[$:

- [ ] **a.** deux solutions, 1 et e
- [ ] **b.** deux solutions, 3 et e
- [ ] **c.** une unique solution, 1

5 Dans $\mathbb{R}^*$, l'équation $\dfrac{x-2}{x}=\dfrac{5x-5}{4}$ admet :

- [ ] **a.** aucune solution
- [ ] **b.** deux solutions
- [ ] **c.** une solution

6 L'équation $x^3-2x^2+3=0$ admet dans $]-\infty,-2[$:

- [ ] **a.** aucune solution
- [ ] **b.** deux solutions
- [ ] **c.** une solution

FICHE 12

Résoudre un système de deux équations à deux inconnues

7 L'ensemble des solutions du système $\begin{cases}-10x+2y=4\\4x-y=-1\end{cases}$ est :

- [ ] **a.** $S=\{(-1;-3)\}$
- [ ] **b.** $S=\{(-1;3)\}$
- [ ] **c.** $S=\varnothing$

FICHE 13

Résoudre une inéquation dans $\mathbb{R}$

8 L'ensemble des solutions dans $\mathbb{R}$ de l'inéquation $(x-5)(2x+1)-5(x-5)>0$ est :

☐ **a.** $S=\left]2;5\right[$

☐ **b.** $S=\left]-\infty;2\right[\cup\left]5;+\infty\right[$

☐ **c.** $S=\left]-\infty;2\right[\cup\left]-5;+\infty\right[$

FICHE 14

Équation du type *f*(*x*) = *k*

9 On donne ci-dessous les variations d'une fonction f définie sur $\mathbb{R}$:

x	$-\infty$		-1		3		$+\infty$
$f(x)$	$-\infty$	↗	5	↘	-2	↗	$+\infty$

L'équation $f(x)=-1$ admet, dans $\mathbb{R}$:

☐ **a.** une solution ☐ **b.** deux solutions ☐ **c.** trois solutions

FICHE 15

Encadrer une solution d'une équation du type *f*(*x*) = *k*

10 On sait que l'équation $x^3+x^2-5=0$ admet une solution unique α dans $\mathbb{R}$. Alors :

☐ **a.** $0<\alpha<1$ ☐ **b.** $1,3<\alpha<1,4$ ☐ **c.** $-0,7<\alpha<-0,6$

FICHE 16

Utiliser la méthode d'identification

11 2 étant une solution de l'équation $x^3+3x^2-16x+12$, on sait qu'il existe trois réels a, b et c tels que $x^3+3x^2-16x+12=(x-2)(ax^2+bx+c)$. Alors :

☐ **a.** $a=1$, $b=-4$ et $c=-4$

☐ **b.** $a=1$, $b=5$ et $c=6$

☐ **c.** $a=1$, $b=5$ et $c=-6$

FICHE 17

RÉPONSES

1. c • **2.** a • **3.** b • **4.** c • **5.** a • **6.** c • **7.** a • **8.** b • **9.** c • **10.** b • **11.** c.

SUJET 7 | Équations, inéquations et position relative de deux courbes

DURÉE 40 MIN

→ **Fiche 10** Factoriser une expression dans $\mathbb{R}$
→ **Fiche 11** Déterminer l'équation réduite d'une droite
→ **Fiche 12** Résoudre une équation dans $\mathbb{R}$
→ **Fiche 14** Étudier le signe d'une expression
→ **Fiche 17** Déterminer l'expression d'un polynôme par identification

PARTIE A Étude d'un polynôme du troisième degré

Soit P le polynôme défini sur $\mathbb{R}$ par $P(x)=6x^3+x^2-4x+1$.

1. Démontrer que $\frac{1}{3}$ est une solution de l'équation $P(x)=0$.

2. a. Justifier qu'il existe trois réels a, b et c tels que :
pour tout réel x, $P(x)=(3x-1)(ax^2+bx+c)$.

b. Déterminer par identification les trois réels ainsi définis.

3. Résoudre dans $\mathbb{R}$ l'équation $P(x)=0$.

4. Résoudre dans $\mathbb{R}$ l'inéquation $P(x)\geqslant 0$.

PARTIE B Position relative d'une courbe et d'une droite

Dans un repère orthonormé $(O;\vec{i},\vec{j})$, on considère les points $A\left(\frac{1}{3};0\right)$ et $B(2;5)$. On note $\mathscr{C}$ la courbe représentative du polynôme P.

1. Déterminer l'équation réduite de la droite (AB).

2. Étudier la position relative de la courbe $\mathscr{C}$ et de la droite (AB).

DÉMARRONS ENSEMBLE

PARTIE A

1. Calculez $P\left(\frac{1}{3}\right)$.

2. a. Référez-vous au rappel sur la factorisation d'un polynôme. → **Fiche 17**

3. Un produit est nul si et seulement si l'un des facteurs est nul. → **Fiche 12**

4. Étudiez le signe du polynôme P en utilisant un tableau de signes. → **Fiche 14**

PARTIE B

1. Calculez d'abord le coefficient directeur de la droite. → **Fiche 11**

2. Étudier la position relative de deux courbes $\mathscr{C}_f$ et $\mathscr{C}_g$ revient à étudier le signe de la différence $f(x)-g(x)$ (ou $g(x)-f(x)$).

CORRIGÉ

PARTIE A Étude d'un polynôme du troisième degré

1. Démontrer qu'un nombre est une racine d'un polynôme

$$P\left(\frac{1}{3}\right)=6\left(\frac{1}{3}\right)^3+\left(\frac{1}{3}\right)^2-4\left(\frac{1}{3}\right)+1=\frac{6}{27}+\frac{1}{9}-\frac{4}{3}+1=0$$

2. a. Factoriser un polynôme

$\frac{1}{3}$ est solution de P, donc il existe un polynôme du second degré Q tel que pour tout réel x, $P(x)=\left(x-\frac{1}{3}\right)Q(x)\ =(3x-1)\frac{Q(x)}{3}$.

Ainsi, il existe trois réels a, b et c tels que pour tout réel x,

$P(x)=(3x-1)(ax^2+bx+c)$.

b. Déterminer une expression par la méthode d'identification

Pour tout réel x, $(3x-1)(ax^2+bx+c)=3ax^2+(3b-a)x^2+x(3c-b)-c$ et $P(x)=6x^3+x^2-4x+1$. D'où, par identification des coefficients :

$$\begin{cases}3a=6\\3b-a=1\\3c-b=-4\\-c=1\end{cases}, \text{ c'est-à-dire } \begin{cases}a=2\\b=1\\c=-1\end{cases}$$

Donc, pour tout réel x, $P(x)=(3x-1)(2x^2+x-1)$.

3. Résoudre une équation produit

$P(x)=0 \Leftrightarrow (3x-1)(2x^2+x-1)=0 \Leftrightarrow$
$3x-1=0$ ou $2x^2+x-1=0$

Résolvons l'équation du second degré : $2x^2+x-1=0$

$\Delta=1^2-4\times2\times(-1)=9$; $\Delta>0$, donc l'équation $2x^2+x-1=0$ admet deux solutions : $x_1=\frac{-1-3}{4}=-1$ et $x_1=\frac{-1+3}{4}=\frac{1}{2}$.

> On peut aussi remarquer que – 1 est une solution particulière.

L'équation $P(x)=0$ admet trois solutions dans $\mathbb{R}$: -1, $\frac{1}{3}$ et $\frac{1}{2}$.

4. Étudier le signe d'une expression

Étudions le signe du polynôme P.

Le polynôme $2x^2+x-1$ a le signe de $a=2$ à l'extérieur de ses racines.

De plus, $3x-1 \geqslant 0 \Leftrightarrow x \geqslant \frac{1}{3}$. On en déduit le tableau de signe suivant :

x	$-\infty$		-1		$\frac{1}{3}$		$\frac{1}{2}$		$+\infty$
$3x-1$		$-$		$-$	0	$+$		$+$	
$2x^2+x-1$		$+$	0	$-$		$-$	0	$+$	
$P(x)$		$-$	0	$+$	0	$-$	0	$+$	

L'ensemble des solutions dans $\mathbb{R}$ de l'inéquation $P(x) \geqslant 0$ est donc :

$$S = \left[-1 ; \frac{1}{3}\right] \cup \left[\frac{1}{2} ; +\infty\right[.$$

PARTIE B Position relative d'une courbe et d'une droite

1. Déterminer l'équation réduite d'une droite

$A\left(\frac{1}{3} ; 0\right)$ et $B(2 ; 5)$, donc la droite (AB) a pour coefficient directeur : $m = \frac{5}{2-\frac{1}{3}} = \frac{5}{\frac{5}{3}} = 3$.

L'ordonnée à l'origine p de la droite (AB) est donnée par l'égalité suivante : $p = 5 - 3 \times 2 = -1$.

Par conséquent, la droite (AB) admet pour équation réduite : $y = 3x-1$.

$m = \frac{y_B - y_A}{x_B - x_A}$
→ Fiche 11

$p = y_B - mx_B$ ou
$p = y_A - mx_A$
→ Fiche 11

2. Étudier la position relative de deux courbes

Pour déterminer la position relative de $\mathscr{C}$ et (AB), on étudie le signe de la différence $P(x)-(3x-1)$. Pour tout réel x,
$P(x)-(3x-1) = (3x-1)(2x^2+x-1)-(3x-1) = (3x-1)(2x^2+x-2)$. Résolvons l'équation du second degré : $2x^2+x-2=0$.

$\Delta = 1^2 - 4 \times 2 \times (-2) = 17$; $\Delta > 0$, donc l'équation $2x^2+x-2=0$ admet deux solutions : $x_1 = \frac{-1-\sqrt{17}}{4}$ et $x_2 = \frac{-1+\sqrt{17}}{4}$.

Le polynôme $2x^2+x-2$ a le signe de $a=2$ à l'extérieur de ses racines.

De plus, $3x-1 \geqslant 0 \Leftrightarrow x \geqslant \frac{1}{3}$. On en déduit le tableau de signes suivant :

x	$-\infty$		$\frac{-1-\sqrt{17}}{4}$		$\frac{1}{3}$		$\frac{-1+\sqrt{17}}{4}$		$+\infty$
$3x-1$		$-$		$-$	0	$+$		$+$	
$2x^2+x-2$		$+$	0	$-$		$-$	0	$+$	
$P(x)-(3x-1)$		$-$	0	$+$	0	$-$	0	$+$	

Pour tout x de $\left]-\infty;\frac{-1-\sqrt{17}}{4}\right[$ et $\left]\frac{1}{3};\frac{-1+\sqrt{17}}{4}\right[$, $P(x)-(3x-1)<0$, donc la courbe $\mathscr{C}$ est en dessous de la droite (AB) sur ces intervalles.

Pour tout x de $\left]\frac{-1-\sqrt{17}}{4};\frac{1}{3}\right[$ et $\left]\frac{-1+\sqrt{17}}{4};+\infty\right[$, $P(x)-(3x-1)>0$, donc la courbe $\mathscr{C}$ est au-dessus de la droite (AB) sur ces intervalles.

$\mathscr{C}$ et (AB) se coupent aux points d'abscisses $\frac{-1-\sqrt{17}}{4}$, $\frac{1}{3}$ et $\frac{-1+\sqrt{17}}{4}$.

SUJET 8 | Valeurs intermédiaires et position relative

DURÉE 40 MIN

➜ **Fiche 14** Étudier le signe d'une expression
➜ **Fiche 15** Étudier une équation du type $f(x)=k$
➜ **Fiche 16** Utiliser la méthode de balayage ou de dichotomie
➜ **Fiche 22** Calculer la dérivée d'une fonction
➜ **Fiche 25** Dresser le tableau de variation d'une fontion dérivable

Soit f et g les fonctions définies sur $\mathbb{R}$ par :

$f(x)=x^3-x^2+x+2$ et $g(x)=x+2$.

Leurs représentations graphiques respectives sont notées $\mathscr{C}_f$ et $\mathscr{C}_g$.

PARTIE A Étude de la fonction f

1. Étudier les variations de f sur $\mathbb{R}$.

2. a. Démontrer que l'équation $f(x)=0$ admet une solution unique α dans $[-1;0]$. Qu'en est-il sur $\mathbb{R}$?

b. Donner un encadrement de α à 10^{-3} près à l'aide d'une calculatrice.

PARTIE B Position relative de deux courbes

1. Étudier la position relative des courbes $\mathscr{C}_f$ et $\mathscr{C}_g$.

2. Tracer les courbes $\mathscr{C}_f$ et $\mathscr{C}_g$.

DÉMARRONS ENSEMBLE

PARTIE A

1. Pour étudier les variations de la fonction f, commencez par calculer sa dérivée. Étudiez son signe puis concluez. ➜ **Fiches 22 et 25**

2. a. Il ne s'agit pas ici de résoudre l'équation $f(x)=0$; vous n'y arriverez pas ! Vous avez prouvé la stricte monotonie de f sur $\mathbb{R}$, pensez alors au théorème des valeurs intermédiaires et vérifiez si les conditions d'application sont réunies. → **Fiches 13, 14 et 15**

b. Utilisez la méthode de balayage. → **Fiche 16**

PARTIE B

1. Factorisez l'expression $f(x)-g(x)$ avant d'étudier son signe. → **Fiche 13**

CORRIGÉ

PARTIE A Étude de la fonction *f*

1. Étudier les variations d'une fonction

f est une fonction polynôme, donc elle est dérivable sur $\mathbb{R}$ et pour tout réel x, $f'(x)=3x^2-2x+1$.

Le discriminant du trinôme $3x^2-2x+1$ est $\Delta=4-12=-8<0$.

$\Delta<0$, donc le trinôme $3x^2-2x+1$ est strictement positif sur $\mathbb{R}$.

Du signe de $a=3$.

Ainsi, pour tout réel x, $f'(x)>0$,
ce qui signifie que la fonction f est strictement croissante sur $\mathbb{R}$.

2. a. Étudier une équation du type $f(x) = k$

• La fonction f est continue et strictement croissante sur $[-1;0]$.

De plus, $f(0)=2$ et $f(-1)=-1$, donc $f(0)\times f(-1)<0$.

Donc, d'après le théorème des valeurs intermédiaires, l'équation $f(x)=0$ admet une solution unique α dans l'intervalle $]-1;0[$.

• Sur $]-\infty;\alpha[$, la fonction f est strictement croissante. Ainsi, pour tout x de $]-\infty;\alpha[$, $f(x)<f(\alpha)$ avec $f(\alpha)=0$. L'équation $f(x)=0$ n'admet donc pas de solution dans $]-\infty;\alpha[$. Il en est de même sur $]\alpha;+\infty[$.

L'équation $f(x)=0$ admet donc une solution unique, α, dans $\mathbb{R}$.

b. Avec une calculatrice, on obtient :

X	Y1
-1	-1
-.9	-.439
-.8	.048
-.7	.467
-.6	.824
-.5	1.125
-.4	1.376

X=-.9

X	Y1
-.86	-.2357
-.85	-.1866
-.84	-.1383
-.83	-.0907
-.82	-.0438
-.81	.00246
-.8	.048

X=-.82

X	Y1
-.815	-.0206
-.814	-.0159
-.813	-.0113
-.812	-.0067
-.811	-.0021
-.81	.00246
-.809	.00704

X=-.811

On en déduit que : $-0{,}811<\alpha<-0{,}810$.

PARTIE B Position relative de deux courbes

1. Étudier la position relative de deux courbes

Pour tout réel x, $f(x)-g(x)=x^3-x^2=x^2(x-1)$.

Pour tout réel x, $x^2 \geqslant 0$, donc $f(x)-g(x)$ a le signe de $x-1$.

> Vous êtes ici dans une étude de signe. Ayez donc le réflexe « factorisation » !

Par conséquent, la courbe $\mathscr{C}_f$ est en dessous de la courbe $\mathscr{C}_g$ sur $]-\infty;0]$ et sur $[0;1]$, elle est au-dessus de $\mathscr{C}_g$ sur $[1;+\infty[$.

$\mathscr{C}_f$ et $\mathscr{C}_g$ sont sécantes aux points d'abscisses 0 et 1.

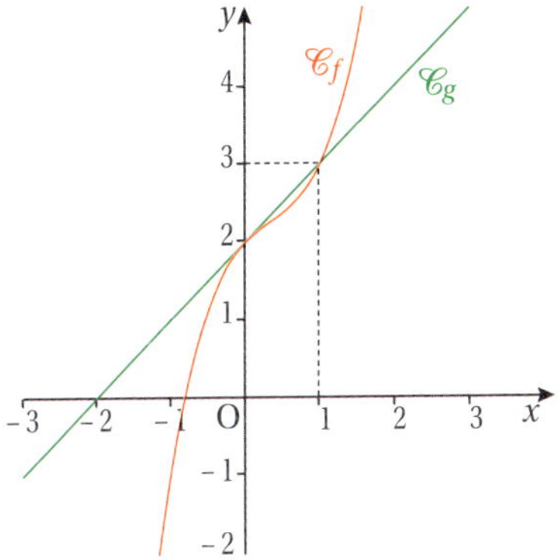

2. Représenter graphiquement deux fonctions

g est une fonction affine, sa représentation graphique est une droite.

Elle passe par les points de coordonnées (0 ; 2) et (1 ; 3), qui sont ses points d'intersection avec la courbe $\mathscr{C}_f$.

SUJET 9 | Utilisation d'une fonction auxiliaire

DURÉE 50 MIN

- → Fiche 14 Étudier le signe d'une expression
- → Fiche 15 Étudier une équation du type $f(x) = k$
- → Fiche 16 Utilisez la méthode de balayage ou de dichotomie
- → Fiche 18 Déterminer la limite d'une fonction
- → Fiche 22 Calculer la dérivée d'une fonction
- → Fiche 25 Dresser le tableau de variation d'une fonction dérivable
- → Fiche 32 Connaître la courbe représentative de la fontion logarithme népérien

PARTIE A

Soit u la fontion définie sur $]0;+\infty[$ par $u(x)=x^2-2+\ln x$.

1. a. Étudier les variations de u sur $]0;+\infty[$.

b. Déterminer la limite de u en 0 et en $+\infty$.

2. a. Démontrer que l'équation $u(x)=0$ admet une solution unique dans l'intervalle $]0;+\infty[$. On note α cette solution.

b. Justifier que $1<\alpha<2$.

c. Déterminer, avec une calculatrice, un encadrement d'amplitude 10^{-3} de α.

3. Déterminer le signe de $u(x)$ suivant les valeurs de x.

4. Démontrer l'égalité $\ln\alpha = 2 - \alpha^2$.

PARTIE B

On considère la fonction f définie sur $]0;+\infty[$ par :

$$f(x) = x^2 + (2 - \ln x)^2.$$

f est dérivable sur $]0;+\infty[$ et on note f' sa fonction dérivée sur $]0;+\infty[$.

1. Exprimer, pour tout x de $]0;+\infty[$, $f'(x)$ en fonction de $u(x)$.

2. En déduire les variations de f sur $]0;+\infty[$.

DÉMARRONS ENSEMBLE

PARTIE A

1. Ne vous lancez pas dans le calcul de la dérivée de u. Considérez la fonction u comme une somme de deux fonctions. → **Fiche 22**

2. Il ne s'agit pas ici de résoudre l'équation $u(x) = 0$. Appliquez le théorème des valeurs intermédiaires. → **Fiche 15**

3. Utilisez les variations de u sur deux intervalles en sachant que $u(\alpha) = 0$.

4. Manipulez judicieusement l'égalité $u(\alpha) = 0$.

PARTIE B

1. Attention : utilisez les bonnes formules de dérivation ! → **Fiche 22**

2. Pour étudier les variations de f, étudiez le signe de $f'(x)$. Pour cela, pensez à utiliser la fonction u. → **Fiche 25**

CORRIGÉ

PARTIE A

1. Étudier les variations et les limites d'une fonction

a. La fonction usuelle $x \mapsto x^2$ est strictement croissante sur $]0;+\infty[$, donc la fonction $x \mapsto x^2 - 2$ est strictement croissante sur $]0;+\infty[$.

La fonction ln est strictement croissante sur $]0;+\infty[$.

→ Fiche 32

Par conséquent, la fonction u, somme de ces deux fonctions, est strictement croissante sur $]0;+\infty[$.

b. $\lim\limits_{x\to 0}(x^2 - 2) = -2$ et $\lim\limits_{x\to 0} \ln x = -\infty$; d'où, par somme : $\lim\limits_{x\to 0} u(x) = -\infty$.

Il faut connaître par cœur les limites usuelles. → Fiche 18

$\lim\limits_{x\to +\infty}(x^2 - 2) = +\infty$ et $\lim\limits_{x\to +\infty} \ln x = +\infty$; d'où, par somme : $\lim\limits_{x\to +\infty} u(x) = +\infty$.

2. a. Démontrer qu'une équation admet une solution unique

D'après l'étude précédente, la fonction u, continue, est strictement croissante sur $]0\,;+\infty[$ et à valeurs dans $u(]0\,;+\infty[) = \mathbb{R}$. De plus, $0 \in u(]0\,;+\infty[)$.

D'après le théorème des valeurs intermédiaires, l'équation $u(x) = 0$ admet une solution unique dans $]0\,;+\infty[$, notée α.

> Vous devez utiliser les limites de la fonction car l'intervalle d'étude est ici ouvert.

b. $u(1) = 1 - 2 + \ln 1 = -1$

et $u(2) = 4 - 2 + \ln 2 = 2 + \ln 2 > 0$ car $\ln 2 > 0$.

$u(1) \times u(2) < 0$, donc α appartient à l'intervalle $[1\,;2]$.

> La fonction ln est strictement croissante sur $]0\,;+\infty[$ et $\ln 1 = 0$.

c. Encadrer la solution d'une équation

X	Y1
1	-1
1.1	-.6947
1.2	-.3777
1.3	-.0476
1.4	.29647
1.5	.65547
1.6	1.03

X=1.3

X	Y1
1.3	-.0476
1.31	-.0139
1.32	.02003
1.33	.05408
1.34	.08827
1.35	.1226
1.36	.15708

X=1.31

X	Y1
1.31	-.0139
1.311	-.0105
1.312	-.0071
1.313	-.0037
1.314	-3E-4
1.315	.00306
1.316	.00645

X=1.314

On en déduit que $1{,}314 < \alpha < 1{,}315$.

> On prend 1 pour valeur de début avec un pas de 0,1. On « affine » l'encadrement au fur et à mesure.
> → Fiche 16

3. Déterminer le signe d'une fonction

u est strictement croissante sur $]0\,;+\infty[$;

donc, pour tout réel x tel que $0 < x < \alpha$, $u(x) < u(\alpha)$.

Or, $u(\alpha) = 0$; donc pour tout x de $]0\,;\alpha[$, $u(x) < 0$.

De même, pour tout réel x tel que $\alpha < x$, $u(\alpha) < u(x)$.

Donc pour tout x de $]\alpha\,;+\infty[$, $u(x) > 0$.

4. Démontrer une égalité

$u(\alpha) = 0 \Leftrightarrow \alpha^2 - 2 + \ln\alpha = 0 \Leftrightarrow \ln\alpha = 2 - \alpha^2$.

PARTIE B

1. Calculer la dérivée d'une fonction

La fonction f est la somme de la fonction *carrée* et de la fonction $h : x \mapsto (2 - \ln x)^2$.

Sur $]0\,;+\infty[$, h est de la forme $x \mapsto [g(x)]^2$, avec $g(x) = 2 - \ln x$.

Donc pour tout x de $]0\,;+\infty[$, $h'(x) = 2g'(x)g(x)$.

> Il est inutile de justifier la dérivabilité, celle-ci est affirmée dans l'énoncé.

Or, pour tout x de $]0\,;+\infty[$, $g'(x)=-\dfrac{1}{x}$, donc

$$h'(x)=2\times\left(-\frac{1}{x}\right)(2-\ln x)=-\frac{2}{x}(2-\ln x).$$

On en déduit, par somme, que pour tout x de $]0\,;+\infty[$,

$$f'(x)=2x+\left(-\frac{2}{x}(2-\ln x)\right)=\frac{2x^2-2(2-\ln x)}{x}=\frac{2\left(x^2-2+\ln x\right)}{x}.$$

Ainsi, pour tout x de $]0\,;+\infty[$, $f'(x)=\dfrac{2u(x)}{x}$.

Pour tout x de $]0\,;+\infty[$, $(\ln)'(x)=\dfrac{1}{x}$

→ Fiche 24

2. Déterminer les variations d'une fonction

Pour tout x de $]0\,;+\infty[$, $f'(x)=\dfrac{2u(x)}{x}$, donc $f'(x)$ a le signe de $u(x)$ déterminé en A 3..

Pour tout x de $]0\,;\alpha[$, $u(x)<0$;

donc f est strictement décroissante sur $]0\,;\alpha]$.

Pour tout x de $]\alpha\,;+\infty[$, $u(x)>0$;

donc f est strictement croissante sur $[\alpha\,;+\infty[$.

Attention f' a le même signe que u, mais pas les mêmes variations !

ANALYSE

Limites et comportement asymptotique

FICHES

BILAN

SUJETS CORRIGÉS

18 Déterminer la limite d'une fonction

Les limites usuelles et les règles opératoires permettent, le plus souvent, de déterminer la limite, si elle existe, d'une fonction en un réel ou en l'infini.

RAPPEL DE COURS

I En utilisant les limites usuelles

- $\lim_{x \to +\infty} x^n = +\infty$; $\lim_{x \to -\infty} x^n = \begin{cases} +\infty \text{ si } n \text{ est pair} \\ -\infty \text{ si } n \text{ est impair} \end{cases}$
- $\lim_{x \to +\infty} \ln x = +\infty$; $\lim_{x \to 0} \ln x = -\infty$
- $\lim_{x \to +\infty} e^x = +\infty$; $\lim_{x \to -\infty} e^x = 0$; $\lim_{x \to 0}(x \ln x) = 0$
- $\lim_{x \to 0} \dfrac{\ln(1+x)}{x} = 1$;
- $\lim_{x \to 0} \dfrac{e^x - 1}{x} = 1$
- $\lim_{x \to 0} \dfrac{\sin x}{x} = 1$.
- Pour tout $n \in \mathbb{N}^*$: $\lim_{x \to +\infty} \dfrac{e^x}{x^n} = +\infty$; $\lim_{x \to -\infty} x^n e^x = 0$; $\lim_{x \to +\infty} \dfrac{\ln x}{x^n} = 0$.

II En utilisant les règles opératoires

x_0 est un nombre réel, $+\infty$ ou $-\infty$. L et L' désignent des nombres réels.

De plus, F.I. désigne une forme indéterminée. (→ Fiche 19)

On peut retenir les quatre cas sous la forme « $\infty - \infty$ », « $0 \times \infty$ », « $\frac{\infty}{\infty}$ » et « $\frac{0}{0}$ » mais il ne faut pas utiliser ces écritures dans votre copie.

1. Somme et limites

Limite de f en x_0	L	L	L	$+\infty$	$-\infty$	$+\infty$
Limite de g en x_0	L'	$+\infty$	$-\infty$	$+\infty$	$-\infty$	$-\infty$
Limite de $f+g$ en x_0	$L+L'$	$+\infty$	$-\infty$	$+\infty$	$-\infty$	F.I.

2. Produit et limites

Limite de f en x_0	L	$L \neq 0$	$+\infty$	$-\infty$	0
Limite de g en x_0	L'	$+\infty$ ou $-\infty$	$+\infty$	$-\infty$	∞
Limite de $f \times g$ en x_0	$L \times L'$	$+\infty$ ou $-\infty$ (règle des signes)	$+\infty$	$+\infty$	F.I.

3. Quotient et limites

Limite de f en x_0	L	L	$L \neq 0$	$+\infty$ ou $-\infty$	$+\infty$ ou $-\infty$	0
Limite de g en x_0	$L' \neq 0$	$+\infty$ ou $-\infty$	0	L'	$+\infty$ ou $-\infty$	0
Limite de $\frac{f}{g}$ en x_0	$\frac{L}{L'}$	0	$+\infty$ ou $-\infty$ (règle des signes)		F.I.	F.I.

III En décomposant la fonction étudiée

a, ℓ et L sont des nombres réels, $+\infty$ ou $-\infty$.

Si $\lim\limits_{x \to a} g(x) = l$ et $\lim\limits_{x \to l} f(x) = L$, alors $\lim\limits_{x \to a} f(g(x)) = L$.

Exemple : $\ln(x^2+1) = f(g(x))$ avec $f(x) = \ln x$ et $g(x) = x^2+1$.

Or, $\lim\limits_{x \to -\infty} g(x) = +\infty$ et $\lim\limits_{x \to +\infty} f(x) = +\infty$, donc $\lim\limits_{x \to -\infty} \ln(x^2+1) = +\infty$.

APPLICATION Déterminer des limites

Calculer : **1.** $\lim\limits_{x \to 0}(e^x + \ln x)$ **2.** $\lim\limits_{x \to +\infty} -2(x+3)e^x$ **3.** $\lim\limits_{x \to 3} \dfrac{x+5}{x^2-9}$.

POINT MÉTHODE

1. 2. Utilisez les limites usuelles et les règles opératoires.

3. Il faut distinguer deux cas, selon que x tend vers 3 en étant inférieur à 3 ou en étant supérieur à 3, car le dénominateur x^2-9 change de signe en 3.

Solution

1. $\left.\begin{array}{l}\lim\limits_{x \to 0} e^x = e^0 = 1 \\ \lim\limits_{x \to 0} \ln x = -\infty\end{array}\right\}$, d'où, par somme, $\lim\limits_{x \to 0}(e^x + \ln x) = -\infty$.

Voir tableau 1.

2. $\left.\begin{array}{l}\lim\limits_{x \to +\infty} -2(x+3) = -\infty \\ \lim\limits_{x \to +\infty} e^x = +\infty\end{array}\right\}$, d'où, par produit, $\lim\limits_{x \to +\infty} -2(x+3)e^x = -\infty$.

Voir tableau 2.

3. $\lim\limits_{x \to 3}(x+5) = 8$ et $\lim\limits_{x \to 3}(x^2-9) = 0$.

Le trinôme x^2-9 est négatif entre ses racines -3 et 3, et positif ailleurs. Ainsi, quand x tend vers 3 en étant inférieur à 3, x^2-9 tend vers 0 en étant négatif, donc $\lim\limits_{\substack{x \to 3 \\ x<3}} \dfrac{x+5}{x^2-9} = +\infty$.

Quand x tend vers 3 en étant supérieur à 3, x^2-9 tend vers 0 en étant positif, donc $\lim\limits_{\substack{x \to 3 \\ x>3}} \dfrac{x+5}{x^2-9} = +\infty$.

x^2-9 étant au dénominateur, il faut déterminer son signe pour appliquer la règle des signes (voir tableau 3).

19 Déterminer une limite par comparaison

Les théorèmes énoncés dans cette fiche permettent de calculer la limite de certaines fonctions par comparaison à des fonctions dont on connaît la limite.

RAPPEL DE COURS

I En utilisant une majoration ou une minoration

- Soit f et u deux fonctions définies sur $[a\,;+\infty[$.

• Si pour tout $x \geqslant a$, on a $u(x) \leqslant f(x)$ avec $\lim\limits_{x\to+\infty} u(x) = +\infty$, alors $\lim\limits_{x\to+\infty} f(x) = +\infty$.

• Si pour tout $x \geqslant a$, on a $u(x) \geqslant f(x)$ avec $\lim\limits_{x\to+\infty} u(x) = -\infty$, alors $\lim\limits_{x\to+\infty} f(x) = -\infty$.

- On dispose de théorèmes analogues quand x tend vers $-\infty$ ou vers $x_0 \in \mathbb{R}$.

Exemple : Pour tout réel x, $-1 \leqslant \sin x \leqslant 1$,
donc $x \leqslant 1 + x + \sin x \leqslant 2 + x$.

Remarque : Il faut retenir l'encadrement $-1 \leqslant \sin x \leqslant 1$.

Ainsi, $\lim\limits_{x\to+\infty} x = +\infty$; donc $\lim\limits_{x\to+\infty} (1 + x + \sin x) = +\infty$.

D'autre part, $\lim\limits_{x\to-\infty} (2 + x) = -\infty$; donc $\lim\limits_{x\to-\infty} (1 + x + \sin x) = -\infty$.

On utilise l'inégalité $x \leqslant 1 + x + \sin x$ (minoration).

On utilise l'inégalité $1 + x + \sin x \leqslant 2 + x$ (majoration).

II En utilisant le « théorème des gendarmes »

- Soit f, u et v trois fonctions définies sur $[a\,;+\infty[$.

Si pour tout $x \geqslant a$, on a $u(x) \leqslant f(x) \leqslant v(x)$ avec $\lim\limits_{x\to+\infty} u(x) = \lim\limits_{x\to+\infty} v(x) = L$, alors $\lim\limits_{x\to+\infty} f(x) = L$.

- On dispose de théorèmes analogues quand x tend vers $-\infty$ ou vers $x_0 \in \mathbb{R}$.

Exemple : Pour tout réel x, $-1 \leqslant \cos x \leqslant 1$; donc, pour tout $x > 0$,
$-\frac{1}{x} \leqslant \frac{\cos x}{x} \leqslant \frac{1}{x}$.

Or, $\lim\limits_{x\to+\infty} -\frac{1}{x} = \lim\limits_{x\to+\infty} \frac{1}{x} = 0$; par conséquent $\lim\limits_{x\to+\infty} \frac{\cos x}{x} = 0$.

APPLICATION

Utiliser une majoration

Soit f la fonction définie sur $\mathbb{R}$ par $f(x)=\dfrac{x\sin x}{1+x^2}$.

1. Démontrer que pour tout réel x, $|x\,f(x)|\leqslant 1$.

2. En déduire $\lim\limits_{x\to+\infty} f(x)$.

POINT MÉTHODE

1. Commencez par majorer $|\sin x|$ et $\dfrac{x}{1+x^2}$.

2. Utilisez l'inégalité précédente pour $x>0$.

Solution

1. Pour tout réel x, $|x\,f(x)|=\dfrac{x^2|\sin x|}{1+x^2}$ avec $|\sin x|\leqslant 1$ et $\dfrac{x^2}{1+x^2}\leqslant 1$.

Par conséquent, pour tout réel x, $|x\,f(x)|\leqslant 1$.

2. On déduit de l'inégalité précédente que pour tout réel $x>0$, $|f(x)|\leqslant\dfrac{1}{x}$.

Or, $\lim\limits_{x\to+\infty}\dfrac{1}{x}=0$; donc, d'après le théorème de majoration : $\lim\limits_{x\to+\infty} f(x)=0$.

Utiliser le théorème des gendarmes

Soit f la fonction définie sur $]1\,;+\infty[$ par $f(x)=\dfrac{1}{x-\sin x}$.

1. Démontrer que pour tout $x\in\,]1\,;+\infty[$, $\dfrac{1}{x+1}\leqslant f(x)\leqslant\dfrac{1}{x-1}$.

2. Déterminer la limite de f en $+\infty$.

POINT MÉTHODE

1. Partez de l'encadrement $-1\leqslant\sin x\leqslant 1$, vrai pour tout réel x.

2. Utilisez l'encadrement précédent et le théorème des gendarmes.

Solution

1. Pour tout $x\in\,]1\,;+\infty[$, $-1\leqslant\sin x\leqslant 1 \Leftrightarrow x-1\leqslant x-\sin x\leqslant x+1$

$\Leftrightarrow \dfrac{1}{x+1}\leqslant f(x)\leqslant\dfrac{1}{x-1}$.

2. Pour tout $x\in\,]1\,;+\infty[$, $\dfrac{1}{x+1}\leqslant f(x)\leqslant\dfrac{1}{x-1}$.

De plus, $\lim\limits_{x\to+\infty}\dfrac{1}{x+1}=\lim\limits_{x\to+\infty}\dfrac{1}{x-1}=0$.

Donc, d'après le théorème des gendarmes, $\lim\limits_{x\to+\infty}\dfrac{1}{x-\sin x}=0$.

20 Lever l'indétermination d'une limite

Lors d'un calcul de limite, en présence d'une forme indéterminée, on dispose de plusieurs méthodes qui permettent de lever l'indétermination.

RAPPEL DE COURS

En factorisant par le terme de plus haut degré

Exemple : L'étude de $\lim_{x\to+\infty}\left(x^2-x+2\right)$ conduit à une forme indéterminée.

Du type « $+\infty-\infty$ »

Pour tout x non nul, $x^2-x+2=x^2\left(1-\frac{1}{x}+\frac{2}{x^2}\right)$.

$$\left.\begin{array}{l}\lim_{x\to+\infty}x^2=+\infty\\ \lim_{x\to+\infty}\left(1-\frac{1}{x}+\frac{2}{x^2}\right)=1\end{array}\right\}\text{, d'où, par produit : }\lim_{x\to+\infty}\left(x^2-x+2\right)=+\infty.$$

En changeant l'écriture de l'expression

Exemple : L'étude de $\lim_{x\to+\infty}xe^{-x}$ conduit à une forme indéterminée.

Du type « $\infty\times 0$ »

Pour tout x réel, $xe^{-x}=\frac{x}{e^x}$. Or, $\lim_{x\to+\infty}\frac{e^x}{x}=+\infty$; donc, par passage à l'inverse, il s'ensuit que $\lim_{x\to+\infty}\frac{x}{e^x}=\lim_{x\to+\infty}xe^{-x}=0$.

En introduisant un nombre dérivé

Exemple : L'étude de $\lim_{x\to0}\frac{\sin x}{x}$ conduit à une forme indéterminée.

Du type « $\frac{0}{0}$ »

Mais pour tout réel $x\neq0$, $\frac{\sin x}{x}=\frac{\sin x-\sin 0}{x-0}$.

On reconnaît le taux d'accroissement de la fonction sinus entre 0 et x. Or, la fonction sinus est dérivable en 0,

→ Fiches 22 et 27

donc $\lim_{x\to0}\frac{\sin x-\sin 0}{x-0}=\sin'(0)=\cos(0)=1$. Ainsi, $\lim_{x\to0}\frac{\sin x}{x}=1$.

En utilisant la composition de fonctions

Exemple : L'étude de $\lim_{x\to0}\frac{\sin 2x}{2x}$ conduit à une forme indéterminée.

Du type « $\frac{0}{0}$ »

Posons, pour tout réel $x\neq0$, $X=2x$; alors $\frac{\sin 2x}{2x}=\frac{\sin X}{X}$.

Or, $\lim_{x\to0}X=0$ et $\lim_{X\to\infty}\frac{\sin X}{X}=1$; donc d'après le théorème sur la limite de la composée de fonctions, $\lim_{x\to0}\frac{\sin X}{X}=1$, soit $\lim_{x\to0}\frac{\sin 2x}{2x}=1$.

→ Fiche 18

APPLICATION Lever des indéterminations

Calculer les limites suivantes :

1. $\lim\limits_{x \to +\infty} \left(e^{2x} - 2e^x\right)$ **2.** $\lim\limits_{x \to +\infty} \dfrac{e^{3x}}{x^3}$ **3.** $\lim\limits_{x \to 1} \dfrac{\sin(x-1)}{x^2-1}$.

POINT MÉTHODE

1. Factorisez par e^x.

2. Utilisez le nombre dérivée en $\dfrac{\pi}{2}$ de la fonction cosinus.

3. Transformez l'écriture de $\dfrac{e^{3x}}{x^3}$ et utilisez le théorème sur la limite de la composée de deux fonctions.

Solution

1. On est en présence d'une forme indéterminée.

Du type « $\infty - \infty$ »

Pour tout réel x, $e^{2x} - 2e^x = \left(e^x\right)^2 - 2e^x = e^x\left(e^x - 2\right)$.

On factorise par e^x, terme « dominant ».

$\lim\limits_{x \to +\infty} e^x = +\infty$ et $\lim\limits_{x \to +\infty} \left(e^x - 2\right) = +\infty$, d'où, par produit : $\lim\limits_{x \to +\infty} e^x\left(e^x - 2\right) = +\infty$, soit $\lim\limits_{x \to +\infty} \left(e^{2x} - 2e^x\right) = +\infty$.

2. On est en présence d'une forme indéterminée.

Du type « $\dfrac{\infty}{\infty}$ »

Pour tout réel $x \neq 0$, $\dfrac{e^{3x}}{x^3} = \dfrac{(e^x)^3}{x^3} = \left(\dfrac{e^x}{x}\right)^3$.

Pour tout réel $x \neq 0$, on pose $X = \dfrac{e^x}{x}$.

$\lim\limits_{x \to +\infty} X = +\infty$ et $\lim\limits_{X \to +\infty} X^3 = +\infty$; donc $\lim\limits_{x \to +\infty} X^3 = +\infty$, soit $\lim\limits_{x \to +\infty} \dfrac{e^{3x}}{x^3} = +\infty$.

→ Fiche 18

3. On est en présence d'une forme indéterminée.

Du type « $\dfrac{0}{0}$ »

Pour tout réel x, $x \neq -1$ et $x \neq 1$, $\dfrac{\sin(x-1)}{x^2-1} = \dfrac{\sin(x-1)}{(x-1)(x+1)}$.

Pour tout réel x, $x \neq -1$ et $x \neq 1$, on pose $X = x - 1$; alors $x + 1 = X + 2$, et $\dfrac{\sin(x-1)}{x^2-1} = \dfrac{\sin X}{X(X+2)} = \dfrac{\sin X}{X} \times \dfrac{1}{X+2}$.

$\lim\limits_{x \to 1} X = 0$ et $\lim\limits_{X \to 0} \dfrac{\sin X}{X} = 1$; donc $\lim\limits_{x \to 1} \dfrac{\sin X}{X} = 1$.

$\lim\limits_{X \to 0} \dfrac{1}{X+2} = \dfrac{1}{2}$, donc $\lim\limits_{x \to 1} \dfrac{1}{X+2} = \dfrac{1}{2}$.

D'où, par produit, $\lim\limits_{x \to 1} \left(\dfrac{\sin X}{X} \times \dfrac{1}{X+2}\right) = 1 \times \dfrac{1}{2} = \dfrac{1}{2}$, soit $\lim\limits_{x \to 1} \dfrac{\sin(x-1)}{x^2-1} = \dfrac{1}{2}$.

21 Interpréter graphiquement une limite

Certaines limites peuvent se traduire graphiquement par l'existence d'une asymptote horizontale ou verticale à la courbe représentant la fonction étudiée.

RAPPEL DE COURS

I Asymptote horizontale

La droite d'équation $y = b$ est une asymptote horizontale à la courbe représentative de la fonction f lorsque $\lim\limits_{x \to +\infty} f(x) = b$ ou $\lim\limits_{x \to -\infty} f(x) = b$.

Exemple : f est la fonction définie sur $]0\,;+\infty[$ par $f(x) = -\dfrac{1}{x} + 2$.

Or, $\lim\limits_{x \to +\infty}\left(-\dfrac{1}{x}+2\right) = 2$, donc la droite Δ d'équation $y = 2$ est une asymptote horizontale à la courbe représentative de f.

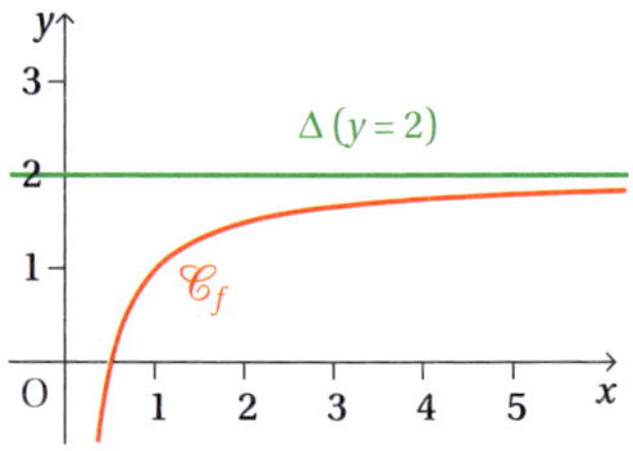

II Asymptote verticale

La droite d'équation $x = a$ est une asymptote verticale à la courbe représentative de la fonction f lorsque $\lim\limits_{x \to a} f(x) = +\infty$ ou $\lim\limits_{x \to a} f(x) = -\infty$.

Exemple : f est la fonction définie sur $]2\,;+\infty[$ par $f(x) = \dfrac{1}{(x-2)^2}$.

Or, $\lim\limits_{x \to 2} \dfrac{1}{(x-2)^2} = +\infty$,

donc la droite Δ d'équation $x = 2$ est une asymptote verticale à la courbe représentative de f.

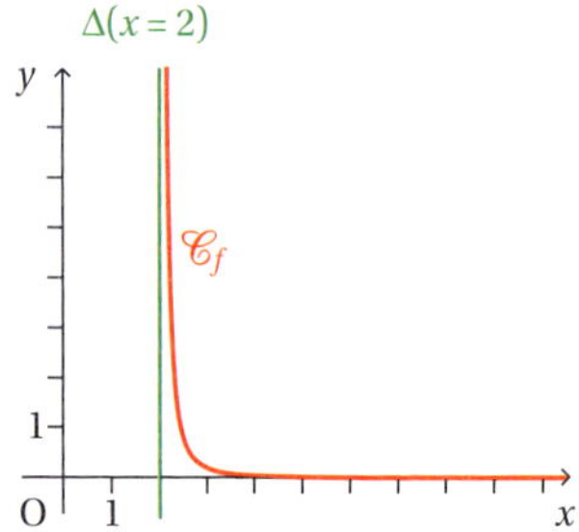

APPLICATION Démontrer qu'une courbe admet des asymptotes

Soit f la fonction définie sur $]0;+\infty[$ par $f(x)=\dfrac{-1+\ln x}{x}$.

Démontrer que la courbe $\mathscr{C}$ représentative de f admet une asymptote horizontale et une asymptote verticale.

POINT MÉTHODE

On détermine la limite de f en 0 et la limite de f en $+\infty$.

Solution

- $\lim\limits_{x\to 0} \ln x=-\infty$, donc $\lim\limits_{x\to 0}(-1+\ln x)=-\infty$, et x tend vers 0 en restant positif, donc, par quotient, $\lim\limits_{x\to 0} f(x)=-\infty$.

Ainsi, la courbe $\mathscr{C}$ admet l'axe des ordonnées pour asymptote verticale.

- $\lim\limits_{x\to+\infty} \ln x=+\infty$, donc $\lim\limits_{x\to+\infty}(-1+\ln x)=+\infty$.

On est en présence d'une forme indéterminée.

Du type « $\dfrac{\infty}{\infty}$ »

Pour tout réel $x>0$, $\dfrac{-1+\ln x}{x}=-\dfrac{1}{x}+\dfrac{\ln x}{x}$.

$\lim\limits_{x\to+\infty} -\dfrac{1}{x}=0$ et $\lim\limits_{x\to+\infty} \dfrac{\ln x}{x}=0$; donc, par somme, $\lim\limits_{x\to+\infty} f(x)=0$.

C'est une limite usuelle à connaître.
➜ Fiche 18

Ainsi, la courbe $\mathscr{C}$ admet l'axe des abscisses pour asymptote verticale.

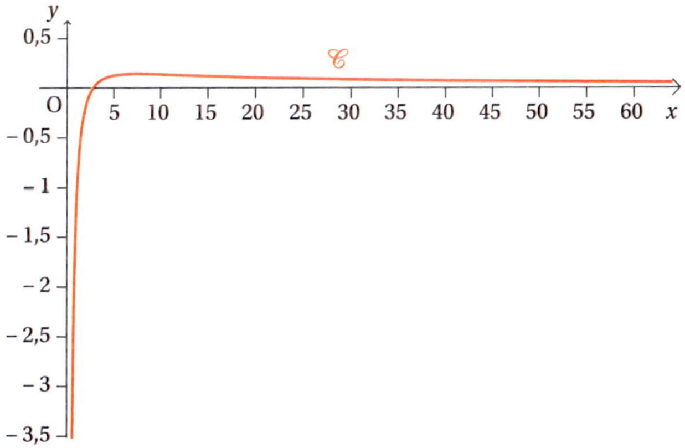

Quiz express

Vérifiez que vous avez bien retenu les points clés des **fiches 18 à 21**.

Déterminer la limite d'une fonction

1 La limite $\lim\limits_{x \to +\infty} \sqrt{1+\frac{1}{x}}$ est égale à :

- ☐ **a.** 2
- ☐ **b.** 1
- ☐ **c.** $+\infty$

2 La limite $\lim\limits_{x \to \infty} (x^2 \ln x + e^{-x})$ est :

☐ **a.** $+\infty$ ☐ **b.** 0 ☐ **c.** une forme indéterminée

FICHE 18

Déterminer une limite par comparaison

3 Si pour tout $x \geqslant 2$, $x^2 \leqslant f(x)$, alors on peut en déduire que :

☐ **a.** $\lim\limits_{x \to +\infty} f(x) = 0$ ☐ **b.** $\lim\limits_{x \to -\infty} f(x) = +\infty$ ☐ **c.** $\lim\limits_{x \to +\infty} f(x) = +\infty$

4 La limite $\lim\limits_{x \to +\infty} \frac{\sin x}{x}$ est égale à :

☐ **a.** 0 ☐ **b.** $+\infty$ ☐ **c.** n'existe pas

5 Soit *f* et *g* deux fonction définies sur $]-\infty ; 0]$.
Si pour tout $x \leqslant 0$, $f(x) \leqslant g(x)$ et $\lim\limits_{x \to -\infty} g(x) = +\infty$, alors $\lim\limits_{x \to -\infty} f(x) = +\infty$.

☐ **a.** Vrai ☐ **b.** Faux

FICHE 19

Lever l'indétermination d'une limite

6 En $+\infty$, la fonction définie sur $]1 ; +\infty[$ par $f(x) = \frac{(x-1)^2}{2x^2-3}$:

☐ **a.** n'admet pas de limite ☐ **b.** a pour limite $\frac{1}{2}$ ☐ **c.** a pour limite $+\infty$

7 La limite $\lim\limits_{x \to 2} \frac{x^2-4}{x-2}$ est égale à :

☐ **a.** 0 ☐ **b.** $+\infty$ ☐ **c.** 4

FICHE 20

Interpréter graphiquement une limite

8 f est une fonction telle que $\lim\limits_{x\to+\infty} f(x)=-5$, et $\mathscr{C}$ est sa courbe représentative.

- ☐ **a.** $\mathscr{C}$ admet une asymptote verticale d'équation $x=-5$
- ☐ **b.** On ne peut rien en déduire pour $\mathscr{C}$
- ☐ **c.** $\mathscr{C}$ admet une asymptote horizontale d'équation $y=-5$

9 f est une fonction telle que $\lim\limits_{x\to-5} f(x)=+\infty$, et $\mathscr{C}$ est sa courbe représentative.

- ☐ **a.** $\mathscr{C}$ admet une asymptote verticale d'équation $x=-5$.
- ☐ **b.** On ne peut rien en déduire pour $\mathscr{C}$.
- ☐ **c.** $\mathscr{C}$ admet une asymptote horizontale d'équation $y=-5$.

10 $\mathscr{C}$ désigne la courbe représentative de la fonction f définie sur $]-\infty;2[$ par $f(x)=\dfrac{-2x^2+7x-8}{x-2}$.

- ☐ **a.** $\mathscr{C}$ admet une asymptote horizontale d'équation $y=2$
- ☐ **b.** $\mathscr{C}$ admet une asymptote verticale d'équation $x=2$
- ☐ **c.** $\mathscr{C}$ n'admet pas d'asymptote

11 $\mathscr{C}$ désigne la courbe représentative de la fonction f définie sur $]-\infty;+\infty]$ par $f(x)=\dfrac{(2x-1)}{x^2+2}$.

- ☐ **a.** $\mathscr{C}$ admet une asymptote horizontale d'équation $y=4$
- ☐ **b.** $\mathscr{C}$ admet une asymptote verticale d'équation $x=-4$
- ☐ **c.** $\mathscr{C}$ n'admet pas d'asymptote

FICHE 21

RÉPONSES

1. b • **2.** a • **3.** c • **4.** a • **5.** b • **6.** a • **7.** c • **8.** c • **9.** a • **10.** b • **11.** a.

SUJET 10 | Une fonction rationnelle

DURÉE 50 MIN

→ **Fiche 14** Étudier le signe d'une expression
→ **Fiche 15** Étudier une équation du type $f(x) = k$
→ **Fiche 16** Utiliser la méthode de balayage ou de dichotomie
→ **Fiche 17** Déterminer l'expression d'un polynôme par identification
→ **Fiche 18** Déterminer la limite d'une fonction
→ **Fiche 20** Lever l'indétermination d'une limite
→ **Fiche 21** Interpréter graphiquement une limite
→ **Fiche 22** Calculer la dérivée d'une fonction
→ **Fiche 25** Dresser le tableau de variation d'une fonction dérivable

PARTIE A Étude d'une fonction rationnelle

Soit f la fonction définie sur $\mathbb{R}-\{2\}$ par : $f(x)=\dfrac{x^2-x-1}{x-2}$.

On note $\mathscr{C}$ sa courbe représentative dans un repère.

1. Donner les limites de f aux bornes de son ensemble de définition. Interpréter graphiquement. (Pour la limite en 2, on distinguera deux cas.)

2. Étudier les variations de la fonction f sur son ensemble de définition, puis dresser son tableau de variation.

3. a. Donner le nombre de solutions de l'équation $f(x)=0$ dans $\mathbb{R}-\{2\}$.

b. Déterminer ces solutions.

On donnera un encadrement d'amplitude 0,01 de chaque solution.

PARTIE B Comportement asymptotique et position relative

1. Déterminer les nombres a, b et c tels que pour tout réel $x \neq 2$,

$$f(x)=ax+b+\frac{c}{x-2}$$

2. On note d la droite d'équation $y = x + 1$.
Étudier la position relative de la courbe $\mathscr{C}$ et de la droite d.

3. Tracer la courbe $\mathscr{C}$ et la droite d.

DÉMARRONS ENSEMBLE

PARTIE A

1. Pour lever l'indétermination en $+\infty$, pensez à factoriser par le terme de plus haut degré. → **Fiche 20**

2. Déterminez la dérivée de f et étudiez son signe. → **Fiches 22 et 25**

3. a. Vous pouvez déterminer le nombre de solutions à l'aide du tableau de variation de f.

b. Pour déterminer les solutions, considérez des intervalles sur lesquels f est strictement monotone et utilisez le théorème des valeurs intermédiaires.
→ **Fiches 15 et 16**

PARTIE B

1. Procédez par identification des coefficients. → **Fiche 17**

2. Étudiez le signe de la fonction g définie sur $\mathbb{R}-\{2\}$ par $g(x)=f(x)-(x+1)$.

CORRIGÉ

PARTIE A Étude d'une fonction rationnelle

1. Limites de f aux bornes de son ensemble de définition

La fonction f est définie sur $]-\infty\,;2[\cup]2\,;+\infty[$.
Il s'agit donc d'étudier la limite de f en $-\infty$, en 2 et en $+\infty$.

• En $-\infty$ et en $+\infty$, on est en présence d'une forme indéterminée.
Pour lever l'indétermination, on factorise le numérateur et le dénominateur par le terme de plus haut degré du dénominateur.

Pour tout x de $]-\infty\,;2[\cup]2\,;+\infty[$, $x\neq 0$, $\dfrac{x^2-x-1}{x-2}=\dfrac{x\left(x-1-\dfrac{1}{x}\right)}{x\left(1-\dfrac{2}{x}\right)}=\dfrac{x-1-\dfrac{1}{x}}{1-\dfrac{2}{x}}$.

$\lim\limits_{x\to-\infty}\left(x-1-\dfrac{1}{x}\right)=-\infty$ et $\lim\limits_{x\to-\infty}\left(1-\dfrac{2}{x}\right)=1$, d'où, par quotient :

$$\lim_{x\to-\infty} f(x)=-\infty.$$

On démontre de même que $\lim\limits_{x\to+\infty} f(x)=+\infty$.

• $\lim\limits_{x\to 2}\left(x^2-x-1\right)=1$.

Pour étudier le comportement de $f(x)$ quand x tend vers 2, il faut distinguer deux cas :

- si x tend vers 2 en restant inférieur à 2, alors $x-2$ tend vers 0 en restant négatif ; donc, par quotient et d'après la règle des signes, $\lim\limits_{\substack{x\to 2\\ x<2}} f(x)=-\infty$.

- si x tend vers 2 en restant supérieur à 2, alors $x-2$ tend vers 0 en restant positif ; donc, par quotient et d'après la règle des signes, $\lim\limits_{\substack{x\to 2\\ x>2}} f(x)=+\infty$.

• On en déduit que la droite d'équation $x=2$ est asymptote verticale à la courbe $\mathscr{C}$ de f.

→ Fiche 21

2. Variations de f

La fonction f est dérivable sur son ensemble de définition car c'est une fonction rationnelle.

Quotient de fonctions polynômes.

On pose $u(x)=x^2-x-1$ et $v(x)=x-2$. Pour tout réel $x \neq 2$,

$$f'(x)=\frac{u'(x)v(x)-u(x)v'(x)}{v(x)^2}=\frac{(2x-1)(x-2)-\left(x^2-x-1\right)}{(x-2)^2}$$

$$f'(x)=\frac{x^2-4x+3}{(x-2)^2}.$$

Pour tout réel $x \neq 2$, $(x-2)^2>0$ donc $f'(x)$ a le signe de x^2-4x+3.

$\Delta=16-4\times1\times3=4$; $\Delta>0$, donc x^2-4x+3 admet

→ Fiche 12

deux racines réelles $x_1=\frac{4-2}{2}=1$ et $x_2=\frac{4+2}{2}=3$.

On en déduit que $f'>0$ sur $]-\infty;1[\cup]3;+\infty[$, $f'<0$ sur $]1;2[\cup]2;3[$ et s'annule en 1 et 3.

Donc, la fonction f est strictement croissante sur $]-\infty;1]$ et sur $[3;+\infty[$, et elle est strictement décroissante sur $[1;2[$ et sur $]2;3]$.

x	$-\infty$		1		2		3		$+\infty$
$f'(x)$		$+$	0	$-$	‖	$-$	0	$+$	
$f(x)$	$-\infty$	↗	1	↘	$-\infty$ ‖ $+\infty$	↘	5	↗	$+\infty$

3. Résolution de l'équation $f(x)=0$

a. D'après le tableau de variation de f, l'équation $f(x)=0$ admet deux solutions dans $\mathbb{R}-\{2\}$, l'une dans l'intervalle $]-\infty;1[$, l'autre dans l'intervalle $]1;2[$.

b. • La fonction f est strictement croissante et continue sur $]-\infty;1[$. De plus, $\lim_{x\to-\infty} f(x)=-\infty$ et $f(1)=1>0$. D'après le théorème de la bijection, l'équation $f(x)=0$ admet une solution unique α dans $]-\infty;1[$.

• La fonction f est strictement décroissante et continue sur $]1;2[$. De plus, $f(1)=1>0$ et $\lim_{\substack{x\to2\\x<2}} f(x)=-\infty$.

Donc l'équation $f(x)=0$ admet une solution unique α dans $]1;2[$.

• En revanche sur $]2;+\infty[$, f admet un minimum 5 atteint en 3.

Donc pour tout x de $]2;+\infty[$, $f(x)\geqslant5$.

L'équation $f(x)=0$ n'admet donc aucune solution dans $]2;+\infty[$.

• Avec une calculatrice, on obtient :

→ Fiche 16

X	Y_1
-.65	-.0274
-.64	-.0188
-.63	-.0102
-.62	-.0017
-.61	.00686
-.6	.01538
-.59	.0239

X=-.61

$-0{,}62 < \alpha < -0{,}61$

X	Y_1
1.6	.1
1.61	.0459
1.62	-.0116
1.63	-.0727
1.64	-.1378
1.65	-.2071
1.66	-.2812

X=1.61

$1{,}61 < \beta < 1{,}62$

PARTIE B Comportement asymptotique et position relative

1. Déterminer une expression par identification

Pour tout réel $x \neq 2$,

$$ax+b+\frac{c}{x-2}=\frac{(ax+b)(x-2)+c}{x-2}=\frac{ax^2+(b-2a)x-2b+c}{x-2}.$$

Donc, pour tout réel $x \neq 2$,

$$f(x)=ax+b+\frac{c}{x-2} \Leftrightarrow \frac{x^2-x-1}{x-2}=\frac{ax^2+(b-2a)x-2b+c}{x-2}$$

$$\Leftrightarrow a=1 \;\; ; \;\; b-2a=-1 \;\; ; \;\; -2b+c=-1$$

$$\Leftrightarrow a=1 \;\; ; \;\; b=1 \;\; ; \;\; c=1.$$

Donc pour tout réel $x \neq 2$, $f(x)=x+1+\dfrac{1}{x-2}$.

2. Étude de la position relative de $\mathscr{C}$ et d

Pour tout réel $x \neq 2$, $f(x)-(x+1)=\dfrac{1}{x-2}$.

Ainsi, la courbe $\mathscr{C}$ est en dessous de la droite d sur $]-\infty\,;2[$ et au-dessus de la droite d sur $]2\,;+\infty[$.

3. Représentation graphique

Voir ci-contre.

Remarque :

$$\lim_{x\to-\infty}\left(f(x)-(x+1)\right)=\lim_{x\to-\infty}\frac{1}{x-2}=0$$; on dit que la droite d est une **asymptote oblique** à la courbe $\mathscr{C}$.

On a le même résultat et la même interprétation graphique sur $]2\,;+\infty[$.

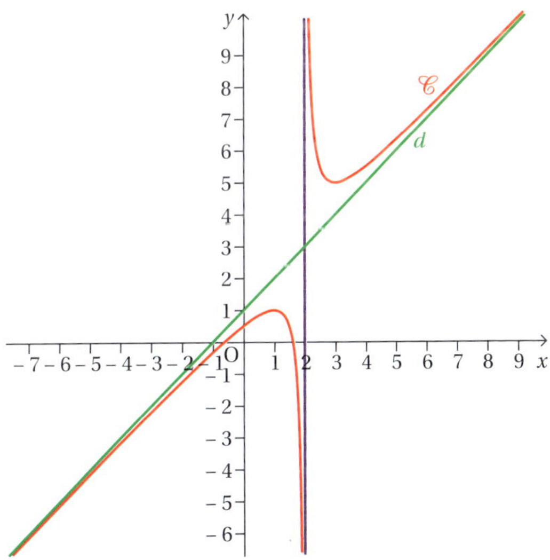

SUJET 11 | Une fonction irrationnelle

DURÉE 60 MIN

→ **Fiche 14** Étudier le signe d'une expression
→ **Fiche 15** Étudier une équation du type $f(x) = k$
→ **Fiche 16** Utiliser la méthode de balayage ou de dichotomie
→ **Fiche 17** Déterminer l'expression d'un polynôme par identification
→ **Fiche 18** Déterminer la limite d'une fonction
→ **Fiche 20** Lever l'indétermination d'une limite
→ **Fiche 21** Interpréter graphiquement une limite
→ **Fiche 22** Calculer la dérivée d'une fonction
→ **Fiche 24** Utiliser les variations de fonction usuelles
→ **Fiche 25** Dresser le tableau de variation d'une fonction dérivable
→ **Fiche 26** Étudier les variations d'une fonction sans utiliser sa dérivée

PARTIE A Question préliminaire

Soit x un réel positif.

1. Démontrer que : $\sqrt{x} > x$ si, et seulement si, $x - x^2 > 0$.

2. En déduire que : $\sqrt{x} > x$ si, et seulement si, $0 < x < 1$.

PARTIE B Étude d'une fonction auxiliaire

Soit f la fonction définie sur $\mathbb{R}^*$ par $f(x) = \dfrac{x}{2} - \dfrac{2}{x}$.
On note $\mathscr{C}$ sa courbe représentative.

1. Déterminer la limite de f en $+\infty$ et en $-\infty$.

2. Déterminer la limite de f en 0. Que peut-on en déduire graphiquement ?

3. Dresser le tableau de variation de f sans utiliser la dérivée de f.

4. Étudier le signe de f.

PARTIE C Étude d'une fonction

Soit g la fonction définie sur $[-2\,;0[\,\cup\,[2\,;+\infty[$ par $g(x) = \sqrt{\dfrac{x}{2} - \dfrac{2}{x}}$.
On note $\mathscr{C}_g$ sa courbe représentative.

1. Étudier les limite de g en $+\infty$ et 0. Que peut-on en déduire ?

2. Dresser le tableau de variations de g, en utilisant les variations de la fonction f.

3. En utilisant le résultat établi dans la partie A, résoudre l'inéquation $g(x) > f(x)$. Que peut-on en déduire ?

4. Tracer les courbes $\mathscr{C}_f$ et $\mathscr{C}_g$.

DÉMARRONS ENSEMBLE

PARTIE A

1. Pour tout réel $x > 0$, $\sqrt{x}^2 = x$ et $\sqrt{x^2} = x$. Utilisez judicieusement les variations des fonctions $x \mapsto x^2$ et $x \mapsto \sqrt{x}$. → **Fiche 24**

2. Factorisez l'expression $x - x^2$ et étudiez son signe. → **Fiche 14**

PARTIE B

2. Distinguez les deux limites $\lim\limits_{\substack{x \to 0 \\ x>0}} f(x)$ et $\lim\limits_{\substack{x \to 0 \\ x<0}} f(x)$. → **Fiches 18 et 22**

3. Utilisez les variations de fonctions de références et le résultat sur la somme de deux fonctions de même sens de variations. → **Fiches 24 et 26**

PARTIE C

1. Remarquez que la fonction g est la composée de deux fonctions à définir. Utilisez le théorème sur la limite de la composée de deux fonctions. → **Fiche 18**

2. Appliquez le théorème sur les variations de la composée de deux fonctions de même sens de variation. → **Fiches 25 et 26**

3. Commencez par démontrer que : $g(x) > f(x) \Leftrightarrow 0 < \dfrac{x^2 - 4}{2x} < 1$.

Étudiez ensuite séparément les deux inégalités. → **Fiche 13**

CORRIGÉ

PARTIE A Question préliminaire

> Pour démontrer $P \Leftrightarrow Q$, on peut démontrer que $P \Rightarrow Q$ et $Q \Rightarrow P$

1. Démontrer une équivalence

Pour tout réel $x > 0$, $\sqrt{x}^2 = x$ et $\sqrt{x^2} = x$.

- Soit x un réel, $x > 0$. La fonction *carrée* est croissante sur $]0\,;+\infty[$, donc : $\sqrt{x} > x \Rightarrow \sqrt{x}^2 > x^2$ soit $\sqrt{x} > x \Rightarrow x > x^2$.
- Soit x un réel, $x > 0$. La fonction *racine carrée* est croissante sur $]0\,;+\infty[$, donc : $x > x^2 \Rightarrow \sqrt{x} > \sqrt{x^2}$, soit $x > x^2 \Rightarrow \sqrt{x} > x$.
- Ainsi, pour tout réel $x > 0$, $\sqrt{x} > x$ si, et seulement si, $x - x^2 > 0$.

2. Pour tout réel $x > 0$, $x - x^2 > 0 \Leftrightarrow x(1-x) > 0 \Leftrightarrow x \in]0\,;1[$.

Or, d'après **1.**, $\sqrt{x} > x \Leftrightarrow x - x^2 > 0$.

Donc, pour tout réel $x > 0$, $\sqrt{x} > x$ si, et seulement si, $0 < x < 1$.

PARTIE B Étude d'une fonction auxiliaire

1. Déterminer les limites d'une fonction

- $\lim\limits_{x \to +\infty} \frac{x}{2} = +\infty$ et $\lim\limits_{x \to +\infty} -\frac{2}{x} = 0$; d'où, par somme, $\lim\limits_{x \to +\infty} f(x) = +\infty$.
- $\lim\limits_{x \to -\infty} \frac{x}{2} = -\infty$ et $\lim\limits_{x \to -\infty} -\frac{2}{x} = 0$; d'où, par somme, $\lim\limits_{x \to -\infty} f(x) = -\infty$.

2. Interpréter graphiquement une limite

- $\lim\limits_{x \to 0} \frac{x}{2} = 0$ et $\lim\limits_{\substack{x \to 0 \\ x > 0}} -\frac{2}{x} = -\infty$; d'où, par somme, $\lim\limits_{\substack{x \to 0 \\ x > 0}} f(x) = -\infty$.
- $\lim\limits_{x \to 0} \frac{x}{2} = 0$ et $\lim\limits_{\substack{x \to 0 \\ x < 0}} -\frac{2}{x} = +\infty$; d'où, par somme, $\lim\limits_{\substack{x \to 0 \\ x < 0}} f(x) = +\infty$.
- L'axe des ordonnées, d'équation $y = 0$, est une asymptote verticale à la courbe $\mathscr{C}_f$.

3. Étudier les variations d'une fonction

- La fonction linéaire $x \mapsto \frac{x}{2}$ a un coefficient directeur positif $\left(\frac{1}{2}\right)$, elle est donc strictement croissante sur $\mathbb{R}$. En particulier, elle est strictement croissante sur $]-\infty\,;0[$ et sur $]0\,;+\infty[$.
- La fonction *inverse* est strictement décroissante sur $]-\infty\,;0[$ et sur $]0\,;+\infty[$, donc la fonction $x \mapsto -\frac{2}{x}$ est strictement croissante sur $]-\infty\,;0[$ et sur $]0\,;+\infty[$.
- La fonction f est donc strictement croissante sur $]-\infty\,;0[$ et sur $]0\,;+\infty[$, comme somme de deux fonctions strictement croissantes.
- Tableau des variations de la fonction f :

x	$-\infty$		0		$+\infty$
Variations de f	$-\infty$	↗	$+\infty$ ‖ $-\infty$	↗	$+\infty$

4. Étudier le signe d'une fonction

Pour tout réel $x \neq 0$, $f(x) = \frac{x}{2} - \frac{2}{x} = \frac{x^2 - 4}{2x} = \frac{(x+2)(x-2)}{2x}$.

On utilise un tableau de signe.

x	$-\infty$		-2		0		2		$+\infty$
$(x+2)(x-2)$		$+$	0	$-$		$-$	0	$+$	
$2x$		$-$	0	$-$	0	$+$		$+$	
$f(x)$		$-$	0	$+$	‖	$-$	0	$+$	

Ainsi :

f est strictement positive sur $]-2\,;0[$ et sur $]2\,;+\infty[$;

f est strictement négative sur $]-\infty;-2[$ et sur $]0\,;2[$.

f s'annule en -2 et 2.

PARTIE C Étude d'une fonction

1. Déterminer les limites d'une fonction

Pour tout x de $[-2\,;0[\,\cup\,[2\,;+\infty[$, $g(x)=\sqrt{f(x)}$.

$\lim\limits_{\substack{x\to 0\\ x<0}} f(x)=+\infty$ et $\lim\limits_{x\to+\infty}\sqrt{x}=+\infty$; d'où, d'après le théorème sur la limite de la composée de deux fonctions, $\lim\limits_{\substack{x\to 0\\ x<0}} g(x)=+\infty$.

→ Fiche 18

$\lim\limits_{x\to+\infty} f(x)=+\infty$ et $\lim\limits_{x\to+\infty}\sqrt{x}=+\infty$; d'où $\lim\limits_{x\to+\infty} g(x)=+\infty$.

2. Dresser le tableau de variation d'une fonction

La fonction f est strictement croissante sur $]-\infty\,;0[$ et sur $]0\,;+\infty[$, donc elle est strictement croissante sur $[-2\,;0[$ et sur $[2\,;+\infty[$. Elle est positive sur ces deux intervalles.

La fonction *racine carrée* est strictement croissante sur $]0\,;+\infty[$.

On en déduit, par composition, que la fonction g est strictement croissante sur $[-2\,;0[$ et sur $[2\,;+\infty[$.

x	-2		0		2		$+\infty$
Variations de g	0	↗	$+\infty$ ‖	(zone hachurée)	0	↗	$+\infty$

3. Étudier la position relative de deux courbes

D'après **A. 1.** : $\sqrt{x}>x$ si, et seulement, $0<x<1$.

Donc, pour tout x de $[-2\,;0[\,\cup\,[2\,;+\infty[$,

$$g(x)>f(x) \quad \sqrt{\frac{x}{2}-\frac{2}{x}}>\frac{x}{2}-\frac{2}{x} \quad 0<\frac{x}{2}-\frac{2}{x}<1.$$

• f est strictement positive sur $]-2\,;0[$ et sur $]2\,;+\infty[$.

Donc, pour tout x de $[-2\,;0[\cup[2\,;+\infty[$, $0<\dfrac{x}{2}-\dfrac{2}{x}$.

• Pour tout x de $[-2\,;0[\cup[2\,;+\infty[$,

$$\frac{x}{2}-\frac{2}{x}<1 \Leftrightarrow \frac{x^2-4}{2x}<1 \Leftrightarrow \frac{x^2-4}{2x}-1<0 \Leftrightarrow \frac{x^2-2x-4}{2x}<0.$$

On étudie le signe du trinôme du second degré x^2-2x-4 :

$\Delta=4-4\times(-4)=20$; $\Delta>0$, donc le trinôme admet deux racines réelles,

$$x_1=\frac{2-\sqrt{20}}{2}=\frac{2-2\sqrt{5}}{2}=1-\sqrt{5}\approx-1{,}24 \text{ et } x_2=1+\sqrt{5}\approx 3{,}24.$$

D'où le tableau de signes :

x	-2		$1-\sqrt{5}$		0		2		$1+\sqrt{5}$		$+\infty$
x^2-2x-4		$+$	0	$-$		$-$		$-$	0	$+$	
$2x$		$-$		$-$	0	$+$		$+$		$+$	
$\dfrac{x^2-2x-4}{2x}$		$-$		$+$	‖	$-$		$-$		$+$	

Ainsi, pour tout x de $[-2\,;0[\cup[2\,;+\infty[$,

$g(x)>f(x)\Leftrightarrow x\in\,]-2\,;1-\sqrt{5}[\,\cup\,]2\,;1+\sqrt{5}[$.

On en déduit que courbe $\mathscr{C}_g$ est au-dessus de la courbe $\mathscr{C}_f$ sur $]-2\,;1-\sqrt{5}[$ et sur $]2\,;1+\sqrt{5}[$, et en dessous sur $]1-\sqrt{5}\,;0[$ et sur $]1+\sqrt{5}\,;+\infty[$.

4. Représentation graphique

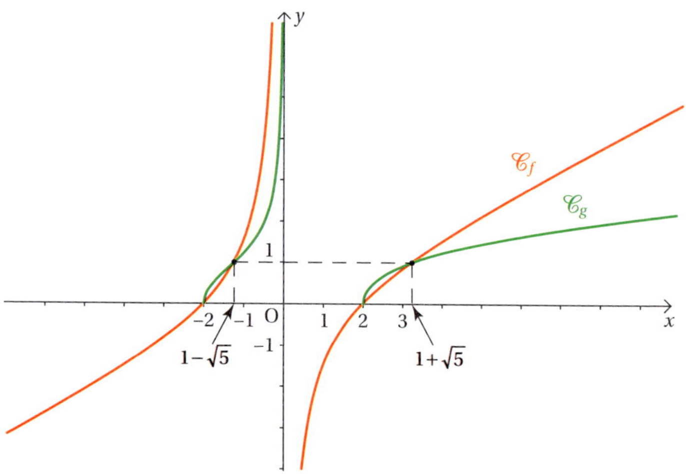

ANALYSE

Dérivation

FICHES

BILAN

SUJETS CORRIGÉS

22 Calculer la dérivée d'une fonction

On dispose de différents théorèmes permettant de calculer la dérivée d'une fonction.

RAPPEL DE COURS

I En utilisant la définition

Soit f une fonction définie sur un intervalle I et $a \in I$.

- On dit que **f est dérivable en a** lorsque le taux d'accroissement de f en a, $\frac{f(a+h)-f(a)}{h}$, a pour limite un nombre réel.

Ce nombre est alors appelé le **nombre dérivé de f en a** et on le note $f'(a)$.

- Lorsque f est dérivable en tout a de I, on dit que f est dérivable sur I et la fonction f' définie par $x \mapsto f'(x)$ est appelée **fonction dérivée de f sur I.**

II En utilisant la dérivée d'une fonction usuelle

f	f'
$x \mapsto k \; (k \in \mathbb{R}), x \in \mathbb{R}$	$x \mapsto 0, x \in \mathbb{R}$
$x \mapsto ax+b, x \in \mathbb{R}$	$x \mapsto a, x \in \mathbb{R}$
$x \mapsto x^n, n \in \mathbb{Z}$	$x \mapsto nx^{n-1}, x \in \mathbb{R}$ si $n \geqslant 0$ $x \in \mathbb{R}^*$ si $n < 0$
$x \mapsto \frac{1}{x}, x \in]-\infty;0[\cup]0;+\infty[$	$x \mapsto -\frac{1}{x^2}, x \in]-\infty;0[\cup]0;+\infty[$
$x \mapsto \sqrt{x}, x \in [0;+\infty[$	$x \mapsto \frac{1}{2\sqrt{x}}, x \in]0;+\infty[$
$x \mapsto e^x, x \in \mathbb{R}$	$x \mapsto e^x, x \in \mathbb{R}$
$x \mapsto \ln x, x \in]0;+\infty[$	$x \mapsto \frac{1}{x}, x \in]0;+\infty[$
$x \mapsto \cos x, x \in \mathbb{R}$	$x \mapsto -\sin x, x \in \mathbb{R}$
$x \mapsto \sin x, x \in \mathbb{R}$	$x \mapsto \cos x, x \in \mathbb{R}$

La fonction *racine carrée* est définie et continue en 0, mais n'est pas dérivable en 0.

III Règles opératoires et composition

- Soit u et v deux fonctions dérivables sur un intervalle I.

• $u+v$ et uv sont dérivables sur I, et : $(u+v)' = u' + v'$ et $(uv) = u'v + uv'$.

• Si v ne s'annule pas sur I, $\frac{u}{v}$ est dérivable sur I et $\left(\frac{u}{v}\right)' = \frac{u'v - uv'}{v^2}$.

Conséquences : les fonctions polynômes sont dérivables sur $\mathbb{R}$ et les fonctions rationnelles sont dérivables en tout point de leur ensemble de définition.

- Soit u une fonction dérivable sur I.

$f : x \mapsto u(ax+b)$ est dérivable sur I	$f'(x) = au'(ax+b)$
u^n, $n \in \mathbb{N}^*$, est dérivable sur I	$(u^n)' = nu'u^{n-1}$
e^u est dérivable sur I	$(e^u)' = u'e^u$.
Si $u \neq 0$ sur I, $\frac{1}{u^n} = u^{-n}$ est dérivable sur I	$-nu'u^{-n-1} = -n\frac{u'}{u^{n+1}}$
Si $u > 0$ sur I, $\sqrt{u}$ est dérivable sur I	$\left(\sqrt{u}\right)' = \frac{u'}{2\sqrt{u}}$
Si $u > 0$ sur I, $\ln(u)$ est dérivable sur I	$(\ln u)' = \frac{u'}{u}$

Les fonctions rationnelles sont des quotients de fonctions polynômes.

APPLICATION Calculer des dérivées

Calculer, dans chaque cas, la dérivée de f sur I.

1. $f(x) = \cos(2x+1)$; $I = \mathbb{R}$.

2. $f(x) = \frac{1}{(5x+1)^3}$; $I =]0;+\infty[$.

3. $f(x) = \ln(x^2+1)$; $I = \mathbb{R}$.

4. $f(x) = e^{-3x^2+1}$; $I = \mathbb{R}$.

POINT MÉTHODE

Il faut reconnaître, dans l'expression de chaque fonction, une somme, un produit, un quotient ou une composée de fonctions usuelles et appliquer les résultats du cours.

Solution

1. La fonction cosinus est dérivable sur $\mathbb{R}$, donc f est dérivable sur $\mathbb{R}$ et pour tout réel x, $f'(x) = -2\sin(2x+1)$.

f est de la forme $u(ax+b)$.

2. Pour tout x de $]0;+\infty[$, $f'(x) = -\frac{15}{(5x+1)^4}$.

f est de la forme $\frac{1}{u^n}$.

3. Pour tout réel x, $f'(x) = \frac{2x}{x^2+1}$.

f est de la forme $\ln(u)$.

4. Pour tout réel x, $f'(x) = -6xe^{-3x^2+1}$.

f est de la forme e^u.

23 Déterminer la tangente à une courbe

Le nombre dérivé d'une fonction en un réel a correspond graphiquement au coefficient directeur de la tangente à la courbe représentative de la fonction au point d'abscisse a.

RAPPEL DE COURS

Soit f une fonction définie sur un intervalle I et a un réel de I tel que f est dérivable en a. On note $\mathscr{C}_f$ la courbe représentative de f dans un repère du plan.

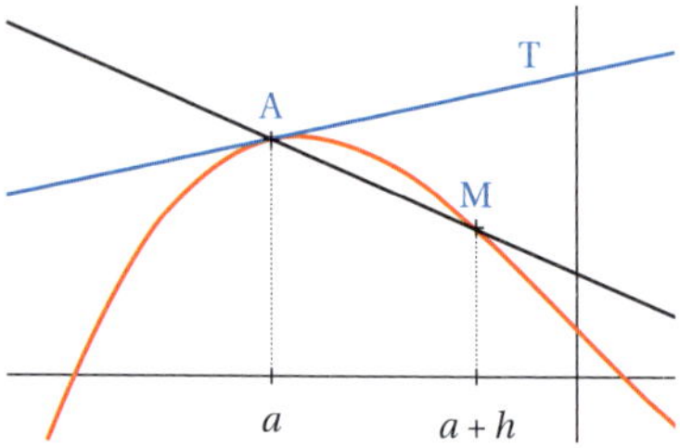

- La **tangente** T au point $A(a\,;f(a))$ à la courbe $\mathscr{C}_f$ est la droite passant par A et de coefficient directeur $f'(a)$.
Graphiquement, T est la position limite des sécantes (AM) lorsque le point M se rapproche de A.

- La tangente T au point $A(a\,;f(a))$ à la courbe $\mathscr{C}_f$ a pour équation réduite :

$$y = f'(a)(x-a)+f(a).$$

Remarque : Si f est dérivable en a, alors $\mathscr{C}_f$ admet une tangente au point $A(a\,;f(a))$.
La réciproque est fausse : la fonction $x \mapsto \sqrt{x}$ n'est pas dérivable en 0, mais sa courbe représentative admet une tangente verticale au point O(0 ; 0).

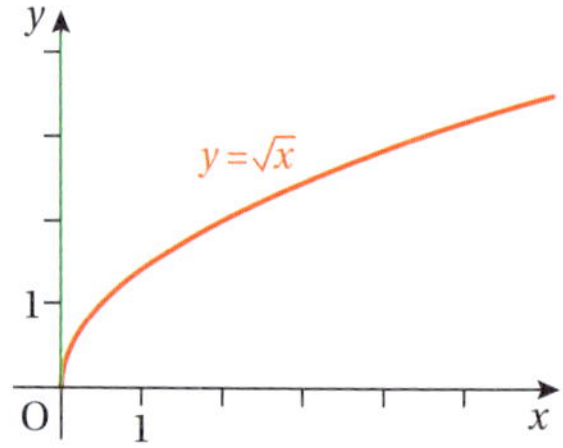

APPLICATION Déterminer les équations de tangentes

On considère la fonction f dont la représentation graphique est donnée en page suivante. T_1, T_2, T_3 et T_4 sont les tangentes respectives à $\mathscr{C}_f$ aux points A, B, C et D d'abscisses respectives 0, -1, -2 et 1.

1. Déterminer par lecture graphique : $f(0)$; $f(2)$; $f'(-1)$, $f'(0)$ et $f'(1)$.

2. En déduire l'équation réduite de la tangente T_1 à la courbe $\mathscr{C}_f$ en A.

3. Sachant que $f : x \mapsto x^3 - 3x + 1$, déterminer l'équation réduite de la tangente T_3 en C à la courbe $\mathscr{C}_f$.

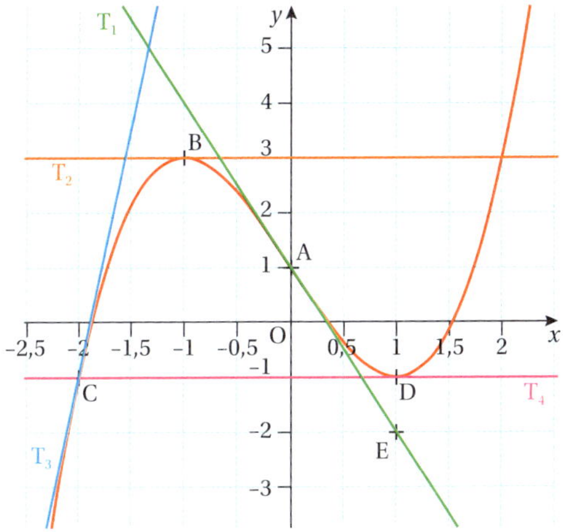

POINT MÉTHODE

1. $f'(a)$ est le coefficient directeur de la tangente à la courbe au point d'abscisse a et donc d'une droite. Pour déterminer graphiquement le coefficient directeur d'une droite, relisez la **Fiche 10**.

3. Utilisez le nombre dérivé de f en -2.

Solution

1. On lit : $f(0)=1$; $f(2)=3$.

• $f'(-1)$ est le coefficient directeur de la tangente T_2 à $\mathscr{C}_f$ en B.
La droite T_2 est parallèle à l'axe des abscisses, donc $f'(-1)=0$.

• $f'(1)$ est le coefficient directeur de la tangente T_4 à $\mathscr{C}_f$ en D.
La droite T_4 est parallèle à l'axe des abscisses, donc $f'(1)=0$.

• $f'(0)$ est le coefficient directeur de la tangente T_1 à $\mathscr{C}_f$ en A.
T_1 passe par les points $A(0;1)$ et $E(1;-2)$.
On en déduit que $f'(0)=\dfrac{y_E-y_A}{x_E-x_A}=\dfrac{-2-1}{1-0}$, soit $f'(0)=-3$.

2. T_1 est la tangente à $\mathscr{C}_f$ en $A(0;1)$, donc T_1 a pour équation réduite $y=f'(0)(x-0)+f(0)$, c'est-à-dire $y=-3x+1$.

3. T_3 est la tangente à $\mathscr{C}_f$ en $C(-2;-1)$, donc T_3 a pour équation réduite $y=f'(-2)(x-(-2))+f(-2)$, soit $y=f'(-2)(x+2)-1$.
f est une fonction polynôme, donc elle est dérivable sur $\mathbb{R}$,
et pour tout réel x, $f'(x)=3x^2-3$. Ainsi, $f'(-2)=3\times4-3=9$.
Donc T_3 a pour équation réduite $y=9(x+2)-1$, soit $y=9x+17$.

24 Utiliser les variations de fonctions usuelles

La connaissance des variations de fonctions usuelles permet de démontrer des inégalités et de résoudre des inéquations.

RAPPEL DE COURS

- La fonction *racine carrée* $x \mapsto \sqrt{x}$ est croissante sur $\left[0;+\infty\right[$. Donc, pour tous réels a et b strictement positifs, $a \leqslant b \Rightarrow \sqrt{a} \leqslant \sqrt{b}$.
- La fonction *inverse* $x \mapsto \dfrac{1}{x}$ est décroissante sur $\left]-\infty;0\right[$ et sur $\left]0;+\infty\right[$.

Donc, pour tous réels a et b non nuls de même signe, $a \leqslant b \Rightarrow \dfrac{1}{b} \leqslant \dfrac{1}{a}$.

- La fonction *carrée* $x \mapsto x^2$ est décroissante sur $\left]-\infty;0\right]$ et croissante sur $\left[0;+\infty\right[$. Donc :

- pour tous réels a et b de $\left]-\infty;0\right]$, $a \leqslant b \Rightarrow a^2 \geqslant b^2$;

- pour tous réels a et b de $\left[0;+\infty\right[$, $a \leqslant b \Rightarrow a^2 \leqslant b^2$.

- La fonction *cube* $x \mapsto x^3$ est croissante sur $\mathbb{R}$. Donc, pour tous réels a et b, $a \leqslant b \Rightarrow a^3 \leqslant b^3$.

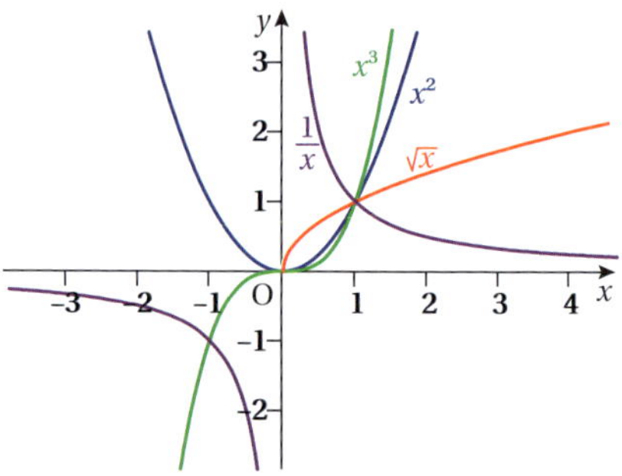

- Plus généralement, soit n un entier naturel.

- Si n est pair, alors la fonction $x \mapsto x^n$ est décroissante sur $\left]-\infty;0\right]$ et croissante sur $\left[0;+\infty\right[$.

- Si n est impair, alors la fonction $x \mapsto x^n$ est croissante sur $\mathbb{R}$.

APPLICATION Connaître les variations de fonctions usuelles

1. Démontrer que, pour tout $x \in [1;2]$, $-\dfrac{5}{3} \leqslant \dfrac{1}{x+1} - 2 \leqslant -\dfrac{3}{2}$.

2. Démontrer que, pour tout $x \in [-3;2]$, $2 < \sqrt{(x-4)^2+1} < 8$.

3. Résoudre dans $]0;+\infty[$ l'inéquation $\dfrac{1}{2x^2+2x+1} \leqslant \dfrac{1}{x+1}$.

POINT MÉTHODE

À chaque fois que vous devez manipuler une inégalité, pensez à utiliser les variations d'une fonction usuelle sur un intervalle judicieusement approprié.

Solution

On raisonne par implications successives.

1. $1 \leqslant x \leqslant 2 \Rightarrow 2 \leqslant x+1 \leqslant 3 \Rightarrow \dfrac{1}{3} \leqslant \dfrac{1}{x+1} \leqslant \dfrac{1}{2}$ (car la fonction inverse est décroissante sur $]0;+\infty[$)

$\Rightarrow \dfrac{1}{3}-2 \leqslant \dfrac{1}{x+1}-2 \leqslant \dfrac{1}{2}-2 \Rightarrow -\dfrac{5}{3} \leqslant \dfrac{1}{x+1}-2 \leqslant -\dfrac{3}{2}$.

Ainsi, pour tout $x \in [1;2]$, $-\dfrac{5}{3} \leqslant \dfrac{1}{x+1}-2 \leqslant -\dfrac{3}{2}$.

2. $-3 \leqslant x \leqslant 2 \Rightarrow -7 \leqslant x-4 \leqslant -2 < 0$

$\Rightarrow (-2)^2 \leqslant (x-4)^2 \leqslant (-7)^2$ (car la fonction *carrée* est décroissante sur $]-\infty;0]$)

$\Rightarrow 4 \leqslant (x-4)^2 \leqslant 49 \Rightarrow 5 \leqslant (x-4)^2+1 \leqslant 50$

$\Rightarrow \sqrt{5} \leqslant \sqrt{(x-4)^2+1} \leqslant \sqrt{50}$ (car la fonction *racine carrée* est croissante sur $[0;+\infty[$).

Or, $2 \leqslant \sqrt{5}$ et $\sqrt{50} \leqslant 8$; donc :

$\sqrt{5} \leqslant \sqrt{(x-4)^2+1} \leqslant \sqrt{50} \Rightarrow 2 \leqslant \sqrt{(x-4)^2+1} \leqslant 8$.

$2=\sqrt{4}$ et $\sqrt{4} \leqslant \sqrt{5}$; $8=\sqrt{64}$ et $\sqrt{50} \leqslant \sqrt{64}$.

Ainsi, pour tout $x \in [-3;2]$, $2 < \sqrt{(x-4)^2+1} < 8$.

3. Le trinôme $2x^2+2x+1$ ne s'annule pas sur $\mathbb{R}$ ($\Delta=-4<0$).

Pour tout x de $]0;+\infty[$, $2x^2+2x+1>0$ et $x+1>0$.

Le trinôme est du signe du coefficient de x^2.

Or, pour tout $x \in]0;+\infty[$,

$\dfrac{1}{2x^2+2x+1} \leqslant \dfrac{1}{x+1} \Leftrightarrow 2x^2+2x+1 \geqslant x+1$ (car la fonction inverse est décroissante sur $]0;+\infty[$)

$\Leftrightarrow 2x^2+x \geqslant 0 \Leftrightarrow x(2x+1) \geqslant 0$

$\Leftrightarrow 2x+1 \geqslant 0$ car $x>0$

$\Leftrightarrow x \geqslant -\dfrac{1}{2}$, ce qui est vrai pour tout $x \in]0;+\infty[$.

D'où l'ensemble des solutions de l'inéquation : $]0;+\infty[$.

25 Dresser le tableau de variation d'une fonction dérivable

Étudier les variations d'une fonction dérivable sur un intervalle *I* revient à étudier le signe de sa dérivée sur *I*. On consigne les résultats dans un tableau de variation.

RAPPEL DE COURS

Soit f une fonction dérivable et $\mathscr{D}$ son ensemble de définition.

$\mathscr{D}$ est un intervalle ou une réunion d'intervalles.

(1) On calcule la dérivée de f.

(2) On détermine son signe sur chaque intervalle de $\mathscr{D}$.

(3) On utilise alors le théorème suivant :

> **Théorème :**
>
> Soit f une fonction dérivable sur un intervalle I.
>
> • f est strictement croissante sur I si, et seulement si, pour tout x de I, $f'(x)>0$.
>
> • f est strictement décroissante sur I si, et seulement si, pour tout x de I, $f'(x)<0$.

Il ne faut pas confondre le signe de la fonction et ses variations.

(4) On réunit les résultats dans le tableau de variation, dans lequel la stricte croissance (resp. décroissance) correspond à une flèche montante (resp. descendante).

Exemple : Soit f la fonction définie sur $]-\infty;0[\cup]0;+\infty[$ par $f(x)=\dfrac{e^x}{x}$.

(1) f est dérivable sur $]-\infty;0[$ et sur $]0;+\infty[$, et pour tout $x\neq 0$, $f'(x)=\dfrac{e^x(x-1)}{x^2}$.

f est le quotient de deux fonctions dérivables sur $\mathbb{R}$, donc f est dérivable en tout $x\neq 0$.

(2) Or $\dfrac{e^x}{x^2}>0$, donc f' est du signe de $x-1$ sur $]-\infty;0[$ et sur $]0;+\infty[$, c'est-à-dire :

- pour tout x de $]-\infty;0[\cup]0;1[$, $f'(x)<0$;
- pour tout x de $]1;+\infty[$, $f'(x)>0$.

(3) On en déduit, d'après le théorème, que f est strictement décroissante sur $]-\infty;0[$ et sur $]0;1[$, et strictement croissante sur $]1;+\infty[$.

Il faut bien distinguer les deux intervalles et ne surtout pas écrire « f est décroissante sur $]-\infty;0[\cup]0;1[$ »

(4) On réunit les résultats dans le tableau :

x	$-\infty$	0		1		$+\infty$
Signe de $f'(x)$	$-$	‖	$-$	0	$+$	
Variations de f	↘	‖	↘		↗	

f n'est pas définie en 0, on met une double barre.

APPLICATION Utiliser un tableau de variation

f est la fonction définie sur $]-\infty;0[\cup]0;+\infty[$ par $f(x)=\dfrac{e^x}{x}$.

1. Déterminer les limites de f aux bornes de son ensemble de définition.
2. Compléter le tableau de variation de f obtenu dans l'exemple.
3. En déduire le signe de f sur son ensemble de définition.

POINT MÉTHODE

1. $\lim\limits_{x\to+\infty}\dfrac{e^x}{x}=+\infty$ est une limite usuelle. → **Fiche 18**
2. Ajoutez les limites précédentes et la valeur du minimum.
3. Utilisez le tableau de variation.

Solution

1. $\lim\limits_{x\to-\infty} e^x=0$, donc $\lim\limits_{x\to-\infty}\dfrac{e^x}{x}=0$.

- $\lim\limits_{x\to0} e^x=e^0=1$, donc $\lim\limits_{\substack{x\to0\\x<0}}\dfrac{e^x}{x}=-\infty$ et $\lim\limits_{\substack{x\to0\\x>0}}\dfrac{e^x}{x}=+\infty$.
- $\lim\limits_{x\to+\infty}\dfrac{e^x}{x}=+\infty$.

2. On complète le tableau en ajoutant les limites aux bornes des intervalles et $f(1)=e$.

x	$-\infty$		0		1		$+\infty$
Signe de $f'(x)$		$-$	‖	$-$	0	$+$	
Variations de f	0	↘ $-\infty$	‖	$+\infty$ ↘	e	↗	$+\infty$

3. Pour tout x de $]-\infty;0[$, $f(x)<0$.

D'autre part, e est le minimum de f sur $]0;+\infty[$; or, $e>0$, donc pour tout x de $]0;+\infty[$, $f(x)>0$.

26 Étudier les variations d'une fonction sans utiliser sa dérivée

Pour étudier les variations d'une fonction, on peut, dans certains cas, conclure en utilisant les résultats sur des fonctions associées.

RAPPEL DE COURS

I Variations de $f+k$ et de kf avec $k \in \mathbb{R}^*$

f est une fonction définie sur un intervalle I et k un réel.

- Les fonctions f et $g : x \mapsto f(x)+k$ ont les mêmes variations sur I.
- Si $k>0$, les fonctions f et $g : x \mapsto kf(x)$ ont les **mêmes** variations sur I.
- Si $k<0$, les fonctions f et $g : x \mapsto kf(x)$ ont des variations **contraires** sur I.

II Variations de $\frac{1}{u}$, $\sqrt{u}$, e^u et $\ln u$

u désigne une fonction définie sur un intervalle I.

- Si pour tout x de I, $u(x)$ est non nul et de signe constant, alors les fonctions u et $\frac{1}{u}$ ont des variations **contraires** sur I.

Exemple : La fonction $x \mapsto x^2+1$ est strictement positive sur $\left[0;+\infty\right[$. Elle est strictement croissante sur $\left[0;+\infty\right[$, donc la fonction $x \mapsto \frac{1}{x^2+1}$ est strictement décroissante sur $\left[0;+\infty\right[$.

- Si pour tout x de I, $u(x)>0$, alors les fonctions u et $\sqrt{u}$ ont les **mêmes** variations sur I.
- Les fonctions u et e^u ont les **mêmes** variations sur I.

Exemple : La fonction $x \mapsto -2x+1$ est strictement décroissante sur $\mathbb{R}$, donc la fonction $x \mapsto e^{-2x+1}$ est strictement décroissante sur $\mathbb{R}$.

- Si pour tout x de I, $u(x)>0$, alors les fonctions u et $\ln(u)$ ont les **mêmes** variations sur I.

Exemple : La fonction $x \mapsto \sqrt{x}+1$ est strictement positive sur $\left[0;+\infty\right[$. Elle est strictement croissante sur $\left[0;+\infty\right[$, donc la fonction $x \mapsto \ln\left(\sqrt{x}+1\right)$ est strictement croissante sur $\left[0;+\infty\right[$.

APPLICATION Déduire les variations d'une fonction

Étudier les variations des fonctions suivantes :

a. $f : x \mapsto 2e^{x^2+1}$ sur $\mathbb{R}$

b. $g : x \mapsto -3\ln(x^3+1)-1$ sur $]-1;+\infty[$

c. $h : x \mapsto \dfrac{1}{\sqrt{e^x+1}}$ sur $\mathbb{R}$.

POINT MÉTHODE

Décomposez judicieusement chaque fonction étudiée et appliquez la propriété adéquate après avoir vérifié que les conditions permettant de conclure sont satisfaites.

Solution

a. La fonction $x \mapsto x^2+1$ est définie et strictement croissante sur $\mathbb{R}$. Donc la fonction $x \mapsto e^{x^2+1}$ est strictement croissante sur $\mathbb{R}$.

Comme $2 > 0$, la fonction f est strictement croissante sur $[0;+\infty[$.

b. La fonction $x \mapsto x^3+1$ est strictement positive sur $]-1;+\infty[$. Elle est strictement croissante sur $]-1;+\infty[$, donc la fonction $x \mapsto \ln(x^3+1)$ est strictement croissante sur $]-1;+\infty[$.

Comme $-3<0$, on en déduit que la fonction $x \mapsto -3\ln(x^3+1)$ est strictement décroissante sur $]-1;+\infty[$, puis que la fonction $g : x \mapsto -3\ln(x^3+1)-1$ est strictement décroissante sur $]-1;+\infty[$.

Le signe de la constante que l'on ajoute n'intervient pas.

c. La fonction $x \mapsto e^x$ est strictement croissante sur $\mathbb{R}$, donc la fonction $x \mapsto e^x+1$ est strictement croissante sur $\mathbb{R}$. Elle est aussi strictement positive.

La fonction $x \mapsto \sqrt{e^x+1}$ est donc strictement croissante sur $\mathbb{R}$ et strictement positive, donc la fonction $h : x \mapsto \dfrac{1}{\sqrt{e^x+1}}$ est strictement décroissante sur $\mathbb{R}$.

Quiz express

Vérifiez que vous avez bien retenu les points clés des **fiches 22 à 26**.

Calculer la dérivée d'une fonction

1 f est la fonction définie sur $\mathbb{R}-\{2\}$ par $f(x)=\dfrac{x^2+5x-10}{x-2}$

☐ **a.** $f'(x)=2x+5$ ☐ **b.** $f'(x)=\dfrac{x(x-4)}{(x-2)^2}$ ☐ **c.** $f'(x)=\dfrac{x^2+4x}{(x-2)^2}$

FICHE 22

Déterminer la tangente à une courbe

2 La tangente au point d'abscisse 0 à la courbe représentative de la fonction f précédente a pour équation réduite :

☐ **a.** $y=5$ ☐ **b.** $y=-5$ ☐ **c.** $y=x+5$

FICHE 23

Étudier les variations de fonctions

3 La fonction *racine carrée* est :

☐ **a.** continue sur $]0;+\infty[$ et dérivable sur $[0;+\infty[$

☐ **b.** continue sur $[0;+\infty[$ et dérivable sur $]0;+\infty[$

☐ **c.** continue et dérivable sur $[0;+\infty[$

FICHE 24

4 La fonction définie sur $\mathbb{R}-\{2\}$ par $f(x)=\dfrac{x^2+5x-10}{x-2}$ (voir la question 1) est strictement décroissante sur :

☐ **a.** sur $\left[4\,;+\infty\right[$

☐ **b.** sur $\left[2\,;+\infty\right[$

☐ **c.** sur $\left]0\,;2\right[$ et sur $\left]2\,;4\right[$

FICHE 25

Étudier les variations d'une fonction sans calculer sa dérivée

5 La fonction g définie sur $\left]0\,;+\infty\right[$ par $g(x)=\ln\left(1+\dfrac{1}{x}\right)$ est :

☐ **a.** strictement croissante sur $\left]0\,;+\infty\right[$

☐ **b.** strictement décroissante sur $\left]0\,;1\right]$ et croissante sur $\left[1\,;+\infty\right[$

☐ **c.** strictement décroissante sur $\left]0\,;+\infty\right[$

6 Soit g la fonction définie sur $\left]0\,;+\infty\right[$ par $g(x)=-x^2+\dfrac{1}{x}+2$.

Sans utiliser la dérivée de g, on peut déduire que g est :

☐ **a.** croissante sur $\left]0\,;+\infty\right[$

☐ **b.** croissante sur $\left[1\,;+\infty\right[$ et décroissante sur $\left]0\,;1\right]$

☐ **c.** décroissante sur $\left]0\,;+\infty\right[$

7 La fonction $g : x \mapsto -2\ln\left(e^x+1\right)$ est :

Sans utiliser la dérivée de g, on peut déduire que g est :

☐ **a.** strictement décroissante et définie sur $\mathbb{R}$

☐ **b.** strictement décroissante et définie sur $\left]0\,;+\infty\right[$

☐ **c.** strictement croissante et définie sur $\mathbb{R}$

FICHE 26

RÉPONSES

1. b • **2.** a • **3.** b • **4.** c • **5.** c • **6.** c • **7.** a.

SUJET 12 | Utiliser la représentation graphique d'une fonction

DURÉE 40 MIN

→ Fiche 11 Déterminer l'équation réduite d'une droite
→ Fiche 13 Résoudre un système de deux équations à deux inconnues
→ Fiche 23 Déterminer la tangente à une courbe
→ Fiche 25 Dresser le tableau de variation d'une fonction dérivable
→ Fiche 26 Étudier les variations d'une fonction sans utiliser sa dérivée

On donne ci-dessous, dans un repère orthogonal $\left(O;\vec{i},\vec{j}\right)$, la courbe $\mathscr{C}_f$ représentant une fonction f définie et dérivable sur l'intervalle [–6 ; 6]. Les deux droites T et T′ sont les tangentes à la courbe $\mathscr{C}_f$ aux points d'abscisses 0 et – 4 respectivement.

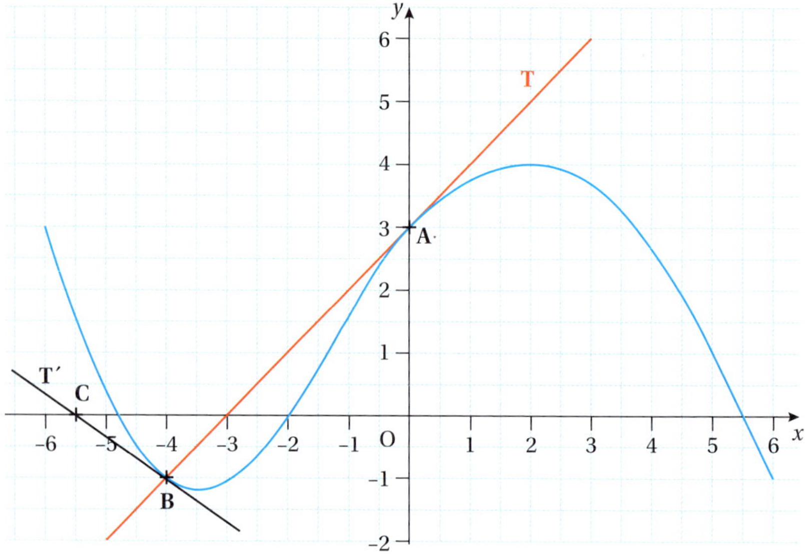

1. a. Déterminer graphiquement une équation réduite de T et de T′.
b. En déduire $f'(0)$ et $f'(-4)$

2. Préciser la position relative de $\mathscr{C}_f$ et T.

3. Indiquer le nombre de solutions de l'équation $f(x)=0$ dans [–6 ; 6].

4. a. Dresser le tableau de variation de f sur [–6 ; 6]. à partir de sa représentation graphique.

b. En déduire le signe de la dérivée de f sur l'intervalle [–6 ; 6].

5. Indiquer l'ensemble de définition de chacune des fonctions suivantes et préciser ses variations.

a. $g(x)=\dfrac{1}{f(x)}$; **b.** $h: x \mapsto \mathrm{e}^{f(x)}$; **c.** $k: x \mapsto \ln(f(x))$.

DÉMARRONS ENSEMBLE

1. a. Pour T par exemple, utilisez les coordonnées des points A et B. → **Fiche 23**
b. $f'(0)$ est le coefficient directeur de la tangente T au point d'abscisse 0. → **Fiche 23**
3. Résoudre graphiquement l'équation $f(x)=0$ revient à déterminer les points d'intersection de $\mathscr{C}_f$ et de l'axe des abscisses.
4. f est dérivable sur $[-6;6]$. Utilisez le théorème liant le signe de sa dérivée sur chaque intervalle et ses variations. → **Fiche 25**
5. Utilisez les résultats sur les variations des fonctions $\dfrac{1}{u}$, e^u et $\ln(u)$ après avoir précisé sur quels intervalles elles sont définies respectivement. → **Fiche 26**

CORRIGÉ

1. a. Déterminer graphiquement une équation réduite d'une droite

Les droites T et T′ ne sont pas parallèles à l'axe des ordonnées, donc elles admettent une équation réduite de la forme $y=mx+p$.

→ Fiche 11

• Soit $y=mx+p$ l'équation réduite de T ; pour déterminer m et p, on écrit que T passe par les points A(0 ; 3) et B$(-4;-1)$:

$3=m\times0+p$ et $-1=m\times(-4)+p$, ce qui équivaut à $p=3$ et $m=1$.

D'où l'équation réduite de T : $y=x+3$.

• Soit $y=m'x+p'$ l'équation réduite de T′ ; on écrit que T′ passe par les points B$(-4;-1)$ et C$\left(-\dfrac{11}{2};0\right)$: $-1=m'\times(-4)+p'$ et $0=m'\times\left(-\dfrac{11}{2}\right)+p'$.

On résout le système (S) $\begin{cases}4m'-p'=1\\11m'-2p'=0\end{cases}$ par substitution :

→ Fiche 13

$$(\mathrm{S}) \Leftrightarrow \begin{cases}p'=4m'-1\\11m'-2(4m'-1)=0\end{cases} \Leftrightarrow \begin{cases}p'=4m'-1\\3m'+2=0\end{cases} \Leftrightarrow m'=-\frac{2}{3} \text{ et } p'=-\frac{11}{3}.$$

D'où l'équation réduite de T′ : $y=-\dfrac{2}{3}x-\dfrac{11}{3}$.

b. $f'(0)$ est le coefficient directeur de la tangente T à $\mathscr{C}_f$ en A.
De l'équation réduite de T, on déduit que $f'(0)=1$.

→ Fiche 23

De même, $f'(-4)$ est le coefficient directeur de la tangente T′ à $\mathscr{C}_f$ en B.

De l'équation réduite de T′, on déduit que $f'(-4) = -\frac{2}{3}$.

2. Déterminer graphiquement la position relative de deux courbes

La courbe $\mathscr{C}_f$ et la droite T sont sécantes en A et en B.

$\mathscr{C}_f$ est au-dessus de T sur $[-6;-4[$ et en dessous sur $]-4;0[$ et sur $]0;6[$. Elles admettent un point d'intersection en 0 et -4.

$\mathscr{C}_f$ et T sont tangentes en A.

3. Résoudre graphiquement une équation de type $f(x) = k$

La courbe $\mathscr{C}_f$ et l'axe des abscisses ont trois points d'intersection, ce qui signifie que l'équation $f(x) = 0$ admet trois solutions.

On lit ces solutions sur le graphique : $\frac{11}{2}$; -2 ; α, avec $\alpha \in]-5;-4[$.

4. a. Déterminer graphiquement les variations d'une fonction

x	-6	α	$-3{,}5$	-2	2	$5{,}5$	6
Variations de f	3	0	$f(-3{,}5)$	0	4	0	-1

On lit : $f(-3{,}5) \approx -1{,}2$.

b. D'après le tableau de variation :

f est strictement décroissante sur $[-6;-3{,}5]$ et sur $[2;6]$;

f est strictement croissante sur $[-3{,}5;2]$.

La fonction f étant dérivable sur $[-6;6]$, on en déduit le tableau de signe de f' :

x	-6		$-3{,}5$		2		6
Signe de $f'(x)$		$-$	0	$+$	0	$-$	

5. Déterminer le sens de variation d'une fonction sans utiliser la dérivée

a. La fonction g est définie si, et seulement si, $f(x) \neq 0$. D'après **4.a.** : l'ensemble de définition de g est $[-6;\alpha[\cup]\alpha;-2[\cup]-2;5{,}5[\cup]-5{,}5;6]$.

• La fonction $g = \frac{1}{f}$ est :

- strictement décroissante sur $[-3{,}5;-2[$ et sur $]-2;2]$;
- strictement croissante sur $[-6;\alpha[$, sur $]\alpha;-3{,}5]$, sur $]-2;5{,}5[$ et sur $]-5{,}5;6]$.

b. La fonction exponentielle est définie sur $\mathbb{R}$, donc la fonction $h = e^f$ a le même ensemble de définition que f.

• La fonction h a les mêmes variations que f.

c. La fonction ln est définie sur $]0;+\infty[$, donc la fonction k est définie si, et seulement si $f(x)>0$, c'est-à-dire sur $[-6;\alpha[\cup]-2;5{,}5[$.

• La fonction ln est strictement croissante sur $]0;+\infty[$, donc la fonction h est :
- strictement décroissante sur $[-6;\alpha[$ et sur $[2;5{,}5[$;
- strictement croissante sur $]-2;2]$.

SUJET 13 | Fonction rationnelle et tangentes parallèles

DURÉE 60 MIN

→ **Fiche 12** Résoudre une équation dans $\mathbb{R}$
→ **Fiche 14** Étudier le signe d'une expression
→ **Fiche 18** Déterminer la limite d'une fonction
→ **Fiche 20** Lever l'indétermination d'une limite
→ **Fiche 22** Calculer la dérivée d'une fonction
→ **Fiche 23** Déterminer la tangente à une courbe
→ **Fiche 25** Dresser le tableau de variation d'une fonction dérivable

On considère la fonction f définie sur $\mathbb{R}-\{2\}$ par $f(x)=\dfrac{x^2-1}{x+2}$.
On note $\mathscr{C}$ sa courbe représentative dans un repère.

PARTIE A Étude d'une fonction rationnelle

1. Déterminer les limites de la fonction f aux bornes des intervalles sur lesquels elle est définie. Interpréter graphiquement.

2. Déterminer les variations de la fonction f.

3. Dresser le tableau de variation de la fonction f.

PARTIE B Étude de deux tangentes parallèles

1. Déterminer l'équation réduite de la tangente T à la courbe $\mathscr{C}$ au point A d'abscisse 1.

2. On cherche à déterminer les coordonnées du point B en lequel la courbe admet une tangente T′ parallèle à T.

a. Démontrer que pour tout x de $\mathbb{R}-\{2\}$: $f'(x)=\dfrac{2}{3} \Leftrightarrow x^2+4x-5=0$.

b. En déduire les solutions de l'équation $f'(x)=\dfrac{2}{3}$.

c. Conclure.

3. Déterminer l'équation réduite de la droite (T′).

4. Tracer $\mathscr{C}$, T et T′.

DÉMARRONS ENSEMBLE

PARTIE A

1. Pour déterminer la limite de f en l'infini, pensez à factoriser. → **Fiche 20**
Pour l'étude en -2, l'utilisation de la règle des signes vous oblige à distinguer les deux cas $x<-2$ et $x>-2$.

2. La fonction f étant dérivable sur $]-\infty;-2[$ et sur $]-2;+\infty[$, ses variations se déduisent du signe de sa dérivée sur chacun de ces intervalles. → **Fiche 25**

PARTIE B

1. La tangente T à $\mathscr{C}$ en A d'abscisse 1 a pour coefficient directeur $f'(1)$.
→ **Fiche 23**

2. b. Utilisez l'équivalence établie dans la question précédente.

c. Relisez l'objectif de la question et interprétez l'une des deux solutions de l'équation précédente. Rappelez-vous que deux droites parallèles ont le même coefficient directeur.

3. Déduisez-en l'équation réduite de la droite étudiée.

CORRIGÉ

PARTIE A Étude d'une fonction rationnelle

1. Limites de f aux bornes de son ensemble de définition

Pour tout $x\in\mathbb{R}-\{2\}$, $\dfrac{x^2-1}{x+2}=\dfrac{x^2\left(1-\dfrac{1}{x^2}\right)}{x\left(1+\dfrac{2}{x}\right)}=x\dfrac{\left(1-\dfrac{1}{x^2}\right)}{\left(1+\dfrac{2}{x}\right)}$.

- $\lim\limits_{x\to-\infty}\dfrac{1}{x^2}=\lim\limits_{x\to-\infty}\dfrac{2}{x}=0$, donc $\lim\limits_{x\to-\infty}f(x)=-\infty$.
- $\lim\limits_{x\to+\infty}\dfrac{1}{x^2}=\lim\limits_{x\to+\infty}\dfrac{2}{x}=0$, donc $\lim\limits_{x\to+\infty}f(x)=+\infty$.

→ Fiche 18

- $\lim\limits_{x\to-2}\left(x^2-1\right)=3>0$.

Quand x tend vers -2 en restant inférieur à -2, $x+2$ tend vers 0 en restant négatif. Donc $\lim\limits_{\substack{x\to-2\\x<-2}}f(x)=-\infty$.

Quand x tend vers -2 en restant supérieur à -2, $x+2$ tend vers 0 en restant positif.

Donc $\lim\limits_{\substack{x\to-2\\x>-2}}f(x)=+\infty$.

- On en déduit que la droite d d'équation $x=-2$ est asymptote verticale à $\mathscr{C}$.

2. Étude des variations de la fonction *f*

La fonction *f* est un quotient de fonctions polynômes ; elle est donc dérivable sur chaque intervalle sur lequel elle est définie, c'est-à-dire sur $]-\infty;-2[$ et sur $]-2;+\infty[$. Ses variations se déduisent du signe de sa dérivée sur chacun de ces intervalles.

→ Fiche 14

Pour tout $x \in \mathbb{R}-\{2\}$, $f'(x)=\dfrac{2x(x+2)-(x^2-1)}{(x+2)^2}=\dfrac{x^2+4x+1}{(x+2)^2}$.

→ Fiche 22

Pour tout $x \in \mathbb{R}-\{2\}$, $(x+2)^2>0$, donc $f'(x)$ a le signe de x^2+4x+1.

$\Delta=16-4=12=\left(2\sqrt{3}\right)^2>0$; donc le trinôme a deux racines

→ Fiche 12

réelles : $x_1=\dfrac{-4-2\sqrt{3}}{2}=-2-\sqrt{3}$ et $x_2=\dfrac{-4+2\sqrt{3}}{2}=-2+\sqrt{3}$. Ainsi :

$f'>0$ sur $]-\infty;-2-\sqrt{3}[\,\cup\,]-2+\sqrt{3};+\infty[$,

$f'<0$ sur $]-2-\sqrt{3};-2[\,\cup\,]-2;-2+\sqrt{3}[$

et $f'\left(-2-\sqrt{3}\right)=f'\left(-2+\sqrt{3}\right)=0$.

On en déduit que la fonction *f* est :

- strictement croissante sur $]-\infty;-2-\sqrt{3}]$ et sur $[-2+\sqrt{3};+\infty[$;
- strictement décroissante sur $[-2-\sqrt{3};-2[$ et sur $]-2;-2+\sqrt{3}]$.

3. Tableau de variation de la fonction *f*

$$f\left(-2-\sqrt{3}\right)=\frac{\left(-2-\sqrt{3}\right)^2-1}{-2-\sqrt{3}+2}=\frac{4+4\sqrt{3}+3-1}{-\sqrt{3}}=-\frac{6+4\sqrt{3}}{\sqrt{3}}$$

$$=-\frac{\sqrt{3}\left(6+4\sqrt{3}\right)}{\sqrt{3}\times\sqrt{3}}=-\frac{6\sqrt{3}+12}{3}=-4-2\sqrt{3}$$

On obtient de même $f\left(-2+\sqrt{3}\right)=-4+2\sqrt{3}$.

On en déduit le tableau de variation suivant :

x	$-\infty$		$-2-\sqrt{3}$		-2		$-2+\sqrt{3}$		$+\infty$
$f'(x)$		$+$	0	$-$	‖	$-$	0	$+$	
$f(x)$	$-\infty$	↗	$-4-2\sqrt{3}$	↘	$-\infty$ ‖ $+\infty$	↘	$-4+2\sqrt{3}$	↗	$+\infty$

PARTIE B Étude de deux tangentes parallèles

1. Déterminer l'équation réduite d'une tangente à une courbe

La tangente T en $A\left(1\,;f(1)\right)$ à la courbe $\mathscr{C}$ a pour équation réduite :

$y=f'(1)(x-1)+f(1)$ avec $f'(1)=\dfrac{1^2+4\times1+1}{(1+2)^2}=\dfrac{2}{3}$ et $f(1)=\dfrac{1^2-1}{1+2}=0$,

ce qui donne : $y=\dfrac{2}{3}x-\dfrac{2}{3}$.

2. a. Démontrer une équivalence

Pour tout $x\in\mathbb{R}-\{2\}$:

$$f'(x)=\frac{2}{3}\Leftrightarrow\frac{x^2+4x+1}{(x+2)^2}=\frac{2}{3}\Leftrightarrow 3\left(x^2+4x+1\right)=2(x+2)^2.$$

soit $3x^2+12x+3=2x^2+8x+8$

soit $f'(x)=\dfrac{2}{3}\Leftrightarrow x^2+4x-5=0$

b. Résoudre une équation

D'après la question précédente, l'équation $f'(x)=\dfrac{2}{3}$ a les mêmes solutions que l'équation $x^2+4x-5=0$.

→ Fiche 12

$\Delta=16+4\times5=36>0$; donc l'équation a deux solutions réelles distinctes :

$x_1=\dfrac{-4-6}{2}=-5$ et $x_2=\dfrac{-4+6}{2}=1$.

c. Conclusion

$\dfrac{2}{3}$ est le coefficient directeur de la tangente T à $\mathscr{C}$ au point A(1 ; 0).

D'après l'étude précédente, la courbe $\mathscr{C}$ admet aussi une tangente de coefficient directeur $\dfrac{2}{3}$ au point d'abscisse -5.

Or, deux droites ayant le même coefficient directeur sont parallèles. Donc le point B cherché est le point de coordonnées $\left(-5\,;f(-5)\right)$, soit $B\left(-5\,;-8\right)$.

3. Déterminer l'équation réduite d'une tangente à une courbe

La tangente T′ en $B\left(-5\,;-8\right)$ à la courbe $\mathscr{C}$ a pour équation réduite :

$y=f'(-5)(x+5)+f(-5)=\dfrac{2}{3}(x+5)-8$, soit $y=\dfrac{2}{3}x-\dfrac{14}{3}$.

4. Tracer une courbe et deux de ses tangentes

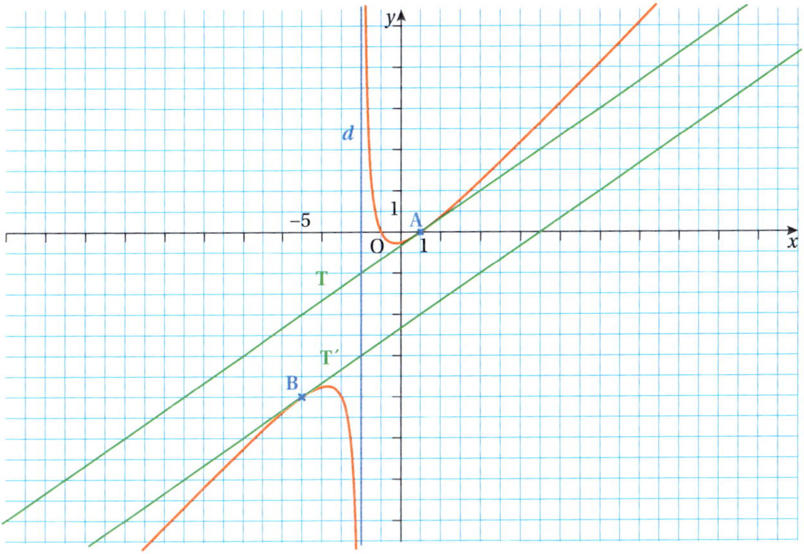

SUJET 14 | Variation, point fixe et tangente

DURÉE 50 MIN

→ **Fiche 15** Étudier une équation du type $f(x) = k$
→ **Fiche 16** Utiliser la méthode de balayage ou de dichotomie
→ **Fiche 22** Calculer la dérivée d'une fonction
→ **Fiche 23** Déterminer la tangente à une courbe
→ **Fiche 26** Étudier les variations d'une fonction sans utiliser sa dérivée

On considère la fonction f définie sur $[0\,; +\infty[$ par $f(x) = \ln(x^2 + 4)$ et on note $\mathscr{C}$ sa courbe représentative dans un repère du plan.

PARTIE A Étude de l'équation $f(x) = x$

1. Sans calculer la dérivée de f, indiquer le sens de variation de f sur $[0\,; +\infty[$.

2. Soit g la fonction définie sur $[0\,; +\infty[$ par : $g(x) = f(x) - x$.

a. Étudier le sens de variation de g sur $[0\,; +\infty[$.

b. Démontrer que l'équation $g(x) = 0$ admet une unique solution dans l'intervalle $]2\,; 3[$, que l'on notera α, puis donner la valeur arrondie au dixième de α.

c. Justifier que α est l'unique solution de l'équation $g(x) = 0$ dans $[0\,;+\infty[$.

3. Résoudre l'équation $f(x)=x$ dans $[0;+\infty[$.

PARTIE B Étude de la tangente à la courbe en un point fixe

1. Démontrer que la tangente T_α à la courbe $\mathscr{C}$ au point d'abscisse α admet pour équation : $y=\dfrac{2\alpha}{\alpha^2+4}x+\dfrac{\alpha(\alpha^2-2\alpha+4)}{\alpha^2+4}$.

2. Donner les arrondis au dixième du coefficient directeur et de l'ordonnée à l'origine de la droite T_α.

3. Tracer la courbe $\mathscr{C}$, la droite Δ d'équation $y=x$ et la droite T_α.

DÉMARRONS ENSEMBLE

PARTIE A

1. Remarquez que la fonction *f* est la composée de deux fonctions usuelles. → **Fiche 26**

2. b. Pensez au théorème des valeurs intermédiaires. Il suffit de prouver que *g* change de signe sur $[0;+\infty[$. → **Fiche 15**

c. Utilisez la méthode de balayage ou de dichotomie avec une calculatrice. → **Fiche 16**

3. Remarquez que $g(x)=0 \Leftrightarrow f(x)=x$.

PARTIE B

1. L'équation réduite de T_α est $y=f'(\alpha)(x-\alpha)+f(\alpha)$ avec $f(\alpha)=\alpha$. → **Fiche 23**

2. Utilisez l'arrondi de α obtenu dans la partie A.

CORRIGÉ

PARTIE A Étude de l'équation $f(x)=x$

1. Étudier les variations d'une fonction sans utiliser la dérivée

La fonction $x\mapsto x^2+4$ est strictement croissante et strictement positive sur $[0;+\infty[$. La fonction ln étant strictement croissante sur $]0;+\infty[$, on en déduit que la fonction *f* est strictement croissante sur $[0;+\infty[$.

2. a) Étudier les variations d'une fonction avec sa dérivée

La fonction *g* est dérivable sur $[0;+\infty[$ comme somme de deux fonctions dérivables sur $[0;+\infty[$.

Pour tout $x \in [0;+\infty[$, $g'(x) = \dfrac{2x}{x^2+4} - 1 = \dfrac{-x^2+2x-4}{x^2+4}$.

La dérivée de ln$u$ est $\dfrac{u'}{u}$. → Fiche 22

Pour tout réel x, $x^2+4>0$, donc sur $[0;+\infty[$, $g'(x)$ a le signe du trinôme du second degré $-x^2+2x-4$.

$\Delta = 2^2 - 4(-1)\times(-4) = -12 < 0$;

$-x^2+2x-4$ est du signe du coefficient de x^2.

donc pour tout $x \in [0;+\infty[$, $-x^2+2x-4<0$.

Ainsi, pour tout $x \in [0;+\infty[$, $g'(x)<0$.

La fonction g est donc strictement décroissante sur $[0;+\infty[$.

b. Étude d'une équation du type $g(x) = 0$

La fonction g est strictement décroissante sur $[0;+\infty[$, donc sur $]2;3[$;

$g(2) = \ln(2^2+4) - 2 = \ln(8) - 2 \approx 0{,}08$;

$g(3) = \ln(3^2+4) - 3 = \ln(13) - 3 \approx -0{,}5$;

$0 \in \,]g(2);g(3)[$.

D'après le théorème des valeurs intermédiaires, il existe un unique réel dans l'intervalle $]2;3[$ tel que $g(x)=0$.

→ Fiche 15

On note α ce nombre.

Avec une calculatrice, on montre que $2{,}15 < \alpha < 2{,}16$ et donc que $\alpha \approx 2{,}2$.

La valeur arrondie de α à 10^{-1} est 2,2.

X	Y1
2.12	.01941
2.13	.0144
2.14	.00939
2.15	.00438
2.16	-6E-4
2.17	-.0057
2.18	-.0107

X=2.16

c. La fonction g est strictement décroissante sur $[0;+\infty[$, donc :

pour tout $x \in [0;\alpha[$, $g(x) > g(\alpha)$ soit $g(x) > 0$;

pour tout $x \in \,]\alpha;+\infty[$, $g(x) < g(\alpha)$ soit $g(x) < 0$.

α est donc l'unique solution de l'équation $g(x)=0$ dans $[0;+\infty[$.

3. Démontrer qu'un nombre est solution d'une équation

Pour tout $x \in [0;+\infty[$, $g(x) = f(x) - x$.

Ainsi, l'équation $g(x)=0$ est équivalente à l'équation $f(x)-x=0$, c'est-à-dire à l'équation $f(x)=x$.

D'après le résultat établi dans la question précédente, α est l'unique solution l'équation de l'équation $f(x)=x$ dans $[0;+\infty[$.

On dit que $A(\alpha;\alpha)$ est un point fixe de la courbe $\mathscr{C}$.

PARTIE B Étude de la tangente à la courbe en un point fixe

1. Déterminer l'équation réduite d'une tangente à la courbe

T_α a pour équation réduite $y = f'(\alpha)(x-\alpha)+f(\alpha)$ avec $f'(\alpha)=\dfrac{2\alpha}{\alpha^2+4}$ et $f(\alpha)=\alpha$, ce qui donne :

$$y=\frac{2\alpha}{\alpha^2+4}(x-\alpha)+\alpha=\frac{2\alpha}{\alpha^2+4}x-\frac{2\alpha^2}{\alpha^2+4}+\frac{\alpha(\alpha^2+4)}{\alpha^2+4}\ \text{soit :}$$

$$y=\frac{2\alpha}{\alpha^2+4}x+\frac{\alpha(\alpha^2-2\alpha+4)}{\alpha^2+4}.$$

2. $\alpha \approx 2{,}2$ et donc $y \approx 0{,}5x+1{,}1$.

3.

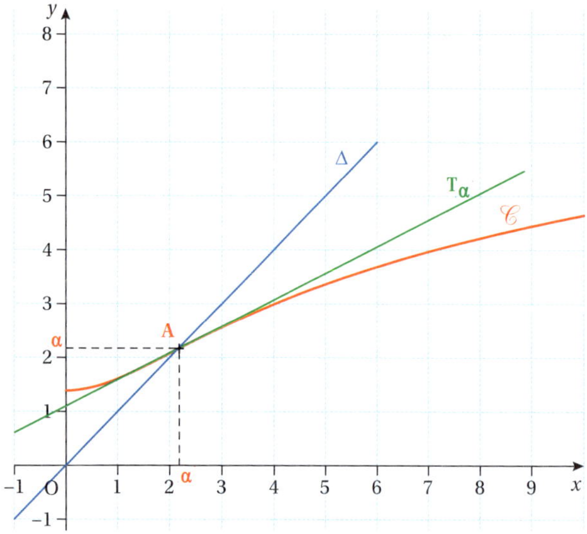

ANALYSE

Fonctions usuelles

FICHES

BILAN

SUJETS CORRIGÉS

27 Utiliser les fonctions sinus et cosinus

La fonction cosinus et la fonction sinus sont deux fonctions trigonométriques importantes, dont il faut connaître les propriétés.

RAPPEL DE COURS

I Définitions et propriétés

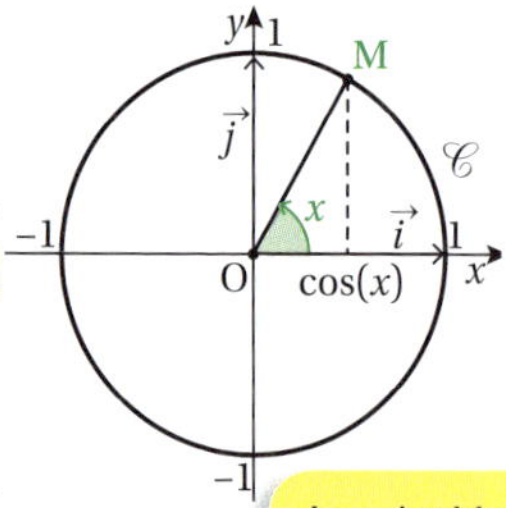

- Le plan est muni d'un repère orthonormé $(O;\vec{i},\vec{j})$.

À tout nombre réel x est associé un unique point M du cercle trigonométrique $\mathscr{C}$ de centre O.

M a pour coordonnées $(\cos(x);\sin(x))$.

La fonction **cosinus** est la fonction définie sur $\mathbb{R}$ par $x \mapsto \cos(x)$.

La fonction **sinus** est la fonction définie sur $\mathbb{R}$ par $x \mapsto \sin(x)$.

Le point M est défini par $(\vec{i},\overrightarrow{OM}) = x$.

- Pour tout réel x, $\cos(-x)=\cos(x)$: la fonction **cosinus** est **paire**.

Ainsi, dans un repère orthogonal, la courbe représentative de la fonction cosinus est symétrique par rapport à l'axe des ordonnées.

- Pour tout réel x, $\sin(-x)=-\sin(x)$: la fonction **sinus** est **impaire**.

Ainsi, la courbe représentative de la fonction sinus est symétrique par rapport à l'origine du repère.

- Pour tout réel x, $\cos(x+2\pi)=\cos x$ et $\sin(x+2\pi)=\sin x$: les fonctions sinus et cosinus sont **périodiques de période** 2π.

Il suffit d'étudier ces fonctions sur un intervalle d'amplitude 2π.

On dit aussi 2π-périodique.

II Variations et courbes représentatives

- Les fonctions cosinus et sinus sont dérivables sur $\mathbb{R}$, et pour tout réel x :

$$\cos'(x)=-\sin(x) \text{ et } \sin'(x)=\cos(x).$$

D'où cos'($ax + b$) = −a sin ($ax + b$) et sin'($ax + b$) = a cos ($ax + b$).

- Tableaux de variation

x	$-\pi$ $\quad -\pi/2$ $\quad \pi/2$ $\quad \pi$
$\sin'(x)=\cos(x)$	− 0 + 0 −
$\sin(x)$	0 ↘ −1 ↗ 1 ↘ 0

x	$-\pi$ $\quad 0$ $\quad \pi$
$\cos'(x)=-\sin(x)$	+ 0 −
$\cos(x)$	−1 ↗ 1 ↘ −1

On trace les translations de vecteur $2k\pi\vec{i}$ des courbes sur $[-\pi;\pi]$.

■ Courbes représentatives

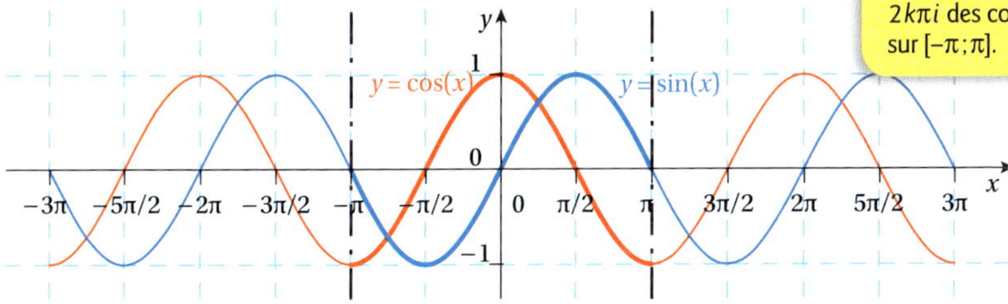

APPLICATION Étudier une fonction trigonométrique

f est la fonction définie sur $\mathbb{R}$ par $f(x)=\sin(3x)$.

1. Vérifier que la fonction f est impaire.
2. Prouver que pour tout $x\in\mathbb{R}$ et tout $k\in\mathbb{Z}$, $f\left(x+k\frac{2\pi}{3}\right)=f(x)$.
3. Calculer $f'(x)$ et indiquer son signe sur $\left[0;\frac{\pi}{3}\right]$.

POINT MÉTHODE

1. Il s'agit de vérifier que pour tout $x\in\mathbb{R}$, $f(x)=f(-x)$.
2. Remplacez x par $x+k\frac{2\pi}{3}$ dans l'expression de $f(x)$, puis utilisez la périodicité de la fonction sinus.
3. $f(x)$ est de la forme $\sin(ax+b)$.

Solution

1. Pour tout $x\in\mathbb{R}$, $f(-x)=\sin(-3x)=-\sin(3x)=-f(x)$.

Donc la fonction f est impaire.

2. Pour tout $x\in\mathbb{R}$ et tout $k\in\mathbb{Z}$,

$$f\left(x+k\frac{2\pi}{3}\right)=\sin\left(3\left(x+k\frac{2\pi}{3}\right)\right)=\sin(3x+2k\pi)=\sin(3x)=f(x).$$

3. $f(x)$ est de la forme $\sin(ax+b)$, donc f est dérivable sur $\mathbb{R}$ et pour tout réel x, $f'(x)=3\cos(3x)$. Pour tout $x\in\left[0;\frac{\pi}{3}\right]$:

$$f'(x)=0\Leftrightarrow\cos(3x)=0\Leftrightarrow 3x=\frac{\pi}{2}\Leftrightarrow x=\frac{\pi}{6}$$

$$f'(x)\geqslant 0\Leftrightarrow 0\leqslant x\leqslant\frac{\pi}{6}\text{ et } f'(x)\leqslant 0\Leftrightarrow\frac{\pi}{6}\leqslant x\leqslant\frac{\pi}{3}$$

28 Résoudre des équations et des inéquations trigonométriques

Pour résoudre des équations et des équations trigonométriques, on utilise un cercle trigonométrique et les valeurs remarquables.

RAPPEL DE COURS

I Propriétés algébriques

Pour tout réel x :

- $\cos^2(x)+\sin^2(x)=1$ • $-1\leqslant\cos(x)\leqslant 1$ • $-1\leqslant\sin(x)\leqslant 1$
- $\cos(2x)=1-2\sin^2(x)=2\cos^2(x)-1$ • $\sin(2x)=2\cos(x)\sin(x)$.

C'est la relation trigonométrique fondamentale.

II Équations et inéquations trigonométriques

Pour tout réel x :

- $\sin(x)=\sin(a)\Leftrightarrow x=a+2k\pi$ ou $x=\pi-a+2k\pi$, avec $k\in\mathbb{Z}$
- $\cos(x)=\cos(a)\Leftrightarrow x=a+2k\pi$ ou $a=-y+2k\pi$, avec $k\in\mathbb{Z}$

Pour résoudre une inéquation du type $\cos(x)\leqslant\cos(a)$ ou $\cos(x)\geqslant\cos(a)$ ou $\sin(x)\leqslant\sin(a)$ ou $\sin(x)\geqslant\sin(a)$, on utilise un cercle trigonométrique.

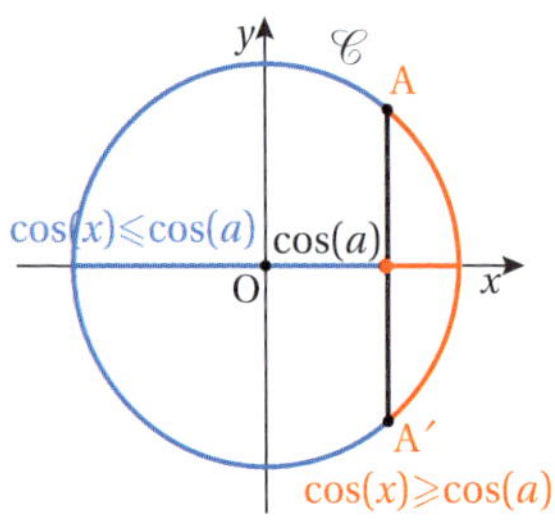

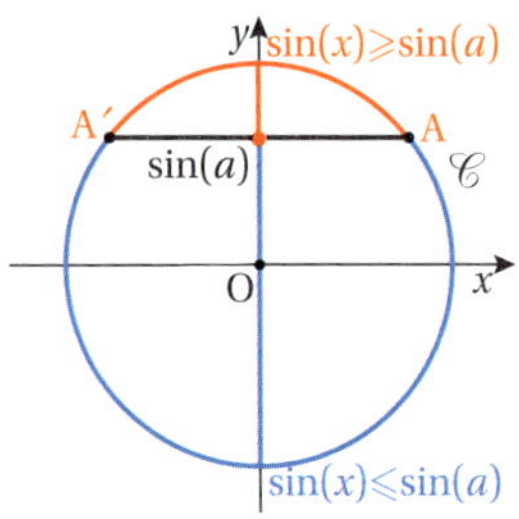

APPLICATION Résoudre des équations et inéquations

1. a. Représenter, sur un cercle trigonométrique, l'ensemble des solutions de l'inéquation $\sin(2x)\leqslant\dfrac{\sqrt{3}}{2}$.

b. Donner l'ensemble des solutions de cette inéquation dans $]-\pi\,;\pi]$.

2. Résoudre dans $\mathbb{R}$ l'équation (E) : $2\cos^2(x)-7\cos(x)+3=0$.

POINT MÉTHODE

1. a. On utilise un cercle trigonométrique et $\dfrac{\sqrt{3}}{2}=\sin\left(\dfrac{\pi}{3}\right)$.
b. Considérez la mesure principale des angles orientés mis en évidence dans la question précédente.
2. Posez $X=\cos(x)$ et résolvez l'équation du second degré obtenue. N'oubliez pas que pour tout réel x, $-1\leqslant\cos(x)\leqslant 1$

Solution

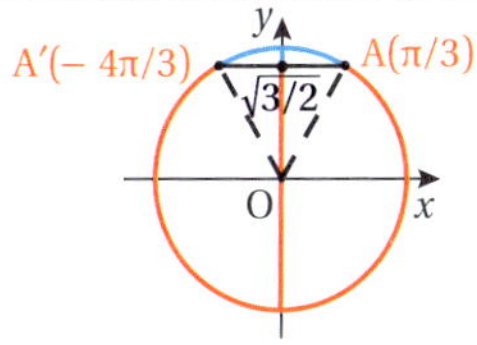

On s'aide d'un cercle trigonométrique pour visualiser.

1. a. $\sin(2x)\leqslant\dfrac{\sqrt{3}}{2}\Leftrightarrow\sin(2x)\leqslant\sin\left(\dfrac{\pi}{3}\right)$

$\Leftrightarrow -\dfrac{4\pi}{3}+2k\pi\leqslant 2x\leqslant\dfrac{\pi}{3}+2k\pi,\ k\in\mathbb{Z}$

$\Leftrightarrow -\dfrac{2\pi}{3}+k\pi\leqslant x\leqslant\dfrac{\pi}{6}+k\pi,\ k\in\mathbb{Z}.$

Avec $k=0$, on obtient $-\dfrac{2\pi}{3}\leqslant x\leqslant\dfrac{\pi}{6}$,

et avec $k=1$, $\dfrac{\pi}{3}\leqslant x\leqslant\dfrac{7\pi}{6}$.

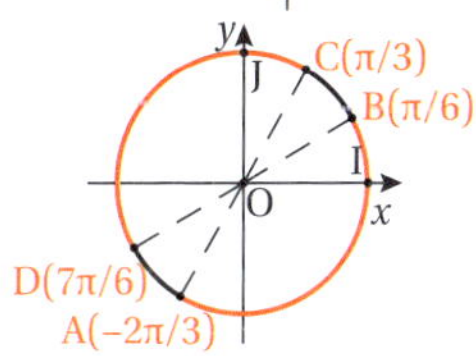

L'ensemble des solutions est représenté ci-contre sur un cercle trigonométrique.

b. Pour donner l'ensemble des solutions dans $]-\pi\,;\pi]$, il faut considérer la mesure appartenant à $[-\pi\,;\pi]$ principale.

$\dfrac{7\pi}{6}=-\dfrac{5\pi}{6}+2\pi$, donc la mesure principale de l'angle $\left(\overrightarrow{OI},\overrightarrow{OD}\right)$ est $-\dfrac{5\pi}{6}$.

Donc l'ensemble des solutions de l'inéquation dans $]-\pi\,;\pi]$ est :

$\left]-\pi\,;-\dfrac{5\pi}{6}\right]\cup\left[-\dfrac{2\pi}{3};\dfrac{\pi}{6}\right]\cup\left[\dfrac{\pi}{3};\pi\right].$

2. On pose $X=\cos(x)$; alors : (E) $\Leftrightarrow\begin{cases}X=\cos(x)\\2X^2-7X+3=0\end{cases}$

Pour tout réel x, $-1\leqslant\cos(x)\leqslant 1$.

On résout l'équation du second degré $2X^2-7X+3=0$:

$\Delta=(-7)^2-4\times2\times3=25=5^2$; donc l'équation admet deux solutions réelles :

$X_1=\dfrac{7-5}{2\times2}=\dfrac{1}{2}$ et $X_2=\dfrac{7+5}{2\times2}=3$. Or, $\dfrac{1}{2}\in[-1;1]$ et $3\notin[-1;1]$, donc :

$2\cos^2(x)-7\cos(x)+3=0\Leftrightarrow\cos(x)=\dfrac{1}{2}\Leftrightarrow\cos(x)=\cos\left(\dfrac{\pi}{3}\right)$

$\Leftrightarrow x=\dfrac{\pi}{3}+2k\pi,\ k\in\mathbb{Z},$ ou $x=-\dfrac{\pi}{3}+2k\pi,\ k\in\mathbb{Z}.$

D'où : $\mathscr{S}=\left\{x=\dfrac{\pi}{3}+2k\pi,\ k\in\mathbb{Z}\right\}\cup\left\{x=-\dfrac{\pi}{3}+2k\pi,\ k\in\mathbb{Z}\right\}.$

29 Utiliser les propriétés algébriques de la fonction exponentielle

La fonction exponentielle est la seule fonction égale à sa dérivée et qui prend la valeur 1 en 0. C'est aussi la seule fonction continue sur $\mathbb{R}$ qui transforme une somme en produit et qui prend la valeur e en 1.

RAPPEL DE COURS

I Définition de la fonction exponentielle

La fonction exponentielle, notée exp, est l'unique fonction f, définie et dérivable sur $\mathbb{R}$, vérifiant : $f(0) = 1$, et, pour tout réel x, $f'(x) = f(x)$.

On pose $\exp(1) = \mathrm{e}$. Alors, pour tout nombre x, $\exp(x) = \mathrm{e}^x$.

II Propriétés algébriques

- Pour tout réel x, $\mathrm{e}^x > 0$.
- Pour tous réels a et b, et tout entier relatif n :

• $\mathrm{e}^{a+b} = \mathrm{e}^a \times \mathrm{e}^b$ • $\mathrm{e}^{-a} = \dfrac{1}{\mathrm{e}^a}$ • $\dfrac{\mathrm{e}^a}{\mathrm{e}^b} = \mathrm{e}^{a-b}$ • $(\mathrm{e}^a)^n = \mathrm{e}^{na}$

En particulier, pour tout réel x, $\mathrm{e}^x \neq 0$.

III Résoudre une équation ou une inéquation

- Pour tous réels a et b,

• $\mathrm{e}^a = \mathrm{e}^b \Leftrightarrow a = b$ • $\mathrm{e}^a < \mathrm{e}^b \Leftrightarrow a < b$

- Pour tout réel x et tout réel $a > 0$: $\mathrm{e}^x = a \Leftrightarrow x = \ln(a)$

Ces deux équivalences résultent de la stricte croissance de la fonction exp sur $\mathbb{R}$.
→ Fiche 30

APPLICATION Résoudre des équations ou des inéquations

Résoudre dans $\mathbb{R}$ les équations ou inéquations suivantes :

a. $\mathrm{e}^{2x+1} = \mathrm{e}^3$ **b.** $\mathrm{e}^{x^2+2x} < \mathrm{e}^{5x} = 0$ **c.** $\left(\mathrm{e}^{2x}\right)^{-4} \mathrm{e}^5 = 1$ **d.** $\mathrm{e}^{-8x} = 2$

e. $\dfrac{\mathrm{e}^x + \mathrm{e}^{-2x}}{\mathrm{e}^{2x}} = \dfrac{\mathrm{e}^{-3x} - 1}{\mathrm{e}^x}$ **f.** $\left(\mathrm{e}^{x+1}\right)^2 \mathrm{e}^x > \mathrm{e}^3$ **g.** $\mathrm{e}^{2x} - 4\mathrm{e}^x - 5 = 0$

POINT MÉTHODE

a. à **f.** Transformez, si nécessaire, les différentes expressions en utilisant les propriétés algébriques pour vous ramener à une équation (inéquation) de la forme $e^a = e^b$ ($e^a < e^b$).

g. Posez $X = e^x$ et résolvez l'équation du second degré ainsi obtenue. Lorsque vous revenez à l'équation initiale, n'oubliez pas que pour tout réel x, $e^x > 0$.

Solution

$e^a = e^b \Leftrightarrow a = b.$

a. $e^{2x+1} = e^3 \Leftrightarrow 2x+1=3 \Leftrightarrow x=1.$

$e^a < e^b \Leftrightarrow a < b.$

b. $e^{x^2+2x} < e^{5x} \Leftrightarrow x^2+2x<5x \Leftrightarrow x^2-3x<0$

$\Leftrightarrow x(x-3)<0 \Leftrightarrow 0<x<3.$

c. $\left(e^{2x}\right)^{-4} e^5 = 1 \Leftrightarrow e^{-4\times 2x} e^5 = e^0 \Leftrightarrow e^{-8x+5} = e^0 \Leftrightarrow -8x+5=0 \Leftrightarrow x=\frac{5}{8}.$

d. $e^{-8x} = 2 \Leftrightarrow -8x = \ln(2) \Leftrightarrow x = -\frac{\ln(2)}{8}.$

N'oubliez pas que $1 = e^0$.

e. $\frac{e^x + e^{-2x}}{e^{2x}} = \frac{e^{-3x}-1}{e^x} \Leftrightarrow e^x\left(e^x + e^{-2x}\right) = e^{2x}\left(e^{-3x}-1\right)$

$\Leftrightarrow e^{x+x} + e^{x-2x} = e^{2x-3x} - e^{2x} \Leftrightarrow e^{2x} + e^{-x} = e^{-x} - e^{2x}$

$\Leftrightarrow 2e^{2x} = 0 \Leftrightarrow e^{2x} = 0.$

Cette équation n'a pas de solution car pour tout réel x, $e^x > 0$.

$(e^a)^n = e^{an}.$

f. $\left(e^{x+1}\right)^2 e^x > e^3 \Leftrightarrow e^{2(x+1)} e^x > e^3 \Leftrightarrow e^{2x+2+x} > e^3 \Leftrightarrow e^{3x+2} > e^3$

$\Leftrightarrow 3x+2>3 \Leftrightarrow x > \frac{1}{3}.$

g. $e^{2x} - 4e^x - 5 = 0 \Leftrightarrow \left(e^x\right)^2 - 4e^x - 5 = 0.$

On pose $X = e^x$. Ainsi,

$$e^{2x} - 4e^x - 5 = 0 \Leftrightarrow \begin{cases} X = e^x \\ X^2 - 4X - 5 = 0 \end{cases}$$

On résout l'équation du second degré $X^2 - 4X - 5 = 0$:

$\Delta = (-4)^2 - 4\times 1 \times -5 = 36 = 6^2$, donc l'équation admet deux solutions réelles :

$X_1 = \frac{4-6}{2} = -1$ et $X_2 = \frac{4+6}{2} = 5.$

Ainsi : $e^{2x} - 4e^x - 5 = 0 \Leftrightarrow e^x = -1$ ou $e^x = 5$.

Or, pour tout réel x, $e^x > 0$.

Donc $e^{2x} - 4e^x - 5 = 0 \Leftrightarrow e^x = 5 \Leftrightarrow x = \ln(5)$.

30 Connaître la courbe représentative de la fonction exponentielle

Il faut connaître la courbe représentative de la fonction exponentielle. On peut ainsi retrouver les principaux résultats relatifs à cette fonction.

RAPPEL DE COURS

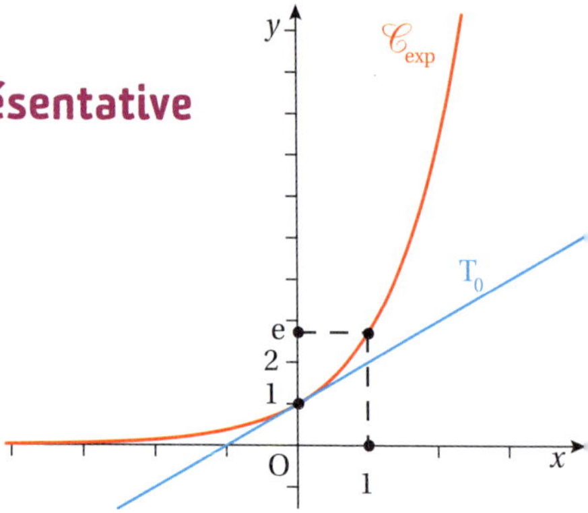

I Variation et courbe représentative

Pour tout $x \in \mathbb{R}$, $\exp'(x) = \exp(x)$.

- Pour tout $x \in \mathbb{R}$, $e^x > 0$.
- $\lim\limits_{x \to -\infty} e^x = 0$ et $\lim\limits_{x \to +\infty} e^x = +\infty$.

x	$-\infty$	0	1	$+\infty$
$(\exp)'(x)$	+	1 +	e +	
$\exp(x)$	0 ↗	1 ↗	e ↗	$+\infty$

II Limites

→ Fiche 18
→ Fiche 21

Pour calculer une limite, on s'appuie sur les limites usuelles :

- $\lim\limits_{x \to 0} \dfrac{e^x - 1}{x} = 1$
- $\lim\limits_{x \to +\infty} \dfrac{e^x}{x} = +\infty$
- $\lim\limits_{x \to -\infty} xe^x = 0$

Remarque : On dit qu'en l'infini, e^x « l'emporte » sur x.

Pour lever une forme indéterminée, on transforme l'expression étudiée, soit en factorisant, soit en utilisant une propriété algébrique de la fonction exponentielle.

Exemples : • $\lim\limits_{x \to +\infty} \dfrac{e^{x^2}}{e^{-x}}$. Pour tout réel x, $\dfrac{e^{x^2}}{e^{-x}} = e^{x^2+x}$. Or, $\lim\limits_{x \to +\infty} x^2 + x = +\infty$,

donc $\lim\limits_{x \to +\infty} \dfrac{e^{x^2}}{e^{-x}} = \lim\limits_{X \to +\infty} e^X = +\infty$.

• $\lim\limits_{x \to +\infty} e^{2x} - e^x$. Pour tout réel x, $e^{2x} - e^x = e^x\left(e^x - 1\right)$. On a $\lim\limits_{x \to +\infty} e^x = +\infty$ et $\lim\limits_{x \to +\infty} e^x - 1 = +\infty$. Par produit, on en déduit que $\lim\limits_{x \to +\infty} e^{2x} - e^x = +\infty$.

III Formules de dérivation

u désignant une fonction dérivable sur un intervalle I, la fonction $x \mapsto e^{u(x)}$ est dérivable sur I et a pour dérivée la fonction $x \mapsto u'(x)\, e^{u(x)}$.

Exemples : Soit g la fonction définie sur $]0\,;+\infty[$ par $g(x)=x\mathrm{e}^{\frac{1}{x}}$.

Pour tout $x\in\,]0\,;+\infty[$, $g'(x)=\mathrm{e}^{\frac{1}{x}}+x\times\left(\dfrac{-1}{x^2}\right)\mathrm{e}^{\frac{1}{x}}=\mathrm{e}^{\frac{1}{x}}-\dfrac{1}{x}\,\mathrm{e}^{\frac{1}{x}}$,

d'où $g'(x)=\mathrm{e}^{\frac{1}{x}}\left(1-\dfrac{1}{x}\right)$.

Identifiez bien la nature de l'expression à dériver (ici, un produit) et appliquez avec soin la formule de dérivation adéquate.

APPLICATION Étudier les limites et les variations d'une fonction

Soit f la fonction définie pour tout réel $x\neq 0$ par $f(x)=\dfrac{\mathrm{e}^{2x}}{x^2}$.

1. Calculer la limite de f en $-\infty$, en 0 et en $+\infty$.

2. Calculer la dérivée de f et dresser le tableau de variation de f.

POINT MÉTHODE

1. Justifiez le fait que $\dfrac{\mathrm{e}^{2x}}{x^2}=\left(\dfrac{\mathrm{e}^{x}}{x}\right)^2$ et utilisez une limite connue.

Solution

1. • $\lim\limits_{x\to-\infty}\mathrm{e}^{2x}=0$ car $\lim\limits_{x\to-\infty}\mathrm{e}^{x}=0$, et $\lim\limits_{x\to-\infty}\dfrac{1}{x^2}=0$. D'où : $\lim\limits_{x\to-\infty}f(x)=0$.

• $\lim\limits_{x\to 0}\mathrm{e}^{2x}=\mathrm{e}^0=1$ et $\lim\limits_{x\to 0}x^2=0$, avec $x^2\geqslant 0$. Donc : $\lim\limits_{x\to 0}f(x)=+\infty$.

• $\lim\limits_{x\to+\infty}\mathrm{e}^{2x}=+\infty$ et $\lim\limits_{x\to+\infty}x^2=+\infty$: on obtient une forme indéterminée.

Pour tout réel $x>0$, $f(x)=\dfrac{\mathrm{e}^{2x}}{x^2}=\dfrac{(\mathrm{e}^{x})^2}{x^2}=\left(\dfrac{\mathrm{e}^{x}}{x}\right)^2$.

Or, $\lim\limits_{x\to+\infty}\dfrac{\mathrm{e}^{x}}{x}=+\infty$, donc $\lim\limits_{x\to+\infty}f(x)=+\infty$.

2. Pour tout réel $x\neq 0$, $f'(x)=\dfrac{2\mathrm{e}^{2x}\times x^2-2x\times\mathrm{e}^{2x}}{x^4}=\dfrac{2x\mathrm{e}^{2x}(x-1)}{x^4}$.

Pour tout réel $x\neq 0$, $\mathrm{e}^{2x}>0$ et $x^4>0$, donc $f'(x)$ a le signe de $x(x-1)$, c'est-à-dire $f'(x)<0$ sur $]0\,;1[$ et $f'(x)>0$ sur $]-\infty\,;0[$ et $]1\,;+\infty[$.

D'où le tableau de variation de f :

x	$-\infty$		0		1		$+\infty$
$f'(x)$		$+$	||	$-$	0	$+$	
$f(x)$	0 ↗		$+\infty$ || $+\infty$	↘	e	↗	$+\infty$

31 Utiliser les propriétés algébriques de la fonction logarithme népérien

Les propriétés de la fonction logarithme népérien sont étroitement liées à celles de la fonction exponentielle. Sur son ensemble de définition $]0,+\infty[$, elle transforme les produits en sommes et s'annule en 1.

RAPPEL DE COURS

I Définition et propriétés algébriques

- La fonction logarithme népérien, notée ln, est la fonction définie sur $]0\,;+\infty[$ qui à tout x de $]0\,;+\infty[$ associe le réel y tel que $e^y = x$. Ainsi, pour tout $x \in]0\,;+\infty[$, $e^{\ln(x)} = x$ et pour tout $x \in \mathbb{R}$, $\ln(e^x) = x$.

$\ln(1) = \ln(e^0) = 0$ et $\ln(e) = \ln(e^1) = 1$.

- Pour tous réels a et b strictement positifs, et tout entier relatif n :

• $\ln(a \times b) = \ln(a) + \ln(b)$

• $\ln\left(\dfrac{a}{b}\right) = \ln(a) - \ln(b)$

• $\ln(a^n) = n\ln(a)$

• $\ln(\sqrt{a}) = \dfrac{1}{2}\ln(a)$

II Résoudre une équation et une inéquation

Pour résoudre une équation ou une inéquation donnée, on utilise les propriétés algébriques suivantes de la fonction ln :

• Pour tout $x \in]0\,;+\infty[$ et tout $y \in \mathbb{R}$, $\ln(x) = y \Leftrightarrow x = e^y$.

• Pour tous réels a et b strictement positifs, $\ln(a) = \ln(b) \Leftrightarrow a = b$ et $\ln(a) < \ln(b) \Leftrightarrow a < b$.

Ces deux équivalences résultent de la stricte croissance de la fonction ln sur $]0\,;+\infty[$.
→ Fiche 32

APPLICATION Appliquer les propriétés de la fonction ln

1. a. Exprimer en fonction de $\ln 2$ le nombre $3\ln 2 - 3\ln 8 + 5\ln 4 - \ln\dfrac{1}{2}$.

b. Simplifier les expressions A, B et C :

• $A = e^{\ln 3} + e^{\ln 5}$ • $B = \ln(e^x \times e^{-2x})$ • $C = \ln\left(\dfrac{e^3}{e^{-2x}}\right)$

2. Résoudre les équations ou inéquations suivantes :

a. $\ln 3x = 2\ln 3$

b. $\ln(x-2)=5$

c. $2\ln x=\ln 4+2\ln 3$

d. $\ln(-2x+1)\leqslant 2$

e. $2\ln^2 x-\ln x+15=0$

POINT MÉTHODE

1. Utilisez les égalités $\ln a\times b=\ln a+\ln b$; $\ln\frac{a}{b}=\ln a-\ln b$; $\ln a^n=n\ln a$ et $\ln\sqrt{a}=\frac{1}{2}\ln a$.

2. a. à **c.** Ramenez-vous à une équation du type $\ln x=\ln y$.

e. Posez $X=\ln x$ et ramenez-vous dans un premier temps à une équation du second degré.

Solution

1. a. $3\ln 2-3\ln 8+5\ln 4-\ln\frac{1}{2}=3\ln 2-3\ln 2^3+5\ln 2^2+\ln 2$
$=3\ln 2-9\ln 2+10\ln 2+\ln 2=5\ln 2$

b. $A=e^{\ln 3}+e^{\ln 5}=3+5=8$

$B=\ln(e^x\times e^{-2x})=(\ln e^x)+(\ln e^{-2x})=x-2x=-x$

$C=\ln\left(\frac{e^3}{e^{-2x}}\right)=\ln e^3-e^{-2x}=3+2x$

1. a. $\ln 3x=2\ln 3\Leftrightarrow \ln 3x=\ln 3^2\Leftrightarrow \ln 3x=\ln 9$,

d'où $\ln 3x=2\ln 3\Leftrightarrow 3x=9\Leftrightarrow x=3$.

b. $\ln(x-2)=5\Leftrightarrow \ln(x-2)=\ln e^5\Leftrightarrow x-2=e^5$,

d'où $\ln(x-2)=5\Leftrightarrow x=2+e^5$.

c. $2\ln x=\ln 4+2\ln 3\Leftrightarrow \ln x^2=\ln 4+\ln 9\Leftrightarrow \ln x^2=\ln 36$,

d'où $2\ln x=\ln 4+2\ln 3\Leftrightarrow x^2=36\Leftrightarrow x=-6$ ou $x=6$.

d. $\ln(-2x+1)\leqslant 2\Leftrightarrow \ln(-2x+1)\leqslant \ln e^2\Leftrightarrow -2x+1\leqslant e^2$,

d'où $\ln(-2x+1)\leqslant 2\Leftrightarrow -2x\leqslant e^2-1\Leftrightarrow x\geqslant\frac{e^2-1}{2}$.

e. Posons $X=\ln x$.

On obtient l'équation du second degré suivante à résoudre :

$2X^2-X+15=0$.

$\Delta<0$. L'équation n'a donc pas de solutions.

32 Connaître la courbe représentative de la fonction logarithme népérien

Il faut connaître la courbe représentative de la fonction logarithme népérien. On peut ainsi retrouver les principaux résultats relatifs à cette fonction.

RAPPEL DE COURS

I Variation et courbe représentative

- Dans un repère orthonormé, les courbes $\mathscr{C}_{\exp}$ et $\mathscr{C}_{\ln}$ sont symétriques par rapport à la droite d'équation $y = x$.

C'est la conséquence graphique de la propriété fondamentale : pour tout $x \in]0 ; +\infty[$ et tout $y \in \mathbb{R}$, $\ln(x) = y \Leftrightarrow x = e^y$.

- Pour tout $x \in]0;+\infty[$, $\ln'(x) = \dfrac{1}{x}$.
- $\lim\limits_{x \to 0} \ln(x) = -\infty$ et $\lim\limits_{x \to +\infty} \ln(x) = +\infty$.

x	0	1	e	$+\infty$
$\ln'(x)$	+	1	+	+
$\ln(x)$	$-\infty$ ↗	0 ↗	1 ↗	$+\infty$

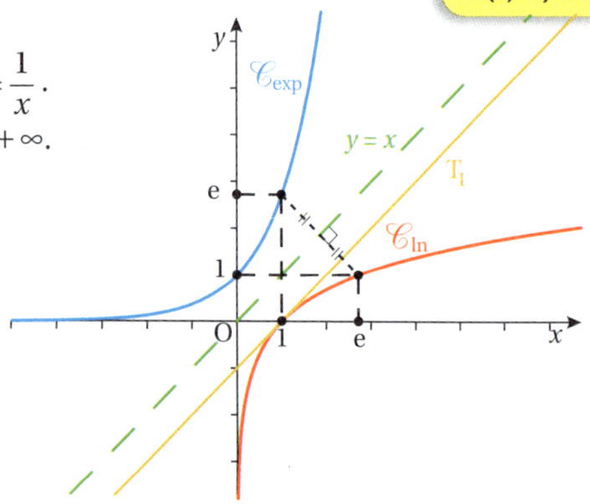

II Limites

- Pour calculer une limite, on s'appuie sur les limites usuelles :

• $\lim\limits_{x \to 0} \dfrac{\ln(1+x)}{x} = 1$ • $\lim\limits_{x \to 0} x\ln(x) = 0$ • $\lim\limits_{x \to +\infty} \dfrac{\ln(x)}{x} = 0$

→ Fiche 18
→ Fiche 21

Remarque : On dit qu'en l'infini, x « l'emporte » sur $\ln(x)$.

- Pour lever une forme indéterminée, on transforme l'expression étudiée, soit en factorisant, soit en utilisant une propriété algébrique de la fonction logarithme népérien.

Exemples :

• $\lim\limits_{x \to +\infty} \ln x - x$. Pour tout x > 0, $\ln x - x = x\left(\dfrac{\ln x}{x} - 1\right)$.

Or, $\lim\limits_{x \to +\infty} x = +\infty$ et $\lim\limits_{x \to +\infty} \dfrac{\ln x}{x} - 1 = -1$. Ainsi, par produit, $\lim\limits_{x \to +\infty} \ln x - x = -\infty$.

- $\lim\limits_{x \to +\infty} \dfrac{\ln(x^2+1)}{x^2+1}$. On pose $X = x^2 + 1$. On a $\lim\limits_{x \to +\infty} x^2+1 = \lim\limits_{x \to +\infty} X = +\infty$, donc $\lim\limits_{x \to +\infty} \dfrac{\ln(x^2+1)}{x^2+1} = \lim\limits_{X \to +\infty} \dfrac{\ln X}{X} = 0$.

III Formule de dérivation

u étant une fonction dérivable et strictement positive sur un intervalle *I*, la fonction $f : x \mapsto \ln(u(x))$ est dérivable sur *I*, et pour tout *x* de I, $f'(x) = \dfrac{u'(x)}{u(x)}$.

Exemple : $f(x) = \ln(4x+2)$. Pour $x \neq \dfrac{1}{2}$, on pose $u(x) = 4x+2$. Alors, pour $x \neq \dfrac{1}{2}$, $f'(x) = \dfrac{u'(x)}{u(x)} = \dfrac{4}{4x+2} = \dfrac{2}{2x+1}$.

APPLICATION Calculer les limites et la dérivée de fonctions logarithme népérien

1. Déterminer $\lim\limits_{x \to +\infty} \dfrac{\ln(x+1)}{x}$.

2. *f* est la fonction définie sur $]0\,;+\infty[$ par $f(x) = x\ln(x) - x + 1$.
Calculer $f'(x)$.

POINT MÉTHODE

1. Pour lever l'indétermination, transformez l'écriture de $f(x)$ pour faire « apparaître » une limite connue.

Solution

1. $\lim\limits_{x \to +\infty} \ln(x+1) = +\infty$ et $\lim\limits_{x \to +\infty} x = +\infty$; on a une forme indéterminée.

Pour tout $x > 0$, $f(x) = \dfrac{\ln(x+1)}{x} = \dfrac{\ln(x+1)}{x+1} \times \dfrac{x+1}{x} = \dfrac{\ln(x+1)}{x+1} \times \left(1 + \dfrac{1}{x}\right)$.

Posons $X = x+1$; $\lim\limits_{x \to +\infty} X = +\infty$ et $\lim\limits_{X \to +\infty} \dfrac{\ln(X)}{X} = 0$, donc $\lim\limits_{x \to +\infty} \dfrac{\ln(x+1)}{x+1} = 0$.

De plus, $\lim\limits_{x \to +\infty} \left(1 + \dfrac{1}{x}\right) = 1$. D'où, par produit : $\lim\limits_{x \to +\infty} f(x) = 0$.

2. Pour tout x de $]0\,;+\infty[$, $f'(x) = 1 \times \ln(x) + x \times \dfrac{1}{x} - 1 = \ln(x)$.

On remarque que la fonction *f* est une primitive de la fonction ln sur $]0\,;+\infty[$.

Quiz express

Vérifiez que vous avez bien retenu les points clés des **fiches 27 à 32**.

Utiliser les fonctions sinus et cosinus

1 La fonction définie sur $\mathbb{R}$ par $f(x) = \sin 2x$ est :

☐ **a.** paire ☐ **b.** impaire ☐ **c.** π-périodique ☐ **d.** 2π-périodique

2 f est la fonction définie sur $\mathbb{R}$ par $f(x) = \cos(-2x+1)$. Alors, $f'(x) =$:

☐ **a.** $-2\sin(-2x+1)$ ☐ **b.** $2\cos(-2x+1)$ ☐ **c.** $2\sin(-2x+1)$

FICHE 27

Résoudre des équations et des inéquations trigonométriques

3 L'équation $\sin(2x) = \sin\left(\frac{\pi}{3}\right)$ a pour ensemble de solutions :

☐ **a.** $\left\{\frac{\pi}{3} + 2k\pi,\ k \in \mathbb{Z}\right\}$

☐ **b.** $\left\{\frac{\pi}{6} + k\pi,\ k \in \mathbb{Z}\right\} \cup \left\{\frac{\pi}{3} + k\pi,\ k \in \mathbb{Z}\right\}$

☐ **c.** $\left\{\frac{\pi}{6} + k\pi,\ k \in \mathbb{Z}\right\} \cup \left\{-\frac{\pi}{6} + k\pi,\ k \in \mathbb{Z}\right\}$

FICHE 28

Utiliser les propriétés algébriques de la fonction exponentielle

4 $e^{-4x+2} \leqslant 2$ si, et seulement si :

☐ **a.** $x \geqslant \frac{2-\ln 2}{4}$ ☐ **b.** $x \leqslant \frac{2+\ln 2}{4}$ ☐ **c.** $x \leqslant \frac{2-\ln 2}{4}$

FICHE 29

Calculer des dérivées

5 La fonction définie sur $\mathbb{R}$ par $g(x) = xe^{-x+2}$ a pour dérivée :

☐ **a.** $g'(x) = -e^{-x+2}$

☐ **b.** $g'(x) = x(-x+2)e^{-x+2}$

☐ **c.** $g'(x) = (1-x)e^{-x+2}$

6 La fonction définie sur $\left]-\frac{1}{2};+\infty\right[$ par $f(x)=\ln(4x+2)$ a pour dérivée :

☐ **a.** $\frac{-1}{4x+2}$ ☐ **b.** $\frac{2}{2x+1}$ ☐ **c.** $\frac{1}{2x+1}$

FICHE 30

Utiliser les propriétés algébriques des fonctions exponentielles et logarithme népérien

7 Après simplification, $\ln 8 - \ln 2$ est égal à :

☐ **a.** $\ln 6$ ☐ **b.** $2\ln 2$ ☐ **c.** $\ln 4$

8 L'équation $\ln(x+2)=5$ admet pour unique solution :

☐ **a.** e^5-2 ☐ **b.** 3 ☐ **c.** e^3

9 L'égalité $\ln(e^x)=x$ est vraie si, et seulement si :

☐ **a.** $x\in\left]0;+\infty\right[$ ☐ **b.** $x\in\mathbb{R}^*$ ☐ **c.** $x\in\mathbb{R}$

10 Pour tout x réel, après simplification, $\left(\frac{e^{-2x}}{e^{-3x}}\right)^2$ est égal à :

☐ **a.** $\frac{1}{2e^x}$ ☐ **b.** $\frac{1}{e^{2x}}$ ☐ **c.** e^{2x}

FICHE 31

Calculer des limites

11 La limite de $\frac{\ln(x^2+1)}{x^2+1}$ quand x tend vers $+\infty$ est égale à :

☐ **a.** 0 ☐ **b.** 1 ☐ **c.** $+\infty$

FICHE 32

RÉPONSES

1. b et c. • **2.** c. • **3.** b. • **4.** a. • **5.** c. • **6.** b. • **7.** b et c. • **8.** a. • **9.** c. • **10.** a. • **11.** c.

SUJET 15 | Utiliser les propriétés de la fonction exp

DURÉE 60 MIN

→ Fiche 15 Étudier les équations du type $f(x) = k$
→ Fiche 16 Utiliser la méthode de balayage ou de dichotomie
→ Fiche 18 Déterminer la limite d'une fonction
→ Fiche 20 Lever l'indétermination d'une limite
→ Fiche 22 Calculer la dérivée d'une fonction
→ Fiche 23 Déterminer une tangente à une courbe
→ Fiche 25 Dresser le tableau de variation d'une fonction dérivable
→ Fiche 26 Étudier les variations d'une fonction sans utiliser sa dérivée
→ Fiche 29 Utiliser les propriétés algébriques de la fonction exponentielle
→ Fiche 30 Connaître la courbe représentative de la fonction exponentielle

PARTIE A Étude d'une fonction

Soit g la fonction définie sur $\left[0;+\infty\right[$ par $g(x)=\mathrm{e}^{x}-x\mathrm{e}^{x}+1$

1. Déterminer la limite de g en $+\infty$.

2. Étudier les variations de la fonction g.

3. a. Démontrer que l'équation $g(x) = 0$ admet une unique solution, notée α, dans $\left[0;+\infty\right[$. Justifier que $\mathrm{e}^{\alpha}=\dfrac{1}{\alpha-1}$.

b. À l'aide d'une calculatrice, donner un encadrement d'amplitude 10^{-2} de α.

4. Dresser le tableau de variation complet de g.

5. Donner le signe de $g(x)$ suivant les valeurs de x.

PARTIE B Étude des variations d'une fonction

Soit A la fonction définie sur $\left[0;+\infty\right[$ par $A(x)=\dfrac{4x}{\mathrm{e}^{x}+1}$.

1. Démontrer que pour tout x de $\left[0;+\infty\right[$, $A'(x)$ a le même signe que $g(x)$.

2. En déduire les variations de la fonction A sur $\left[0;+\infty\right[$ et justifier qu'elle admet pour maximum $4(\alpha-1)$.

PARTIE C Étude de la position d'un point sur une courbe

Soit f la fonction définie sur $\left[0;+\infty\right[$ par $f(x)=\dfrac{4}{\mathrm{e}^{x}+1}$.

On note $\mathscr{C}$ sa courbe représentative dans un repère orthonormé $\left(\mathrm{O};\vec{i},\vec{j}\right)$.

Pour tout réel x positif ou nul, on appelle M le point de $\mathscr{C}$ d'abscisse x, P le point de coordonnées $(x;0)$ et Q le point de coordonnées $(0;f(x))$.

α désigne le réel obtenu dans la partie A.

1. Démontrer que l'aire du rectangle OPMQ est maximale lorsque M a pour abscisse α. Donner la valeur de cette aire maximale.

2. Démontrer que la tangente T à la courbe $\mathscr{C}$ au point M d'abscisse α est parallèle à la droite (PQ).

DÉMARRONS ENSEMBLE

PARTIE A

1. Factorisez l'expression de $g(x)$ par e^x pour faire « apparaître » une limite connue. → **Fiches 20 et 30**

3. a. Utilisez le théorème des valeurs intermédiaires. → **Fiche 15**

b. Utilisez la méthode de balayage. → **Fiche 16**

PARTIE B

1. Calculez $A'(x)$ et factorisez l'expression pour faire « apparaître » $g(x)$.

2. Utilisez le signe de g et non ses variations. → **Fiche 26**

PARTIE C

1. Démontrez que l'aire du rectangle OPMQ est égale $A(x)$ et utilisez les variations de A.

2. Calculez le coefficient directeur de chaque droite et utilisez l'égalité $e^{\alpha} = \dfrac{1}{\alpha - 1}$. → **Fiche 23**

CORRIGÉ

PARTIE A Étude d'une fonction

1. Calculer la limite d'une fonction

Pour tout $x \in [0;+\infty[$, $g(x) = e^x\left(1 - x + \dfrac{1}{e^x}\right)$.

Pour tout réel x, $e^x \neq 0$.

$\lim\limits_{x\to+\infty} e^x = +\infty$ donc $\lim\limits_{x\to+\infty} \dfrac{1}{e^x} = 0$, et $\lim\limits_{x\to+\infty} (1-x) = -\infty$.

D'où, $\lim\limits_{x\to+\infty}\left(1 - x + \dfrac{1}{e^x}\right) = -\infty$, et par produit : $\lim\limits_{x\to+\infty} g(x) = -\infty$.

2. Étudier les variations d'une fonction

• La fonction exponentielle est dérivable sur $[0;+\infty[$. La fonction g est donc dérivable sur $[0;+\infty[$ comme somme et produit de fonctions dérivables sur $[0;+\infty[$.

Pour tout $x \in [0;+\infty[$, $g'(x) = e^x - (1 \times e^x + xe^x) + 0 = -xe^x$.

• Pour tout réel x, $e^x > 0$, donc :
pour tout $x \in]0;+\infty[$, $g'(x) < 0$ et $g'(0) = 0$.
Par conséquent, la fonction g est strictement décroissante sur $[0;+\infty[$.

3. a. Résoudre une équation du type $f(x) = k$

La fonction g est continue et strictement décroissante sur $[0;+\infty[$.
De plus, l'image de $[0;+\infty[$ par g est $]-\infty;2]$ et $0 \in]-\infty;2]$.
Donc, d'après le théorème des valeurs intermédiaires, il existe un unique réel appartenant à $[0;+\infty[$ tel que $g(x) = 0$.
Soit α ce nombre ; $g(\alpha) = 0 \Leftrightarrow e^\alpha - \alpha e^\alpha + 1 = 0 \Leftrightarrow e^\alpha(1-\alpha) + 1 = 0 \Leftrightarrow e^\alpha = \dfrac{1}{\alpha - 1}$.

b. Donner un encadrement de la solution d'une équation

Avec une calculatrice, on obtient $g(1{,}27) \approx 0{,}04$ et $g(1{,}28) \approx -0{,}007$.
$g(1{,}27) > 0$ et $g(1{,}28) < 0$, donc $1{,}27 < \alpha < 1{,}28$.

→ Fiche 16

4. Dresser le tableau de variation d'une fonction

$g(0) = e^0 - 0 \times e^0 + 1 = 2$.

x	0	α	$+\infty$
$g'(x)$	0	$-$	
$g(x)$	2 ↘	0 ↘	$-\infty$

5. Déterminer le signe d'une fonction

La fonction g est strictement décroissante sur $[0;+\infty[$, et $g(\alpha) = 0$.
Donc pour tout $x \in]0;\alpha[$, $g(x) > 0$, et pour tout $x \in]\alpha;+\infty[$, $g(x) < 0$.

PARTIE B Étude des variations d'une fonction

1. Calculer une dérivée

Posons, pour tout $x \in [0;+\infty[$, $u(x) = 4x$ et $v(x) = e^x + 1$; alors :
$u'(x) = 4$, $v'(x) = e^x$ et $A'(x) = \dfrac{u'(x) \times v(x) - v'(x)u(x)}{v(x)^2}$.
Ainsi, pour tout $x \in [0;+\infty[$:

$$A'(x) = \frac{4 \times (e^x + 1) - 4xe^x}{(e^x + 1)^2} = \frac{4(e^x - xe^x + 1)}{(e^x + 1)^2} = \frac{4g(x)}{(e^x + 1)^2}.$$

Pour tout réel x, $\left(e^x+1\right)^2>0$, donc pour tout $x\in\left[0\,;+\infty\right[$, $A'(x)$ a le même signe que $g(x)$.

2. Donner les variations d'une fonction et calculer un extremum

Pour tout $x\in\left]0\,;\alpha\right[$, $g(x)>0$, et pour tout $x\in\left]\alpha\,;+\infty\right[$, $g(x)<0$.

Donc pour tout $x\in\left]0\,;\alpha\right[$, $A'(x)>0$, et pour tout $x\in\left]\alpha\,;+\infty\right[$, $A'(x)<0$.

Ainsi, la fonction A est strictement croissante sur $\left]0\,;\alpha\right[$ et strictement décroissante sur $\left]\alpha\,;+\infty\right[$.

Elle admet donc un maximum pour $x=\alpha$, égal à $A(\alpha)=\dfrac{4\alpha}{e^\alpha+1}$.

Or, $e^\alpha=\dfrac{1}{\alpha-1}$; donc $A(\alpha)=\dfrac{4\alpha}{\dfrac{1}{\alpha-1}+1}=\dfrac{4\alpha}{\dfrac{1+\alpha-1}{\alpha-1}}=\dfrac{4\alpha(\alpha-1)}{\alpha}=4(\alpha-1)$.

PARTIE C Étude de la position d'un point sur une courbe

1. Déterminer une aire maximale

$\text{Aire}(\text{OPMQ})=\text{OP}\times\text{PM}=x\times f(x)=x\times\dfrac{4}{e^x+1}=A(x)$.

D'après la question précédente, la fonction A admet un maximum pour $x=\alpha$.

Donc l'aire du rectangle OPMQ est maximale lorsque M a pour abscisse α.

Elle est alors égale à $A(\alpha)=4(\alpha-1)$.

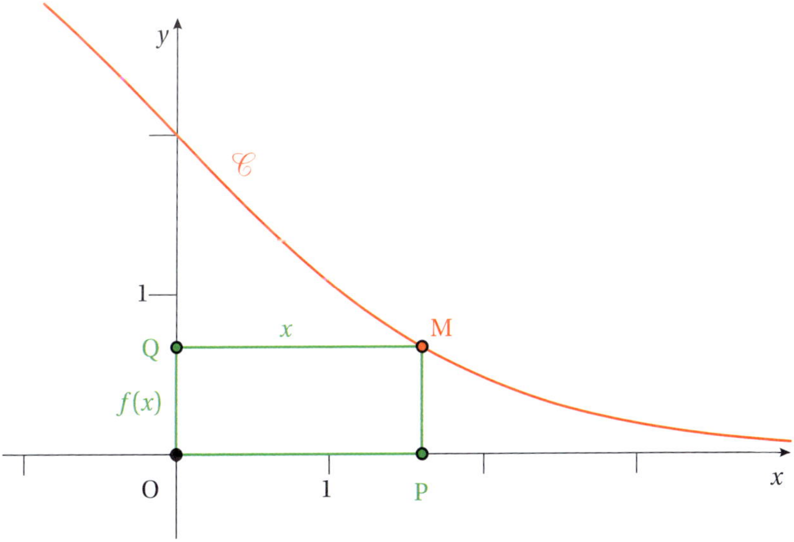

2. Démontrer que deux droites sont parallèles

• La droite (PQ) a pour coefficient directeur :
$\frac{f(\alpha)-0}{0-\alpha}=-\frac{f(\alpha)}{\alpha}=-\frac{A(\alpha)}{\alpha^2}=-\frac{4(\alpha-1)}{\alpha^2}$.

• La tangente T à la courbe $\mathscr{C}$ au point M d'abscisse α a pour coefficient directeur $f'(\alpha)$.

Or, pour tout $x \in \left[0\,;+\infty\right[$, $f(x)=\frac{A(x)}{x}$, donc $f'(x)=\frac{A'(x)\times x-A(x)}{x^2}$.

D'où : $f'(\alpha)=\frac{A'(\alpha)\times\alpha-A(\alpha)}{\alpha^2}$, avec $A'(\alpha)=0$ et $A(\alpha)=4(\alpha-1)$, ce qui donne $f'(\alpha)=-\frac{4(\alpha-1)}{\alpha^2}$.

Les droites T et (PQ) ont le même coefficient directeur, donc elles sont parallèles.

SUJET 16 | Utiliser les propriétés de la fonction exp

DURÉE 60 MIN

→ Fiche 14 Étudier le signe d'une expression
→ Fiche 15 Étudier les équations du type $f(x) = k$
→ Fiche 18 Déterminer la limite d'une fonction
→ Fiche 20 Lever l'indétermination d'une limite
→ Fiche 21 Interpréter graphiquement une limite
→ Fiche 22 Calculer la dérivée d'une fonction
→ Fiche 23 Déterminer la tangente à une courbe
→ Fiche 25 Dresser le tableau de variation d'une fonction dérivable
→ Fiche 26 Étudier les variations d'une fonction sans utiliser sa dérivée
→ Fiche 29 Utiliser les propriétés algébriques de la fonction exponentielle
→ Fiche 30 Connaître la courbe représentative de la fonction exponentielle
→ Fiche 33 Déterminer les primitives d'une fonction continue sur un intervalle
→ Fiche 34 Calculer une intégrale
→ Fiche 35 Interpréter géométriquement une intégrale

Soit f la fonction définie sur $\mathbb{R}$ par $f(x) = x + 2 - \dfrac{4e^x}{e^x + 3}$.

On désigne par $\mathscr{C}$ sa courbe représentative dans le plan muni d'un repère orthonormé $\left(O\,;\,\vec{i},\,\vec{j}\right)$ d'unité graphique 2 cm.

1. a. Déterminer la limite de f en $-\infty$ et en $+\infty$.

b. Étudier la position relative de la courbe $\mathscr{C}$ et de la droite d_1 d'équation $y = x + 2$.

2. a. Démontrer que pour tout réel x, $f'(x) = \left(\dfrac{e^x - 3}{e^x + 3}\right)^2$.

b. Étudier les variations de f sur $\mathbb{R}$ et dresser son tableau de variation.

3. a. Que peut-on dire de la tangente d_2 à la courbe $\mathscr{C}$ au point I d'abscisse $\ln(3)$?

b. Étudier la position relative de $\mathscr{C}$ et d_2.

4. a. Démontrer que la tangente d_3 à la courbe $\mathscr{C}$ au point d'abscisse 0 a pour équation réduite $y = \dfrac{1}{4}x + 1$.

b. Étudier la position de $\mathscr{C}$ et d_3 sur l'intervalle $\left]-\infty\,;\ln(3)\right]$.

On utilisera le résultat suivant, admis :

pour tout x de $\mathbb{R}$, $f''(x) = \dfrac{12e^x\left(e^x - 3\right)}{\left(e^x + 3\right)^3}$, où f'' est la dérivée seconde de f, c'est-à-dire la dérivée de f'.

5. On admet que le point I est centre de symétrie de la courbe $\mathscr{C}$.

Tracer la courbe $\mathscr{C}$, les droites d_1, d_2, d_3.

On rappelle que l'unité graphique choisie est 2 cm.

6. a. Déterminer une primitive de la fonction g définie sur $\mathbb{R}$ par $g(x) = \dfrac{e^x}{e^x + 3}$.

b. Soit λ un réel strictement négatif.

On note $\mathscr{A}(\alpha)$ l'aire, en unité d'aire, du domaine délimité par d_1, $\mathscr{C}$ et les droites d'équations $x = \lambda$ et $x = 0$.

Démontrer que $\mathscr{A}(\alpha) = 4\ln 4 - 4\ln\left(e^\lambda + 3\right)$.

c. Calculer $\lim\limits_{\lambda \to -\infty} \mathscr{A}(\alpha)$.

On donnera la valeur arrondie à deux décimales, en unité d'aire.

DÉMARRONS ENSEMBLE

1. a. Pour lever l'indétermination en $+\infty$, pensez à factoriser par e^x. **→ Fiches 18 et 30**

b. Étudier la position relative de $\mathscr{C}$ et d_1 revient à étudier le signe de $f(x) - (x+2)$. **→ Fiche 14**

2. a. Ce calcul n'est pas difficile, mais il requiert de la méthode pour ne pas faire d'erreur. Commencez par calculer la dérivée de la fonction $\varphi : x \mapsto \dfrac{4e^x}{e^x + 3}$.
Remarquez que $\left(e^x - 3\right)^2 = e^{2x} - 6e^x + 9$. **→ Fiches 22 et 30**

b. Notez que $f'(\ln(3)) = 0$. **→ Fiche 25**

3. a. Déterminez le coefficient directeur de d_2. **→ Fiche 23**

4. b. Cette question demande de votre part une certaine prise d'initiative. Il s'agit d'étudier le signe de $h(x) = f(x) - \left(\dfrac{1}{4}x + 1\right)$. Pour cela, étudiez les variations de h et de h' en étudiant en particulier le signe de h''. Remarquez que $h''(x) = f''(x)$ et $h'(0) = 0$. **→ Fiches 22 et 30**

6. a. Remarquez que $g(x)$ est de la forme $\dfrac{u'(x)}{u(x)}$.

b. Le domaine est compris entre $\mathscr{C}$ et d_1, avec d_1 au-dessus de $\mathscr{C}$, donc $\mathscr{A}(\alpha) = \displaystyle\int_\alpha^0 \big((x+2) - f(x)\big)dx$. **→ Fiche 35**

CORRIGÉ

1. a. Calculer la limite d'une fonction

$\lim\limits_{x\to-\infty} e^x = 0$, donc $\lim\limits_{x\to-\infty} 4e^x = 0$ et $\lim\limits_{x\to-\infty} (e^x+3) = 3$.

→ Fiche 30

Par quotient, on en déduit que $\lim\limits_{x\to-\infty} \dfrac{4e^x}{e^x+3} = 0$.

D'autre part, $\lim\limits_{x\to-\infty} (x+2) = -\infty$. Donc, par somme : $\lim\limits_{x\to-\infty} f(x) = -\infty$.

- $\lim\limits_{x\to+\infty} e^x = +\infty$, on a donc une forme indéterminée.

→ Fiche 30

Pour tout réel $x > 0$, $f(x) = x+2-\dfrac{4e^x}{e^x(1+3e^{-x})} = x+2-\dfrac{4}{1+3e^{-x}}$.

$\lim\limits_{x\to+\infty} (1+3e^{-x}) = 1$, donc $\lim\limits_{x\to+\infty} \dfrac{4}{1+3e^{-x}} = 4$.

Comme $\lim\limits_{x\to+\infty} (x+2) = +\infty$, on obtient, par somme $\lim\limits_{x\to+\infty} f(x) = +\infty$.

b. Étudier la position relative de deux courbes

Pour tout $x \in \mathbb{R}$, $f(x)-(x+2) = x+2-\dfrac{4e^x}{e^x+3}-(x+2) = -\dfrac{4e^x}{e^x+3}$.

Pour tout $x \in \mathbb{R}$, $e^x > 0$ donc $f(x)-(x+2) < 0$.

On en déduit que la courbe $\mathscr{C}$ est en dessous de la droite d_1 sur $\mathbb{R}$.

2. a. Calculer la dérivée d'une fonction

- On pose, pour tout réel x, $\varphi(x) = \dfrac{4e^x}{e^x+3}$; alors $f'(x) = 1-\varphi'(x)$

Pour tout réel x, $\varphi(x) = \dfrac{u(x)}{v(x)}$ avec $u(x) = 4e^x$ et $v(x) = e^x+3$, donc $u'(x) = 4e^x$ et $v'(x) = e^x$. D'où, pour tout réel x,

$$\varphi'(x) = \frac{u'(x)v(x)-v'(x)u(x)}{v^2(x)} = \frac{4e^x(e^x+3)-4e^x\times e^x}{(e^x+3)^2}.$$

$$\varphi'(x) = \frac{4e^x(e^x+3-e^x)}{(e^x+3)^2} = \frac{12e^x}{(e^x+3)^2}.$$

Ainsi, pour tout réel x, $f'(x) = 1-\dfrac{12e^x}{(e^x+3)^2} = \dfrac{(e^x+3)^2-12e^x}{(e^x+3)^2}$

$$f'(x) = \frac{e^{2x}+6e^x+9-12e^x}{(e^x+3)^2} = \frac{e^{2x}-6e^x+9}{(e^x+3)^2} = \frac{(e^x-3)^2}{(e^x+3)^2} = \left(\frac{e^x-3}{e^x+3}\right)^2.$$

b. Étudier les variations d'une fonction

Un carré étant toujours positif, on en déduit que pour tout réel x, $f'(x) \geqslant 0$.

De plus, $f'(x) = 0 \Leftrightarrow e^x-3 = 0 \Leftrightarrow e^x = 3 \Leftrightarrow x = \ln(3)$.

Ainsi, la dérivée f' de f ne s'annule que pour une seule valeur de x, donc la fonction f est strictement croissante sur $\mathbb{R}$.

$f(\ln(3)) = \ln(3) + 2 - \dfrac{4 \times 3}{3+3} = \ln(3) + 2 - 2 = \ln(3)$.

x	$-\infty$		$\ln(3)$		$+\infty$
$f'(x)$		$+$	0	$+$	
$f(x)$	$-\infty$	↗	$\ln(3)$	↗	$+\infty$

3. a. Étudier une tangente particulière à une courbe

$f'(\ln(3)) = 0$, donc la tangente d_2 à la courbe $\mathscr{C}$ au point $\mathrm{I}(\ln(3);\ln(3))$ est parallèle à l'axe des abscisses.

b. Étudier la position relative d'une courbe et de l'une de ses tangentes

d_2 a pour équation réduite $y = \ln(3)$.

On étudie donc le signe de $f(x) - \ln(3)$ sur $\mathbb{R}$.

• f est strictement croissante sur $]-\infty\,;\ln(3)[$, donc pour tout $x < \ln(3)$, $f(x) < f(\ln 3)$, soit $f(x) - f(\ln 3) < 0$.

Or, $f(\ln(3)) = \ln(3)$, donc pour tout $x < \ln(3)$, $f(x) - \ln(3) < 0$.

• De même, f est strictement croissante sur $]\ln(3)\,;+\infty[$, donc pour tout $x > \ln(3)$, $f(x) > f(\ln 3)$, soit $f(x) - \ln(3) > 0$.

Ainsi, la courbe $\mathscr{C}$ est en dessous de sa tangente d_2 en I sur $]-\infty\,;\ln(3)[$ et au-dessus sur $]\ln(3)\,;+\infty[$

4. a. Déterminer l'équation réduite d'une tangente

f étant dérivable en 0, la tangente d_3 au point d'abscisse 0 a pour équation réduite $y = f'(0)x + f(0)$.

$f'(0) = \left(\dfrac{e^0 - 3}{e^0 + 3}\right)^2 = \left(\dfrac{1-3}{1+3}\right)^2 = \left(-\dfrac{1}{2}\right)^2 = \dfrac{1}{4}$ et $f(0) = 0 + 2 - \dfrac{4e^0}{e^0 + 3} = 1$. Donc d_3 a pour équation réduite $y = \dfrac{1}{4}x + 1$.

b. Étudier la position relative d'une courbe et de l'une de ses tangentes

Il s'agit d'étudier le signe de $h(x) = f(x) - \left(\dfrac{1}{4}x + 1\right)$ sur $]-\infty\,;\ln(3)]$.

On ne peut pas déterminer directement le signe de $h(x)$.

Pour tout x de $]-\infty\,;\ln(3)]$,

$h'(x)=f'(x)-\dfrac{1}{4}$ et $h''(x)=f''(x)=\dfrac{12e^x(e^x-3)}{(e^x+3)^3}$.

Pour tout réel x, $e^x>0$, donc $h''(x)$ a le signe de e^x-3 sur $]-\infty\,;\ln(3)]$

$h''(x)<0 \Leftrightarrow e^x-3<0 \Leftrightarrow e^x<3 \Leftrightarrow x<\ln(3)$;

h' est donc strictement décroissante sur $]-\infty\,;\ln(3)[$.

Or $f'(0)=\dfrac{1}{4}$, donc $h'(0)=0$.

Ainsi, pour tout $x\in]-\infty;0[$, $h'(x)>0$ et pour tout $x\in]0;\ln 3]$, $h'(x)<0$, ce qui signifie que h est strictement croissante sur $]-\infty\,;0[$ et strictement décroissante $]0;\ln 3]$; h admet donc, sur $]-\infty\,;\ln(3)]$, un maximum en 0, égal à $h(0)=f(0)-\left(\dfrac{1}{4}\times 0+1\right)=1-1=0$.

On en déduit que pour tout $x\in]-\infty;\ln 3]$, $h(x)\leqslant 0$.

Donc, sur $]-\infty\,;0[$ et sur $]0\,;\ln(3)]$, $\mathscr{C}$ est en dessous de sa tangente d_3 au point de coordonnées (0 ; 1).

5. Représenter graphiquement une courbe et des tangentes à cette courbe

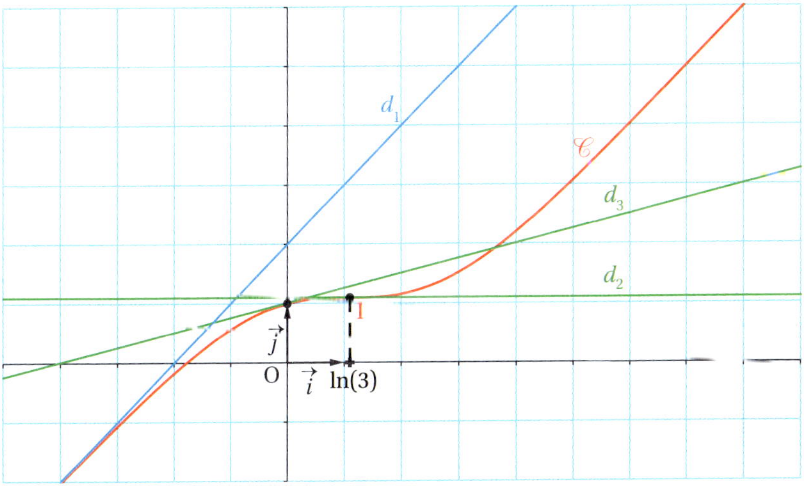

6. a. Déterminer une primitive d'une fonction

On remarque que pour tout $x \in \mathbb{R}$, $g(x)$ est de la forme $\dfrac{u'(x)}{u(x)}$ avec $u(x) = \mathrm{e}^x + 3$ et $u(x) > 0$. Donc :

une primitive de g sur $\mathbb{R}$ est la fonction G définie par $G(x) = \ln(\mathrm{e}^x + 3)$.

b. Calculer une aire entre deux courbes

→ Fiche 35

Soit $\lambda < 0$.

D'après le résultat établi en **1. b.**, pour tout $x \in \mathbb{R}$, $(x+2) - f(x) > 0$.

De plus, la fonction $x \mapsto (x+2) - f(x)$ est continue sur $\mathbb{R}$. Donc :

$$\mathcal{A}(\lambda) = \int_\lambda^0 [x + 2 - f(x)]\mathrm{d}x = \int_\lambda^0 \frac{4\mathrm{e}^x}{\mathrm{e}^x + 3}\mathrm{d}x = 4\int_\lambda^0 \frac{\mathrm{e}^x}{\mathrm{e}^x + 3}\mathrm{d}x = 4\int_\lambda^0 g(x)\,\mathrm{d}x.$$

$$\mathcal{A}(\lambda) = 4[G(x)]_\lambda^0 = 4(G(0) - G(\lambda)) = 4\left(\ln(\mathrm{e}^0 + 3) - \ln(\mathrm{e}^\lambda + 3)\right).$$

D'après la linéarité de l'intégration.
→ Fiche 34

soit $\mathcal{A}(\lambda) = 4\ln 4 - 4\ln\left(\mathrm{e}^\lambda + 3\right)$, en unité d'aire.

c. Calculer la limite d'une aire

$\lim\limits_{\lambda \to -\infty} \mathrm{e}^\lambda = 0$, d'où $\lim\limits_{\lambda \to -\infty} \dfrac{4}{\mathrm{e}^\lambda + 3} = \dfrac{4}{3}$. D'après le théorème sur la limite de la composée de deux fonctions, la fonction ln étant continue en $\dfrac{4}{3}$:

$\lim\limits_{\lambda \to -\infty} \mathcal{A}(\lambda) = 4\ln\left(\dfrac{4}{3}\right)$.

Avec une calculatrice, on obtient $\lim\limits_{\lambda \to -\infty} \mathcal{A}(\lambda) \approx 1{,}15$ u.a.

SUJET 17 | Utiliser les propriétés de la fonction ln pour l'étude d'une fonction

DURÉE 45 MIN

→ **Fiche 18** Déterminer la limite d'une fonction
→ **Fiche 20** Lever l'indétermination d'une limite
→ **Fiche 21** Interpréter graphiquement une limite
→ **Fiche 22** Calculer la dérivée d'une fonction
→ **Fiche 25** Dresser le tableau de variation d'une fonction dérivable
→ **Fiche 31** Utiliser les propriétés algébriques de la fonction ln
→ **Fiche 32** Connaître la courbe représentative de la fonction logarithme népérien

Soit f la fonction définie sur l'intervalle $]0\,;+\infty[$ par $f(x)=x-\dfrac{\ln(x)}{x^2}$.

On note $\mathscr{C}$ sa courbe représentative dans un repère orthonormé $\left(O\,;\vec{i},\vec{j}\right)$ (unité graphique 2 cm).

1. Soit u la fonction définie sur l'intervalle $]0\,;+\infty[$ par : $u(x)=x^3-1+2\ln(x)$.

a. Étudier le sens de variation de la fonction u sur l'intervalle $]0\,;+\infty[$.

b. Calculer $u(1)$ et en déduire le signe de $u(x)$ pour x appartenant à $]0\,;+\infty[$.

2. a. Déterminer la limite de f en 0 et en $+\infty$. On remarquera que $\dfrac{\ln(x)}{x^2}=\dfrac{1}{x}\times\dfrac{\ln(x)}{x}$ pour tout x appartenant à l'intervalle $]0\,;+\infty[$.

Interpréter graphiquement la limite de f en 0.

b. Déterminer la fonction dérivée de f et construire le tableau de variation de la fonction f.

3. a. Déterminer la position de $\mathscr{C}$ par rapport à la droite Δ d'équation $y=x$.

b. Calculer $\lim\limits_{x\to+\infty}\left(f(x)-x\right)$. Interpréter graphiquement ce résultat.

c. Tracer la courbe $\mathscr{C}$ et la droite Δ.

DÉMARRONS ENSEMBLE

1. a. Justifiez rapidement que la fonction u est dérivable sur $]0\,;+\infty[$ et étudiez le signe de la dérivée. → **Fiches 22, 25 et 32**

b. Utilisez la valeur de $u(1)$ et les variations de u. → **Fiche 25**

2. a. Pour la limite en $+\infty$, utilisez la remarque de l'énoncé. Cette écriture met en évidence une limite connue. → **Fiche 32**
b. Si votre calcul est exact, vous obtenez $f'(x)=\dfrac{u(x)}{x^3}$. Utilisez alors le résultat du **2. a.** pour conclure sur le signe de $f'(x)$. → **Fiches 22, 25 et 32**
3. a. Déterminer la position de $\mathscr{C}$ par rapport à Δ revient à étudier le signe de $f(x)-x$.
b. Pour $x\in\left]0\,;+\infty\right[$, considérez le point M de $\mathscr{C}$ d'abscisse x et le point N de Δ de même abscisse x. Que pouvez-vous dire de la distance MN ?

CORRIGÉ

1. a. Étudier les variations d'une fonction

La fonction polynôme $x\mapsto x^3-1$ et la fonction logarithme népérien $x\mapsto \ln x$ sont dérivables sur $\left]0\,;+\infty\right[$. La fonction u est donc dérivable sur $\left]0\,;+\infty\right[$ comme somme de deux fonctions dérivables sur $\left]0\,;+\infty\right[$.

Pour tout $x>0$, $u'(x)=3x^2+\dfrac{2}{x}$.

Pour tout $x>0$, $3x^2>0$ et $\dfrac{2}{x}>0$, d'où $u'(x)>0$.
La fonction u est donc strictement croissante sur $\left]0\,;+\infty\right[$.

> $u'(x)$ étant la somme de deux termes de même signe sur $]0\,;+\infty[$, il est inutile de factoriser cette expression.

b. Étudier le signe d'une expression

$u(1)=1^3-1+2\ln(1)=0$.
Or, u est strictement croissante sur $\left]0\,;+\infty\right[$, donc :
pour tout réel $x<1$, $u(x)<u(1)$, soit $u(x)<0$;
pour tout réel $x>1$, $u(x)>u(1)$, soit $u(x)>0$.

2. a. Déterminer la limite d'une fonction

• Pour tout réel $x>0$, $f(x)=x-\dfrac{1}{x^2}\times\ln(x)$.

$\lim\limits_{x\to 0}\dfrac{1}{x^2}=+\infty$ et $\lim\limits_{x\to 0}\ln(x)=-\infty$; d'où, par produit : $\lim\limits_{x\to 0}-\dfrac{\ln(x)}{x^2}=+\infty$.

On en déduit, par somme, $\lim\limits_{x\to 0}f(x)=+\infty$.
L'axe des ordonnées est asymptote à la courbe $\mathscr{C}$.

• Pour tout réel $x>0$, $\dfrac{\ln(x)}{x^2}=\dfrac{1}{x}\times\dfrac{\ln(x)}{x}$.

$\lim\limits_{x\to+\infty}\dfrac{\ln(x)}{x}=0$ et $\lim\limits_{x\to+\infty}\dfrac{1}{x}=0$; d'où, par produit, $\lim\limits_{x\to+\infty}\dfrac{\ln(x)}{x^2}=0$

On en déduit, par somme, $\lim\limits_{x\to+\infty}f(x)=+\infty$.

b. **Calculer la dérivée d'une fonction et en déduire son tableau de variation**

• Les fonctions usuelles $x \mapsto x^2$ et $x \mapsto \ln(x)$ sont dérivables sur $]0;+\infty[$.

La fonction $x \mapsto \dfrac{\ln(x)}{x^2}$ est donc dérivable sur $]0;+\infty[$ comme quotient de fonctions dérivables sur $]0;+\infty[$, puis f est dérivable sur $]0;+\infty[$ comme somme de fonctions dérivables sur $]0;+\infty[$. Pour tout réel $x>0$:

$$f'(x)=1-\frac{\frac{1}{x}\times x^2-2x\times\ln(x)}{(x^2)^2}=1-\frac{x-2x\ln(x)}{x^4}=\frac{x^3-1+2\ln(x)}{x^3}=\frac{u(x)}{x^3}.$$

Pour tout réel $x>0$, $x^3>0$, donc $f'(x)$ a le signe de $u(x)$ sur $]0;+\infty[$: pour tout réel $x<1$, $f'(x)<0$, et pour tout réel $x>1$, $f'(x)>0$; $f'(1)=0$.

f est donc strictement décroissante sur $]0;1]$ et strictement croissante sur $[1;+\infty[$.

D'où le tableau de variations de f :

x	0		1		$+\infty$
$f'(x)$		$-$	0	$+$	
$f(x)$	$+\infty$	↘	1	↗	$+\infty$

Vérifiez la cohérence des résultats résumés dans ce tableau, notamment entre les variations et les limites trouvées.

3. a. **Étudier la position relative de deux courbes**

Pour tout réel $x>0$, $f(x)-x=-\dfrac{\ln(x)}{x^2}$, et $x^2>0$,

donc $f(x)-x$ s'annule pour $x=1$ et a le signe de $-\ln(x)$ sur $]0;+\infty[$ c'est-à-dire : $f(x)-x>0$ pour $0<x<1$ et $f(x)-x<0$ pour $x>1$.

On en déduit que :

$\mathscr{C}$ et Δ sont sécantes en A(1 ; 1) ;

$\mathscr{C}$ est au-dessus de Δ sur $]0;1[$ et en dessous de Δ sur $]1;+\infty[$.

b. **Interpréter graphiquement une limite**

On a démontré, en **2. a.**, que $\lim\limits_{x\to+\infty}\dfrac{\ln(x)}{x^2}=0$, donc $\lim\limits_{x\to+\infty}\big(f(x)-x\big)=0$.

Pour $x\in\,]0;+\infty[$, on note M le point de $\mathscr{C}$ d'abscisse x et N le point de Δ de même abscisse x. Alors, $\text{MN}=|f(x)-x|$.

$\lim\limits_{x\to+\infty}\big(f(x)-x\big)=0$ signifie donc que quand x tend vers $+\infty$, la distance MN tend vers 0, autrement dit, la courbe $\mathscr{C}$ se rapproche de plus en plus de la droite Δ.

On dit que la droite Δ est une asymptote oblique de $\mathscr{C}$.

c. Représenter graphiquement une fonction

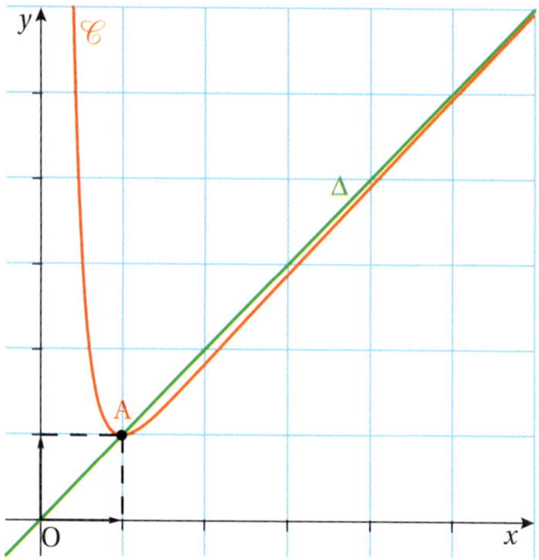

SUJET 18 | Utiliser les propriétés de la fonction ln

DURÉE 60 MIN

→ **Fiche 15** Étudier les équations du type $f(x) = k$
→ **Fiche 18** Déterminer la limite d'une fonction
→ **Fiche 22** Calculer la dérivée d'une fonction
→ **Fiche 23** Déterminer la tangente à une courbe
→ **Fiche 25** Dresser le tableau de variation d'une fonction dérivable
→ **Fiche 26** Étudier les variations d'une fonction sans utiliser sa dérivée
→ **Fiche 31** Utiliser les propriétés algébriques de la fonction ln
→ **Fiche 32** Connaître la courbe représentative de la fonction ln

PARTIE A Étude d'une fonction

Soit u la fonction définie sur $]0\,;+\infty[$ par $u(x)=x^2-2+\ln(x)$.

1. Étudier les variations de u sur $]0\,;+\infty[$, et préciser sa limite en 0 et en $+\infty$.

2. a. Démontrer que l'équation $u(x) = 0$ admet une solution unique, notée α, dans $]0\,;+\infty[$ et que $\ln(\alpha)=2-\alpha^2$.

b. À l'aide d'une calculatrice, donner un encadrement d'amplitude 10^{-2} de α.

3. Déterminer le signe de $u(x)$ suivant les valeurs de x.

PARTIE B Étude des variations d'une fonction

On considère la fonction f définie sur $]0\,;+\infty[$ par $f(x)=x^2+(2-\ln x)^2$.

On note f' la fonction dérivée de f sur $]0\,;+\infty[$.

1. Exprimer, pour tout x de $]0\,;+\infty[$, $f'(x)$ en fonction de $u(x)$.

2. En déduire les variations de f et préciser son minimum sur $]0\,;+\infty[$.

PARTIE C Calcul d'une distance et prise d'initiative

Dans le plan muni d'un repère orthonormé $\left(O\,;\vec{i},\vec{j}\right)$, on note Γ la courbe représentant la fonction logarithme népérien et A le point de coordonnées (0 ; 2).

Pour tout réel x strictement positif, on note M le point de Γ d'abscisse x.

On veut déterminer la valeur de x pour laquelle la distance AM est minimale.

1. Démontrer que $\mathrm{AM}=\sqrt{f(x)}$.

2. Soit g la fonction définie sur $]0\,;+\infty[$ par $g(x)=\sqrt{f(x)}$.

a. Démontrer que les fonctions f et g ont les mêmes variations sur $]0\,;+\infty[$.

b. En déduire la valeur de x pour laquelle la distance AM est minimale.

On note P le point d'abscisse cette valeur de x.

c. Déterminer les coordonnées de P et la distance AP en fonction de α.

3. *Pour cette question, toute trace de recherche, même incomplète, ou d'initiative, même non fructueuse, sera prise en compte dans l'évaluation.*

La droite (AP) est-elle perpendiculaire à la tangente à Γ en P ?

DÉMARRONS ENSEMBLE

PARTIE A

1. Pour étudier ses variations, remarquez que la fonction u est la somme de deux fonctions de même sens de variation sur $]0\,;+\infty[$. **→ Fiche 26**

2. a. Utilisez le théorème des valeurs intermédiaires. **→ Fiche 15**

b. Utilisez la méthode de balayage. **→ Fiche 16**

3. Utilisez les variations de u et l'égalité $u(\alpha)=0$. **→ Fiche 25**

PARTIE B

2. Étudiez le signe de la dérivée à l'aide du signe de $u(x)$. **→ Fiches 24 et 25**

PARTIE C

1. Dans un repère orthonormé, $AB = \sqrt{(x_B - x_A)^2 + (y_B - y_A)^2}$.

2. a. Utilisez les variations de la fonction *racine carrée* et de *f*. → Fiche 26

b. Utilisez le fait que les fonctions *f* et *g* ont le même sens de variation.

3. Calculez les coefficients directeurs respectifs des droites (AP) et de la tangente à Γ en P. Pour la première, utilisez les coordonnées de deux points. Pour la deuxième, utilisez un nombre dérivé. Rappelez-vous que deux droites sont perpendiculaires si leurs coefficients respectifs sont opposés.

CORRIGÉ

PARTIE A Étude d'une fonction auxiliaire

1. Étudier les variations et les limites d'une fonction

- La fonction $x \mapsto x^2 - 2$ et la fonction ln sont strictement croissantes sur $]0\,;+\infty[$. Donc, la fonction u, somme de ces deux fonctions, est strictement croissante sur $]0\,;+\infty[$.
- $\lim\limits_{x\to 0}(x^2-2) = -2$ et $\lim\limits_{x\to 0}\ln(x) = -\infty$; d'où, par somme, $\lim\limits_{x\to 0} u(x) = -\infty$.
- $\lim\limits_{x\to +\infty}(x^2-2) = +\infty$ et $\lim\limits_{x\to +\infty}\ln(x) = +\infty$; d'où, par somme, $\lim\limits_{x\to +\infty} u(x) = +\infty$.

2.a. Utiliser le théorème des valeurs intermédiaires

La fonction u est continue, strictement croissante sur $]0\,;+\infty[$. Comme $0 \in u(]0\,;+\infty[)$, d'après le théorème des valeurs intermédiaires, il existe un unique réel α appartenant à $]0\,;+\infty[$ tel que $\lim\limits_{x\to+\infty} u(x) = \alpha$.

$u(\alpha) = \alpha^2 - 2 + \ln\alpha = 0$, donc : $\ln(\alpha) = 2 - \alpha^2$.

b. Encadrer la solution d'une équation à l'aide de la calculatrice

Avec une calculatrice, on obtient $u(1{,}31) < 0$ et $u(1{,}32) > 0$.

On en déduit que $1{,}31 < \alpha < 1{,}32$.

3. Déterminer le signe d'une fonction

La fonction u est strictement croissante sur $]0\,;+\infty[$ et $u(\alpha) = 0$. Donc :

pour tout $x \in]0\,;\alpha[$, $u(x) < u(\alpha)$ soit $u(x) < 0$

et pour tout $x \in]\alpha\,;+\infty[$, $u(x) > u(\alpha)$ soit $u(x) > 0$.

PARTIE B Étude de la fonction principale

1. Calculer la dérivée d'une fonction

Pour tout $x \in]0;+\infty[$,

$$f'(x)=2x+2\times\left(-\frac{1}{x}\right)\times(2-\ln(x))=\frac{2x^2-2(2-\ln(x))}{x}=\frac{2(x^2-2+\ln(x))}{x},$$

soit $f'(x)=\dfrac{2u(x)}{x}$.

2. Étudier les variations d'une fonction

Pour tout $x \in]0;+\infty[$, $f'(x)$ a le signe de $u(x)$, c'est-à-dire :

pour tout $x \in]0\,;\alpha[$, $f'(x)<0$ et pour tout $x \in]\alpha\,;+\infty[$, $f'(x)>0$.

Donc f est strictement décroissante sur $]0\,;\alpha[$ et strictement croissante sur $]\alpha\,;+\infty[$.

f admet un minimum pour $x=\alpha$ et ce minimum est égal à :

$f(\alpha)=\alpha^2+(2-\ln(\alpha))^2=\alpha^2+(2-(2-\alpha^2))^2$ car $\ln(\alpha)=2-\alpha^2$, soit

$f(\alpha)=\alpha^2+\alpha^4=\alpha^2(\alpha^2+1)$.

PARTIE C Calcul d'une distance et prise d'initiative

1. Exprimer une distance en fonction d'une variable

Dans le repère orthonormé $(O;\vec{i},\vec{j})$, A a pour coordonnées $(0\,;2)$ et M a pour coordonnées $(x\,;\ln(x))$. Donc :

$$AM=\sqrt{(x-0)^2+(\ln(x)-2)^2}=\sqrt{x^2+(2-\ln(x))^2}=\sqrt{f(x)}.$$

2. a. Démontrer que deux fonctions ont le même sens de variation

La fonction *racine carrée* est strictement croissante sur $]0\,;+\infty[$, donc la fonction $g: x\mapsto\sqrt{f(x)}$ a les mêmes variations que f sur $]0\,;+\infty[$.

b. Déterminer le minimum d'une fonction associée

f et g ayant les mêmes variations sur $]0\,;+\infty[$, g admet, comme f, un minimum pour $x=\alpha$. Autrement dit, la distance AM est minimale pour $x=\alpha$.

c. Calculer une distance minimale

P est le point de Γ d'abscisse α, donc P a pour coordonnées $(\alpha\,;\ln(\alpha))$ ou encore $(\alpha\,;2-\alpha^2)$, compte tenu de l'égalité $\ln(\alpha)=2-\alpha^2$.

$AP=g(\alpha)=\sqrt{f(\alpha)}=\sqrt{\alpha^2(\alpha^2+1)}=\alpha\sqrt{\alpha^2+1}$ car $\alpha>0$.

3. Déterminer si deux droites sont ou ne sont pas perpendiculaires

La droite (AP) a pour coefficient directeur $m = \dfrac{2-\alpha^2-2}{\alpha-0} = -\alpha.$

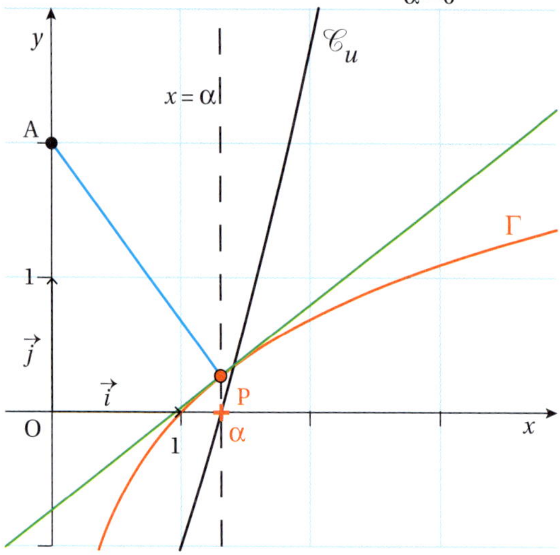

La tangente à Γ en P a pour coefficient directeur $m' = \ln'(\alpha) = \dfrac{1}{\alpha}$.

Le repère étant orthonormé, (AP) et Γ sont perpendiculaires si, et seulement si $mm' = -1$.

Or, $-\alpha \times \dfrac{1}{\alpha} = -1$, donc (AP) et Γ sont perpendiculaires.

SUJET 19 | Fonction exponentielle et fonctions trigonométriques

DURÉE 60 MIN

→ **Fiche 15** Étudier les équations du type $f(x) = k$
→ **Fiche 18** Déterminer la limite d'une fonction
→ **Fiche 22** Calculer la dérivée d'une fonction
→ **Fiche 23** Déterminer une tangente à une courbe
→ **Fiche 25** Dresser le tableau de variation d'une fonction dérivable
→ **Fiche 27** Utiliser les fonctions sinus et cosinus

On note f la fonction définie sur $\mathbb{R}$ par $f(x) = e^{-\cos(x)}$ et $\mathscr{C}$ sa courbe représentative dans un repère orthonormé $\left(O\,;\vec{i},\ \vec{j}\right)$.

PARTIE A Étude d'une fonction

1. Démontrer que la fonction f est paire.

2. Démontrer que la fonction f est 2π-périodique.

3. a. Calculer $f'(x)$.

b. Déterminer le sens de variation de f sur l'intervalle $[0\,;\pi]$.

c. Construire le tableau de variations de f sur l'intervalle $[-\pi\,;\pi]$.

4. Tracer la courbe $\mathscr{C}$ sur l'intervalle $[-3\pi\,;3\pi]$ en justifiant la construction.

PARTIE B Étude des tangentes passant par un point donné

Dans cette partie, on se propose de rechercher les tangentes à $\mathscr{C}$ passant par l'origine O du repère.

1. Soit a un réel, $0 < a < \pi$. On appelle A le point de $\mathscr{C}$ d'abscisse a.

a. Donner l'équation réduite de la tangente en A à $\mathscr{C}$.

b. Trouver une condition nécessaire et suffisante portant sur a pour que cette tangente passe par l'origine O.

2. On considère la fonction φ définie sur $]0\,;\pi]$ par $\varphi(x) = \sin(x) - \dfrac{1}{x}$.

a. Étudier les variations de φ. On pourra utiliser la dérivée de φ' pour déterminer le signe de φ'.

b. En déduire que φ admet un maximum M sur $]0\,;\pi]$ pour un certain réel noté x_0 (on ne cherchera à calculer ni x_0, ni M).

c. Calculer $\varphi'\left(\dfrac{\pi}{2}\right)$ et $\varphi\left(\dfrac{\pi}{2}\right)$. En déduire que $x_0 > \dfrac{\pi}{2}$ et que $M > 0$.

d. En déduire que φ s'annule pour deux valeurs de x dans $]0\,;\pi]$, notées x_1 et x_2. On positionnera x_1 et x_2 par rapport à $\dfrac{\pi}{2}$.

3. Conclure sur le nombre de tangentes à $\mathscr{C}$ passant par O.

DÉMARRONS ENSEMBLE

PARTIE A

1. Exprimez $f(-x)$, sachant que la fonction cosinus est paire. → **Fiche 27**

2. Exprimez $f(x+2\pi)$, sachant que la fonction cosinus est 2π-périodique. → **Fiche 27**

3. c. Utilisez la parité de f pour compléter le tableau de variation sur $[-\pi\,;\,0]$.

4. Utilisez la parité et la périodicité de f. → **Fiche 15**

PARTIE B

1. b. La droite d'équation $y=g(x)$ passe par O si, et seulement si, $g(0)=0$. C'est en raisonnant par équivalences que l'on obtient une condition nécessaire (il faut que $g(0)=0$) et suffisante (il suffit que $g(0)=0$).

2. a. Cette question nécessite de la méthode pour conclure sans commettre d'erreur de raisonnement ou de calcul.

– L'étude du signe de φ'' permet de déterminer les variations de φ'.

– Le théorème des valeurs intermédiaires permet de prouver que φ' s'annule en changeant de signe sur $]0\,;\,\pi]$.

– Du signe de φ' sur $]0\,;\,\pi]$, on déduit alors les variations de φ sur $]0\,;\,\pi]$.

b. La déduction est immédiate.

c. Le calcul conduit à $\varphi'\left(\frac{\pi}{2}\right)>0$. Le signe de φ sur $]0\,;\,x_0[$ vous permet de conclure sur la position de x_0 par rapport à $\frac{\pi}{2}$. Avec la sens de variation de φ sur $]0\,;\,x_0[$ $\varphi\left(\frac{\pi}{2}\right)>0$, vous obtenez le signe de M.

d. Réunissez dans le tableau de variation de φ sur $]0\,;\,\pi]$ toutes les informations dont vous disposez. Vous pourrez ainsi « visualiser » la situation et déterminer les deux intervalles sur lesquels vous pouvez utiliser le théorème des valeurs intermédiaires pour justifier l'existence de x_1 et x_2.

3. La condition nécessaire et suffisante établie en **1. b.** est équivalente à $\varphi(a)=0$.

CORRIGÉ

PARTIE A Étude d'une fonction

1. Démontrer qu'une fonction est paire

Pour tout réel x, $f(-x) = \mathrm{e}^{-\cos(-x)}$ et $\cos(-x) = \cos(x)$.

Donc, pour tout réel x, $f(-x) = \mathrm{e}^{-\cos(x)} = f(x)$.

2. Démontrer qu'une fonction est périodique

Pour tout réel x, $f(x+2\pi) = \mathrm{e}^{-\cos(x+2\pi)}$ et $\cos(x+2\pi) = \cos(x)$.

Donc, pour tout réel x, $f(x+2\pi) = \mathrm{e}^{-\cos(x)} = f(x)$.

3. a. Calculer la dérivée d'une fonction

Pour tout réel x, $f(x) = \mathrm{e}^{u(x)}$ avec $u(x) = -\cos(x)$.

Or, pour tout réel x, $u'(x) = -(-\sin(x)) = \sin(x)$

Donc, pour tout réel x, $f'(x) = u'(x)\mathrm{e}^{u(x)} = \sin(x)\,\mathrm{e}^{-\cos(x)}$.

> $\cos'(x) = -\sin(x)$
> → Fiche 27

b. Déterminer les variations d'une fonction sur un intervalle

Pour tout $x \in]0\,;\pi[$, $\sin(x) > 0$.

Donc f est strictement croissante sur $[0\,;\pi]$, avec $f'(0) = f'(\pi) = 0$.

> → Fiche 27

c. Construire le tableau de variation d'une fonction sur un intervalle

La fonction f est strictement croissante sur $[0\,;\pi]$ et paire, donc elle est strictement décroissante sur $[-\pi\,;0]$.

$f(0) = \mathrm{e}^{-\cos(0)} = \mathrm{e}^{-1} = \dfrac{1}{\mathrm{e}}$ et $f(\pi) = \mathrm{e}^{-\cos(\pi)} = \mathrm{e}^{-(-1)} = \mathrm{e}$.

x	$-\pi$		0		π
$f'(x)$	0	$-$	0	$+$	
$f(x)$	e	↘	$\frac{1}{e}$	↗	e

4. Construire la courbe représentative d'une fonction périodique

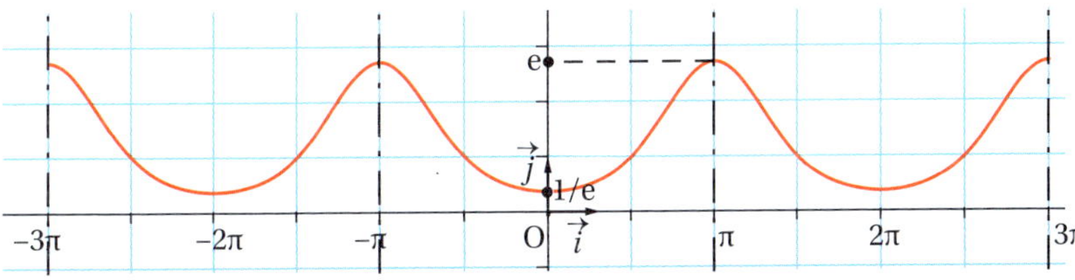

On trace la courbe $\mathscr{C}$ sur $[0\,;\pi]$, puis sur $[-\pi\,;0]$ par symétrie par rapport à l'axe des ordonnées car f est paire, puis sur $\left[-3\pi\ ;-\pi\right]$ et sur $\left[\pi\ ;3\pi\right]$ en utilisant la périodicité de f.

PARTIE B Étude de tangentes à une courbe passant par un point donné

1. a. Déterminer l'équation réduite d'une tangente à une courbe

Soit a un réel, $0 < a < \pi$. On appelle A le point de $\mathscr{C}$ d'abscisse a.

La tangente à $\mathscr{C}$ au point A d'abscisse a a pour équation réduite :

$y = f'(a)(x-a)+f(a)$, c'est-à-dire :

$y=\sin(a)\mathrm{e}^{-\cos(a)}(x-a)+\mathrm{e}^{-\cos(a)}=\sin(a)\mathrm{e}^{-\cos(a)}x+(1-a\sin(a))\mathrm{e}^{-\cos(a)}$.

b. Trouver une condition nécessaire et suffisante

La tangente à $\mathscr{C}$ au point A est la représentation graphique de la fonction affine g définie par $g(x)=\sin(a)\mathrm{e}^{-\cos(a)}x+(1-a\sin(a))\mathrm{e}^{-\cos(a)}$.

Elle passe par l'origine O si et seulement si $g(0)=0$. Or :

$g(0)=0 \Leftrightarrow (1-a\sin(a))\mathrm{e}^{-\cos(a)} \Leftrightarrow 1-a\sin(a)=0$ car pour tout réel x, $\mathrm{e}^x \neq 0$.

La condition nécessaire et suffisante pour que la tangente à $\mathscr{C}$ au point A d'abscisse a, $0 < a < \pi$, passe par O est donc $\sin(a)=\dfrac{1}{a}$.

2. a. Étudier les variations d'une fonction

La fonction φ est définie sur $\left]0\ ;\pi\right]$ par $\varphi(x)=\sin(x)-\dfrac{1}{x}$.

Pour tout x de $\left]0\ ;\pi\right]$, $\varphi'(x)=\cos(x)+\dfrac{1}{x^2}$

Sur $[0\,;\pi]$, $\cos(x)$ change de signe, on ne peut pas conclure.

et $\varphi''(x)=-\sin(x)-\dfrac{2}{x^3}$.

Pour tout x de $\left]0\ ;\pi\right]$, $\sin(x)\geqslant 0$, donc $\varphi''(x)<0$.

On en déduit que φ' est strictement décroissante sur $\left]0\ ;\pi\right]$.

$\lim\limits_{x\to 0}\cos(x)=\cos(0)=1$ et $\lim\limits_{x\to 0}\dfrac{1}{x^2}=+\infty$, donc $\lim\limits_{x\to 0}\varphi'(x)=+\infty$;

$\varphi(\pi)=\cos(\pi)+\dfrac{1}{\pi^2}=-1+\dfrac{1}{\pi^2}<0$.

D'après le théorème des valeurs intermédiaires, il existe un unique réel appartenant à $\left]0\ ;\pi\right]$ tel que $\varphi'(x)=0$. On note x_0 ce réel.

Ainsi, pour tout x de $\left]0\ ;x_0\right[$, $\varphi'(x)>0$, et pour tout x de $\left]x_0\ ;\pi\right[$, $\varphi'(x)<0$.

On en déduit que φ est strictement croissante sur $\left]0\ ;x_0\right[$ et strictement décroissante sur $\left]x_0\ ;\pi\right[$.

b. Prouver qu'une fonction admet un maximum sur un intervalle

On déduit de la question précédente que φ admet un maximum pour $x=x_0$ sur $\left]0\ ;\pi\right]$. Ce maximum est $M=\varphi(x_0)$.

c. Déterminer la position d'un nombre dans un intervalle et le signe d'un maximum

$\varphi'\left(\frac{\pi}{2}\right)=\cos\left(\frac{\pi}{2}\right)+\frac{1}{\left(\frac{\pi}{2}\right)^2}=\frac{4}{\pi^2}$; $\varphi'\left(\frac{\pi}{2}\right)>0$, donc $\frac{\pi}{2}\in\left]0\,;x_0\right[$.

On en déduit que $\frac{\pi}{2}<x_0<\pi$.

Comme φ est strictement croissante sur $\left]0\,;x_0\right[$, on a $\varphi\left(\frac{\pi}{2}\right)<\varphi(x_0)$, c'est-à-dire $\varphi\left(\frac{\pi}{2}\right)<M$. Or, $\varphi\left(\frac{\pi}{2}\right)=\sin\left(\frac{\pi}{2}\right)-\frac{1}{\frac{\pi}{2}}=1-\frac{2}{\pi}>0$; donc $M>0$.

d. Déterminer le nombre de solutions d'une équation du type $f(x)=0$

$\lim\limits_{x\to0}\sin(x)=\sin(0)=0$ et $\lim\limits_{\substack{x\to0\\x>0}}\frac{1}{x}=+\infty$, donc $\lim\limits_{x\to0}\varphi(x)=-\infty$;

$\varphi(\pi)=\sin(\pi)-\frac{1}{\pi}=-\frac{1}{\pi}<0$.

Dressons le tableau de variation de φ sur $\left]0\,;\pi\right]$:

x	0	$\frac{\pi}{2}$	x_0	π
$\varphi'(x)$		$+$	0	$-$
$\varphi(x)$	$-\infty$ ↗	$1-\frac{2}{\pi}$ ↗	M ↘	$-\frac{1}{\pi}$

$\lim\limits_{x\to0}\varphi(x)=-\infty$ et $M=\varphi(x_0)>0$, donc d'après le théorème des valeurs intermédiaires, il existe un unique réel appartenant à $\left]0\,;x_0\right[$ tel que $\varphi(x)=0$. On note x_1 ce nombre.

De même, $M=\varphi(x_0)>0$ et $\varphi(\pi)<0$, donc d'après le théorème des valeurs intermédiaires, il existe un unique réel appartenant à $\left]x_0\,;\pi\right[$ tel que $\varphi(x)=0$. On note x_2 ce nombre.

- $\varphi\left(\frac{\pi}{2}\right)=1-\frac{2}{\pi}>0$, donc $x_1<\frac{\pi}{2}$; $x_2\in\left]x_0\,;\pi\right[$, donc $x_2>\frac{\pi}{2}$.

3. Conclure

On a démontré, en **1. b.**, que la tangente à $\mathscr{C}$ au point A d'abscisse a, $0<a<\pi$, passe par O si, et seulement si $\sin(a)=\frac{1}{a}$, c'est-à-dire si, et seulement si $\varphi(a)=0$.

L'étude précédente prouve qu'il existe deux tangentes à $\mathscr{C}$ passant par O : la tangente au point d'abscisse x_1 et la tangente au point d'abscisse x_2.

SUJET 20 | La fonction tangente

DURÉE 60 MIN

→ **Fiche 18** Déterminer la limite d'une fonction
→ **Fiche 21** Interpréter graphiquement une limite : asymptotes verticales, horizontales et obliques
→ **Fiche 22** Calculer la dérivée d'une fonction
→ **Fiche 23** Déterminer la tangente à une courbe en un point
→ **Fiche 25** Dresser le tableau de variation d'une fonction dérivable
→ **Fiche 27** Utiliser les fonctions sinus et cosinus

On appelle fonction tangente, notée tan, la fonction définie par l'égalité $\tan(x)=\dfrac{\sin x}{\cos x}$. On note (C) sa courbe représentative dans un repère orthonormé $\left(O,\vec{i},\vec{j}\right)$.

PARTIE A Étude de la fonction tangente sur $\left[0\,;\dfrac{\pi}{2}\right[$

1. a. Résoudre sur $\mathbb{R}$ l'équation $\cos x = 0$.

b. En déduire le domaine de définition de la fonction f.

2. a. Étudier la parité de la fonction tan.

b. Démontrer que la fonction tan est π-périodique.

c. Expliquer pourquoi on peut restreindre le domaine d'étude à l'intervalle $\left[0\,;\dfrac{\pi}{2}\right[$.

3. a. Déterminer $\lim\limits_{\substack{x\to\frac{\pi}{2}\\ x<\frac{\pi}{2}}} \tan(x)$

b. Que peut-on en déduire graphiquement ?

4. a. Déterminer l'expression de la dérivée tan′ de la fonction tan sur $\left[0\,;\dfrac{\pi}{2}\right[$.

b. En déduire les variations de la fonction tan sur $\left[0\,;\dfrac{\pi}{2}\right[$ et son tableau de variations $\left]-\dfrac{\pi}{2}\,;\dfrac{\pi}{2}\right[$.

PARTIE B Tangente en 0 à la courbe et position relative

1. Déterminer l'équation réduite la tangente (Δ) à la courbe (C) au point d'abscisse 0.

2. a. On considère la fonction φ définie sur $\left[0\,;\dfrac{\pi}{2}\right[$ par $\varphi(x)=\tan(x)-x$.

Étudier les variations de la fonction φ sur $\left[0\,;\dfrac{\pi}{2}\right[$ et en déduire son signe.

b. En déduire la position relative de la courbe (C) par rapport à (Δ).

PARTIE C Tracé de la courbe de la tangente sur $\left[0\,;\frac{\pi}{2}\right[$

On rappelle que pour tout réel a, $\cos(2a)=\cos^2 a-\sin^2 a$ et $\sin(2a)=2\sin a\cos a$

1. Démontrer que $\tan(a)=\dfrac{1-\cos(2a)}{\sin(2a)}$.

2. En déduire $\tan\left(\dfrac{\pi}{8}\right)$ et $\tan\left(\dfrac{\pi}{12}\right)$.

3. Tracer la courbe (C) ainsi que la droite (Δ) sur $\left]-\dfrac{\pi}{2}\,;\dfrac{\pi}{2}\right[$.

DÉMARRONS ENSEMBLE

PARTIE A

1. a. Notez que $\cos\dfrac{\pi}{2}=0$ et appliquez $\cos(x)=\cos(y)\Leftrightarrow x=y+2k$ ou $x=-y+2k$ avec $k\in\mathbb{Z}$. → **Fiche 27**

b. $\dfrac{A}{B}$ est défini si, et seulement si, $B\neq 0$.

2. Remarquez que $\cos(x+\pi)=-\cos(x)$ et $\sin(x+\pi)=-\sin(x)$. → **Fiche 27 et 28**

3. a. Appliquez la propriété sur la limite d'un quotient. → **Fiche 18**

b. Précisez l'équation réduite d'une asymptote dont vous préciserez la nature. → **Fiche 21**

4. a. Appliquez la bonne formule de dérivation. → **Fiches 22 et 27**

b. Étudiez le signe de la dérivée déterminée précédemment et utilisez le fait que la fonction tan est impaire pour conclure. → **Fiche 25**

PARTIE B

1. Sachez par cœur l'équation de la tangente à la courbe d'une fonction f dérivable au point d'abscisse. → **Fiche 23**

2. a. Démontrer que φ est strictement croissante et calculer $\varphi(0)$ avant d'en déduire le signe. → **Fiche 25**

b. Notez que $\varphi(x)\geqslant 0\Leftrightarrow \tan x\geqslant x$. N'oubliez pas de préciser le point d'intersection. → **Fiche 18**

PARTIE C

1. Injectez les deux rappels de l'énoncé dans l'expression $\dfrac{1-\cos(2a)}{\sin(2a)}$. Notez ensuite que $1-\cos^2 a=\sin^2 a$ pour pouvoir conclure.

2. Utilisez le résultat établi à la question précédente en posant $a=\dfrac{\pi}{8}$ puis $a=\dfrac{\pi}{12}$.

CORRIGÉ

PARTIE A Étude de la fonction tangente sur $\left[0\,;\frac{\pi}{2}\right[$

1. Trouver le domaine de définition d'une fonction

a. $\cos x = 0 \Leftrightarrow \cos x = \cos\frac{\pi}{2} \Leftrightarrow x = \frac{\pi}{2} + 2k\pi$ ou $x = -\frac{\pi}{2} + 2k\pi$ avec $k \in \mathbb{Z}$.

D'où $\cos x = 0 \Leftrightarrow x = \frac{\pi}{2} + k\pi$ avec $k \in \mathbb{Z}$.

b. $D_{\tan} = \mathbb{R} \setminus \left\{\frac{\pi}{2} + k\pi\right\}$ avec $k \in \mathbb{Z}$.

2. Étudier la parité et la périodicité d'une fonction

a. $D_{\tan}$ est symétrique par rapport à 0.

Soit $x \in D_{\tan}$.

$\tan(-x) = \frac{\sin(-x)}{\cos(-x)} = \frac{-\sin(x)}{\cos(x)} = -\tan(x)$.

La fonction tan est donc impaire.

b. Pour tout $x \in D_{\tan}$, $\tan(x+\pi) = \frac{\sin(x+\pi)}{\cos(x+\pi)} = \frac{\sin(x)}{\cos(x)} = \tan(x)$. La fonction tan est π-périodique.

c. La fonction tan est π-périodique, on peut donc restreindre l'étude à un intervalle de longueur π, par exemple $\left]-\frac{\pi}{2}\,;\frac{\pi}{2}\right[$. Par symétrie, la fonction étant impaire, on limite l'étude à l'intervalle $\left[0\,;\frac{\pi}{2}\right[$.

3. Calculer une limite et l'interpréter graphiquement

a. $\left.\begin{array}{l}\lim\limits_{\substack{x\to\pi/2\\ x<\pi/2}} \cos(x) = 0^+ \\ \lim\limits_{\substack{x\to\pi/2\\ x<\pi/2}} \sin(x) = 1\end{array}\right\}$ Par quotient, on obtient $\lim\limits_{\substack{x\to\pi/2\\ x<\pi/2}} \tan(x) = +\infty$.

b. D'après la question **a.**, la courbe (C) admet une asymptote verticale au voisinage de $\frac{\pi}{2}$.

4. Calculer la dérivée d'une fonction et dresser son tableau de variations

a. Pour tout $x \in \left[0\,;\frac{\pi}{2}\right[$,

$\tan'(x) = \frac{\cos(x)\times\cos(x) + \sin(x)\times\sin(x)}{\cos^2(x)} = \frac{\cos^2(x) + \sin^2(x)}{\cos^2(x)}$.

Or, $\cos^2(x) + \sin^2(x) = 1$ et donc $\tan'(x) = \frac{1}{\cos^2(x)}$.

b. Pour tout $x \in \left[0\,;\frac{\pi}{2}\right[$, $\tan'(x) = \dfrac{1}{\cos^2(x)} > 0$. La fonction tan est donc strictement croissante sur $\left[0\,;\frac{\pi}{2}\right[$. La courbe (C) étant symétrique par rapport à l'origine (tan étant une fonction impaire), on en déduit le tableau de variations suivant.

x	$-\frac{\pi}{2}$ $\qquad$ $+\frac{\pi}{2}$
signe de $\tan'(x) = \dfrac{1}{\cos^2(x)}$	+
Variation de tan	$-\infty$ ↗ $+\infty$

PARTIE B Tangente en 0 à la courbe et position relative

1. Déterminer l'équation d'une tangente à la courbe

La fonction tan étant dérivable en 0, on en déduit que la tangente (Δ) à sa courbe $\mathscr{C}$ au point d'abscisse 0 admet pour équation réduite : $(\Delta) : y = \tan'(0)(x-0) + \tan(0)$. Par conséquent, $(\Delta) : y = x$.

2. Déterminer les variations d'une fonction

a. Soit $x \in \left[0\,;\frac{\pi}{2}\right[$. On a $\varphi'(x) = \dfrac{1}{\cos^2 x} - 1 = \dfrac{1-\cos^2 x}{\cos^2 x} = \dfrac{\sin^2 x}{\cos^2 x} > 0$.

La fonction φ est donc strictement croissante sur $\left[0\,;\frac{\pi}{2}\right[$.

Or, $\varphi(0) = \tan 0 - 0 = 0$. Il s'ensuit que pour tout $x \in \left]0\,;\frac{\pi}{2}\right[$, $\varphi(x) > 0$ et $\varphi(0) = 0$.

b. Soit $x \in \left[0\,;\frac{\pi}{2}\right[$. $\varphi(x) \geqslant 0 \Leftrightarrow \tan(x) - x \geqslant 0 \Leftrightarrow \tan x \geqslant x$.

La courbe (C) est donc strictement au-dessus de la droite (Δ) sur $\left]0\,;\frac{\pi}{2}\right[$,

La courbe (C) et la droite (Δ) admettent un point d'intersection : l'origine du repère.

PARTIE C. Tracé de la courbe de la tangente sur $\left[0\,;\frac{\pi}{2}\right[$

1. Manipuler une égalité trigonométrique

D'après les deux rappels, on a

$$\frac{1-\cos(2a)}{\sin(2a)}=\frac{1-\left(\cos^2 a-\sin^2 a\right)}{2\sin a\cos a}=\frac{1-\cos^2 a+\sin^2 a}{2\sin a\cos a}$$ et donc :

On rappelle que $1-\cos^2 a=\sin^2 a$, pour tout a réel.

$\frac{1-\cos(2a)}{\sin(2a)}=\frac{2\sin^2 a}{2\sin a\cos a}=\frac{\sin a}{\cos a}$. Il s'ensuit $\frac{1-\cos(2a)}{\sin(2a)}=\tan(a)$.

2. Utilisez une égalité trigonométrique

$$\tan\left(\frac{\pi}{8}\right)=\frac{1-\cos\left(\frac{\pi}{4}\right)}{\sin\left(\frac{\pi}{4}\right)}=\frac{1-\frac{\sqrt{2}}{2}}{\frac{\sqrt{2}}{2}}=\sqrt{2}-1$$

et $$\tan\left(\frac{\pi}{12}\right)=\frac{1-\cos\left(\frac{\pi}{6}\right)}{\sin\left(\frac{\pi}{6}\right)}=\frac{1-\frac{\sqrt{3}}{2}}{\frac{1}{2}}=2-\sqrt{3}.$$

3. **Tracer la courbe $\mathcal{C}$ d'une fonction**

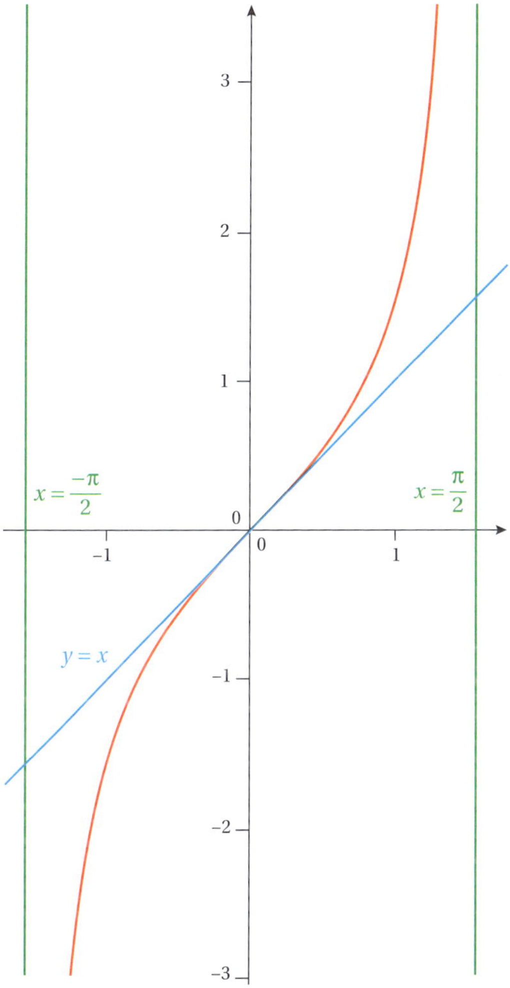

Intégration

FICHES

BILAN

SUJETS CORRIGÉS

33 Déterminer les primitives d'une fonction continue sur un intervalle

Déterminer les primitives d'une fonction représente le processus inverse de la dérivation d'une fonction.

RAPPEL DE COURS

I Définition

Soit f une fonction continue sur un intervalle I. F est une primitive de la fonction f si $F'(x)=f(x)$ pour tout $x \in I$.

Sans plus de précisions, f admet d'autres primitives sur l'intervalle I.

Exemple : f définie par $f(x)=x^2+4$ sur l'intervalle $\mathbb{R}=]-\infty\,;+\infty[$ est continue sur cet intervalle, donc elle y admet des primitives.

$F(x)=\frac{1}{3}x^3+4x$ pour $x \in \mathbb{R}$ est **une** primitive de f sur l'intervalle $\mathbb{R}$.

- Si G est une autre primitive de f, alors $G(x)=F(x)+k$ avec $k \in \mathbb{R}$ et pour tout $x \in I$. On définit alors toutes les primitives de la fonction f sur l'intervalle I.
- Toute fonction continue sur un intervalle I admet des primitives sur I.

Ces primitives existent, mais on ne sait pas pour autant les déterminer.

II Fonctions usuelles

Fonction	Primitives	Intervalles, conditions
$x \mapsto 0$	$x \mapsto c$	$I=\mathbb{R},\ c \in \mathbb{R}$
$x \mapsto a$	$x \mapsto ax+c$	$I=\mathbb{R},\ (a\,;c) \in \mathbb{R}^2$
$x \mapsto x^n$	$x \mapsto \frac{x^{n+1}}{n+1}+c$	$I=\mathbb{R},\ n \in \mathbb{N},\ c \in \mathbb{R}$
$x \mapsto x^{-n}$	$x \mapsto \frac{x^{-n+1}}{-n+1}+c$	$I=]0\,;+\infty[$ ou $]-\infty\,;0[$, $n \in \mathbb{N}\setminus\{1\}$, $c \in \mathbb{R}$
$x \mapsto \cos(x)$	$x \mapsto \sin(x)+c$	$I=\mathbb{R},\ c \in \mathbb{R}$
$x \mapsto \sin(x)$	$x \mapsto -\cos(x)+c$	$I=\mathbb{R},\ c \in \mathbb{R}$
$x \mapsto \frac{1}{x}$	$x \mapsto \ln(x)+c$	$I=]0\,;+\infty[,\ c \in \mathbb{R}$
$x \mapsto e^x$	$x \mapsto e^x+c$	$I=\mathbb{R},\ c \in \mathbb{R}$

Le cas où $n=1$ correspond à la fonction logarithme népérien.
→ Fiche 31

III Fonctions composées

u est continue et dérivable sur un intervalle I.

Fonctions	Primitives	Intervalles, conditions
$x \mapsto u' \times u^n$	$x \mapsto \dfrac{u^{n+1}}{n+1} + c$	$c \in \mathbb{R}$, $n \in \mathbb{N}$ ou si $n \in \mathbb{Z}^- \setminus \{-1\}$, $u(x) \neq 0$
$x \mapsto u' \times e^u$	$x \mapsto e^u + c$	$c \in \mathbb{R}$
$x \mapsto \dfrac{u'}{\sqrt{u}}$	$x \mapsto \sqrt{u} + c$	Intervalle tel que $u(x) > 0$, $c \in \mathbb{R}$
$x \mapsto \dfrac{u'}{u}$	$x \mapsto \ln(u(x)) + c$	

Le cas où $n = 1$ correspond à la fonction logarithme népérien.
→ Fiche 31

APPLICATION Déterminer les primitives d'une fonction

Soit les fonctions f et g définies sur $\mathbb{R}$ par $f(x) = 4 - xe^{-x}$ et $g(x) = \dfrac{e^x + 2}{e^x + 2x}$.

1. Montrer que la fonction F définie sur $\mathbb{R}$ par $F(x) = 4x + (x+1)e^{-x}$ est une primitive de f sur $\mathbb{R}$.

2. Déterminer les primitives G de la fonction g sur $\mathbb{R}$.

POINT MÉTHODE

1. N'oubliez pas de montrer l'existence des primitives de la fonction sur l'intervalle. Vérifiez ensuite que $F' = f$ sur $\mathbb{R}$.
2. Remarquez un lien entre le dénominateur et le numérateur de l'expression.

Solution

1. La fonction f est continue sur l'intervalle $\mathbb{R} =]-\infty\ ;\ +\infty[$, donc elle admet des primitives sur cet intervalle. F est dérivable sur $\mathbb{R}$ et, pour $x \in \mathbb{R}$:

$$F'(x) = 4 + \left(1 \times e^{-x} + (x+1) \times \left(-e^{-x}\right)\right) = 4 + e^{-x} - (x+1)e^{-x}$$
$$= 4 + e^{-x} - xe^{-x} - e^{-x} = 4 - xe^{-x} = f(x).$$

F est une primitive de la fonction f sur l'intervalle $\mathbb{R}$.

On calcule ici la dérivée du produit des fonctions $x \mapsto x + 1$ et $x \mapsto e^{-x}$. N'oubliez pas que $(e^u)' = u' \times e^u$ et que $(u \times v)' = u' \times v + u \times v'$

2. g est continue sur $\mathbb{R}$, donc elle admet des primitives sur cet intervalle.

Pour tout $x \in \mathbb{R}$, $e^x + 2x > 0$ et $g(x) = \dfrac{u'(x)}{u(x)}$ avec $u(x) = e^x + 2x$.

Les primitives G sont définies sur $\mathbb{R}$ par $G(x) = \ln\left(e^x + 2x\right) + k$, $k \in \mathbb{R}$.

34 Calculer une intégrale

L'intégrale d'une fonction continue sur un intervalle est définie à partir des primitives de cette fonction sur cet intervalle.

RAPPEL DE COURS

I Définition d'une intégrale

- Soit f une fonction continue sur un intervalle $I = [a;b]$. Elle admet donc une primitive F sur l'intervalle I.
- On définit $\int_b^a f(x)\mathrm{d}x = F(b) - F(a) = \left[F(x)\right]_a^b$.

Cette valeur ne dépend pas de la primitive de f choisie, car si G est une autre primitive de f sur I, $G(b) - G(a) = F(b) - F(a)$.

Exemple : f définie par $f(x) = x^2 + 4$ sur l'intervalle $\mathbb{R} =]-\infty\,;+\infty[$ admet pour primitive la fonction F définie par $F(x) = \frac{1}{3}x^3 + 4x$ pour $x \in \mathbb{R}$.

$$\int_2^1 f(x)\mathrm{d}x = \left[\frac{1}{3}x^3 + 4x\right]_1^2 = \frac{1}{3}\times 2^3 + 4\times 2 - \left(\frac{1}{3}\times 1^3 + 4\times 1\right)$$

$$= \frac{8}{3} + 8 - \frac{1}{3} - 4 = \frac{7}{3} + 4 = \frac{19}{3}.$$

II Propriétés de l'intégrale

Soit f et g deux fonctions continues sur l'intervalle $I = [a\,;\,b]$ et $k \in \mathbb{R}$.

Linéarité

- $\int_b^a \left(f(x) + g(x)\right)\mathrm{d}x = \int_b^a f(x)\,\mathrm{d}x + \int_b^a fg(x)\mathrm{d}x$
- $\int_a^b kf(x)\mathrm{d}x = k\int_a^b f(x)\mathrm{d}x$

Relation de Chasles

$$\int_a^c f(x)\mathrm{d}x = \int_a^b f(x)\mathrm{d}x + \int_b^c f(x)\mathrm{d}x \qquad \text{avec } b \in [a\,;\,c]$$

Positivité

- Si $f(x) \geqslant 0$ pour tout $x \in [a;b]$, alors $\int_a^b f(x)\mathrm{d}x \geqslant 0$.
- Si $f(x) \geqslant g(x)$ pour tout $x \in [a;b]$, alors $\int_a^b f(x)\mathrm{d}x \geqslant \int_a^b g(x)\mathrm{d}x$.

Fonction définie par une intégrale

Soit F la fonction définie par $F(x) = \int_a^x f(t)\mathrm{d}t$ sur l'intervalle $[a\,;b]$.

F est dérivable sur $[a\,;b]$ et a pour dérivée la fonction f : il s'agit de la primitive de la fonction f sur $[a\,;b]$ qui s'annule en a.

On dit que la variable est muette, c'est-à-dire que l'on peut la remplacer par n'importe quelle autre dans l'écriture de l'intégrale. Sauf par x qui, ici, est une borne de l'intégrale.

APPLICATION Calculer une intégrale

Soit la fonction h définie sur l'intervalle $]1\,;+\infty[$ par $h(x)=\dfrac{1}{x(x^2-1)}$.

1. Déterminer les nombres réels a, b et c tels que l'on ait pour tout $x>1$: $h(x)=\dfrac{a}{x}+\dfrac{b}{x+1}+\dfrac{c}{x-1}$.

2. Trouver une primitive H de h sur l'intervalle $]1\,;+\infty[$.

3. Calculer $\int_2^3 h(x)\mathrm{d}x$. On donnera le résultat exact sous la forme $p\ln 2+q\ln 3$ avec p et q des nombres rationnels.

POINT MÉTHODE

1. Pour $x>1$, écrivez $\dfrac{a}{x}+\dfrac{b}{x+1}+\dfrac{c}{x-1}$ sous la forme d'une fraction de dénominateur $x(x^2-1)$ et effectuez une identification avec l'expression de h.

2. Pensez au logarithme népérien. → Fiche 31

Solution

1. Pour $x>1$, $\dfrac{a}{x}+\dfrac{b}{x+1}+\dfrac{c}{x-1}=\dfrac{a(x-1)(x+1)}{x(x-1)(x+1)}+\dfrac{bx(x-1)}{x(x-1)(x+1)}+\dfrac{cx(x+1)}{x(x-1)(x+1)}$

$$=\frac{ax^2-a+bx^2-bx+cx^2+cx}{x(x^2-1)}=\frac{(a+b+c)x^2+(c-b)x-a}{x(x^2-1)}.$$

Pour $x>1$, $\dfrac{(a+b+c)x^2+(c-b)x-a}{x(x^2-1)}=h(x)=\dfrac{1}{x(x^2-1)}$ équivaut au système :

$$\begin{cases}a+b+c=0\\c-b=0\\-a=1\end{cases}\Leftrightarrow\begin{cases}a+b+c=0\\b=c\\a=-1\end{cases}\Leftrightarrow\begin{cases}2b=1\\b=c\\a=-1\end{cases}\Leftrightarrow\left\{b=\frac{1}{2},\ c=\frac{1}{2},\ a=-1\right.$$

Deux fractions de même dénominateur sont égales si et seulement si leurs numérateurs sont égaux.

On a donc $h(x)=-\dfrac{1}{x}+\dfrac{1}{2}\times\dfrac{1}{(x+1)}+\dfrac{1}{2}\times\dfrac{1}{(x\ \ 1)}$ pour $x>1$.

2. h est continue sur $]1\,;+\infty[$, donc y admet une primitive H.

$H(x)=-\ln(x)+\dfrac{1}{2}\ln(x+1)+\dfrac{1}{2}\ln(x-1)$ pour $x\in\,]1\,;+\infty[$.

Une primitive de la fonction $\dfrac{u'}{u}$ est $\ln u$. Ici, pour $x>1$, $u(x)=x$, $x+1$ ou $x-1$. → Fiche 33

3.

$$\int_2^3 h(x)\mathrm{d}x=\left[H(x)\right]_2^3$$

$$=\left(-\ln 3+\frac{1}{2}\ln(3+1)+\frac{1}{2}\ln(3-1)\right)-\left(-\ln 2+\frac{1}{2}\ln(2+1)+\frac{1}{2}\ln(2-1)\right)$$

$$=-\ln 3+\ln 2+\frac{1}{2}\ln 2+\ln 2-\frac{1}{2}\ln 3=\frac{5}{2}\ln 2-\frac{3}{2}\ln 3.$$

Car $\dfrac{1}{2}\ln 4=\ln\sqrt{4}=\ln 2$ et $\ln 1=0$. → Fiche 31

35 Interpréter géométriquement une intégrale

Sous certaines conditions, l'intégrale d'une fonction continue sur un intervalle peut être interprétée géométriquement comme une aire.

RAPPEL DE COURS

Le plan est muni d'un repère orthogonal $\left(O\,;\vec{i},\vec{j}\right)$ et f est une fonction continue sur l'intervalle $I=[a;b]$.

« u. a. » signifie « unité d'aire », c'est-à-dire l'aire du rectangle que l'on peut construire à partir des vecteurs $\vec{i}$ et $\vec{j}$.

I Aire de la surface délimitée par une courbe

■ f est positive sur l'intervalle $I=[a\,;b]$

L'aire de la surface délimitée par l'axe des abscisses, les droites d'équation $x=a$ et $x=b$, et la courbe représentative de f est $\int_a^b f(x)\mathrm{d}x$ u.a.

Exemple : Pour la fonction f définie par $f(x)=x^2+4$ sur l'intervalle $\mathbb{R}=]-\infty\,;+\infty[$, on a $F(x)=\frac{1}{3}x^3+4x$ pour $x\in\mathbb{R}$ et $\int_1^2 f(x)\mathrm{d}x=\frac{19}{3}$.

L'aire de la surface délimitée par l'axe des abscisses, les droites d'équation $x=1$ et $x=2$, et la courbe représentative de f est $\int_1^2 f(x)\mathrm{d}x=\frac{19}{3}$ u.a.

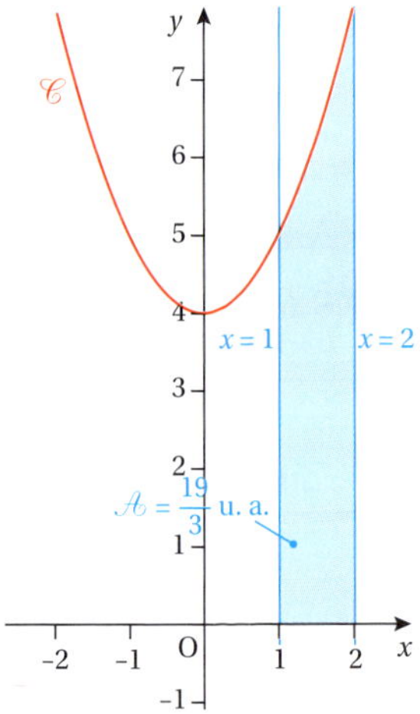

■ f est négative sur l'intervalle $I=[a\,;b]$

Si $f(x)\leqslant 0$ pour tout $x\in[a\,;\,b]$, l'aire de la surface délimitée par l'axe des abscisses, les droites d'équation $x=a$ et $x=b$, et la courbe représentative de f est $\int_a^b f(x)\mathrm{d}x$ (u.a.).

■ f n'est pas de signe constant sur l'intervalle $I=[a\,;b]$

Si le signe de f n'est pas constant sur l'intervalle $[a\,;b]$, on décompose l'intervalle en plusieurs intervalles où f est de signe constant, pour être dans l'un des deux cas précédents. On additionne ensuite les aires trouvées.

Cette méthode consiste à calculer $\int_a^b |f(x)|\,\mathrm{d}x$.

II Aire de la surface entre deux courbes

On suit le même raisonnement que dans la première partie en l'appliquant à la fonction $f-g$.

Exemple : Si f et g sont deux fonctions continues sur l'intervalle $[a\,;b]$ telles que pour tout $x\in[a\,;b]$, $f(x)\geqslant g(x)$, l'aire de la surface comprise entre les droites d'équation $x=a$, $x=b$ et les courbes représentatives de f et de g est $\int_a^b(f(x)-g(x))\,\mathrm{d}x$ (u.a.).

APPLICATION Calculer l'aire sous une courbe

Dans un repère orthogonal $(O\,;\vec{i},\vec{j})$ d'unité graphique 1 cm en abscisses et 2 cm en ordonnées, on considère la représentation graphique $\mathscr{C}$ de la fonction f définie par $f(x)=\dfrac{2\ln x}{x}$ sur $]0\,;+\infty[$.

1. En remarquant que $\dfrac{2\ln x}{x}=2\times\dfrac{1}{x}\times\ln x$, montrer que $\displaystyle\int_1^{\mathrm{e}}\frac{2\ln x}{x}\,\mathrm{d}x=1$.

2. En déduire l'aire de la région du plan délimitée par les droites d'équation $x=1$, $x=\mathrm{e}$, l'axe des abscisses et la courbe $\mathscr{C}$.

On exprimera cette aire en cm^2.

POINT MÉTHODE

1. Pensez aux puissances pour trouver la primitive de la fonction f. → Fiche 33
2. Faites attention aux unités graphiques du repère !

Solution

1. La fonction f est continue sur l'intervalle $I=[1\,;\mathrm{e}]$, donc elle admet des primitives sur cet intervalle et l'intégrale $\displaystyle\int_1^{\mathrm{e}}\frac{2\ln x}{x}\,\mathrm{d}x$ existe.

Pour $1<x<\mathrm{e}$, $\dfrac{2\ln x}{x}=2\times\dfrac{1}{x}\times\ln x=2u'(x)u(x)$ en posant $u(x)=\ln(x)$.

Une primitive F de cette fonction est définie par $F(x)=u^2(x)=(\ln(x))^2$.

$$\int_1^{\mathrm{e}}\frac{2\ln x}{x}\,\mathrm{d}x=\Big[(\ln(x))^2\Big]_1^{\mathrm{e}}=(\ln\mathrm{e})^2-(\ln 1)^2=1^2-0^2=1.$$

2. Pour tout $x\in I$, $\ln x\geqslant 0$, donc $f(x)\geqslant 0$,

puis $\mathscr{A}=2\displaystyle\int_1^{\mathrm{e}}\frac{2\ln x}{x}\,\mathrm{d}x=2\,\mathrm{cm}^2$.

1 u.a.
= 1 cm × 2 cm
= 2 cm^2

36 Encadrer une intégrale et calculer la valeur moyenne d'une fonction

Une intégrale peut être représentée géométriquement par une aire. Comment encadrer une intégrale en l'illustrant avec des aires et comment est définie la valeur moyenne d'une fonction sur un intervalle à l'aide d'une intégrale ?

RAPPEL DE COURS

Le plan est muni d'un repère orthogonal $(O\,;\vec{i}\,,\vec{j})$. Soit f, g et h trois fonctions continues sur un intervalle $I=[a\,;b]$.

I Encadrer une intégrale

- $\forall x \in [a\,;b],\ m \leqslant f(x) \leqslant M \Rightarrow m(b-a) \leqslant \int_a^b f(x)\mathrm{d}x \leqslant M(b-a)$

Si f est une fonction positive sur l'intervalle $[a\,;b]$ dont le minimum est m et le maximum M sur cet intervalle, alors la valeur $\int_a^b f(x)\,\mathrm{d}x$ (aire hachurée) est comprise entre $m(b-a)$ (aire du rectangle ABCD) et $M(b-a)$ (aire du rectangle ABC'D').

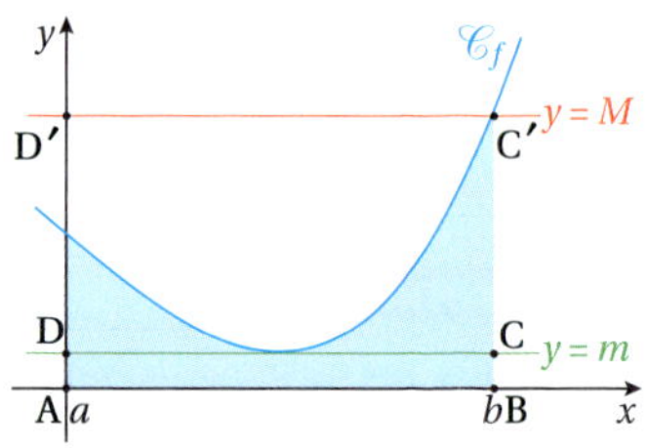

Exemple : si f est une fonction continue sur l'intervalle $[1\,;3]$ telle que pour tout $x \in [0\,;2]$, $\mathrm{e} \leqslant f(x) \leqslant 3$.

On a alors : $\int_0^2 \mathrm{e}\,\mathrm{d}x \leqslant \int_0^2 f(x)\mathrm{d}x \leqslant \int_0^2 3\mathrm{d}x$, soit $[\mathrm{e}x]_0^2 \leqslant \int_0^2 f(x)\mathrm{d}x \leqslant [3x]_0^2$, puis $\mathrm{e}(2-0) \leqslant \int_0^2 f(x)\mathrm{d}x \leqslant 3(2-0)$ et $2\mathrm{e} \leqslant \int_0^2 f(x)\mathrm{d}x \leqslant 6$.

- De façon générale :

$\forall x \in [a\,;b],\ f(x) \leqslant g(x) \leqslant h(x) \Rightarrow \int_a^b f(x)\mathrm{d}x \leqslant \int_a^b g(x)\mathrm{d}x \leqslant \int_a^b h(x)\mathrm{d}x$

II Valeur moyenne d'une fonction sur un intervalle

La valeur moyenne d'une fonction f continue sur un intervalle $[a\,;b]$ est :

$\mu = \dfrac{1}{b-a}\int_a^b f(x)\mathrm{d}x.$

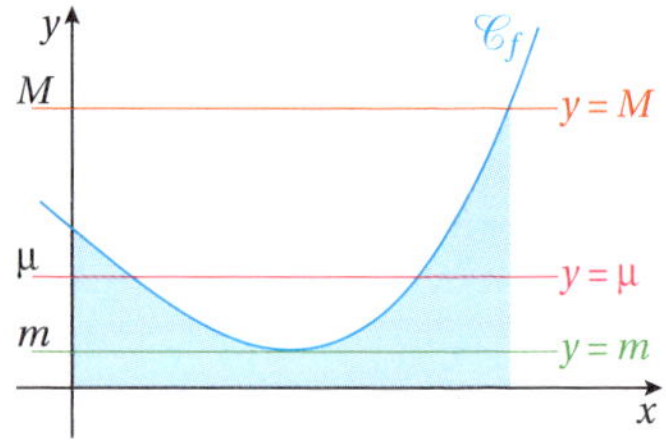

Exemple : Une fonction f continue sur un intervalle $[a\,;b]$ admet un minimum m et un maximum M.

On a $m \leqslant f(x) \leqslant M$ pour tout $x \in [a\,;b]$,

donc $m(b-a) \leqslant \int_a^b f(x)\mathrm{d}x \leqslant M(b-a)$,

puis $m \leqslant \mu = \frac{1}{b-a}\int_a^b f(x)\mathrm{d}x \leqslant M$.

$\mu \in [m\,;M]$ donc le théorème des valeurs intermédiaires précise qu'il y a au moins une valeur c telle que $f(c) = \mu$.
→ Fiche 15

APPLICATION Encadrer une intégrale et calculer une valeur moyenne

Soit les fonctions f et g définies sur $\mathbb{R}$ par $f(x) = \mathrm{e}^{-x^2}$ et $g(x) = \mathrm{e}^{-x}$.

1. Démontrer que $\frac{1}{\mathrm{e}} \leqslant \int_0^1 f(x)\mathrm{d}x \leqslant 1$.
2. Calculer la valeur moyenne μ de la fonction g sur l'intervalle $[0\,;2]$.

POINT MÉTHODE

1. Encadrez $f(x)$ pour $x \in [0\,;1]$ après avoir étudié la monotonie de la fonction f sur l'intervalle $[0\,;1]$.
2. Faites attention aux erreurs de signe ! → Fiche 34

Solution

1. f est continue sur l'intervalle $[0\,;1]$ donc l'intégrale $\int_0^1 f(x)\mathrm{d}x$ existe.

f est dérivable sur $[0\,;1]$ et $f'(x) = -2x\mathrm{e}^{-x^2} < 0$ pour tout $x \in [0\,;1]$.
f est strictement décroissante sur $[0\,;1]$, donc

$f(1) = \frac{1}{\mathrm{e}} \leqslant f(x) \leqslant f(0) = 1$, pour tout $x \in [0\,;1]$.

On a donc $\frac{1}{\mathrm{e}} \leqslant \int_0^1 f(x)\mathrm{d}x \leqslant 1$, car $1-0 = 1$.

$(\mathrm{e}^u)' = u' \times \mathrm{e}^u$.
Ici $u(x) = -x^2$ et $u'(x) = -2x$.
→ Fiche 29

2. $\mu = \frac{1}{2-0}\int_0^2 \mathrm{e}^{-x}\mathrm{d}x = \frac{1}{2}\left[-\mathrm{e}^{-x}\right]_0^2 = \frac{1}{2}\left(-\mathrm{e}^{-2} + \mathrm{e}^0\right) = \frac{1}{2}\left(1 - \frac{1}{\mathrm{e}^2}\right) = \frac{\mathrm{e}^2 - 1}{2\mathrm{e}^2}$.

$\mathrm{e}^{-x} = -(-\mathrm{e}^{-x})$ et la primitive de la fonction $x \mapsto -\mathrm{e}^{-x}$ est la fonction $x \mapsto \mathrm{e}^{-x}$, donc la primitive de la fonction $x \mapsto -(-\mathrm{e}^{-x})$ est la fonction $x \mapsto -\mathrm{e}^{-x}$.
→ Fiche 33

Quiz express

Vérifiez que vous avez bien retenu les points clés des **fiches 33 à 36**.

Déterminer les primitives d'une fonction sur un intervalle

1 Une primitive F de la fonction f définie sur $]0\,;+\infty[$ par $f(x) = 2x - \dfrac{1}{x}$ est :

☐ **a.** $F(x) = 2 + \dfrac{1}{x^2}$ ☐ **c.** $F(x) = 2 - \ln x$

☐ **b.** $F(x) = x^2 - \ln x$ ☐ **d.** $F(x) = x^2 + \dfrac{1}{x^2}$

2 Une primitive F de la fonction f définie sur $\mathbb{R}$ par $f(x) = \mathrm{e}^{-3x}$ est :

☐ **a.** $F(x) = \mathrm{e}^{-3x}$ ☐ **b.** $F(x) = -3\mathrm{e}^{-3x}$ ☐ **c.** $F(x) = -\dfrac{1}{3}\mathrm{e}^{-3x}$

3 La fonction $F : x \mapsto 2 + \ln(2x+4)$ est une primitive sur l'intervalle $[0\,;+\infty[$ de la fonction f définie par :

☐ **a.** $f(x) = \dfrac{1}{x+2}$ ☐ **b.** $f(x) = 2x + \dfrac{1}{x+2}$ ☐ **c.** $f(x) = \dfrac{1}{2x+4}$

4 On donne le tableau de variation d'une fonction f définie et dérivable sur l'intervalle $]-\infty\,;+\infty[$.
Toute primitive de la fonction f est décroissante sur l'intervalle $[1\,;+\infty[$.

x	$-\infty$		1		$+\infty$
$f'(x)$		$+$	0	$-$	
f	$-\infty$	↗	3	↘	1

☐ **a.** Vrai ☐ **b.** Faux ☐ **c.** On ne peut pas répondre

FICHES 33 ET 24

Calculer une intégrale

5 $\displaystyle\int_0^1 \mathrm{e}^{3x+1}\mathrm{d}x$ est égale à : ☐ **a.** $\dfrac{\mathrm{e}^4 - \mathrm{e}}{3}$ ☐ **b.** $3\mathrm{e}^4 - 3\mathrm{e}$ ☐ **c.** $\mathrm{e}^4 - \mathrm{e}$

6 $\displaystyle\int_0^1 \frac{2x}{x^2+1}\mathrm{d}x$ est égale à : ☐ **a.** $\dfrac{3}{2}$ ☐ **b.** On ne peut pas trouver explicitement une primitive de la fonction. ☐ **c.** $\ln 2$

7 $\displaystyle\int_1^{\mathrm{e}} 2 \times \frac{1}{x} \times \ln x\,\mathrm{d}x$ est égale à : ☐ **a.** 1 ☐ **b.** On ne peut pas trouver explicitement une primitive de la fonction ☐ **c.** 2

8 Soit une fonction f définie et continue sur l'intervalle $\left[0\,;+\infty\right[$.

Si $\displaystyle\int_0^3 f(x)\mathrm{d}x = 2{,}4$ et $\displaystyle\int_2^3 f(x)\mathrm{d}x = -0{,}4$, alors $\displaystyle\int_0^2 f(x)\mathrm{d}x$ est égale à :

☐ **a.** 2 ☐ **b.** $2{,}8$ ☐ **c.** -2

FICHES 33 ET 34

Interpréter géométriquement une intégrale

9 L'aire, exprimée en unités d'aire, de la partie du plan située entre la courbe représentative de la fonction $\mapsto x^3$, l'axe des abscisses et les droites d'équation respectives $x=0$ et $x=2$ est :

☐ **a.** 12 ☐ **b.** 4 ☐ **c.** 16

10 L'aire, exprimée en unités d'aire, de la partie du plan située entre la courbe représentative de la fonction $\mapsto 1-\dfrac{1}{x+1}$, l'axe des abscisses et les droites d'équation respectives $x=0$ et $x=1$ est :

☐ **a.** $\dfrac{3}{4}$ ☐ **b.** $-\ln 2$ ☐ **c.** $1-\ln 2$

11 On donne ci-contre la représentation graphique de la fonction $f : x \mapsto 4x\mathrm{e}^{-x}$.
Soit $\mathscr{A}$ l'aire, exprimée en unités d'aire, de la partie du plan située entre la courbe représentative de *f*, l'axe des abscisses et les droites d'équation respectives $x=0$ et $x=3$. On a :

☐ **a.** $\mathscr{A}>8$ ☐ **b.** $\mathscr{A}<\dfrac{17}{4}$ ☐ **c.** $\mathscr{A}>2$

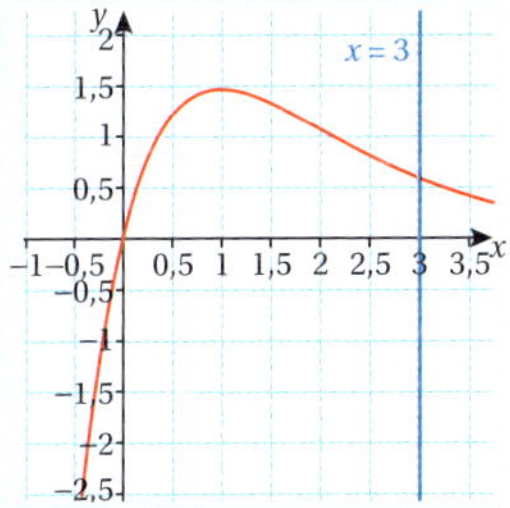

FICHES 35, 34 ET 33

Encadrer une intégrale et calculer la valeur moyenne d'une fonction

12 Pour la fonction *f* dont on donne le tableau de variations dans la question **4** , sur l'intervalle $[1\,;5]$:

☐ **a.** $f>0$ ☐ **b.** $\int_1^5 f(x)\mathrm{d}x \leqslant 12$ ☐ **c.** $\int_1^5 f(x)\mathrm{d}x \leqslant 4$

13 La valeur moyenne de la fonction $g : x \mapsto 3x^2-4$ sur l'intervalle $[0\,;3]$:

☐ **a.** $\mu=15$ ☐ **b.** $\mu=\dfrac{23}{3}$ ☐ **c.** $\mu=5$

14 La valeur moyenne de la fonction $h : x \mapsto \dfrac{1}{x+4}$ sur l'intervalle $[0\,;4]$:

☐ **a.** $\mu=\dfrac{\ln 2}{4}$ ☐ **b.** $\mu=\ln 2$ ☐ **c.** $\mu=-\dfrac{1}{8}$

FICHES 36, 34 ET 33

RÉPONSES

1. b • **2.** c • **3.** a • **4.** b • **5.** a • **6.** c • **7.** a • **8.** b • **9.** b • **10.** c • **11.** b et c • **12.** a et b • **13.** c • **14.** a.

SUJET 21 | Exploiter les données d'un tableau de variations

DURÉE 30 MIN

→ **Fiche 19** Déterminer une limite par comparaison
→ **Fiche 34** Calculer une intégrale
→ **Fiche 35** Interpréter géométriquement une intégrale
→ **Fiche 36** Encadrer une intégrale et calculer la valeur moyenne d'une fonction

On considère une fonction f dérivable sur l'intervalle $]-\infty\,;+\infty[$.
On donne le tableau de ses variations :

x	$-\infty$		0		3		$+\infty$
$f'(x)$		$+$		$+$	0	$-$	
f	$-\infty$	↗	0	↗	$2+e^{-3}$	↘	2

Soit g la fonction définie sur $]-\infty\ ;+\infty[$ par $g(x)=\int_0^x f(t)\mathrm{d}t$.

1. Interpréter géométriquement $g(3)$.

2. Montrer que $0 \leqslant g(3) \leqslant 6{,}5$.

3. Soit x un réel supérieur à 3.

a. Montrer que $\int_3^x f(t)\mathrm{d}t \geqslant 2(x-3)$.

b. En déduire que $g(x) \geqslant 2x-6$.

4. Déterminer la limite de la fonction g en $+\infty$.

5. a. Étudier le sens de variation de la fonction g sur l'intervalle $]-\infty\ ;+\infty[$.

b. Que vaut $g(0)$? En déduire le signe de $g(x)$ sur l'intervalle $]-\infty\ ;+\infty[$.

DÉMARRONS ENSEMBLE

1. Pour commencer, remarquez que $f(x) \geqslant 0$ pour $x \in [0\,;3]$. → **Fiche 35**

2. Remarquez à l'aide du tableau de variations que $f(x) \leqslant 2+e^{-3}$ pour $x \in [0\,;3]$. → **Fiche 36**

3.a. Minorez f sur l'intervalle $[3\,;x[$ pour un x donné.

3.b. Décomposez $g(x)$ en deux intégrales. → **Fiche 34**

5. N'oubliez pas que $g'(x) = f(x)$ pour tout $x \in \mathbb{R}$.

CORRIGÉ

1. Interpréter géométriquement une intégrale

Par définition, $g(3)=\int_0^3 f(t)\mathrm{d}t$ et d'après le tableau de variations de la fonction f, $f(t) \geqslant 0$ pour tout $t \in [0\,;3]$.

Donc $g(3)$ est l'aire de la surface comprise entre les droites d'équation $x=0$, $x=3$, l'axe des abscisses et la courbe représentative de la fonction f.

2. Encadrer une intégrale à l'aide du tableau de variations

D'après le tableau de variations de la fonction f, on a $0 \leqslant f(t) \leqslant 2+\mathrm{e}^{-3}$ pour tout $t \in [0\,;3]$, puis $3\times 0 \leqslant \int_0^3 f(t)\mathrm{d}t \leqslant 3\times\left(2+\mathrm{e}^{-3}\right)$.

Or $3\times\left(2+\mathrm{e}^{-3}\right) \leqslant 6{,}5$, donc $0 \leqslant \int_0^3 f(t)\mathrm{d}t = g(3) \leqslant 6{,}5$.

3. a. Minorer une intégrale à l'aide du tableau de variations

Soit x un réel supérieur à 3 que l'on fixe pour considérer l'intervalle $[3\,;x]$. D'après le tableau de variations de la fonction f, $f(t) \geqslant 2$ pour tout $t \in [3\,;x]$. Donc en intégrant l'inégalité sur l'intervalle $[3\,;x]$, on a $\int_3^x f(t)\mathrm{d}t \geqslant \int_3^x 2\mathrm{d}t = [2t]_3^x = 2(x-3)$.

b. Minorer une intégrale

D'après la relation de Chasles,

$g(x) = \int_0^3 f(t)\mathrm{d}t + \int_3^x f(t)\mathrm{d}t = g(3) + \int_3^x f(t)\mathrm{d}t$.

Or d'après le **2.**, $g(3) \geqslant 0$, donc $g(x) = g(3) + \int_3^x f(t)\mathrm{d}t \geqslant \int_3^x f(t)\mathrm{d}t$ puis $g(x) \geqslant 2(x-3) = 2x-6$ d'après le **3.a**.

4. Déterminer une limite de fonction à l'aide de comparaisons

$\lim\limits_{x\mapsto+\infty} (2x-6) = +\infty$ donc, d'après le théorème des gendarmes, $\lim\limits_{x\mapsto+\infty} g(x) = +\infty$.

→ Fiche 19

5. a. Étudier le sens de variation d'une fonction

- Par définition $g(x) = \int_0^x f(t)\mathrm{d}t$, donc la fonction g est dérivable sur $\mathbb{R}$ et pour tout $x \in \mathbb{R}$, $g'(x) = f(x)$
- D'après le tableau de variations de la fonction f, pour $x \in]-\infty\,;0[$, $f(x) < 0$ et pour $x \in]0\,;+\infty[$ $f(x) > 0$.
- La fonction g est donc strictement décroissante sur $]-\infty\,;0]$ et strictement croissante sur $[0\,;+\infty[$.

b. Déterminer le signe d'une fonction

Par définition $g(0) = \int_0^0 f(t)\mathrm{d}t = 0$.

D'après les variations de la fonction g déterminées au **5.a**, $g(x) \geqslant g(0) = 0$.

SUJET 22 | Étudier une suite définie par une intégrale

DURÉE 45 MIN

→ **Fiche 5** Déterminer la limite d'une suite convergente
→ **Fiche 22** Calculer la dérivée d'une fonction
→ **Fiche 24** Utiliser les variations d'une fonction
→ **Fiche 31** Utiliser les propriétés algébriques de la fonction logarithme népérien
→ **Fiche 32** Connaître la courbe représentative de la fonction logarithme népérien
→ **Fiche 34** Calculer une intégrale
→ **Fiche 36** Encadrer une intégrale et calculer la valeur moyenne d'une fonction

On considère la fonction f définie sur l'intervalle $[0\ ;+\infty[$ par

$$f(x)=\frac{4\ln(x+5)}{x+5}.$$

1. Montrer que f est dérivable sur $[0\ ;+\infty[$. Étudier le signe de sa fonction dérivée f', sa limite éventuelle en $+\infty$ et dresser le tableau de ses variations.

2. On définit la suite $(u_n)_{n\geqslant 0}$ par son terme général $u_n=\int_n^{n+1} f(x)\mathrm{d}x$.

a. Justifier que si $n\leqslant x\leqslant n+1$, alors $f(n+1)\leqslant f(x)\leqslant f(n)$.

b. Montrer, sans chercher à calculer u_n, que pour tout entier naturel n, $f(n+1)\leqslant u_n\leqslant f(n)$.

c. En déduire que la suite (u_n) est convergente et déterminer sa limite.

3. Soit F la fonction définie sur $[0\ ;+\infty[$ par $F(x)=\left(ln(x+5)\right)^2$.

a. Justifier la dérivabilité sur $[0\ ;+\infty[$ de la fonction F et déterminer, pour tout réel positif, le nombre $F'(x)$.

b. On pose, pour tout entier naturel n, $I_n=\int_0^n f(x)\mathrm{d}x$. Calculer I_n.

4. On pose, pour tout entier naturel n, $S_n=u_0+u_1+\ldots+u_{n-1}$.
Calculer S_n. La suite (S_n) est-elle convergente ?

DÉMARRONS ENSEMBLE

1. Pour étudier le signe de $f'(x)$, rappelez-vous que $1=\ln e$. → **Fiche 31**
2. a. Pensez aux variations de la fonction f trouvées au **1.**
b. Observez bien la définition de u_n.
3. a. Relisez éventuellement la **Fiche 22**.
b. Trouvez dans un premier temps une primitive de la fonction f.
4. Remarquez que l'on peut exprimer plus simplement le terme général de la suite (S_n).

CORRIGÉ

1. Étudier une fonction et dresser son tableau de variation

- La fonction $x \mapsto x+5$ est dérivable sur $[0;+\infty[$ et à valeurs dans $[5;+\infty[$.

La fonction ln est dérivable sur $]0;+\infty[$, donc la fonction $x \mapsto \ln(x+5)$ puis celle $x \mapsto 4\ln(x+5)$ est dérivable sur $[0;+\infty[$ par composition car $[5;+\infty[\subset]0;+\infty[$.

Puis, la fonction f est dérivable sur $[0;+\infty[$ en tant que quotient de fonctions dérivables.

- Pour tout $x \in [0;+\infty[$,

$$f'(x) = \frac{4 \times \frac{1}{x+5} \times (x+5) - 4 \times 1 \times \ln(x+5)}{(x+5)^2} = \frac{4\,(1-\ln(x+5))}{(x+5)^2}.$$

Il s'agit de calculer la dérivée du quotient des fonctions $x \mapsto 4\ln(x+5)$ et $x \mapsto x+5$. N'oubliez pas que $\left(\frac{u}{v}\right)' = \frac{u' \times v - u \times v'}{v^2}$

→ Fiche 22

Or pour tout $x \in [0;+\infty[$, $\ln(x+5) > \ln(5) > 1$ car la fonction $x \mapsto \ln(x+5)$ est strictement croissante sur l'intervalle $[0;+\infty[$ en tant que composée, donc $1-\ln(x+5) < 0$ pour tout $x \in [0;+\infty[$.

Pour tout $x \in [0;+\infty[$, $(x+5)^2 > 0$ (et $4 > 0$) donc $f'(x) < 0$.

La fonction f est strictement décroissante sur $[0;+\infty[$.

- $\lim\limits_{x \to +\infty} \frac{4\ln(x+5)}{x+5} = \lim\limits_{X \to +\infty} \frac{4\ln X}{X} = 0$ en posant $X = x+5$.

→ Fiche 32

- On résume les résultats dans le tableau de variation de la fonction f :

x	0	$+\infty$
$f'(x)$	$-$	
f	$\frac{4\ln 5}{5}$ ↘	2

2. a. Encadrer une fonction sur un intervalle

Soit n un nombre entier naturel que l'on fixe pour pouvoir considérer l'intervalle $[n;n+1]$.

La fonction f est strictement décroissante sur l'intervalle $[n;n+1]$ ($[n;n+1] \subset [0;+\infty[$), donc pour tout x vérifiant $n \leqslant x \leqslant n+1$, on a $f(n+1) \leqslant f(x) \leqslant f(n)$.

b. Encadrer une intégrale

Pour tout $x \in [n;n+1]$, on a $f(n+1) \leqslant f(x) \leqslant f(n)$ donc, en intégrant la relation sur l'intervalle $[n;n+1]$,

$f(n+1) \leqslant \int_n^{n+1} f(x)\,\mathrm{d}x \leqslant f(n)$, soit $f(n+1) \leqslant u_n \leqslant f(n)$ et ceci pour tout entier naturel n.

n étant fixé, $f(n+1)$ et $f(n)$ sont des constantes.

→ Fiche 36

c. Déterminer la limite d'une suite à l'aide d'un encadrement

$\lim\limits_{n\to+\infty} f(n+1) = \lim\limits_{n\to+\infty} f(n) = \lim\limits_{x\to+\infty} f(x) = 0$.

Donc d'après l'encadrement qui précède, $\lim\limits_{n\to+\infty} u_n = 0$.

→ Fiche 5

3. a. Calculer la dérivée d'une fonction

La fonction $x \mapsto \ln(x+5)$ est dérivable sur $[0\,;+\infty[$ et la fonction $x \mapsto x^2$ est dérivable sur $\mathbb{R}$. Donc la fonction F est dérivable sur $[0\,;+\infty[$ en tant que composée de fonctions dérivables.

Pour tout $x \in [0\,;+\infty[$, $F'(x) = 2\times\frac{1}{x+5}\ln(x+5) = \frac{2\ln(x+5)}{x+5} = \frac{f(x)}{2}$.

Il s'agit de calculer la dérivée de la fonction u^2 avec $u : x \mapsto \ln(x+5)$. N'oubliez pas que $(u^2)' = 2u'u$

→ Fiche 22

b. Calculer une intégrale

Soit n un nombre entier naturel. D'après la question précédente, la fonction $2F$ est une primitive de la fonction f sur l'intervalle $[0\,;n]$, donc :

Si F est une primitive de $\frac{f}{2}$, $2F$ est une primitive de f.

$$I_n = \int_0^n f(x)\mathrm{d}x = \left[2F(x)\right]_0^n = 2F(n) - 2F(0)$$

$$= 2(\ln(n+5))^2 - 2(\ln(0+5))^2 = 2\left((\ln(n+5))^2 - (\ln 5)^2\right).$$

4. Déterminer l'expression d'une suite et sa limite éventuelle

- Soit n un nombre entier naturel.

$$S_n = u_0 + u_1 + \ldots + u_{n-1} = \int_0^1 f(x)\mathrm{d}x + \int_1^2 f(x)\mathrm{d}x + \ldots + \int_{n-1}^n f(x)\mathrm{d}x$$

$$= \int_0^n f(x)\mathrm{d}x = I_n \text{ d'après la relations de Chasles.}$$

Donc pour tout $n \in \mathbb{N}$, $S_n = I_n = 2\left((\ln(n+5))^2 - (ln 5)^2\right)$.

- $\lim\limits_{n\to+\infty} \ln(n+5) = +\infty$, donc $\lim\limits_{n\to+\infty} (\ln(n+5))^2 = +\infty$, puis $\lim\limits_{n\to+\infty} 2\left((\ln(n+5))^2 - (\ln 5)^2\right) = +\infty$.

→ Fiche 5

La suite (S_n) diverge et $\lim\limits_{n\to+\infty} S_n = +\infty$.

SUJET 23 | Calculer une aire

DURÉE 50 MIN

→ **Fiche 22** Calculer la dérivée d'une fonction
→ **Fiche 31** Utiliser les propriétés algébriques de la fonction logarithme népérien
→ **Fiche 33** Déterminer les primitives d'une fonction continue sur un intervalle
→ **Fiche 34** Calculer une intégrale
→ **Fiche 35** Interpréter géométriquement une intégrale
→ **Fiche 36** Encadrer une intégrale et calculer la valeur moyenne d'une fonction

PARTIE A

Soit u et v deux fonctions continues et dérivables sur l'intervalle $[0;1]$ telles que u' et v' soient continues sur l'intervalle $[0;1]$.

1. a. En remarquant que $\int_0^1 (uv)'(x)\mathrm{d}x = \left[(uv)(x)\right]_0^1$, montrer que :

$$\int_0^1 (uv'+vu')(x)\mathrm{d}x = \left[(uv)(x)\right]_0^1.$$

b. En déduire que $\int_0^1 (uv')(x)\mathrm{d}x = \left[(uv)(x)\right]_0^1 - \int_0^1 (vu')(x)\mathrm{d}x$.

2. Soit f une fonction définie et dérivable sur l'intervalle $[0;1]$. On suppose que sa dérivée f' est continue sur l'intervalle $[0;1]$.

a. En appliquant la formule de la question **1.b.** à des fonctions u et v astucieusement choisies, montrer que :

$$\int_0^1 f(x)\mathrm{d}x = f(1) - \int_0^1 x f'(x)\mathrm{d}x.$$

b. En déduire que $\int_0^1 \left(f(x) - f(1)\right)\mathrm{d}x = -\int_0^1 x f'(x)\mathrm{d}x$.

PARTIE B

Soit f la fonction définie sur l'intervalle $]-3;3[$ par $f(x) = \ln\left(\dfrac{3+x}{3-x}\right)$ et $\mathscr{C}$ sa courbe représentative dans le repère orthonormé d'unité graphique 2 cm ci-après.

1. Montrer que pour tout réel $x \in]-3;3[$, on a $f'(x) = \dfrac{6}{9-x^2}$.

2. En utilisant la **partie A**, calculer la valeur moyenne de la fonction f sur l'intervalle $[0;1]$.

3. a. Hachurer sur cette feuille la partie P du plan constituée des points $M(x;y)$ tels que : $0 \leqslant x \leqslant 1$ et $f(x) \leqslant y \leqslant \ln 2$.

b. En utilisant la **partie A**, calculer en cm² l'aire de P.

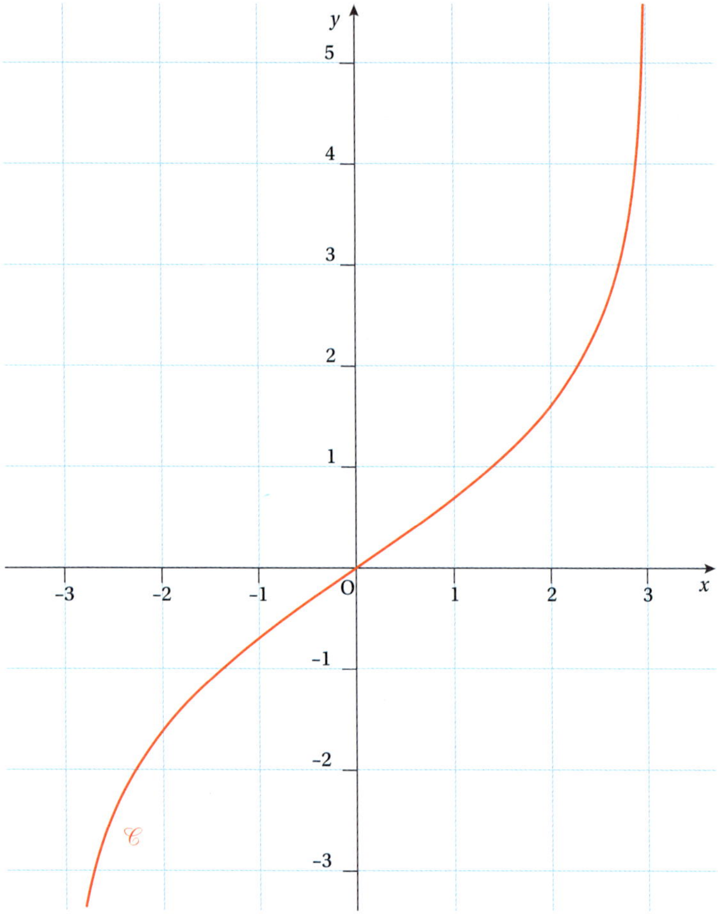

DÉMARRONS ENSEMBLE

PARTIE A

1. a. Rappelez-vous l'expression de $(uv)'$. → **Fiche 22**

b. Pensez aux propriétés de linéarité de l'intégrale. → **Fiche 34**

2. a. Si vous prenez $u = f$, que devrez-vous prendre pour la fonction v ? Que vaudrait alors v' ? Simplifiez les expressions pour obtenir le résultat.

b. Remarquez que $f(1)$ est une constante.

PARTIE B

1. Rappelez-vous que $(\ln u)' = \frac{u'}{u}$ et faites attention en effectuant le calcul de u' car ici u est un quotient. → **Fiches 22 et 32**

2. Utilisez la formule trouvée au **2. a.**, puis pensez au ln. → **Fiche 36**

3. a. Commencez par tracer la droite d'équation $y = \ln 2$ dans le repère.

3. b. Utilisez la formule trouvée au **2. b.** → **Fiche 35**

CORRIGÉ

PARTIE A

1. a. Démontrer une égalité contenant des intégrales

• Une des primitives de la fonction $(uv)'$ est, par définition, la fonction uv.

Par définition d'une intégrale, on a donc $\int_0^1 (uv)'(x)\mathrm{d}x = \left[(uv)(x)\right]_0^1$.

• On a la formule de dérivation suivante : $(uv)' = vu' + uv'$. Donc

$\int_0^1 (uv)'(x)\mathrm{d}x = \int_0^1 (uv' + vu')(x)\mathrm{d}x = \left[(uv)(x)\right]_0^1$.

1. b. Démontrer une égalité contenant des intégrales

D'après les propriétés de linéarité de l'intégrale,

→ Fiche 34

$\int_0^1 (uv' + vu')(x)\mathrm{d}x = \int_0^1 (uv')(x)\mathrm{d}x + \int_0^1 (vu')(x)\mathrm{d}x$.

Or $\int_0^1 (uv' + vu')(x)\mathrm{d}x = \left[(uv)(x)\right]_0^1$ d'après le **1.a.**,

donc $\int_0^1 (uv')(x)\mathrm{d}x + \int_0^1 (vu')(x)\mathrm{d}x = \left[(uv)(x)\right]_0^1$,

soit $\int_0^1 (uv')(x)\mathrm{d}x = \left[(uv)(x)\right]_0^1 - \int_0^1 (vu')(x)\mathrm{d}x$.

Cette formule s'appelle une « intégration par parties ».

Remarque : on peut remarquer que les intégrales considérées existent car les fonctions $(uv)' = uv' + vu'$, uv' et vu' sont continues sur l'intervalle $[0\,;1]$.

2. a. Appliquer une formule démontrée

• Appliquons la formule du **1.b.** en posant $u(x) = f(x)$ et $v(x) = x$ pour $x \in [0\,;1]$: ces deux fonctions vérifient les conditions nécessaires car elles sont continues sur l'intervalle $[0\,;1]$ ainsi que leurs fonctions dérivées.

• On obtient : $\int_0^1 (1 \times f)(x)\mathrm{d}x = \left[x f(x)\right]_0^1 - \int_0^1 x f'(x)\mathrm{d}x$, soit

$\int_0^1 f(x)\mathrm{d}x = 1 \times f(1) - 0 \times f(0) - \int_0^1 x f'(x)\mathrm{d}x = f(1) - \int_0^1 x f'(x)\mathrm{d}x$.

b. Déduire une formule d'une autre

• $f(1)$ est une constante donc $\int_0^1 f(1)\mathrm{d}x = \left[f(1)x\right]_0^1 = (1-0)f(1) = f(1)$.

• On a $\int_0^1 f(x)\mathrm{d}x = f(1) - \int_0^1 x f'(x)\mathrm{d}x = \int_0^1 f(1)\mathrm{d}x - \int_0^1 x f'(x)\mathrm{d}x$, soit $\int_0^1 f(x)\mathrm{d}x - \int_0^1 f(1)\mathrm{d}x = -\int_0^1 x f'(x)\mathrm{d}x$ et, d'après les propriétés de linéarité de l'intégrale, $\int_0^1 \left(f(x) - f(1)\right)\mathrm{d}x = -\int_0^1 x f'(x)\mathrm{d}x$.

PARTIE B

1. Calculer la dérivée d'une fonction

• La fonction $x \mapsto \dfrac{3+x}{3-x}$ est définie et dérivable sur l'intervalle $]-3\,;3[$ en tant que quotient de fonctions dérivables.

De plus, on pourrait montrer que $\dfrac{3+x}{3-x} > 0$ pour tout $x \in\,]-3\,;3[$, donc la fonction f est définie et dérivable sur l'intervalle $]-3;3[$ en tant que composée de fonctions dérivables.

Rappelez-vous que : $(\ln u)' = \dfrac{u'}{u}$ et que $\left(\dfrac{u}{v}\right)' = \dfrac{u' \times v - u \times}{v^2}$

→ Fiches 22 et 32

• Pour tout $x \in\,]-3\,;3[$, $f'(x) = \dfrac{u'(x)}{u(x)}$ avec $u(x) = \dfrac{3+x}{3-x}$,

donc $u'(x) = \dfrac{3-x-(-1)(3+x)}{(3-x)^2} = \dfrac{3-x+3+x}{(3-x)^2} = \dfrac{6}{(3-x)^2}$.

Soit $f'(x) = \dfrac{\dfrac{6}{(3-x)^2}}{\dfrac{3+x}{3-x}} = \dfrac{6}{(3-x)^2} \times \dfrac{3-x}{3+x} = \dfrac{6}{(3-x)(3+x)} = \dfrac{6}{3^2 - x^2} = \dfrac{6}{9-x^2}$

pour tout réel $x \in\,]-3\,;3[$.

2. Calculer la valeur moyenne d'une fonction sur un intervalle

• Soit μ la valeur moyenne de la fonction f sur l'intervalle $[0\,;1]$. On a $\mu = \dfrac{1}{1-0}\int_0^1 f(x)\mathrm{d}x = \int_0^1 f(x)\mathrm{d}x$.

• Appliquons la formule du **2. a.** de la **partie A** à la fonction f : elle vérifie les conditions nécessaires car f est définie et dérivable sur l'intervalle $[0\,;1]$ et sa dérivée f' est continue sur l'intervalle $[0\,;1]$.

$\mu = \int_0^1 f(x)\mathrm{d}x = f(1) - \int_0^1 x f'(x)\mathrm{d}x$

$\mu = \ln\left(\dfrac{3+1}{3-1}\right) - \int_0^1 x\dfrac{6}{9-x^2}\mathrm{d}x = \ln 2 - \int_0^1 \dfrac{6x}{9-x^2}\mathrm{d}x$

$\mu = \ln 2 - (-3)\int_0^1 \dfrac{-2x}{9-x^2}\mathrm{d}x = \ln 2 + 3\int_0^1 \dfrac{-2x}{9-x^2}\mathrm{d}x.$

En remarquant que la fonction $x \mapsto \dfrac{-2x}{9-x^2}$ est la dérivée de la fonction $x \mapsto \ln(9-x^2)$ sur l'intervalle [0 ; 1], on a :

$\mu = \ln 2 + 3\left[\ln(9-x^2)\right]_0^1 = \ln 2 + 3(\ln(9-1) - \ln(9-0))$

$= \ln 2 + 3(\ln 8 - \ln 9) = \ln 2 + 3\ln\dfrac{8}{9}$ $(\approx 0{,}34)$.

3. a. Hachurer une partie définie du plan

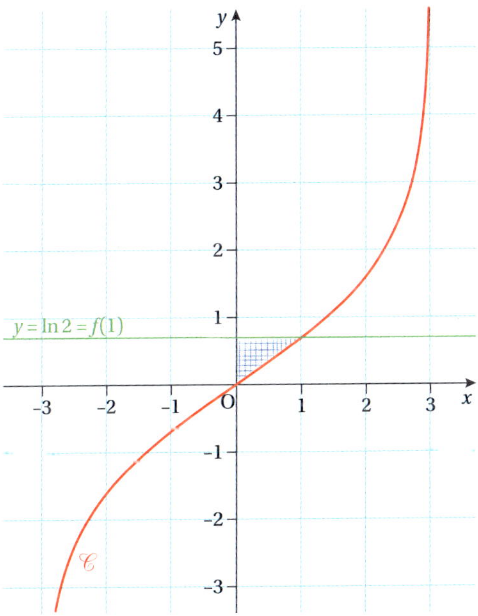

Figure $P = \{M(x\,;y)$ du plan tels que $0 \leqslant x \leqslant 1$ et $f(x) \leqslant y \leqslant \ln 2\}$

b. Calculer l'aire d'une partie du plan

• La surface P est la partie du plan située entre les droites d'équation $x = 0$ et $x = 1$, la courbe $\mathscr{C}$ et la droite d'équation $y = \ln 2$.

Sachant que le repère a pour unité graphique 2 cm en abscisses et en ordonnées et que la courbe représentative de la fonction $x \mapsto \ln 2$ est en dessous de $\mathscr{C}$ sur l'intervalle $[0;1]$, l'aire de la surface P est :

$$\mathscr{A} = 2 \times 2 \times \int_0^1 (\ln 2 - f(x))\mathrm{d}x = -4\int_0^1 (f(x) - f(1))\mathrm{d}x \text{ cm}^2.$$

• En appliquant la formule du **2. b.** de la **partie A** à la fonction f :

$$\mathscr{A} = -4\int_0^1 (f(x) - f(1))\mathrm{d}x = -4 \times \left(-\int_0^1 x f'(x)\mathrm{d}x\right)$$

$$\mathscr{A} = 4\int_0^1 x\frac{6}{9-x^2}\mathrm{d}x = -12\int_0^1 \frac{-2x}{9-x^2}\mathrm{d}x = -12\left[\ln\left(9-x^2\right)\right]_0^1$$

$\mathscr{A} = -12\ln\frac{8}{9} = 12\ln\frac{9}{8}$ cm², d'après un calcul précédent.

($\mathscr{A} \approx 1{,}41$ cm² au centième près.)

GÉOMÉTRIE

Nombres complexes

FICHES

BILAN

SUJETS CORRIGÉS

37 Calculer dans $\mathbb{C}$

Il existe un ensemble de nombres plus grand que $\mathbb{R}$, l'ensemble des nombres complexes, noté $\mathbb{C}$, dans lequel on peut définir les quatre opérations pour pouvoir effectuer des calculs algébriques.

RAPPEL DE COURS

I Forme algébrique d'un nombre complexe

■ Tout **nombre complexe** z s'écrit de façon unique $z = a + \mathrm{i}b$ où $(a\,;b) \in \mathbb{R}^2$ et le nombre i vérifie $\mathrm{i}^2 = -1$. L'écriture $a + \mathrm{i}b$ est la **forme algébrique** du nombre complexe z.

On note $a = \mathfrak{Re}(z)$ et $b = \mathfrak{Im}(z)$.

a est la partie réelle de *z* et *b* la partie imaginaire de *z*.

Exemples : $1+2\mathrm{i}$; $-3+\mathrm{i}$; $5=5+0\mathrm{i}$; $\frac{1}{2}-\frac{\sqrt{3}}{2}\mathrm{i}$.

■ $z = a+\mathrm{i}b$ et $z' = a'+\mathrm{i}b'$, avec a, b, a', b' réels, étant deux nombres complexes, l'unicité de la forme algébrique se traduit par l'équivalence :

$$z = z' \Leftrightarrow a = a' \text{ et } b = b'$$

■ **Cas particuliers**

- Si $b = 0$, z est un nombre réel.
- Si $a = 0$ (et $b \neq 0$), z est un **imaginaire pur**.

II Opérations et règles de calcul dans $\mathbb{C}$

■ Tout nombre complexe admet un **opposé** dans $\mathbb{C}$ et l'opposé de $z = a+\mathrm{i}b$, $(a\,;b) \in \mathbb{R}^2$, est le nombre complexe $-z = -a - b\mathrm{i}$.

■ Tout nombre complexe **non nul** z admet un **inverse** dans $\mathbb{C}$, noté $\frac{1}{z}$.

■ Soit $z = a+\mathrm{i}b$ et $z' = a'+\mathrm{i}b'$, avec a, b, a', b' réels, deux nombres complexes.

- $z + z' = (a+a') + \mathrm{i}(b+b')$
- $z - z' = (a-a') + \mathrm{i}(b-b')$
- $z \times z' = (aa' - bb') + \mathrm{i}(ab' + a'b)$
- $\frac{z}{z'} = z \times \frac{1}{z'}$, avec $z' \neq 0$

■ Pour tous nombres complexes z et z', on a les **identités remarquables** :

- $(z+z')^2 = z^2 + 2zz' + z'^2$
- $(z-z')^2 = z^2 - 2zz' + z'^2$
- $z^2 - z'^2 = (z-z')(z+z')$

■ D'une façon générale, les règles de calcul connues dans $\mathbb{R}$ s'appliquent aussi dans $\mathbb{C}$ en tenant compte de $\mathrm{i}^2 = -1$.

III Nombre complexe conjugué

Le **nombre complexe conjugué** de $z = a + \mathrm{i}b$, $(a\,;b) \in \mathbb{R}^2$, est le nombre complexe $a - \mathrm{i}b$. On note $\overline{z} = \overline{a + \mathrm{i}b} = a - \mathrm{i}b$.

Remarquez que $\overline{\overline{z}} = z$.

Exemples : $\overline{1+2\mathrm{i}} = 1 - 2\mathrm{i}$; $\overline{\dfrac{1}{2} - \dfrac{\sqrt{3}}{2}\mathrm{i}} = \dfrac{1}{2} + \dfrac{\sqrt{3}}{2}\mathrm{i}$; $\overline{4} = 4$; $\overline{2\mathrm{i}} = -2\mathrm{i}$.

Cas particuliers

- $\overline{z} = z$ si et seulement si z est un nombre réel.
- $\overline{z} = -z$ si et seulement si z est un nombre imaginaire pur.

Soit z et z' deux nombres complexes.

- $\overline{(\overline{z})} = z$
- $\overline{z + z'} = \overline{z} + \overline{z'}$
- $\overline{zz'} = \overline{z}\,\overline{z'}$
- $\overline{\left(\dfrac{1}{z}\right)} = \dfrac{1}{\overline{z}}$ $(z \neq 0)$
- $\overline{\left(\dfrac{z}{z'}\right)} = \dfrac{\overline{z}}{\overline{z'}}$ $(z' \neq 0)$
- $\overline{z^n} = \overline{z}^n$ $(z \neq 0, n \in \mathbb{Z})$
- $z\overline{z} = a^2 + b^2$ pour $z = a + \mathrm{i}b$

APPLICATION Calculer avec des nombres complexes

1. Calculer $z = (2+3\mathrm{i})\overline{(1+4\mathrm{i})} - 5 + 2\mathrm{i}$.

2. Donner la forme algébrique du nombre complexe $z' = \dfrac{(1+2\mathrm{i})(-4+\mathrm{i})}{2+\mathrm{i}}$.

POINT MÉTHODE

1. Commencez par donner l'expression du nombre complexe conjugué, puis effectuez la multiplication en utilisant les mêmes règles de calcul que dans $\mathbb{R}$ mais en tenant compte de $\mathrm{i}^2 = -1$.

2. Réduisez le numérateur, puis multipliez le numérateur et le dénominateur par le nombre complexe conjugué du dénominateur, de façon à obtenir un réel au dénominateur.

Solution

1. $z = (2+3\mathrm{i})\overline{(1+4\mathrm{i})} - 5 + 2\mathrm{i} = (2+3\mathrm{i})(1-4\mathrm{i}) - 5 + 2\mathrm{i}$

$= 2 - 8\mathrm{i} + 3\mathrm{i} - 12\mathrm{i}^2 - 5 + 2\mathrm{i} = 2 - 8\mathrm{i} + 3\mathrm{i} + 12 - 5 + 2\mathrm{i} = 9 - 3\mathrm{i}$.

2. $z' = \dfrac{(1+2\mathrm{i})(-4+\mathrm{i})}{2+\mathrm{i}} = \dfrac{-4+\mathrm{i}-8\mathrm{i}-2}{2+\mathrm{i}} = \dfrac{-6-7\mathrm{i}}{2+\mathrm{i}} = \dfrac{(-6-7\mathrm{i})(2-\mathrm{i})}{(2+\mathrm{i})(2-\mathrm{i})}$

$= \dfrac{-12+6\mathrm{i}-14\mathrm{i}-7}{2^2-\mathrm{i}^2} = \dfrac{-19-8\mathrm{i}}{4+1} = \dfrac{-19-8\mathrm{i}}{5} = -\dfrac{19}{5} - \dfrac{8\mathrm{i}}{5}$.

Sans précisions, le résultat doit être sous la forme algébrique $a + ib$ avec $(a\,;\,b) \in \mathbb{R}^2$.

38 Résoudre dans $\mathbb{C}$ une équation du second degré à coefficients réels

Dans $\mathbb{R}$, certaines équations du second degré n'ont pas de solution. Dans $\mathbb{C}$, toutes ont deux solutions, distinctes ou confondues, donc tout trinôme du second degré peut être factorisé.

RAPPEL DE COURS

I Forme canonique d'un trinôme

- Une **équation du second degré dans $\mathbb{C}$ à coefficients réels** est une équation de la forme $az^2+bz+c=0$, où a, b et c sont trois nombres réels avec $a\neq 0$, et où l'inconnue z est un nombre complexe.
- La **forme canonique** du trinôme du second degré az^2+bz+c est :

$$az^2+bz+c=a\left(\left(z+\frac{b}{2a}\right)^2-\frac{b^2-4ac}{4a^2}\right)=a\left(\left(z+\frac{b}{2a}\right)^2-\frac{\Delta}{4a^2}\right)$$

$\Delta = b^2-4ac$ est appelé le **discriminant** de l'équation (ou du trinôme) du second degré.

II Résolution dans $\mathbb{C}$ de l'équation du second degré

On étudie le signe du discriminant $\Delta=b^2-4ac$.

- **1er cas : $\Delta>0$**

$$az^2+bz+c=a\left(z-\frac{-b+\sqrt{\Delta}}{2a}\right)\left(z-\frac{-b-\sqrt{\Delta}}{2a}\right)$$

Les solutions sont $z_1=\dfrac{-b+\sqrt{\Delta}}{2a}$ et $z_2=\dfrac{-b-\sqrt{\Delta}}{2a}$, qui sont deux nombres réels distincts.

Dans ce cas $\Delta=\left(\sqrt{\Delta}\right)^2$.

- **2e cas : $\Delta=0$**

$$az^2+bz+c=a\left(z+\frac{b}{2a}\right)^2.$$

La solution, dite double, est $z_0=\dfrac{-b}{2a}$, qui est un nombre réel.

- **3e cas : $\Delta<0$**

$$az^2+bz+c=a\left(z-\frac{-b+\mathrm{i}\sqrt{-\Delta}}{2a}\right)\left(z-\frac{-b-\mathrm{i}\sqrt{-\Delta}}{2a}\right)$$

Les solutions sont $z_1=\dfrac{-b+\mathrm{i}\sqrt{-\Delta}}{2a}$ et $z_2=\overline{z_1}=\dfrac{-b-\mathrm{i}\sqrt{-\Delta}}{2a}$, qui sont deux nombres complexes conjugués.

Dans ce cas, $-\Delta>0$ et $\Delta=-1\times(-\Delta)$
$=\mathrm{i}^2\times\left(\sqrt{-\Delta}\right)^2$,
soit $\Delta=\left(\mathrm{i}\sqrt{-\Delta}\right)^2$.

Résumé

Cas	$\Delta > 0$	$\Delta = 0$	$\Delta < 0$
Solutions	$z_1 = \frac{-b+\sqrt{\Delta}}{2a}$ $z_2 = \frac{-b-\sqrt{\Delta}}{2a}$ z_1 et z_2 sont des nombres réels	$z_0 = \frac{-b}{2a}$ z_0, solution double, est un nombre réel	$z_1 = \frac{-b+\mathrm{i}\sqrt{-\Delta}}{2a}$ $z_2 = \overline{z_1} = \frac{-b-\mathrm{i}\sqrt{-\Delta}}{2a}$ z_1 et z_2 sont des nombres complexes conjugués
Forme factorisée	$a(z-z_1)(z-z_2)$	$a(z-z_0)^2$	$a(z-z_1)(z-\overline{z_1})$

APPLICATION Résoudre une équation du second degré dans $\mathbb{C}$

1. Résoudre dans $\mathbb{C}$ l'équation $z^2 - 2\sqrt{2}z - 2 = 0$.

2. Résoudre dans $\mathbb{C}$ l'équation $z^2 + z + 1 = 0$.

3. Résoudre dans $\mathbb{C}$ l'équation $z^2 - 6z + 9 = 0$.

POINT MÉTHODE

1., **2.** et **3.** Calculez le discriminant de l'équation puis, en fonction de son signe, déduisez-en l'expression des solutions.

Solution

1. $\Delta = (-2\sqrt{2})^2 - 4\times1\times(-2) = 8+8 = 16$.

$\Delta > 0$, donc, dans $\mathbb{C}$, l'équation $z^2 - 2\sqrt{2}z - 2 = 0$ admet deux solutions réelles distinctes : $z_1 = \frac{2\sqrt{2}+\sqrt{16}}{2} = \sqrt{2}+2$ et $z_2 = \frac{2\sqrt{2}-\sqrt{16}}{2} = \sqrt{2}-2$.

Ce sont aussi les solutions de l'équation dans $\mathbb{R}$.

2. $\Delta = 1^2 - 4\times1\times1 = 1-4 = -3$.

$\Delta < 0$, donc, dans $\mathbb{C}$, l'équation $z^2 + z + 1 = 0$ admet deux solutions, qui sont les nombres complexes conjugués :

$$z_1 = \frac{-1+\mathrm{i}\sqrt{3}}{2} = -\frac{1}{2}+\frac{\sqrt{3}}{2}\mathrm{i} \quad \text{et} \quad z_2 = \frac{-1-\mathrm{i}\sqrt{3}}{2} = -\frac{1}{2}-\frac{\sqrt{3}}{2}\mathrm{i}.$$

Cette équation n'a pas de solution dans $\mathbb{R}$.

3. $\Delta = (-6)^2 - 4\times1\times9 = 36-36 = 0$.

$\Delta = 0$, donc, dans $\mathbb{C}$, l'équation $z^2 - 6z + 9 = 0$ admet une solution réelle dite double : $z_0 = \frac{6}{2} = 3$.

39 Déterminer une image, une affixe

Les nombres complexes peuvent être représentés graphiquement dans le plan orienté muni d'un repère orthonormé direct. Ainsi, à tout nombre complexe on peut associer un unique point du plan et, réciproquement, à tout point du plan on peut associer un unique nombre complexe.

RAPPEL DE COURS

Le plan orienté est muni d'un repère orthonormé direct $\left(O\,;\vec{u},\vec{v}\right)$.

Le sens direct est le sens contraire de celui des aiguilles d'une montre.

I Image d'un nombre complexe et affixe d'un point

- Soit un nombre complexe $z=a+b\text{i}$ avec $(a\,;b)\in\mathbb{R}^2$.

Le point M de coordonnées $(a\,;b)$ dans le repère $\left(O\,;\vec{u},\vec{v}\right)$ est appelé **l'image** du nombre complexe z dans le plan.

- Soit M un point de coordonnées $(a\,;b)$ dans le repère $\left(O\,;\vec{u},\vec{v}\right)$.

Le nombre complexe $z=a+b\text{i}$ est appelé **l'affixe** du point M.

- On peut résumer ce qui précède par :

M est l'image de $z \Leftrightarrow z$ est l'affixe de M.

On peut donc noter sans ambiguïté M(z) le point d'affixe z.

Remarques :

– Cette équivalence permet de considérer le plan orienté muni d'un repère orthonormé direct comme une « réprésentation » de l'ensemble des nombres complexes. On parlera parfois du **plan complexe**.

– L'axe des abscisses est appelé **l'axe réel** (tous ses points ont une affixe réelle) et l'axe des ordonnées est appelé **l'axe imaginaire pur** (tous ses points ont une affixe imaginaire pure).

II Affixe d'un vecteur

- Soit $\vec{w}$ un vecteur de coordonnées $(a\,;b)$ dans le repère $\left(O\,;\vec{u},\vec{v}\right)$.

Le nombre complexe $z=a+b\text{i}$ est appelé l'affixe du vecteur $\vec{w}$.

On note $\vec{w}(z)$.

En particulier, si M a pour affixe z, alors $\overrightarrow{\text{OM}}$ a aussi pour affixe z.

Les vecteurs $\vec{w}$ et $\overrightarrow{\text{OM}}$ sont les images vectorielles de z.

- Soit $\overrightarrow{w_1}(z_1)$ et $\overrightarrow{w_2}(z_2)$ deux vecteurs.

Le vecteur $\overrightarrow{\boldsymbol{w_1}}+\overrightarrow{\boldsymbol{w_2}}$ a pour affixe z_1+z_2.

- Soit $M_1(z_1)$ et $M_2(z_2)$ deux points.
- Le vecteur $\overrightarrow{\mathbf{M_1M_2}}$ a pour affixe $z_2 - z_1$.
- Le **milieu I** du segment $[M_1M_2]$ a pour affixe à $z_I = \dfrac{z_1 + z_2}{2}$.

Exemples :

- M_1 est le point d'affixe $z_1 = 3 - 3i$.
- M'_1 est le point d'affixe $\overline{z_1} = 3 + 3i$.
- M_2 est le point d'affixe $z_2 = -5 + i$.
- Les vecteurs $\overrightarrow{OM_1}$ et $\vec{w}$ sont égaux et ont pour affixe $z_1 = 3 - 3i$.

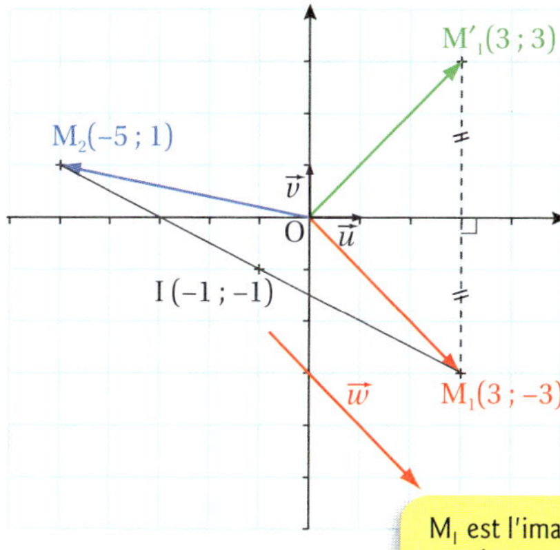

Le milieu I de $[M_1M_2]$ a pour affixe $\dfrac{z_1 + z_2}{2} = \dfrac{3 - 3i + (-5 + i)}{2} = -1 - i$.

M_1 est l'image du nombre complexe z_1. Remarquez que les points $M_1(z_1)$ et $M'_1(\overline{z_1})$ sont symétriques par rapport à l'axe réel.

APPLICATION Déterminer une image, une affixe

Le plan orienté est muni d'un repère orthonormé direct $(O ; \vec{u}, \vec{v})$.

1. Placer les images A, B, C et D des nombres complexes :

$z_A = 1 + 3i$, $z_B = -2 + i$, $z_C = -3 - 2i$ et $z_D = 1 - 3i$.

2. Déterminer l'affixe $z_{\overrightarrow{BD}}$ du vecteur $\overrightarrow{BD}$ et l'affixe z_I du milieu I de $[AC]$.

POINT MÉTHODE

1. et **2.** Utilisez les définitions et propriétés du cours.

Solution

1. Le point A est l'image du nombre complexe $z_A = 1 + 3i$, ce qui signifie que A a pour coordonnées $(1 ; 3)$.

De même, on obtient :

$B(-2 ; 1)$, $C(-3 ; -2)$ et $D(1 ; -3)$.

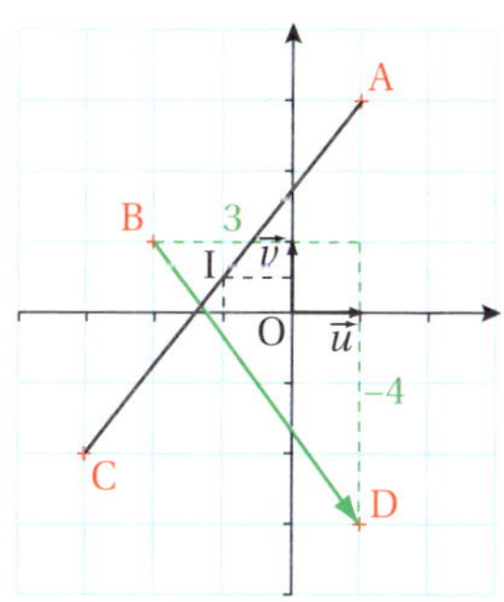

2. $z_{\overrightarrow{BD}} = z_D - z_B = 1 - 3i - (-2 + i)$
$= 1 - 3i + 2 - i = 3 - 4i$

$z_I = \dfrac{z_A + z_C}{2} = \dfrac{1 + 3i - 3 - 2i}{2} = \dfrac{-2 + i}{2} = -1 + \dfrac{1}{2}i.$

40 Déterminer une mesure d'un angle orienté de vecteurs

Pour déterminer la position d'un point M sur le cercle trigonométrique, il suffit de déterminer une mesure de l'angle $(\vec{u}, \overrightarrow{OM})$ associé à M.

RAPPEL DE COURS

Le plan orienté est muni d'un repère orthonormé direct $(O\,;\vec{u},\vec{v})$.

Le sens direct est le sens contraire de celui des aiguilles d'une montre.

I Le cercle trigonométrique

Le cercle trigonométrique est le cercle de centre O et de rayon 1. Tout point M du cercle trigonométrique a pour coordonnées $M(\cos\theta\,;\sin\theta)$ où θ est une mesure, en radians, de l'angle orienté de vecteurs $(\vec{u}, \overrightarrow{OM})$.

En général, on choisit **la mesure** θ de $(\vec{u}, \overrightarrow{OM})$ telle que $\theta \in [0\,;2\pi[$.

II Valeurs remarquables et angles associés

Valeurs remarquables

θ	**0**	$\frac{\pi}{6}$	$\frac{\pi}{4}$	$\frac{\pi}{3}$	$\frac{\pi}{2}$
$\cos\theta$	1	$\frac{\sqrt{3}}{2}$	$\frac{\sqrt{2}}{2}$	$\frac{1}{2}$	0
$\sin\theta$	0	$\frac{1}{2}$	$\frac{\sqrt{2}}{2}$	$\frac{\sqrt{3}}{2}$	1

Angles associés

Pour tout réel θ,

$\cos(-\theta)=\cos\theta$ et $\sin(-\theta)=-\sin\theta$

$\cos(\theta+\pi)=-\cos\theta$ et $\sin(\theta+\pi)=-\sin\theta$

$\cos(\pi-\theta)=-\cos\theta$ et $\sin(\pi-\theta)=\sin\theta$

$\cos\left(\frac{\pi}{2}-\theta\right)=\sin\theta$ et $\sin\left(\frac{\pi}{2}-\theta\right)=\cos\theta$

III Équations du type $\cos\theta = \cos a$ et $\sin\theta = \sin a$

- $\cos\theta=\cos a \Leftrightarrow \theta=a+2k\pi,\ k\in\mathbb{Z}$, ou $\theta=-a+2k'\pi,\ k'\in\mathbb{Z}$.
- $\sin\theta=\sin a \Leftrightarrow \theta=a+2k\pi,\ k\in\mathbb{Z}$, ou $\theta=\pi-a+2k'\pi,\ k'\in\mathbb{Z}$.

Les équations $\cos\theta = \cos a$ et $\sin\theta = \sin a$ ont chacune une infinité de solutions (égales à 2π près).

Exemple :

$\cos\theta=\cos\frac{\pi}{3} \Leftrightarrow \theta=\frac{\pi}{3}+2k\pi,\ k\in\mathbb{Z}$, ou $\theta=-\frac{\pi}{3}+2k'\pi,\ k'\in\mathbb{Z}$.

D'où l'ensemble des solutions :

$$\mathcal{S}=\left\{\frac{\pi}{3}+2k\pi,\ k\in\mathbb{Z}\ ;\ -\frac{\pi}{3}+2k'\pi,\ k'\in\mathbb{Z}\right\}.$$

APPLICATION Déterminer une mesure d'un angle

Le plan orienté est muni d'un repère orthonormé direct $(O\,;\vec{u},\vec{v})$.

Déterminer la mesure principale de l'angle associé au point $M\left(\frac{1}{2}\,;\frac{\sqrt{3}}{2}\right)$.

POINT MÉTHODE

Une mesure de l'angle associé à M est une solution du système d'inconnue θ appartenant à $\mathbb{R}$: $\begin{cases}\cos\theta=\frac{1}{2}\\ \sin\theta=\frac{\sqrt{3}}{2}\end{cases}$

- Résolvez ce système en utilisant les valeurs remarquables et le cercle trigonométrique.
- Déterminez, parmi toutes les solutions, celle qui appartient à $[0\,;2\pi[$.

Solution

- On commence par résoudre le système $\begin{cases}\cos\theta=\frac{1}{2}\\ \sin\theta=\frac{\sqrt{3}}{2}\end{cases}$, où $\theta\in\mathbb{R}$.

$\cos\theta=\frac{1}{2}\Leftrightarrow\cos\theta=\cos\frac{\pi}{3}$

$\Leftrightarrow\theta=\frac{\pi}{3}+2k\pi,\ k\in\mathbb{Z},\ \text{ou}\ \theta=-\frac{\pi}{3}+2k'\pi,\ k'\in\mathbb{Z}$

$\sin\theta=\frac{\sqrt{3}}{2}\Leftrightarrow\sin\theta=\sin\frac{\pi}{3}$

$\Leftrightarrow\theta=\frac{\pi}{3}+2k\pi,\ k\in\mathbb{Z},\ \text{ou}\ \theta=\pi-\frac{\pi}{3}+2k'\pi,\ k'\in\mathbb{Z}$

$\Leftrightarrow\theta=\frac{\pi}{3}+2k\pi,\ k\in\mathbb{Z},\ \text{ou}\ \theta=\frac{2\pi}{3}+2k'\pi,\ k'\in\mathbb{Z}$

- On en déduit l'ensemble des solutions du système :

$\mathscr{S}=\left\{\frac{\pi}{3}+2k\pi,\ k\in\mathbb{Z}\right\}$.

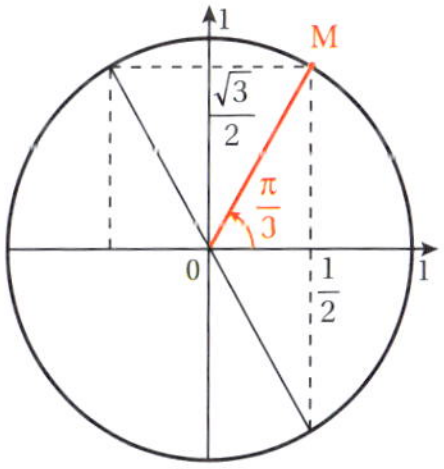

Parmi ces mesures, il y en a une qui appartient à l'intervalle $[0\,;2\pi[$.

Or $\frac{\pi}{3}\in[0\,;2\pi[$, donc $\frac{\pi}{3}$ est la mesure recherchée.

41 Passer d'une forme d'un nombre complexe à une autre

Les nombres complexes ont été définis par leur forme algébrique. Mais tout nombre complexe non nul admet une autre forme, dite trigonométrique, qui permet de simplifier certains calculs dans $\mathbb{C}$.

RAPPEL DE COURS

Le plan orienté est muni d'un repère orthonormé direct $(O\,;\vec{u},\vec{v})$.

Le sens direct est le sens contraire de celui des aiguilles d'une montre.

I Module et argument d'un nombre complexe non nul

Soit $z = a + ib$ avec $(a\,;b) \in \mathbb{R}^2$ un nombre complexe **non nul** et M son image dans le plan complexe.

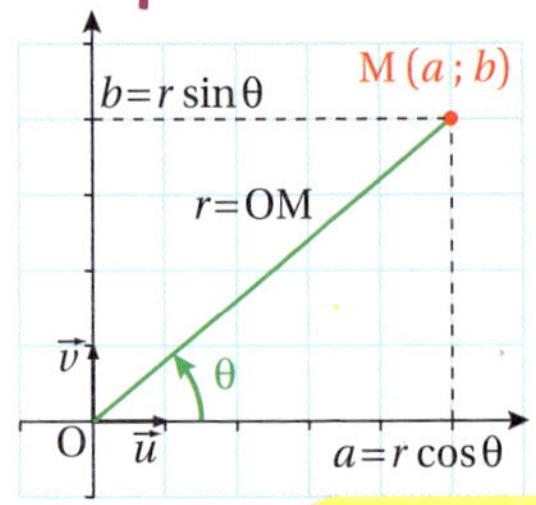

- Le **module** du nombre complexe z, noté $|z|$, est le réel : $|z| = \sqrt{a^2 + b^2} = \text{OM}$
- Un argument du nombre complexe z, noté arg (z), est une mesure, en radians, de l'angle orienté de vecteurs $(\vec{u}\,;\overrightarrow{\text{OM}})$: $\arg(z) = (\vec{u}\,;\overrightarrow{\text{OM}}) = \theta$ à 2π près.

→ Fiche 43

Si θ est un argument de z, alors pour tout réel k, $\theta + 2k\pi$ est un argument de z.

- **Cas particuliers**
  - $\arg(z) = 0 \Leftrightarrow z \in \mathbb{R}$
  - $\arg(z) = \dfrac{\pi}{2} \Leftrightarrow z$ est imaginaire pur.

II Forme trigonométrique et notation exponentielle

Tout nombre complexe z **non nul** peut s'écrire sous la forme $z = r(\cos\theta + \text{i}\sin\theta)$ où $r = |z|$ et θ est un argument de z. C'est la **forme trigonométrique** de z.

- Si $z = r(\cos\theta + \text{i}\sin\theta)$ où r et θ sont deux réels avec $r > 0$, alors $r = |z|$ et θ est un argument de z.
- En notant $\text{e}^{\text{i}\theta} = \cos\theta + \text{i}\sin\theta$, $z = r(\cos\theta + \text{i}\sin\theta)$ s'écrit $z = r\,\text{e}^{\text{i}\theta}$.

C'est la **notation exponentielle** de z.

Cette condition est très importante : $-2\left(\cos\frac{\pi}{3} + \text{i}\sin\frac{\pi}{3}\right)$ n'est pas la forme trigonométrique d'un nombre complexe.

Exemples : $\text{i} = \text{e}^{\text{i}\frac{\pi}{2}}$; $-1 = \text{e}^{\text{i}\pi}$; $-2\,\text{i} = 2\,\text{e}^{-\text{i}\frac{3\pi}{2}}$.

APPLICATION

Passer d'une forme d'un nombre complexe à une autre

Le plan orienté est muni d'un repère orthonormé direct $\left(O\,;\vec{u},\vec{v}\right)$.

1. Déterminer la forme trigonométrique et la notation exponentielle de chacun des nombres complexes : $z = 2 - 2\mathrm{i}\sqrt{3}$ et $z' = -5$.

2. Écrire chacun des nombres complexes suivants sous forme algébrique :
$z = \sqrt{3}\left(\cos\left(\frac{5\pi}{6}\right) + \mathrm{i}\,\sin\left(\frac{5\pi}{6}\right)\right)$ et $z' = \sqrt{2}\,\mathrm{e}^{\mathrm{i}\frac{\pi}{4}}$.

POINT MÉTHODE

1. Calculez $|z| = r = \sqrt{a^2 + b^2}$ ($z \neq 0$ donc $r \neq 0$), factorisez par r : $z = r\left(\frac{a}{r} + \mathrm{i}\frac{b}{r}\right)$ et déterminez un réel θ tel que : $\cos\theta = \frac{a}{r}$ et $\sin\theta = \frac{b}{r}$.

2. Si $z = r\,\mathrm{e}^{\mathrm{i}\theta} = r(\cos\theta + \mathrm{i}\sin\theta)$ avec $\boldsymbol{r > 0}$, alors la forme algébrique de z est $z = a + ib$ avec $a = r\cos\theta$ et $b = r\sin\theta$.

Solution

1. • $|z| = \left|2 - 2\mathrm{i}\sqrt{3}\right| = \sqrt{2^2 + \left(2\sqrt{3}\right)^2} = \sqrt{4+12} = \sqrt{16} = 4.$

• En factorisant l'expression de z par son module $r = 4$:

$$z = 4\left(\frac{2-2\mathrm{i}\sqrt{3}}{4}\right) = 4\left(\frac{1}{2} - \mathrm{i}\frac{\sqrt{3}}{2}\right) = 4\left(\frac{1}{2} + \mathrm{i}\left(-\frac{\sqrt{3}}{2}\right)\right).$$

• On cherche un réel θ tel que $\cos\theta = \frac{1}{2}$ et $\sin\theta = -\frac{\sqrt{3}}{2}$.

On obtient $\theta = -\frac{\pi}{3} + 2k\pi$, avec $k \in \mathbb{Z}$.

Ainsi : $z = 4\left(\cos\left(-\frac{\pi}{3}\right) + \mathrm{i}\,\sin\left(-\frac{\pi}{3}\right)\right) = 4\,\mathrm{e}^{-\mathrm{i}\frac{\pi}{3}}$.

> z a pour argument $-\frac{\pi}{3}$ ou $-\frac{\pi}{3} + 2\pi = \frac{5\pi}{3}$ ou...

• $z' = 5(-1 + 0 \times \mathrm{i}) = 5(\cos\pi + \mathrm{i}\sin\pi) = 5\mathrm{e}^{\mathrm{i}\pi}$.

2. $z = \sqrt{3}\left(\cos\left(\frac{5\pi}{6}\right) + \mathrm{i}\sin\left(\frac{5\pi}{6}\right)\right) = \sqrt{3}\left(-\frac{\sqrt{3}}{2} + \mathrm{i}\frac{1}{2}\right) = -\frac{3}{2} + \mathrm{i}\frac{\sqrt{3}}{2}.$

$z' = \sqrt{2}\,\mathrm{e}^{\mathrm{i}\frac{\pi}{4}} = \sqrt{2}\left(\cos\left(\frac{\pi}{4}\right) + \mathrm{i}\sin\left(\frac{\pi}{4}\right)\right) = \sqrt{2}\left(\frac{\sqrt{2}}{2} + \mathrm{i}\frac{\sqrt{2}}{2}\right) = 1 + \mathrm{i}.$

42 Utiliser les différentes écritures d'un nombre complexe

Les propriétés du module et des arguments d'un nombre complexe rendent plus simples de nombreux calculs dans $\mathbb{C}$. L'écriture d'un nombre complexe sous « ses deux formes » permet de résoudre certains problèmes comme la détermination du cosinus et du sinus d'angles quelconques.

RAPPEL DE COURS

Le plan orienté est muni d'un repère orthonormé direct $(O\,;\vec{u},\vec{v})$.

Le sens direct est le sens contraire de celui des aiguilles d'une montre.

I Propriétés du module

Pour tous nombres complexes z et z' :

- $|z| = |-z| = |\overline{z}|$
- $|z\,z'| = |z|\,|z'|$
- $|z+z'| \leqslant |z| + |z'|$
- $\left|\dfrac{1}{z}\right| = \dfrac{1}{|z|}$ $(z \neq 0)$
- $\left|\dfrac{z}{z'}\right| = \dfrac{|z|}{|z'|}$ $(z' \neq 0)$
- Pour tout entier relatif n, $|z^n| = |z|^n$
- Égalité du produit conjugué : $z\,\overline{z} = |z|^2$

Cette propriété est l'inégalité triangulaire.

Exemple : Pour $z = 1+\mathrm{i}$, $\overline{z} = 1-\mathrm{i}$ et $z\,\overline{z} = (1+\mathrm{i})(1-\mathrm{i}) = 2 = |z|^2$.

II Propriétés des arguments

Pour tous nombres complexes z et z' **non nuls** :

- $\arg(-z) = \pi + \arg(z)$
- $\arg(\overline{z}) = -\arg(z)$
- $\arg(z\,z') = \arg(z) + \arg(z')$
- $\arg\left(\dfrac{1}{z}\right) = -\arg(z)$
- $\arg\left(\dfrac{z}{z'}\right) = \arg(z) - \arg(z')$
- Pour tout entier relatif n, $\arg(z^n) = n\arg(z)$

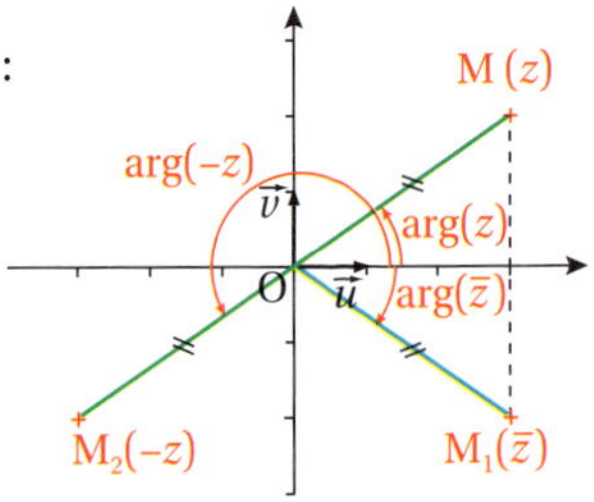

APPLICATION Calculer un cosinus et un sinus

Le plan orienté est muni d'un repère orthonormé direct $\left(O\,;\vec{u},\vec{v}\right)$.

On considère les nombres complexes : $a = e^{i\frac{\pi}{3}}$, $b = \sqrt{2} + i\sqrt{2}$ et $c = ab$.

1. Écrire chacun des deux nombres complexes b et c sous la forme $r\,e^{i\theta}$ où r est un nombre réel positif et θ un nombre réel.

2. Donner la forme algébrique de chacun des deux nombres a et c.

3. En déduire la valeur exacte de $\cos\left(\frac{7\pi}{12}\right)$ et de $\sin\left(\frac{7\pi}{12}\right)$.

POINT MÉTHODE

1. Déterminez la forme trigonométrique de b. → **Fiche41**
Utilisez ensuite les propriétés du module et de l'argument pour déterminer la notation exponentielle du produit $c = ab$.

3. Utilisez l'unicité de l'écriture d'un nombre complexe.

Solution

1. $|b| = \sqrt{\left(\sqrt{2}\right)^2 + \left(\sqrt{2}\right)^2} = \sqrt{2+2} = \sqrt{4} = 2.$

Donc $b = 2\left(\frac{\sqrt{2}}{2} + i\frac{\sqrt{2}}{2}\right) = 2\left(\cos\frac{\pi}{4} + i\sin\frac{\pi}{4}\right) = 2e^{i\frac{\pi}{4}}.$

$\frac{\pi}{4}$ est une valeur remarquable. → Fiche 40

D'où : $c = ab = e^{i\frac{\pi}{3}} \times 2e^{i\frac{\pi}{4}} = 2e^{i\left(\frac{\pi}{3}+\frac{\pi}{4}\right)} = 2e^{i\left(\frac{4\pi}{12}+\frac{3\pi}{12}\right)} = 2e^{i\frac{7\pi}{12}}.$

2. $a = e^{i\frac{\pi}{3}} = \cos\left(\frac{\pi}{3}\right) + i\sin\left(\frac{\pi}{3}\right) = \frac{1}{2} + \frac{\sqrt{3}}{2}i.$

D'où : $c = ab = \left(\frac{1}{2} + \frac{\sqrt{3}}{2}i\right)\left(\sqrt{2} + i\sqrt{2}\right)$

$= \frac{\sqrt{2}}{2} + \frac{\sqrt{2}}{2}i + \frac{\sqrt{3}\,\sqrt{2}}{2}i - \frac{\sqrt{3}\,\sqrt{2}}{2} = \frac{\sqrt{2}-\sqrt{6}}{2} + i\frac{\sqrt{2}+\sqrt{6}}{2}.$

Car $i^2 = -1$.

3. D'après la question **1.** : $c = 2e^{i\frac{7\pi}{12}} = 2\left(\cos\left(\frac{7\pi}{12}\right) + i\sin\left(\frac{7\pi}{12}\right)\right).$

D'après la question **2.** : $c = \frac{\sqrt{2}-\sqrt{6}}{2} + i\frac{\sqrt{2}+\sqrt{6}}{2}.$

Par identification des parties réelles et imaginaires de c, on obtient :

$2\cos\left(\frac{7\pi}{12}\right) = \frac{\sqrt{2}-\sqrt{6}}{2}$ et $2\sin\left(\frac{7\pi}{12}\right) = \frac{\sqrt{2}+\sqrt{6}}{2}$,

→ Fiche 37

soit $\cos\left(\frac{7\pi}{12}\right) = \frac{\sqrt{2}-\sqrt{6}}{4}$ et $\sin\left(\frac{7\pi}{12}\right) = \frac{\sqrt{2}+\sqrt{6}}{4}.$

43 Calculer des distances et déterminer des mesures d'angles

Dans le plan complexe, l'utilisation des modules et des arguments de nombres complexes permet de calculer des distances et de déterminer des mesures d'angles, et de démontrer ainsi des propriétés de figures.

RAPPEL DE COURS

Le plan orienté est muni d'un repère orthonormé direct $\left(O\,;\vec{u},\vec{v}\right)$.

Le sens direct est le sens contraire de celui des aiguilles d'une montre.

I Distance et angle

Soit $\mathrm{A}(z_\mathrm{A})$ et $\mathrm{B}(z_\mathrm{B})$ deux points du plan complexe.

$\mathrm{AB}=\left\|\overrightarrow{\mathrm{AB}}\right\|=|z_\mathrm{B}-z_\mathrm{A}|$ et $\left(\vec{u},\overrightarrow{\mathrm{AB}}\right)=\arg(z_\mathrm{B}-z_\mathrm{A})$.

Exemple : Pour A(2i) et B(2),

$\mathrm{AB}=|2-2\mathrm{i}|=\sqrt{2^2+(-2)^2}=2\sqrt{2}$

et $\left(\vec{u},\overrightarrow{\mathrm{AB}}\right)=\arg(2-2i)=-\dfrac{\pi}{4}$.

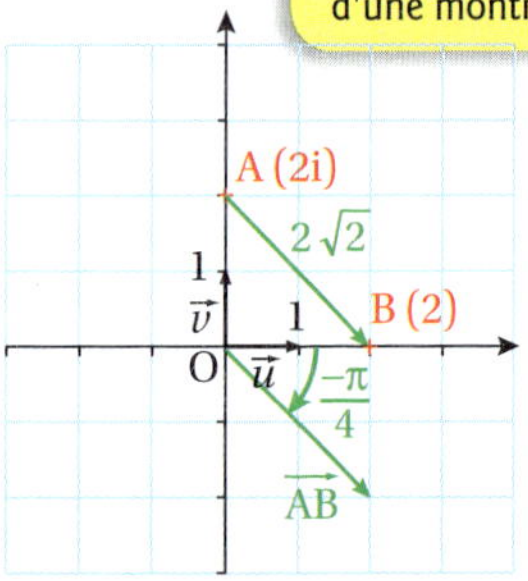

II Expression analytique d'une distance

Soit A et B deux points du plan complexe d'affixes respectives $z_\mathrm{A}=x_\mathrm{A}+\mathrm{i}\,y_\mathrm{A}$ et $z_\mathrm{B}=x_\mathrm{B}+\mathrm{i}\,y_\mathrm{B}$.

On a : $\mathrm{AB}=|z_\mathrm{B}-z_\mathrm{A}|=\sqrt{(x_\mathrm{B}-x_\mathrm{A})^2+(y_\mathrm{B}-y_\mathrm{A})^2}$.

$x_\mathrm{A}=\mathrm{Re}\,(z_\mathrm{A})$
$y_\mathrm{A}=\mathrm{Im}\,(z_\mathrm{A})$
$x_\mathrm{B}=\mathrm{Re}\,(z_\mathrm{B})$
$y_\mathrm{B}=\mathrm{Im}\,(z_\mathrm{B})$

APPLICATION Calculer une distance

Le plan orienté est muni d'un repère orthonormé direct $\left(O\,;\vec{u},\vec{v}\right)$ d'unité graphique 2 cm.

Soit A le point d'affixe $z_\mathrm{A}=1-2\mathrm{i}$, B le point d'affixe $z_\mathrm{B}=-2+2\mathrm{i}$ et $\mathscr{C}$ le cercle de diamètre [AB].

1. Placer les points A et B.

2. Déterminer le centre Ω du cercle $\mathscr{C}$ et calculer son rayon.

3. Soit D le point d'affixe $z_\mathrm{D}=\dfrac{3+9\mathrm{i}}{4+2\mathrm{i}}$.

a. Écrire z_D sous la forme algébrique.

b. Démontrer que D est un point du cercle $\mathscr{C}$.

POINT MÉTHODE

1. Remarquez que le point Ω est le milieu du segment [AB] et utilisez la formule qui donne l'affixe du milieu d'un segment.
2. Pensez au nombre complexe conjugué de 4 + 2i. → Fiche37
3. a. Multipliez le numérateur et le dénominateur par le conjugué du dénominateur. → Fiche37
b. Démontrez que ΩD est égal au rayon du cercle calculé au **2.**

Solution

→ Fiche 39

1. Il s'agit des points A(1 ; −2) et B(−2 ; 2).

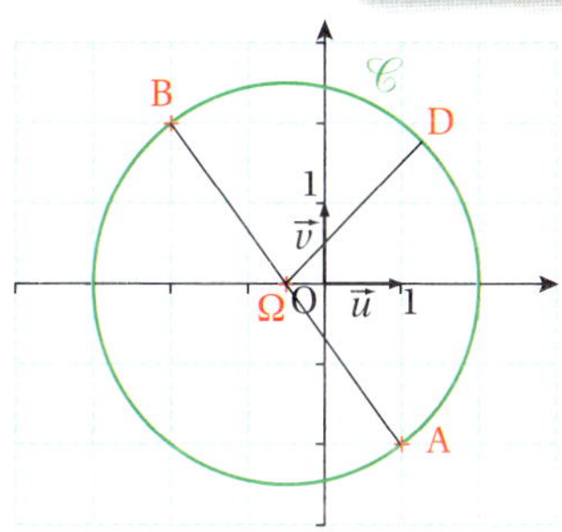

2. Ω est le milieu du segment [AB],

donc $z_\Omega = \dfrac{z_A + z_B}{2} = \dfrac{1-2i+(-2+2i)}{2} = -\dfrac{1}{2}$.

Ω est le point de coordonnées $\left(-\dfrac{1}{2}\,;0\right)$.

Le rayon du cercle 𝒞 est par exemple

$\Omega A = |z_A - z_\Omega| = \left|1-2i-\left(-\dfrac{1}{2}\right)\right|$

$\Omega A = \left|\dfrac{3}{2}-2i\right| = \sqrt{\left(\dfrac{3}{2}\right)^2+(-2)^2} = \sqrt{\dfrac{9}{4}+4} = \sqrt{\dfrac{9}{4}+\dfrac{16}{4}} = \sqrt{\dfrac{25}{4}} = \dfrac{5}{2}$.

On aurait pu calculer ΩB.

𝒞 est donc le cercle de centre $\Omega\left(-\dfrac{1}{2}\,;0\right)$ et de rayon $\dfrac{5}{2}$.

3. a. $z_D = \dfrac{3+9i}{4+2i} = \dfrac{(3+9i)(4-2i)}{(4+2i)(4-2i)} = \dfrac{12-6i+36i+18}{4^2-(2i)^2}$

$= \dfrac{30+30i}{16+4} = \dfrac{30+30i}{20} = \dfrac{3}{2}+\dfrac{3}{2}i$

$z\bar{z} = |z|^2 = a^2 + b^2$
pour $z = a + ib$
→ Fiche 37

b. Calculons la longueur ΩD:

$\Omega D = |z_D - z_\Omega| = \left|\dfrac{3}{2}+\dfrac{3}{2}i-\left(-\dfrac{1}{2}\right)\right| = \left|2+\dfrac{3}{2}i\right|$

$= \sqrt{2^2+\left(\dfrac{3}{2}\right)^2} = \sqrt{4+\dfrac{9}{4}} = \sqrt{\dfrac{16}{4}+\dfrac{9}{4}} = \sqrt{\dfrac{25}{4}} = \dfrac{5}{2}$.

Donc le point D appartient au cercle 𝒞.

Quiz express

Vérifiez que vous avez bien retenu les points clés des **fiches 37 à 43**.

Effectuer des calculs algébriques dans $\mathbb{C}$

1 Si $z = 1 + \text{i}$, alors z^2 est égal à :

- ☐ **a.** $2 + 2\text{i}$
- ☐ **b.** 0
- ☐ **c.** 2i

2 La forme algébrique du nombre complexe $z = \dfrac{2+\text{i}}{1-\text{i}}$ est :

- ☐ **a.** $z = \dfrac{3}{2} + \dfrac{3}{2}\text{i}$
- ☐ **b.** $z = \dfrac{1}{2} + \dfrac{3}{2}\text{i}$
- ☐ **c.** $z = \dfrac{1}{2} + \dfrac{1}{2}\text{i}$

FICHE 37

Résoudre dans $\mathbb{C}$ une équation du second degré à coefficients réels

3 Dans $\mathbb{C}$, si le discriminant d'une équation du second degré à coefficients réels est strictement négatif, alors l'équation :

- ☐ **a.** n'admet pas de solution
- ☐ **b.** admet deux solutions complexes conjuguées
- ☐ **c.** admet deux solutions complexes opposées

4 Dans $\mathbb{C}$, les solutions de l'équation $z^2 - 4z - 5 = 0$ sont :

- ☐ **a.** deux nombres réels
- ☐ **b.** un nombre complexe et un nombre réel
- ☐ **c.** deux nombres complexes non réels

5 $z_1 = 1 + \text{i}\sqrt{2}$ et $z_2 = 1 - \text{i}\sqrt{2}$ sont les solutions de l'équation :

- ☐ **a.** $z^2 - 2z - 3 = 0$
- ☐ **b.** $z^2 - 2z + 3 = 0$
- ☐ **c.** $z^2 + 2z + 3 = 0$

FICHE 38

Image d'un nombre complexe et affixe d'un point ou d'un vecteur

Le plan complexe est muni d'un repère orthonormé direct $(O\,;\vec{u},\vec{v})$. Les points A, B, C, D et E sont donnés sur la figure ci-contre.

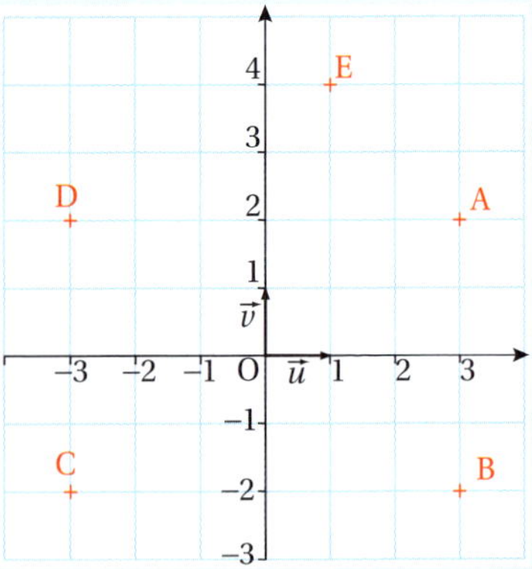

6 L'affixe du vecteur $\overrightarrow{\text{AE}}$ est :

- ☐ **a.** $-2 + 2\text{i}$
- ☐ **b.** $(-2\,;2)$
- ☐ **c.** $2 + 3\text{i}$

7 L'image du nombre complexe $z = -\overline{z_A}$ est :

☐ **a.** C ☐ **b.** z_D ☐ **c.** D ☐ **d.** z_C

FICHE 39

Les différentes formes d'écriture d'un nombre complexe

8 Si un argument du nombre complexe z est $-\frac{\pi}{6}$, alors un argument de $\overline{z}$ est :

☐ **a.** $\frac{5\pi}{6}$ ☐ **b.** $-\frac{\pi}{6}$ ☐ **c.** $\frac{\pi}{6}$

9 La notation exponentielle du nombre complexe $z = 2 + 2i$ est :

☐ **a.** $z = 2\sqrt{2}e^{i\frac{\pi}{4}}$ ☐ **b.** $z = 2e^{i\frac{\pi}{4}}$ ☐ **c.** $z = \sqrt{2}e^{i\frac{\pi}{4}}$

10 La forme algébrique du nombre complexe $z = 2e^{-i\frac{\pi}{3}}$ est :

☐ **a.** $z = -1 - i\sqrt{3}$ ☐ **b.** $z = 1 - i\sqrt{3}$ ☐ **c.** $z = \frac{\sqrt{3}}{2} - \frac{1}{2}i$

11 La notation exponentielle du nombre complexe $-2\left(\cos\frac{\pi}{3} + i\sin\frac{\pi}{3}\right)$ est :

☐ **a.** $e^{-2i\frac{\pi}{3}}$ ☐ **b.** $2e^{i\frac{4\pi}{3}}$ ☐ **c.** $-2e^{i\frac{\pi}{3}}$

FICHES 40, 41 et 42

Calculer des distances et des mesures d'angles

Le plan complexe est muni d'un repère orthonormé direct $(O ; \vec{u}, \vec{v})$.

On considère les points A, B et C d'affixes respectives :

$z_A = -1 + 2i$, $z_B = 2 + 3i$ et $z_C = 1$.

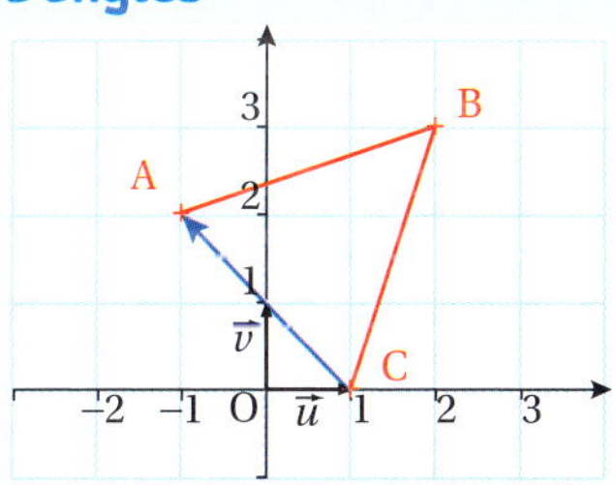

12 AB = … :

☐ **a.** $\sqrt{10}$ ☐ **c.** 10

☐ **b.** $\sqrt{2}$

13 Le triangle ABC est :

☐ **a.** quelconque ☐ **b.** équilatéral ☐ **c.** isocèle

14 Une mesure en radians de l'angle $(\vec{u}, \overrightarrow{CA})$ est :

☐ **a.** $\frac{\pi}{4}$ ☐ **b.** $-\frac{\pi}{4}$ ☐ **c.** $\frac{3\pi}{4}$

FICHE 43

RÉPONSES

1. c. • **2.** b. • **3.** b. • **4.** a. • **5.** b. • **6.** a. • **7.** c. • **8.** c. • **9.** a. • **10.** b. • **11.** b. • **12.** a. • **13.** c. • **14.** c.

SUJET 24 | Résoudre une équation dans $\mathbb{C}$

DURÉE 40 MIN

→ **Fiche 38** Résoudre dans $\mathbb{C}$ une équation du second degré à coefficients réels
→ **Fiche 39** Déterminer une image, une affixe
→ **Fiche 40** Déterminer une mesure d'un angle orienté de vecteurs
→ **Fiche 41** Passer d'une forme d'un nombre complexe à une autre
→ **Fiche 43** Calculer des distances et déterminer des mesures d'angles

PARTIE A

On considère, dans l'ensemble des nombres complexes, l'équation (E) :

$$z^3 + 2z^2 - 16 = 0.$$

1. Démontrer que 2 est une solution de (E).

2. Démontrer que (E) peut s'écrire sous la forme $(z-2)(az^2 + bz + c) = 0$ où a, b et c sont trois réels que l'on déterminera.

3. En déduire les solutions de l'équation (E) sous forme algébrique, puis sous forme trigonométrique avec la notation exponentielle.

PARTIE B

Le plan complexe est muni d'un repère orthonormé $(O\,;\vec{u},\vec{v})$.

1. Placer les points A, B et D d'affixes respectives :

$$z_A = -2-2i\ ,\ z_B = 2 \quad \text{et} \quad z_D = -2+2i.$$

2. Calculer l'affixe z_C du point C tel que le quadrilatère ABCD soit un parallélogramme. Placer C.

3. Démontrer que le triangle OAD est rectangle isocèle.

DÉMARRONS ENSEMBLE

PARTIE A

1. Remplacez z par la valeur 2 dans l'expression $z^3 + 2z^2 - 16$.

2. D'après le **1.**, vous pouvez factoriser l'expression $z^3 + 2z^2 - 16$ par $(z-2)$. À l'aide d'un développement et d'une identification, déduisez-en les valeurs de a, b et c.

3. Une fois les valeurs de a, b et c trouvées, résolvez dans $\mathbb{C}$ l'équation du second degré. → **Fiche 38**

Écrivez ensuite les nombres complexes sous forme trigonométrique, avec la notation exponentielle. → **Fiche 41**

PARTIE B

1. Remarquez que deux des nombres complexes sont des nombres conjugués et que le troisième est un nombre réel. → **Fiche 39**

2. Si ABCD est un parallélogramme, que peut-on en déduire vectoriellement ? Puis pour les affixes ? → **Fiche 39**

3. Remarquez que z_A, z_B et z_D sont les solutions de l'équation (E) de la **partie A**. Vous connaissez donc leurs modules et leurs arguments grâce à leurs notations exponentielles. Démontrez alors que OA = OD à l'aide des modules, puis déterminez une mesure de l'angle $\left(\overrightarrow{OD}, \overrightarrow{OA}\right)$ en utilisant la relation de Chasles. → **Fiche 43**

CORRIGÉ

PARTIE A

1. Vérifier qu'une valeur est solution d'une équation

En substituant 2 à z dans l'expression z^3+2z^2-16 :

$z^3+2z^2-16=2^3+2\times2^2-16=8+8-16=0$.

2 est solution de l'équation (E).

2. Factoriser une expression

• 2 étant solution de l'équation (E), l'expression z^3+2z^2-16 peut être factorisée par $(z-2)$: $z^3+2z^2-16=(z-2)(az^2+bz+c)$ où a, b et c sont des nombres réels.

• Déterminons a, b et c en développant l'expression $(z-2)(az^2+bz+c)$:

$$(z-2)\left(az^2+bz+c\right)=az^3+bz^2+cz-2az^2-2bz-2c$$
$$=az^3+(b-2a)z^2+(c-2b)z-2c.$$

Par identification : $a=1$, $b-2a=2$ et $-2c=-16$, soit $a=1$, $b-2=2$ et $c=8$, puis $a=1$, $b=4$ et $c=8$.

• On a donc $z^3+2z^2-16=(z-2)(z^2+4z+8)$ pour tout $z\in\mathbb{C}$.

Deux polynômes sont égaux si et seulement si leurs termes de même degré sont égaux.

3. Résoudre dans $\mathbb{C}$ une équation du second degré

• Tout d'abord, nous savons que $z=2$ est solution de l'équation (E).

• Cherchons les autres solutions, qui sont les solutions dans $\mathbb{C}$ de l'équation du second degré à coefficients réels $z^2+4z+8=0$.

$\Delta=4^2-4\times1\times8=16-32=-16<0$ et $-16=(4i)^2$.

On a $z_1=\dfrac{-4+4i}{2}=-2+2i$ et $z_2=\dfrac{-4-4i}{2}=-2-2i$.

$\Delta<0$, donc les solutions de l'équation sont des nombres complexes conjugués. → Fiche 38

- Finalement : $\mathcal{S} = \{2\ ; -2+2i\ ; -2-2i\}$.
- Cherchons la forme trigonométrique des solutions de l'équation (E) en utilisant la notation exponentielle :

$|-2+2i| = |-2-2i| = \sqrt{(-2)^2 + 2^2} = \sqrt{8} = 2\sqrt{2}$.

Ainsi : $-2+2i = 2\sqrt{2}\left(-\frac{\sqrt{2}}{2} + \frac{\sqrt{2}}{2}i\right)$.

On pose $\theta = \arg(-2+2i)$ à 2π près.

Alors : $-2+2i = 2\sqrt{2}\left(-\frac{\sqrt{2}}{2} + i\frac{\sqrt{2}}{2}\right) = 2\sqrt{2}(\cos\theta + i\sin\theta)$; d'où :

$\cos\theta = -\frac{\sqrt{2}}{2}$ et $\sin\theta = \frac{\sqrt{2}}{2}$, donc $\theta = \frac{3\pi}{4} + 2k\pi$, avec $k \in \mathbb{Z}$.

Finalement : $-2+2i = 2\sqrt{2}e^{i\frac{3\pi}{4}}$, $-2-2i = \overline{-2+2i} = 2\sqrt{2}e^{-i\frac{3\pi}{4}}$

et 2 est un nombre réel strictement positif donc $2 = 2e^{0i}$.

Observez le cercle trigonométrique.
➜ Fiche 40

Rappelez-vous que les solutions sont des nombres complexes conjugués.

PARTIE B

1. Représenter géométriquement un nombre complexe

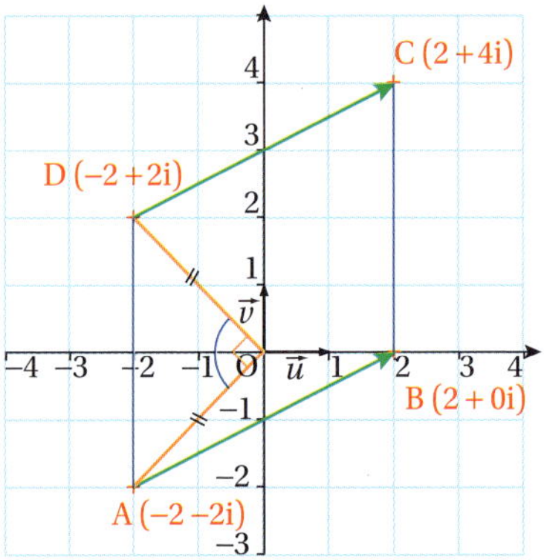

2. Calculer l'affixe d'un point

ABCD est un parallélogramme, donc $\overrightarrow{AB}=\overrightarrow{DC}$, ce qui équivaut à $z_{\overrightarrow{AB}}=z_{\overrightarrow{DC}}$ soit $z_B - z_A = z_C - z_D$.

On a donc :

$2-(-2-2i)=z_C-(-2+2i) \Leftrightarrow 4+2i=z_C+2-2i$

$z_C = 4+2i-2+2i=2+4i.$

Le point C est le point d'affixe $z_C = 2+4i$.

C est le point de coordonnées (2 ; 4).
➜ Fiche 39

3. Démontrer qu'un triangle est isocèle et rectangle

- D'après la **partie A 3.**, $|-2+2i|=|-2-2i|=2\sqrt{2}$,

donc OA = OD et le triangle OAD est isocèle en O.

- Déterminons une mesure de l'angle $(\overrightarrow{OD},\overrightarrow{OA})$:

$(\overrightarrow{OD},\overrightarrow{OA})=(\overrightarrow{OD},\vec{u})+(\vec{u},\overrightarrow{OA})$ par la relation de Chasles

$=(\vec{u},\overrightarrow{OA})-(\vec{u},\overrightarrow{OD})=\arg(z_A)-\arg(z_D)$.

Or d'après la **partie A 3.**, $\arg(z_A)=-\dfrac{3\pi}{4}$ et $\arg(z_D)=\dfrac{3\pi}{4}$ à 2π près.

Donc $(\overrightarrow{OD},\overrightarrow{OA})=-\dfrac{3\pi}{4}-\dfrac{3\pi}{4}=-\dfrac{6\pi}{4}=-\dfrac{3\pi}{2}$ à 2π près, ou

$(\overrightarrow{OD},\overrightarrow{OA})=\dfrac{\pi}{2}$.

$\dfrac{\pi}{2}=2\pi-\dfrac{3\pi}{2}$

Le triangle OAD est donc rectangle en O.

- En conclusion, le triangle OAD est rectangle isocèle en O.

SUJET 25 | Résoudre une équation dans $\mathbb{C}$

DURÉE 40 MIN

→ **Fiche 38** Résoudre dans $\mathbb{C}$ une équation du second degré à coefficients réels
→ **Fiche 39** Déterminer une image, une affixe
→ **Fiche 41** Passer d'une forme d'un nombre complexe à une autre
→ **Fiche 42** Utiliser les différentes écritures d'un nombre complexe
→ **Fiche 43** Calculer des distances et déterminer des mesures d'angles

PARTIE A

On considère, dans l'ensemble des nombres complexes, l'équation (E) :

$$z^3 - 27 = 0.$$

1. Démontrer que 3 est une solution de (E).

2. Démontrer que (E) peut s'écrire sous la forme $(z-3)\left(az^2+bz+c\right)=0$ où a, b et c sont trois réels que l'on déterminera.

3. Résoudre l'équation (E).

PARTIE B

Le plan complexe est muni d'un repère orthonormé $\left(O\,;\vec{u},\vec{v}\right)$ d'unité graphique 2 cm.

On considère dans le plan complexe les points A, B et C d'affixes respectives :
$z_A = -\dfrac{3}{2}+\mathrm{i}\dfrac{3\sqrt{3}}{2}$, $z_B = 3$ et $z_C = -\dfrac{3}{2}-\mathrm{i}\dfrac{3\sqrt{3}}{2}$.

1. Donner la notation exponentielle de z_A et de z_C.

2. Placer les points A, B et C dans le plan complexe.

3. Déterminer la nature du triangle ABC.

DÉMARRONS ENSEMBLE

PARTIE A

1. Remplacez z par la valeur 3 dans l'expression $z^3 - 27$.

2. D'après le **1.**, vous pouvez factoriser l'expression $z^3 - 27$ par $(z-3)$.
À l'aide d'un développement et d'une identification, déduisez-en les valeurs de a, b et c.

3. Une fois les valeurs de a, b et c trouvées, résolvez dans $\mathbb{C}$ l'équation du second degré. → **Fiche 38**

PARTIE B

1. Déterminez le module et un argument de chacun des nombres complexes, pour trouver d'abord leur forme trigonométrique. → **Fiche 41**

2. Remarquez que deux des nombres complexes sont des nombres conjugués et que le troisième est un nombre réel. → **Fiche 39**

3. Calculez les trois distances AB, BC et AC. → **Fiche 43**

CORRIGÉ

PARTIE A

1. Vérifier qu'une valeur est solution d'une équation

En substituant 3 à z dans l'expression z^3-27:

$$z^3-27=3^3-27=0$$

Donc 3 est solution de l'équation (E).

2. Factoriser une expression

- 3 étant solution de l'équation (E), l'expression z^3-27 peut être factorisée par $(z-3)$: $z^3-27=(z-3)(az^2+bz+c)$ où a, b et c sont des nombres réels.
- Déterminons-les en développant l'expression $(z-3)(az^2+bz+c)$:

$$\begin{aligned}(z-3)(az^2+bz+c)&=az^3+bz^2+cz-3az^2-3bz-3c\\&=az^3+(b-3a)z^2+(c-3b)z-3c.\end{aligned}$$

Par identification : $a=1$, $b-3a=0$ et $-3c=-27$,

soit $a=1$, $b-3=0$ et $c=9$, puis $a=1$, $b=3$ et $c=9$.

- On a donc $z^3-27=(z-3)(z^2+3z+9)$ pour tout $z\in\mathbb{C}$.

3. Résoudre dans $\mathbb{C}$ une équation du second degré

- D'après le **1.**, nous savons que $z=3$ est solution de l'équation (E).
- Cherchons les autres solutions de l'équation, qui sont les solutions dans $\mathbb{C}$ de l'équation du second degré à coefficients réels $z^2+3z+9=0$.

$\Delta=3^2-4\times1\times9=9-36=-27<0$ et $-27=\left(\mathrm{i}\sqrt{27}\right)^2=\left(\mathrm{i}3\sqrt{3}\right)^2$.

> $\Delta<0$, donc les solutions de l'équation sont des nombres complexes conjugues. → Fiche 38

On a $z_1=\dfrac{-3+\mathrm{i}3\sqrt{3}}{2}=-\dfrac{3}{2}+\mathrm{i}\dfrac{3\sqrt{3}}{2}$ et $z_2=\dfrac{-3-\mathrm{i}3\sqrt{3}}{2}=-\dfrac{3}{2}-\mathrm{i}\dfrac{3\sqrt{3}}{2}$.

- Finalement : $\mathscr{S}=\left\{3\,;-\dfrac{3}{2}+\mathrm{i}\dfrac{3\sqrt{3}}{2}\,;-\dfrac{3}{2}-\mathrm{i}\dfrac{3\sqrt{3}}{2}\right\}$.

PARTIE B

1. Déterminer la notation exponentielle d'un nombre complexe

Commençons par déterminer le module et un argument des nombres complexes conjugués z_A et z_C qui sont deux solutions de l'équation (E) :

$$|z_A| = |z_C| = \left|-\frac{3}{2} + i\frac{3\sqrt{3}}{2}\right| = \sqrt{\left(-\frac{3}{2}\right)^2 + \left(\frac{3\sqrt{3}}{2}\right)^2} = \sqrt{\frac{9}{4} + \frac{27}{4}} = \sqrt{\frac{36}{4}} = \sqrt{9} = 3.$$

Ainsi $z_A = -\frac{3}{2} + i\frac{3\sqrt{3}}{2} = 3\left(-\frac{1}{2} + i\frac{\sqrt{3}}{2}\right)$.

On pose $\theta = \arg(z_A)$ à 2π près.

Alors, $z_A = 3\left(-\frac{1}{2} + i\frac{\sqrt{3}}{2}\right) = 3(\cos\theta + i\sin\theta)$, d'où :

$\cos\theta = -\frac{1}{2}$ et $\sin\theta = \frac{\sqrt{3}}{2}$, donc $\theta = \frac{2\pi}{3}$ à 2π près.

On en déduit que $z_A = 3e^{i\frac{2\pi}{3}}$ et $z_C = \overline{z_A} = 3e^{-i\frac{2\pi}{3}}$.

Observez le cercle trigonométrique. → Fiche 40

Rappelez-vous que les solutions sont des nombres complexes conjugués.

2. Représenter géométriquement un nombre complexe

z_A et z_C sont de module 3, donc les points A et C appartiennent au cercle $\mathscr{C}$ de centre O et de rayon 3.

Un argument du nombre complexe z_A est $\frac{2\pi}{3}$ à 2π près, donc A est le point du cercle $\mathscr{C}$ tel que $(\vec{u}, \overrightarrow{OA}) = \frac{2\pi}{3} + 2k\pi$, avec $k \in \mathbb{Z}$.

Un argument de z_C est $-\frac{2\pi}{3}$ à 2π près, donc C est le point du cercle $\mathscr{C}$ tel que $(\vec{u}, \overrightarrow{OC}) = -\frac{2\pi}{3} + 2k\pi$, avec $k \in \mathbb{Z}$.

Le point B a pour coordonnées (3 ; 0).

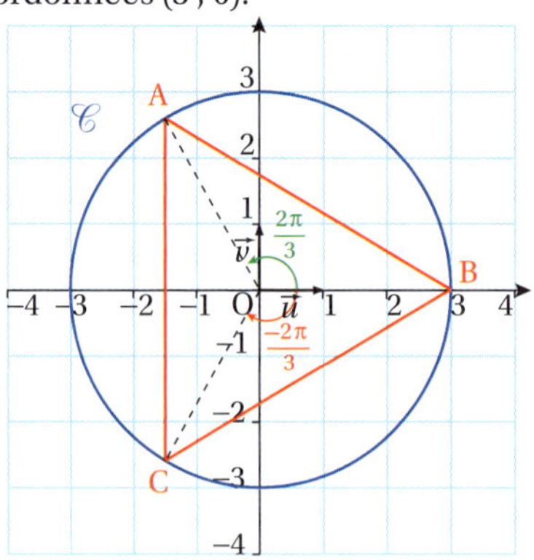

3. Calculer des distances avec les nombres complexes

- $AB = |z_B - z_A| = \left|3 - \left(-\frac{3}{2} + i\frac{3\sqrt{3}}{2}\right)\right| = \left|3 + \frac{3}{2} - i\frac{3\sqrt{3}}{2}\right| = \left|\frac{9}{2} - i\frac{3\sqrt{3}}{2}\right|$

$$= \sqrt{\left(\frac{9}{2}\right)^2 + \left(-\frac{3\sqrt{3}}{2}\right)^2} = \sqrt{\frac{81}{4} + \frac{27}{4}} = \sqrt{\frac{108}{4}} = \sqrt{27} = 3\sqrt{3}.$$

- $CB = |z_B - z_C|$.

Or z_C et z_A sont deux nombres complexes conjugués, donc $z_C = \overline{z_A}$ et z_B est un nombre réel, donc $\overline{z_B} = z_B$.

Ainsi : $CB = |z_B - z_C| = |\overline{z_B} - \overline{z_A}| = |\overline{z_B - z_A}| = |z_B - z_A| = 3\sqrt{3}$.

> Pour tout nombre complexe z, $|\overline{z}| = |z|$.
> → Fiche 42

- $CA = |z_A - z_C| = \left|-\frac{3}{2} + i\frac{3\sqrt{3}}{2} - \left(\frac{3}{2} - i\frac{3\sqrt{3}}{2}\right)\right|$

$$= \left|-\frac{3}{2} + i\frac{3\sqrt{3}}{2} + \frac{3}{2} + i\frac{3\sqrt{3}}{2}\right| = |i3\sqrt{3}| = 3\sqrt{3}.$$

- $AB = CB = CA$, donc le triangle ABC est équilatéral.

SUJET 26 | Utiliser les différentes formes d'un nombre complexes

DURÉE 35 MIN

→ **Fiche 39** Déterminer une image, une affixe
→ **Fiche 41** Passer d'une forme d'un nombre complexe à une autre
→ **Fiche 43** Calculer des distances et déterminer des mesures d'angles

Le plan complexe est muni d'un repère orthonormé $(O ; \vec{u}, \vec{v})$ d'unité graphique 2 cm.

PARTIE A

On considère les points A, B, C, D et E d'affixes respectives :

$z_A = 2$, $z_B = \sqrt{2} + i\sqrt{2}$, $z_C = \overline{z_B}$, $z_D = 2e^{i\frac{3\pi}{4}}$ et $z_E = -2ie^{i\frac{\pi}{3}}$.

1. Donner le module et un argument de chacun des nombres complexes z_A et z_B.

2. Donner le module et un argument de z_C.

3. Donner sans calcul le module et un argument de z_D.

4. Déterminer la forme algébrique de z_D et celle de z_E.

PARTIE B

1. Démontrer que les points A, B, C, D et E sont situés sur un même cercle dont on précisera le centre et le rayon.
Tracer ce cercle et placer les points A, B, C, D et E.

2. Déterminer la nature du triangle BCD.

DÉMARRONS ENSEMBLE

PARTIE A

1. Remarquez que z_A est un nombre réel strictement positif. → **Fiche 41**
2. Utilisez les propriétés du module et des arguments d'un nombre conjugué. → **Fiche 43**
3. Remarquez que z_D est écrit sous forme exponentielle.
4. Faites attention : z_E n'est pas écrit sous forme exponentielle. → **Fiche 41**

PARTIE B

1. Observez les quatre modules trouvés dans la **partie A** et calculez-en un cinquième. Pour placer le point E, déterminez son écriture trigonométrique avec la notation exponentielle. → **Fiche 39**
2. Démontrez que le segment [CD] est un diamètre du cercle et remarquez que le triangle BCD est inscrit dans ce cercle.
Calculez des distances pour ne pas oublier une propriété du triangle. → **Fiche 43**

CORRIGÉ

PARTIE A

1. Calculer un module et déterminer un argument

• $z_A = 2$ est un nombre réel strictement positif,
donc $|z_A| = 2$ et $\arg(z_A) = 0$ à 2π près.

• $|z_B| = |\sqrt{2} + i\sqrt{2}| = \sqrt{(\sqrt{2})^2 + (\sqrt{2})^2} = \sqrt{4} = 2.$

Ainsi : $z_B = \sqrt{2} + \mathrm{i}\sqrt{2} = 2\left(\dfrac{\sqrt{2}}{2} + \mathrm{i}\dfrac{\sqrt{2}}{2}\right).$

On pose $\theta = \arg(z_B)$ à 2π près.

Un nombre réel strictement positif a pour argument 0 et un nombre réel strictement négatif a pour argument π, à 2π près.

Alors, $z_B = 2\left(\frac{\sqrt{2}}{2} + \mathrm{i}\frac{\sqrt{2}}{2}\right) = 2(\cos\theta + \mathrm{i}\sin\theta)$, d'où :

$\cos\theta = \frac{\sqrt{2}}{2}$ et $\sin\theta = \frac{\sqrt{2}}{2}$, donc $\theta = \arg(z_B) = \frac{\pi}{4}$ à 2π près.

Observez le cercle trigonométrique.
➜ Fiche 40

2. Déterminer le module et un argument pour un nombre conjugué

Par définition, $z_C = \overline{z_B}$, donc $|z_C| = |\overline{z_B}| = |z_B| = 2$

et $\arg(z_C) = \arg(\overline{z_B}) = -\arg(z_B) = -\frac{\pi}{4}$ à 2π près.

Pour tout nombre complexe $z \neq 0$, $|\overline{z}| = |z|$ et $\arg(\overline{z}) = -\arg(z)$ à 2π près.
➜ Fiche 42

3. Lire le module et un argument d'un nombre complexe

z_D est écrit avec la notation exponentielle,
donc on a directement $|z_D| = 2$ et $\arg(z_D) = \frac{3\pi}{4}$ à 2π près.

4. Passer de la notation exponentielle à la forme algébrique

- $z_D = 2e^{\mathrm{i}\frac{3\pi}{4}} = 2\left(\cos\left(\frac{3\pi}{4}\right) + \mathrm{i}\sin\left(\frac{3\pi}{4}\right)\right) = 2\left(-\frac{\sqrt{2}}{2} + \mathrm{i}\frac{\sqrt{2}}{2}\right) = -\sqrt{2} + \mathrm{i}\sqrt{2}$.
- $z_E = -2\mathrm{i}e^{\mathrm{i}\frac{\pi}{3}} = -2\mathrm{i}\left(\cos\left(\frac{\pi}{3}\right) + \mathrm{i}\sin\left(\frac{\pi}{3}\right)\right) = -2\mathrm{i}\left(\frac{1}{2} + \mathrm{i}\frac{\sqrt{3}}{2}\right)$.

$= \frac{-2\mathrm{i}}{2} - 2\mathrm{i}\times\mathrm{i}\frac{\sqrt{3}}{2} = -\mathrm{i} + \sqrt{3} = \sqrt{3} - \mathrm{i}$ car $-\mathrm{i}^2 = 1$.

PARTIE B

1. Représenter géométriquement un nombre complexe

$|z_E| = \left|-2\mathrm{i}e^{\mathrm{i}\frac{\pi}{3}}\right| = |-2\mathrm{i}| = 2$.

- Les nombres complexes z_A, z_B, z_C, z_D et z_E sont de module 2, donc les points A, B, C et D appartiennent au cercle $\mathscr{C}$ de centre O et de rayon 2.

On a donc par définition : OA = OB = OC = OD = OE = 2.

- Un argument de z_B est $\frac{\pi}{4}$ à 2π près, donc B est le point du cercle $\mathscr{C}$ tel que $(\vec{u}, \overrightarrow{OB}) = \frac{\pi}{4}$ à 2π près.
- $z_C = \overline{z_B}$, donc le point C est le symétrique du point B par rapport à l'axe réel.
- Un argument de z_D est $\frac{3\pi}{4}$ à 2π près, donc D est le point du cercle $\mathscr{C}$ tel que $(\vec{u}, \overrightarrow{OD}) = \frac{3\pi}{4}$ à 2π près.

- $z_E = -2ie^{i\frac{\pi}{3}} = 2e^{-i\frac{\pi}{2}} \times e^{i\frac{\pi}{3}},$

$$= 2e^{i\left(\frac{\pi}{3}-\frac{\pi}{2}\right)} = 2e^{i\left(\frac{2\pi}{6}-\frac{3\pi}{6}\right)} = 2e^{-i\frac{\pi}{6}}$$

donc E est le point du cercle $\mathscr{C}$ tel que $\left(\vec{u}, \overrightarrow{OE}\right) = -\frac{\pi}{6}$ à 2π près.

- Le point A a pour coordonnées (2 ; 0).

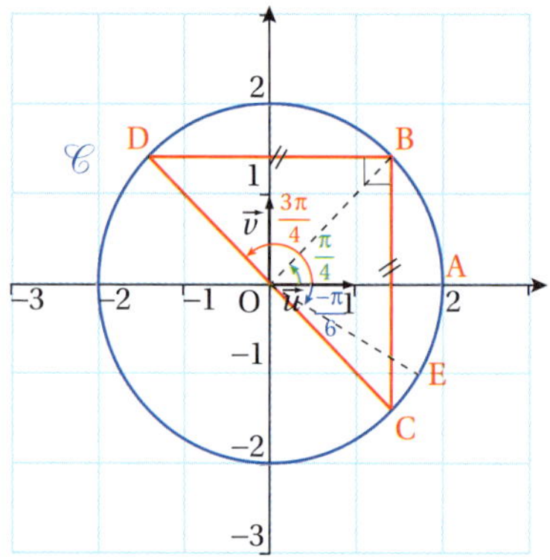

2. Déterminer la nature d'un triangle

$z_C = \overline{z_B} = \sqrt{2} - i\sqrt{2} = -\left(-\sqrt{2} + i\sqrt{2}\right)$, soit $z_C = -z_D$ d'après la question **4.** de la **partie A**.

On a donc $\frac{z_C + z_D}{2} = 0 = z_O$ et le point O est le milieu du segment [CD], c'est-à-dire que le segment [CD] est un diamètre du cercle $\mathscr{C}$.

Le triangle BCD est inscrit dans le cercle $\mathscr{C}$ et le segment [CD] est un diamètre de ce cercle, donc le triangle BCD est rectangle en B.

- Démontrons que le triangle BCD est également isocèle.

$$BC = |z_C - z_B| = \left|\sqrt{2} - i\sqrt{2} - \left(\sqrt{2} + i\sqrt{2}\right)\right| = \left|-2i\sqrt{2}\right| = 2\sqrt{2}\ ;$$

$$BD = |z_D - z_B| = \left|-\sqrt{2} + i\sqrt{2} - \left(\sqrt{2} + i\sqrt{2}\right)\right| = \left|-2\sqrt{2}\right| = 2\sqrt{2}.$$

Ainsi, BC = BD, donc le triangle BCD est isocèle en B.

- Finalement, le triangle BCD est rectangle isocèle en B.

$-i = e^{-i\frac{\pi}{2}}$

$e^{i\theta} \times e^{i\theta'} = e^{i(\theta+\theta')}$

I est le milieu de [AB] équivaut à $z_I = \frac{z_A + z_B}{2}$.
➜ Fiche 39

Si un triangle est inscrit dans un cercle et si l'un de ses côtés est un diamètre de ce cercle, alors ce triangle est rectangle (d'hypoténuse ce diamètre).

SUJET 27 | Utiliser les différentes formes d'un nombre complexe

DURÉE 30 MIN

→ Fiche 37 Calculer dans $\mathbb{C}$
→ Fiche 40 Déterminer une mesure d'un angle orienté de vecteurs
→ Fiche 41 Passer d'une forme d'un nombre complexe à une autre
→ Fiche 42 Utiliser les différentes écritures d'un nombre complexe

On considère les nombres complexes suivants :

$$z_1 = \frac{1}{2} - i\frac{1}{2} \; ; \quad z_2 = \frac{2+i}{3-i} \; ; \quad z_3 = \frac{\sqrt{3}}{2}e^{-i\frac{\pi}{6}}.$$

1. Déterminer le module et un argument du nombre complexe z_1.

2. a. Écrire le nombre complexe z_2 sous forme algébrique et démontrer que $z_2 = \overline{z_1}$.

b. Déterminer la notation exponentielle du nombre complexe z_2.

3. Écrire le nombre complexe z_3 sous forme algébrique.

4. On note z le nombre complexe défini par $z = z_2 z_3$.

a. Calculer le module et un argument du nombre complexe z.

b. Écrire le nombre complexe z sous forme algébrique.

c. En déduire les valeurs exactes des nombres réels $\cos\left(\frac{\pi}{12}\right)$ et $\sin\left(\frac{\pi}{12}\right)$.

DÉMARRONS ENSEMBLE

1. Relisez la méthode de la **Fiche 41**

2. a. Pensez au nombre complexe conjugué de $3 - i$.

b. Soyez astucieux ! → **Fiche 42**

3. Rappelez-vous la signification de la notation exponentielle. → **Fiche 41**

4. a. Utilisez le résultat du **2.b.** et/ou les propriétés des arguments et du module d'un produit de nombres complexes. → **Fiche 42**

b. Utilisez la forme algébrique de z_2 et de z_3. → **Fiche 37**

c. Utilisez l'équivalence : $z = z' \Leftrightarrow \text{Re}(z) = \text{Re}(z')$ et $\text{Im}(z) = \text{Im}(z')$.

CORRIGÉ

1. Déterminer le module et un argument

- $|z_1| = \left|\frac{1}{2} - i\frac{1}{2}\right| = \sqrt{\left(\frac{1}{2}\right)^2 + \left(-\frac{1}{2}\right)^2} = \sqrt{\frac{1}{4}+\frac{1}{4}} = \sqrt{\frac{1}{2}} = \frac{1}{\sqrt{2}} = \frac{\sqrt{2}}{2}$.

Ainsi : $z_1 = \frac{1}{2} - i\frac{1}{2} = \frac{\sqrt{2}}{2}\left(\frac{\sqrt{2}}{2} - i\frac{\sqrt{2}}{2}\right)$.

On pose $\theta = \arg(z_1)$ à 2π près.

Alors, $z_1 = \frac{\sqrt{2}}{2}\left(\frac{\sqrt{2}}{2} - \frac{\sqrt{2}}{2}i\right) = \frac{\sqrt{2}}{2}(\cos\theta + i\sin\theta)$, d'où :

$\cos\theta = \frac{\sqrt{2}}{2}$ et $\sin\theta = -\frac{\sqrt{2}}{2}$, donc $\theta = \arg(z_1) = -\frac{\pi}{4}$ à 2π près.

Observez le cercle trigonométrique. → Fiche 40

2. a. Effectuer un calcul algébrique

$$z_2 = \frac{2+i}{3-i} = \frac{(2+i)(3+i)}{(3-i)(3+i)} = \frac{6+2i+3i-1}{3^2-i^2} = \frac{5+5i}{10} = \frac{1}{2}+i\frac{1}{2} = \overline{z_1}.$$

Car $z\overline{z} = |z|^2 = a^2 + b^2$ pour $z = a + ib$. → Fiche 37

b. Déterminer le module et un argument, pour un nombre conjugué

D'après la question **1.**, $z_1 = \frac{\sqrt{2}}{2}e^{-i\frac{\pi}{4}}$. Or $z_2 = \overline{z_1}$, donc $z_2 = \frac{\sqrt{2}}{2}e^{i\frac{\pi}{4}}$.

Pour tout nombre complexe $z \neq 0$, $|\overline{z}| = |z|$ et $\arg(\overline{z}) = -\arg(z)$ à 2π près. → Fiche 42

3. Changer la forme d'écriture d'un nombre complexe

$$z_3 = \frac{\sqrt{3}}{2}e^{-i\frac{\pi}{6}} = \frac{\sqrt{3}}{2}\left(\cos\left(-\frac{\pi}{6}\right) + i\sin\left(-\frac{\pi}{6}\right)\right) = \frac{\sqrt{3}}{2}\left(\frac{\sqrt{3}}{2} - \frac{1}{2}i\right)$$
$$= \frac{3}{4} - \frac{\sqrt{3}}{4}i$$

Aidez-vous du cercle trigonométrique et des valeurs remarquables. → Fiche 40

4. a. Calculer le module et un argument d'un produit

$$z = z_2 z_3 = \frac{\sqrt{2}}{2}e^{i\frac{\pi}{4}}\,\frac{\sqrt{3}}{2}e^{-i\frac{\pi}{6}} = \frac{\sqrt{6}}{4}e^{i\left(\frac{\pi}{4}-\frac{\pi}{6}\right)} = \frac{\sqrt{6}}{4}e^{i\left(\frac{3\pi}{12}-\frac{2\pi}{12}\right)} = \frac{\sqrt{6}}{4}e^{i\frac{\pi}{12}}$$

$e^{i\theta} \times e^{i\theta'} = e^{i(\theta+\theta')}$

D'où : $|z| = \frac{\sqrt{6}}{4}$ et $\arg(z) = \frac{\pi}{12}$ à 2π près.

b. Déterminer l'écriture algébrique d'un nombre complexe

En utilisant les résultats des questions **2.a.** et **3.** :

$$z = z_2 z_3 = \left(\frac{1}{2}+i\frac{1}{2}\right)\left(\frac{3}{4} - i\frac{\sqrt{3}}{4}\right) = \frac{3}{8} - i\frac{\sqrt{3}}{8} + i\frac{3}{8} + \frac{\sqrt{3}}{8},$$

ce qui donne $z=\dfrac{3+\sqrt{3}}{8}+\dfrac{3-\sqrt{3}}{8}\text{i}$.

c. Déterminer une valeur à l'aide de l'unicité de l'écriture de z

D'après **4.a.**, $z=\dfrac{\sqrt{6}}{4}\text{e}^{\text{i}\left(\frac{\pi}{12}\right)}=\dfrac{\sqrt{6}}{4}\left(\cos\left(\dfrac{\pi}{12}\right)+\text{i}\sin\left(\dfrac{\pi}{12}\right)\right)$

et d'après **4.b.**, $z=\dfrac{3+\sqrt{3}}{8}+\text{i}\,\dfrac{3-\sqrt{3}}{8}$.

Donc, par identification des parties réelles et imaginaires de z :

$\dfrac{\sqrt{6}}{4}\cos\left(\dfrac{\pi}{12}\right)=\dfrac{3+\sqrt{3}}{8}$ et $\dfrac{\sqrt{6}}{4}\sin\left(\dfrac{\pi}{12}\right)=\dfrac{3-\sqrt{3}}{8}$, ce qui donne :

$$\cos\left(\frac{\pi}{12}\right)=\frac{3+\sqrt{3}}{8}\times\frac{4}{\sqrt{6}}=\frac{3+\sqrt{3}}{2\sqrt{6}}=\frac{\sqrt{6}\left(3+\sqrt{3}\right)}{2\sqrt{6}\,\sqrt{6}}$$
$$=\frac{3\sqrt{6}+\sqrt{18}}{12}=\frac{3\sqrt{6}+3\sqrt{2}}{12}=\frac{\sqrt{6}+\sqrt{2}}{4}$$

et
$$\sin\left(\frac{\pi}{12}\right)=\frac{3-\sqrt{3}}{8}\times\frac{4}{\sqrt{6}}=\frac{3-\sqrt{3}}{2\sqrt{6}}=\frac{\sqrt{6}\left(3-\sqrt{3}\right)}{2\sqrt{6}\,\sqrt{6}}$$
$$=\frac{3\sqrt{6}-\sqrt{18}}{12}=\frac{3\sqrt{6}-3\sqrt{2}}{12}=\frac{\sqrt{6}-\sqrt{2}}{4}.$$

En résumé : $\cos\left(\dfrac{\pi}{12}\right)=\dfrac{\sqrt{6}+\sqrt{2}}{4}$ et $\sin\left(\dfrac{\pi}{12}\right)=\dfrac{\sqrt{6}-\sqrt{2}}{4}$.

$z=z'\Leftrightarrow\begin{cases}\text{Re}(z)=\text{Re}(z')\\ \text{Im}(z)=\text{Im}(z')\end{cases}$

→ Fiche 37

SUJET 28 | Utiliser les différentes formes d'un nombre complexe

DURÉE 40 MIN

→ **Fiche 39** Déterminer une image, une affixe
→ **Fiche 40** Déterminer une mesure d'un angle orienté de vecteurs
→ **Fiche 41** Passer d'une forme d'un nombre complexe à une autre
→ **Fiche 42** Utiliser les différentes écritures d'un nombre complexe
→ **Fiche 43** Calculer des distances et déterminer des mesures d'angles

Soit le nombre complexe $z_1 = 3\left(\cos\left(\frac{\pi}{6}\right) + \mathrm{i}\sin\left(\frac{\pi}{6}\right)\right)$.

On pose : $z_2 = \overline{z_1}$; $z_3 = -z_1$; $z_4 = z_1 e^{\mathrm{i}\frac{2\pi}{3}}$.

1. Déterminer la forme algébrique de chacun des nombres complexes z_1, z_2 et z_3.

2. Déterminer le module et un argument de chacun des nombres complexes z_2 et z_3.

3. a. Démontrer que $z_4 = 3e^{\mathrm{i}\frac{5\pi}{6}}$.

b. En déduire le module et un argument du nombre complexe z_4.

c. Quelle est la forme algébrique de z_4 ?

4. Le plan complexe est muni d'un repère orthonormé $\left(O\,;\vec{u},\vec{v}\right)$ d'unité graphique 2 cm.

On considère les points A, B, C et D d'affixes respectives z_1, z_2, z_3 et z_4.

a. Démontrer que les points A, B, C et D sont situés sur un même cercle dont on précisera le centre et le rayon. Construire ce cercle.

b. Construire les points A, B, C et D en utilisant leurs ordonnées.

c. Calculer les distances AC et BD.

d. Quelle est la nature du quadrilatère ABCD ?

DÉMARRONS ENSEMBLE

2. Utilisez les propriétés du nombre conjugué, puis demandez-vous ce que vaut $\arg(z) - \arg(-z)$ à 2π près, pour trouver $\arg(z_3)$. → **Fiche 42**

3. a. Utilisez la notation exponentielle de z_1 et effectuez la multiplication.

c. Relisez éventuellement la méthode de la **Fiche 41**.

4. a. Que pouvez-dire des modules des quatre nombres complexes ?

b. D'après le **a.**, les quatre points appartiennent à un cercle. → **Fiche 39**

c. Relisez éventuellement la **Fiche 43**.

d. Démontrez que les segments [AC] et [BD] se coupent en leur milieu.

CORRIGÉ

1. Déterminer la forme algébrique d'un nombre complexe

- $z_1 = 3\left(\cos\left(\frac{\pi}{6}\right) + \mathrm{i}\sin\left(\frac{\pi}{6}\right)\right) = 3\left(\frac{\sqrt{3}}{2} + \mathrm{i}\frac{1}{2}\right) = \frac{3\sqrt{3}}{2} + \mathrm{i}\frac{3}{2}$.

- $z_2 = \overline{z_1} = \frac{3\sqrt{3}}{2} - \mathrm{i}\frac{3}{2}$, par définition d'un nombre complexe conjugué.

- $z_3 = -z_1 = -\left(\frac{3\sqrt{3}}{2} + \mathrm{i}\frac{3}{2}\right) = -\frac{3\sqrt{3}}{2} - \mathrm{i}\frac{3}{2}$.

> Valeurs remarquables.
> → Fiche 40

2. Déterminer le module et un argument d'un nombre complexe

- $z_1 = 3\left(\cos\left(\frac{\pi}{6}\right) + \mathrm{i}\sin\left(\frac{\pi}{6}\right)\right) = 3\mathrm{e}^{\mathrm{i}\frac{\pi}{6}}$,

donc le module de z_1 est 3 et un argument de z_1 est $\frac{\pi}{6}$ à 2π près.

- $z_2 = \overline{z_1} = 3\mathrm{e}^{-\mathrm{i}\frac{\pi}{6}}$,

donc le module de z_2 est 3 et un argument de z_2 est $-\frac{\pi}{6}$ à 2π près.

- $z_3 = -z_1 = -3\mathrm{e}^{\mathrm{i}\frac{\pi}{6}} = 3\mathrm{e}^{\mathrm{i}\pi}\mathrm{e}^{\mathrm{i}\frac{\pi}{6}} = 3\mathrm{e}^{\mathrm{i}\left(\frac{\pi}{6}+\pi\right)} = 3\mathrm{e}^{\mathrm{i}\frac{7\pi}{6}}$,

donc le module de z_3 est 3 et un argument de z_3 est $\frac{7\pi}{6}$ à 2π près.

> Pour tout nombre complexe $z \neq 0$, $|\overline{z}| = |z|$ et $\arg(\overline{z}) = -\arg(z)$ à 2π près.
> → Fiche 42

> Car $-1 = \mathrm{e}^{\mathrm{i}\pi}$.
> Attention, le module est un nombre réel **strictement positif** !

3. a. Déterminer la notation exponentielle d'un nombre complexe

$$z_4 = z_1\mathrm{e}^{\mathrm{i}\frac{2\pi}{3}} = 3\mathrm{e}^{\mathrm{i}\frac{\pi}{6}}\mathrm{e}^{\mathrm{i}\frac{2\pi}{3}} = 3\mathrm{e}^{\mathrm{i}\left(\frac{\pi}{6}+\frac{2\pi}{3}\right)} = 3\mathrm{e}^{\mathrm{i}\left(\frac{\pi}{6}+\frac{4\pi}{6}\right)} = 3\mathrm{e}^{\mathrm{i}\frac{5\pi}{6}}.$$

> $\mathrm{e}^{\mathrm{i}\theta} \times \mathrm{e}^{\mathrm{i}\theta'} = \mathrm{e}^{\mathrm{i}(\theta+\theta')}$

b. Lire le module et un argument d'un nombre complexe

Le module de z_4 est 3 et un argument de z_4 est $\frac{5\pi}{6}$ à 2π près.

c. Calculer la forme algébrique d'un nombre complexe

$$z_4 = 3\mathrm{e}^{\mathrm{i}\frac{5\pi}{6}} = 3\left(\cos\left(\frac{5\pi}{6}\right) + \mathrm{i}\sin\left(\frac{5\pi}{6}\right)\right) = 3\left(-\frac{\sqrt{3}}{2} + \mathrm{i}\frac{1}{2}\right) = -\frac{3\sqrt{3}}{2} + \mathrm{i}\frac{3}{2}.$$

> $\frac{5\pi}{6} = \pi - \frac{\pi}{6}$ et $\frac{\pi}{6}$ est une valeur remarquable.
> → Fiche 40

4. a. Démontrer que des points sont sur un même cercle

Les nombres complexes z_A, z_B, z_C et z_D sont de module 3, donc les points A, B, C et D appartiennent au cercle $\mathscr{C}$ de centre O et de rayon 3.

> On a donc par définition : OA = OB = OC = OD = 3.

b. Placer des points sur un même cercle

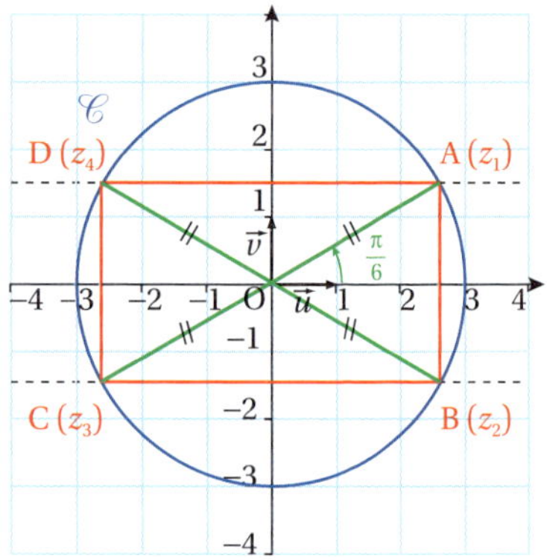

• Le point A a pour ordonnée $\frac{3}{2}$ et une abscisse positive, ce qui permet de le placer sur le cercle $\mathscr{C}$.

• De même, le point B a pour ordonnée $-\frac{3}{2}$ et une abscisse positive, ce qui permet de placer le point B sur le cercle $\mathscr{C}$.

• Le point C a pour ordonnée $-\frac{3}{2}$ et une abscisse négative, ce qui permet de placer le point C sur le cercle $\mathscr{C}$.

• Le point D a pour ordonnée $\frac{3}{2}$ et une abscisse négative, ce qui permet de placer le point D sur le cercle $\mathscr{C}$.

c. Calculer des distances avec des nombres complexes

• $AC = |z_3 - z_1| = |-z_1 - z_1| = |-2z_1| = |2z_1| = 2|z_1| = 6.$

• $BD = |z_4 - z_2| = \left|-\frac{3\sqrt{3}}{2} + i\frac{3}{2} - \left(\frac{3\sqrt{3}}{2} - i\frac{3}{2}\right)\right| = \left|-\frac{3\sqrt{3}}{2} + i\frac{3}{2} - \frac{3\sqrt{3}}{2} + i\frac{3}{2}\right|$

$= |-3\sqrt{3} + 3i| = \sqrt{\left(-3\sqrt{3}\right)^2 + 3^2} = \sqrt{27+9} = \sqrt{36} = 6.$

d. Déterminer la nature d'un quadrilatère

• Démontrons que les diagonales du quadrilatère ABCD se coupent en leur milieu :

$\frac{z_1 + z_3}{2} = \frac{z_1 - z_1}{2} = 0 = z_O,$

donc le point O est le milieu du segment [AC].

> I est le milieu de [AB] équivaut à $z_I = \frac{z_A + z_B}{2}$.
> → Fiche 40

De même, $\frac{z_4 + z_2}{2} = \frac{-\frac{3\sqrt{3}}{2} + \frac{3}{2}i + \frac{3\sqrt{3}}{2} - \frac{3}{2}i}{2} = 0 = z_O,$

donc le point O est le milieu du segment [BD].

• Les diagonales du quadrilatère ABCD se coupent en leur milieu O, donc c'est un parallélogramme. D'après le **4.c.**, les diagonales ont aussi même longueur, donc le quadrilatère ABCD est un rectangle.

GÉOMÉTRIE

Position relative de droites et de plans de l'espace

FICHES

BILAN

SUJETS CORRIGÉS

44 Étudier la position relative de deux droites de l'espace

Dans l'espace, deux droites ne sont pas nécessairement coplanaires. Il en résulte une nouvelle classification des positions relatives de deux droites de l'espace et de nouvelles propriétés qui complètent celles vues en Seconde.

RAPPEL DE COURS

I Positions relatives de deux droites de l'espace

Soit d et Δ deux droites de l'espace.

1. Droites coplanaires

Si d et Δ sont coplanaires, alors elles sont soit sécantes soit parallèles.

On peut appliquer les résultats de la géométrie plane.

d et Δ parallèles		d et Δ sécantes
strictement parallèles	confondues	
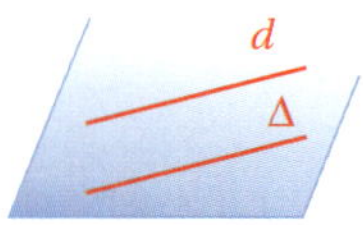	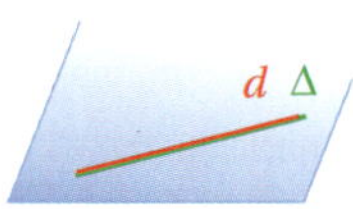	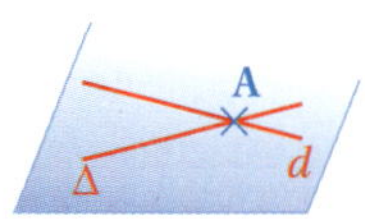
Aucun point commun	$d = \Delta$	Un unique point commun

d et Δ perpendiculaires est un cas particulier de d et Δ sécantes.

2. Droites non coplanaires

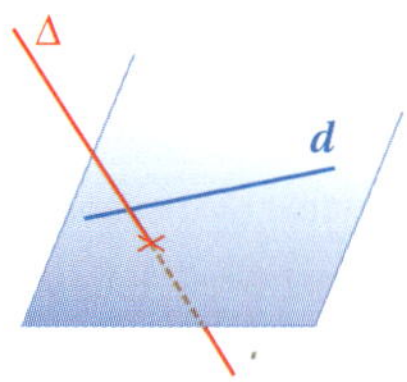

- Si d et Δ ne sont pas coplanaires, aucun plan ne les contient toutes les deux et elles n'ont aucun point d'intersection.

Donc si deux droites sont sécantes, alors elles sont coplanaires (contraposée).

- Deux droites de l'espace sont orthogonales lorsque des parallèles à ces droites passant par un point donné sont perpendiculaires (dans le plan qu'elles forment).

Exemple : Dans le cube ABCDEFGH ci-contre, d_1 et d_2 sont orthogonales. En effet, $\Delta_1 // d_1$, $d_2 // \Delta_2$, et Δ_2 et Δ_1 sont perpendiculaires en B dans le plan (BCG).

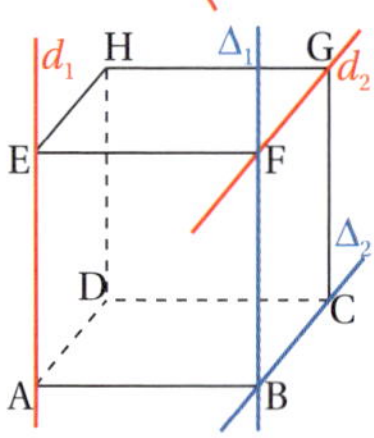

« Perpendiculaires » équivaut à « orthogonales et sécantes »

II Propriétés

- Si deux droites sont parallèles, toute droite parallèle à l'une est parallèle à l'autre, et toute droite orthogonale à l'une est orthogonale à l'autre.
- Si deux droites sont orthogonales, alors toute droite parallèle à l'une est orthogonale à l'autre.
- Deux droites perpendiculaires à un même plan sont parallèles.
- Théorème du toit : si deux droites parallèles sont contenues dans des plans sécants, alors ces deux droites sont parallèles à la droite d'intersection des deux plans.
- Théorème d'incidence : si deux plans sont parallèles, alors tout plan sécant avec l'un est sécant avec l'autre et les droites d'intersection sont parallèles.

Attention, toute droite orthogonale à l'une n'est pas forcément parallèle à l'autre.

→Fiche 49

APPLICATION Étudier la position relative de deux droites dans un cube

Dans le cube ABCDEFGH représenté ci-contre, le point I est le milieu du segment [AB] et le point J est le milieu du segment [GH].

Donner la position relative des droites :

1. (AD) et (CG). 2. (FG) et (IJ). 3. (IF) et (AB).
4. (AB) et (IJ). 5. (EF) et (IJ).

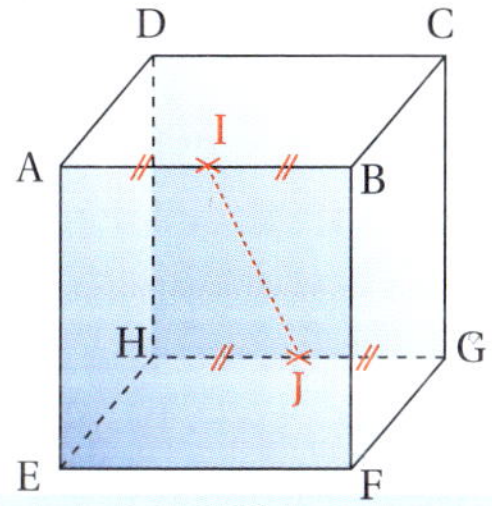

POINT MÉTHODE

Utilisez le fait que ABCDEFGH est un cube.

Solution

1. Les droites (AD) et (CG) sont orthogonales. En effet, (AD) // (BC) et (BC) et (CG) sont perpendiculaires en C.

2. Les droites (FG) et (IJ) sont non coplanaires car aucun plan ne les contient toutes les deux.

3. Les droites (IF) et (AB) sont sécantes. En effet, elles sont coplanaires (plan (ABF)) et se coupent en I.

4. Les droites (AB) et (IJ) sont perpendiculaires car elles sont sécantes en I et orthogonales. En effet, (IJ) // (BG), et (AB) et (BG) sont perpendiculaires car ABGH est un rectangle.

5. Les droites (EF) et (IJ) sont orthogonales. En effet, (AB) // (EF), et (AB) et (IJ) sont perpendiculaires (d'après 4.)

45 Étudier l'orthogonalité ou le parallélisme de deux droites de l'espace avec des vecteurs

On étend à l'espace la notion de vecteurs et les opérations associées. Ainsi, pour caractériser le parallélisme et l'orthogonalité de deux droites de l'espace, on peut utiliser les vecteurs.

RAPPEL DE COURS

Définition : Dans l'espace, comme dans le plan, un point A et un vecteur $\vec{u}$ non nul définissent une droite d et une seule : la droite passant par A et de vecteur directeur $\vec{u}$ est l'ensemble des points M de l'espace tels que $\overrightarrow{\mathbf{AM}} = t\vec{u}$ avec $t \in \mathbb{R}$.

I Parallélisme de deux droites de l'espace

Soit d une droite ayant pour vecteur directeur $\vec{u} \neq \vec{0}$ et Δ une droite ayant pour vecteur directeur $\vec{v} \neq \vec{0}$.

$$d // \Delta \Leftrightarrow \vec{u} \text{ et } \vec{v} \text{ sont colinéaires} \Leftrightarrow \text{il existe } \alpha \in \mathbb{R} \text{ tel que } \vec{v} = \alpha\vec{u}.$$

Exemple : Dans l'espace muni d'un repère orthonormé $\left(O ; \vec{i}, \vec{j}, \vec{k}\right)$, on considère les vecteurs $\vec{u}(1 ; 0 ; -2)$ et $\vec{v}(-3 ; 0 ; 6)$.

Toute droite d de vecteur directeur $\vec{u}$ et toute droite Δ de vecteur directeur $\vec{v}$ sont parallèles. En effet, $\vec{v} = -3\vec{u}$.

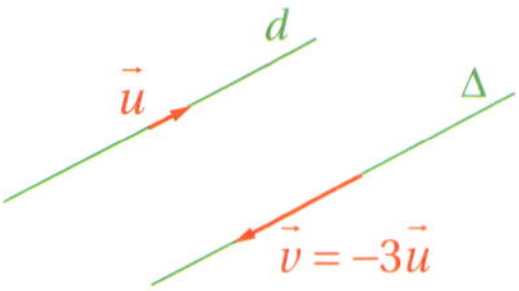

II Orthogonalité de deux droites de l'espace

Soit d et Δ deux droites de l'espace, $\vec{u} \neq \vec{0}$ un vecteur directeur de d et $\vec{v} \neq \vec{0}$ un vecteur directeur de Δ.

$$d \perp \Delta \Leftrightarrow \vec{u} \text{ et } \vec{v} \text{ sont orthogonaux} \Leftrightarrow \vec{u} \cdot \vec{v} = 0$$

$\vec{u} \cdot \vec{v}$ est le produit scalaire des vecteurs $\vec{u}$ et $\vec{v}$
→ Fiche 56

Exemple : Dans l'espace muni d'un repère orthonormé $\left(O ; \vec{i}, \vec{j}, \vec{k}\right)$, on considère les vecteurs $\vec{u}(3 ; -1 ; 2)$ et $\vec{v}(-2 ; -4 ; 1)$.

Les droites d de vecteur directeur $\vec{u}$ sont orthogonales aux droites Δ de vecteur directeur $\vec{v}$. En effet :
$\vec{u} \cdot \vec{v} = 3 \times (-2) - 1 \times (-4) + 2 \times 1 = -6 + 4 + 2 = 0$.

APPLICATION Établir l'orthogonalité ou le parallélisme de deux droites de l'espace

Dans l'espace muni d'un repère orthonormé $\left(O ; \vec{i}, \vec{j}, \vec{k}\right)$, on considère :
- une droite d dont $\vec{u}(2 ; 1 ; -3)$ est un vecteur directeur ;
- une droite d' dont $\vec{v}(-4 ; -2 ; 6)$ est un vecteur directeur ;
- la droite Δ passant par un point A appartenant à d' et dont un vecteur directeur est $\vec{w}(1 ; 1 ; 1)$.

1. Démontrer que les droites d et d' sont parallèles.
2. Démontrer que les droites d et Δ sont orthogonales.
3. Démontrer que les droites d et Δ sont perpendiculaires.

POINT MÉTHODE

1. Démontrez que les vecteurs $\vec{u}$ et $\vec{v}$ sont colinéaires.
2. Démontrez que $\vec{u} \cdot \vec{w} = 0$. → Fiche 57
3. Remarquez que les droites d' et Δ sont sécantes. → Fiche 45

Solution

1. $\vec{u}(2 ; 1 ; -3)$ et $\vec{v}(-4 ; -2 ; 6)$, donc $\vec{v} = -2\vec{u}$.
En effet : $-4 = -2 \times 2$; $-2 = -2 \times 1$; $6 = -2 \times (-3)$.
Les vecteurs $\vec{u}$ et $\vec{v}$ sont colinéaires, donc les droites d et d' sont parallèles.

2. $u \cdot w = 2 \times 1 + 1 \times 1 - 3 \times 1 = 2 + 1 - 3 = 0$.
$\vec{u} \cdot \vec{w} = 0$, donc les vecteurs $\vec{u}$ et $\vec{w}$ sont orthogonaux, donc les droites d et Δ sont orthogonales.

3. De même, $\vec{v} \cdot \vec{w} = -4 \times 1 - 2 \times 1 + 6 \times 1 = -4 - 2 + 6 = 0$.
$\vec{v} \cdot \vec{w} = 0$, donc les vecteurs $\vec{u}$ et $\vec{w}$ sont orthogonaux, donc les droites d' et Δ sont orthogonales.
Aussi, d' et Δ sont-elles sécantes en A et donc, par définition, d' et Δ sont perpendiculaires.

46 Étudier la position relative d'une droite et d'un plan de l'espace

Lorsqu'une droite et un plan de l'espace ne sont pas parallèles, ils sont sécants, éventuellement perpendiculaires.
Ces différentes positions relatives font l'objet de plusieurs propriétés.

RAPPEL DE COURS

Soit d une droite et $\mathscr{P}$ un plan de l'espace

I Position relative d'une droite et d'un plan de l'espace

- Dans l'espace, une droite et un plan sont **soit parallèles, soit sécants**.

d parallèle à $\mathscr{P}$		**d et $\mathscr{P}$ sécants**
strictement parallèles	**$d \subset \mathscr{P}$**	
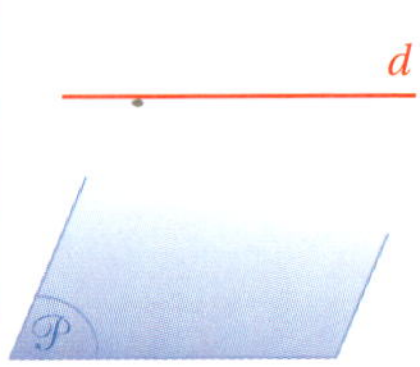	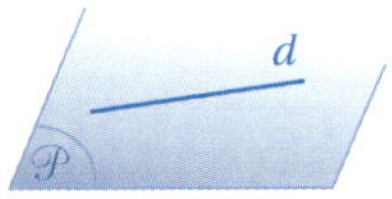	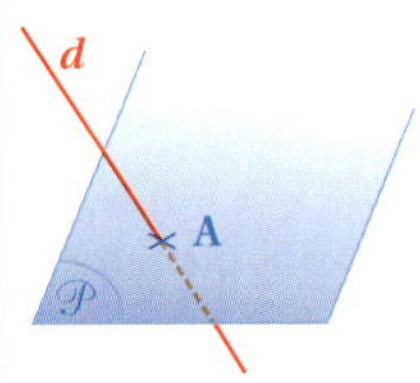
Aucun point commun	Points communs : d	Un unique point commun

d et $\mathscr{P}$ perpendiculaires est un cas particulier de d et $\mathscr{P}$ sécants.

→ Fiche 50

II Propriétés

1. Droite parallèle à un plan

- Si deux points distincts appartiennent à un plan, alors la droite qui passe par ces deux points est incluse dans ce plan.
- Si deux droites sont parallèles, alors l'une est parallèle à tout plan contenant l'autre.
- Si une droite est parallèle à une droite d'un plan, alors elle est parallèle à ce plan.

2. Droite perpendiculaire à un plan

- Une droite d et un plan $\mathcal{P}$ sont perpendiculaires, lorsque d est orthogonale à toutes droites de $\mathcal{P}$.
- pour qu'une droite d et un plan $\mathcal{P}$ soient perpendiculaires, il suffit que d soit orthogonale à deux droites sécantes de $\mathcal{P}$.

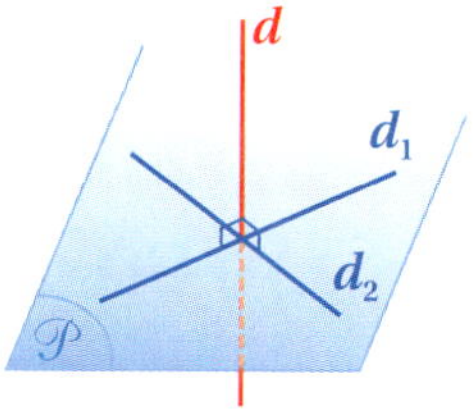

APPLICATION Étudier la position relative d'une droite et d'un plan

On considère le cube ABCDEFGH représenté ci-contre. Déterminer la position relative :

1. de la droite (CG) et du plan (ABD).
2. de la droite (HF) et du plan (CAD).
3. de la droite (HF) et du plan (DEG).
4. de la droite (EH) et du plan (ADF).
5. de la droite (AB) et du plan (DEG).

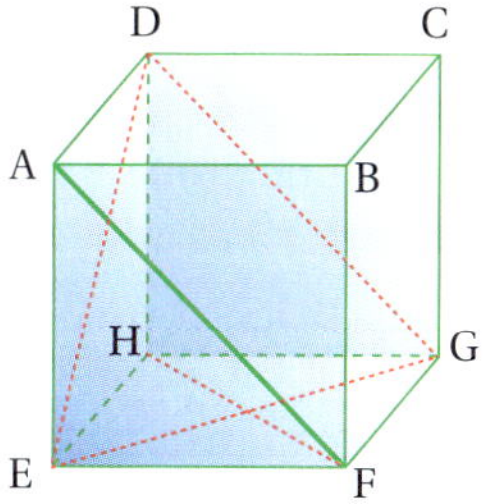

POINT MÉTHODE

- Observez la figure et répondez en donnant le terme le plus précis possible.
- Pour chaque question, vous pouvez commencer par expliciter le plan.

Solution

1. La droite (CG) est perpendiculaire au plan (ABD) qui est la face ABCD.
2. La droite (HF) est strictement parallèle au plan (CAD).

En effet, (HF) // (DB) et (DB) appartient au plan (CAD), donc, d'après la propriété rappelée dans le cours, (HF) est parallèle au plan (CAD).

3. La droite (HF) et le plan (DEG) sont sécants mais ne sont pas perpendiculaires car (HF) n'est pas orthogonale à (DE).
4. (EH) // (GF) et (GF) appartient au plan (ADF), donc la droite (EH) est parallèle au plan (ADF).
5. (AB) // (EF) et (EF) coupe le plan (DEG) en E, donc la droite (AB) et le plan (DEG) sont sécants. En effet, par l'absurde, si la droite (AB) et le plan (DEG) n'étaient pas sécants, ils seraient strictement parallèles. Alors la droite (EF) et le plan (DEG) le seraient aussi, ce qui n'est pas le cas.

47 Établir l'orthogonalité ou le parallélisme d'une droite et d'un plan de l'espace avec les vecteurs

Comme pour deux droites, on peut caractériser l'orthogonalité et le parallélisme d'une droite et d'un plan de l'espace en utilisant les vecteurs.

RAPPEL DE COURS

I Caractérisations d'une droite et d'un plan de l'espace

- Dans l'espace, comme dans le plan, un point A et un vecteur $\vec{u}$ non nul définissent une droite d et une seule : la droite passant par A et de vecteur directeur $\vec{u}$ est l'ensemble des points M de l'espace tels que $\overrightarrow{AM} = t\vec{u}$ avec $t \in \mathbb{R}$.
- Dans l'espace, un point A et un vecteur $\vec{n}$ non nul définissent un plan $\mathcal{P}$ et un seul : le plan passant par A et de vecteur normal $\vec{n}$ est l'ensemble des points M de l'espace tels que les vecteurs **$\overrightarrow{BM}$ et $\vec{n}$ sont orthogonaux**.

Un plan peut aussi être défini par un point et deux vecteurs non colinéaires.
→ Fiche 53

II Parallélisme d'une droite et d'un plan

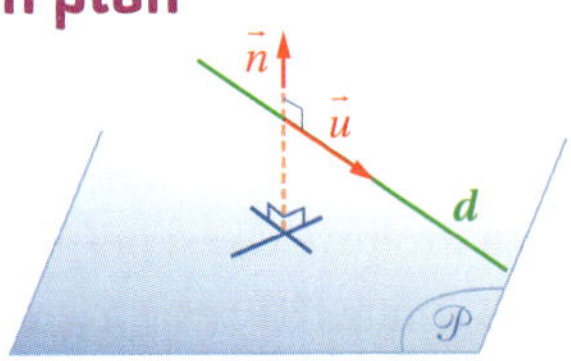

Soit d une droite et $\mathcal{P}$ un plan de l'espace, $\vec{u} \neq \vec{0}$ un vecteur directeur de d et $\vec{n} \neq \vec{0}$ un vecteur normal à $\mathcal{P}$.

$d // \mathcal{P} \Leftrightarrow \vec{u}$ et $\vec{n}$ sont orthogonaux $\Leftrightarrow \vec{n} \cdot \vec{u} = 0$

Exemple : Dans un repère orthonormé $(O ; \vec{i}, \vec{j}, \vec{k})$, toute droite d de vecteur directeur $\vec{u}(2 ; 4 ; -2)$ et tout plan $\mathcal{P}$ de vecteur normal $\vec{n}(1 ; -1 ; -1)$ sont parallèles car $\vec{n} \cdot \vec{u} = 1 \times 2 - 1 \times 4 - 1 \times (-2) = 2 - 4 + 2 = 0$.

→ Fiche 56

III Orthogonalité d'une droite et d'un plan

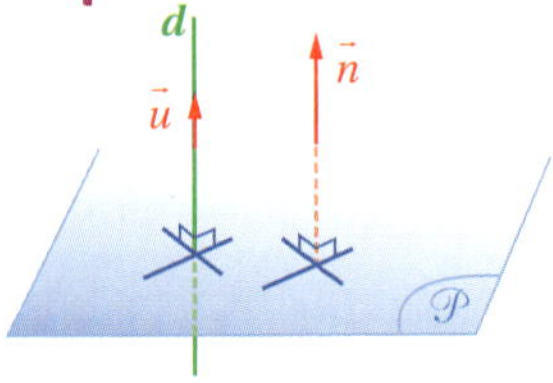

Soit d une droite et $\mathcal{P}$ un plan de l'espace, $\vec{u} \neq \vec{0}$ un vecteur directeur de d et $\vec{n} \neq \vec{0}$ un vecteur normal à $\mathcal{P}$.

$d \perp \mathcal{P} \Leftrightarrow \vec{u}$ et $\vec{n}$ sont colinéaires

$\Leftrightarrow$ il existe $\alpha \in \mathbb{R}$ tel que $\vec{n} = \alpha \vec{u}$.

Exemple : La droite d dont $\vec{u}(2\,;4\,;-2)$ est un vecteur directeur et le plan $\mathcal{P}$ dont $\vec{n}(-1\,;-2\,;1)$ est un vecteur normal sont parallèles car $\vec{n} = -\frac{1}{2}\vec{u}$.

APPLICATION Établir l'orthogonalité d'une droite et d'un plan

Dans l'espace muni d'un repère orthonormé $\left(O\,; \vec{i}, \vec{j}, \vec{k}\right)$, on considère les points $A(1\,;-1\,;4)$, $B(7;-1\,;-2)$ et $C(1\,;5\,;-2)$.

1. Démontrer que les vecteurs $\overrightarrow{AB}$ et $\overrightarrow{AC}$ ne sont pas colinéaires et donc que les points A, B et C forment un plan.
2. Démontrer que le vecteur $\vec{n}(1\,;1\,;1)$ est un vecteur normal au plan (ABC).
3. Soit d une droite de vecteur directeur $\vec{u}(-2\,;-2\,;-2)$.

Démontrer que la droite d et le plan (ABC) sont orthogonaux.

POINT MÉTHODE

1. Relisez la Fiche 54.
2. Pour démontrer qu'un vecteur est normal à un plan, il suffit de démontrer qu'il est orthogonal à deux vecteurs non colinéaires de ce plan. → Fiche 54
3. Démontrez que les vecteurs $\vec{n}$ et $\vec{u}$ sont colinéaires, puis concluez.

Solution

1. $\overrightarrow{AB}$ a pour coordonnées $(7-1\,;-1-(-1)\,;-2-4)$ soit $(6\,;0\,;-6) \neq (0\,;0\,;0)$.

$\overrightarrow{AC}$ a pour coordonnées $(1-1\,;5-(-1)\,;-2-4)$ soit $(0\,;6\,;-6) \neq (0\,;0\,;0)$.

Les vecteurs $\overrightarrow{AB}$ et $\overrightarrow{AC}$ ne sont pas colinéaires, donc les points A, B et C forment un plan (ABC).

Il n'existe pas de réel α tel que $\overrightarrow{AC} = \alpha\overrightarrow{AB}$.

2. $\vec{n} \cdot \overrightarrow{AB} = 1 \times 6 + 1 \times 0 + 1 \times (-6) = 6 - 6 = 0$

et $\vec{n} \cdot \overrightarrow{AC} = 1 \times 0 + 1 \times 6 + 1 \times (-6) = 6 - 6 = 0$.

Le vecteur $\vec{n}(1\,;1\,;1)$ est orthogonal aux vecteurs $\overrightarrow{AB}$ et $\overrightarrow{AC}$ qui sont des vecteurs directeurs du plan (ABC), donc $\vec{n}(1\,;1\,;1)$ est un vecteur normal au plan (ABC).

3. $\vec{u}(-2\,;-2\,;-2)$ et $\vec{n}(1\,;1\,;1)$, donc $\vec{n} = -2\vec{u}$.

Les vecteurs $\vec{n}$ et $\vec{u}$ sont colinéaires, donc la droite d et le plan (ABC) sont orthogonaux.

48 Étudier la position relative de deux plans de l'espace

Lorsque deux plans de l'espace ne sont pas parallèles, ils sont sécants, éventuellement perpendiculaires. Ces différentes positions relatives font l'objet de plusieurs propriétés.

RAPPEL DE COURS

Soit $\mathscr{P}$ et $\mathscr{Q}$ deux plans de l'espace.

I Positions relatives de deux plans de l'espace

- Dans l'espace, deux plans sont **soit parallèles, soit sécants.**

$\mathscr{P}$ et $\mathscr{Q}$ perpendiculaires est un cas particulier de $\mathscr{P}$ et $\mathscr{Q}$ sécants.

$\mathscr{P}$ et $\mathscr{Q}$ parallèles		$\mathscr{P}$ et $\mathscr{Q}$ sécants
strictement parallèles	confondus	
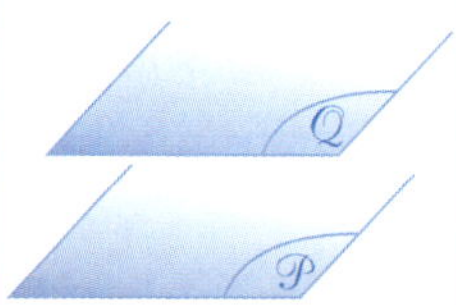		
Aucun point commun	$\mathscr{P} = \mathscr{Q}$	Une droite d'intersection

II Propriétés

1. Plans parallèles

- Si deux plans sont parallèles :
- tout plan parallèle à l'un est parallèle à l'autre ;
- tout plan qui coupe l'un coupe l'autre et les intersections sont des droites parallèles.

- Si une droite d est perpendiculaire à deux plans $\mathscr{P}_1$ et $\mathscr{P}_2$, alors les deux plans $\mathscr{P}_1$ et $\mathscr{P}_2$ sont parallèles.

- Si une droite d_1 est perpendiculaire à un plan $\mathscr{P}_1$ et une droite d_2 est perpendiculaire à un plan $\mathscr{P}_2$, et si les droites d_1 et d_2 sont parallèles, alors les deux plans $\mathscr{P}_1$ et $\mathscr{P}_2$ sont parallèles.

2. Plans perpendiculaires

- Si deux plans sont perpendiculaires :
  - tout plan parallèle à l'un est perpendiculaire à l'autre ;
  - tout plan perpendiculaire à l'un est parallèle à l'autre.
- Si une droite d_1 est perpendiculaire à un plan $\mathcal{P}_1$ et une droite d_2 est perpendiculaire à un plan $\mathcal{P}_2$, et si les droites d_1 et d_2 sont orthogonales, alors les plans $\mathcal{P}_1$ et $\mathcal{P}_2$ sont perpendiculaires.

APPLICATION Étudier la position relative de deux plans

On considère le cube ABCDEFGH représenté ci-dessous. Déterminer la position relative des plans donnés. Lorsque deux plans sont sécants, préciser leur intersection.

1. Les plans (DEG) et (GBE).
2. Les plans (DCG) et (HGD).
3. Les plans (DCG) et (AFE).
4. Les plans (EFG) et (GFB).
5. Les plans (DEG) et (DCG).
6. Les plans (AEG) et (DCG).

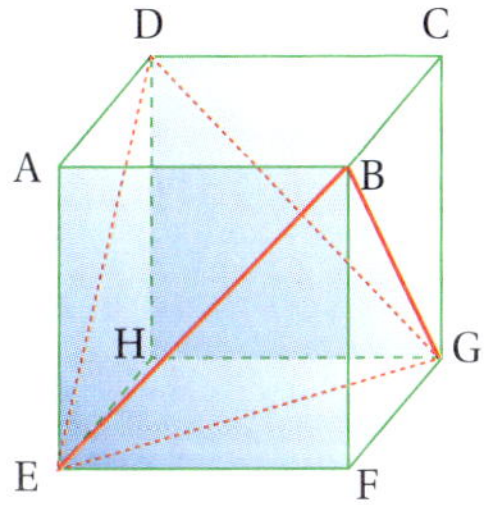

POINT MÉTHODE

Répondez en donnant le terme le plus précis possible.
Pour chaque question, vous pouvez commencer par expliciter les plans.

Solution

1. Les plans (DEG) et (GBE) sont sécants et leur intersection est la droite (EG). En effet, les points E et G appartiennent à chacun des deux plans.
2. Les plans (DCG) et (HGD) sont confondus.
3. Les plans (DCG) et (AFE) sont strictement parallèles.
4. Les plans (EFG) et (GFB) sont perpendiculaires.
5. Les plans (DEG) et (DCG) sont sécants et leur intersection est la droite (DG). En effet, les points D et G appartiennent à chacun des deux plans.
6. Les plans (AEG) et (DCG) sont sécants et leur intersection est la droite (CG). En effet, les points C et G appartiennent à chacun des deux plans.

49 Établir l'orthogonalité ou le parallélisme de deux plans de l'espace

Comme pour deux droites ou une droite et un plan, on peut caractériser l'orthogonalité et le parallélisme de deux plans de l'espace en utilisant les vecteurs.

RAPPEL DE COURS

I Caractérisation d'un plan de l'espace

Dans l'espace, un point A et un vecteur $\vec{n}$ non nul définissent un plan $\mathscr{P}$ et un seul : le plan passant par A et de vecteur normal $\vec{n}$ est l'ensemble des points M de l'espace tels que les vecteurs $\overrightarrow{\mathbf{BM}}$ **et $\vec{n}$ sont orthogonaux**.

Un plan peut aussi être défini par un point et deux vecteurs non colinéaires.
→ Fiche 53

II Parallélisme de deux plans de l'espace

Soit $\mathscr{P}$ et $\mathscr{P}'$ deux plans de l'espace, $\vec{n} \neq \vec{0}$ un vecteur normal à $\mathscr{P}$ et $\overrightarrow{n'} \neq 0$ un vecteur normal à $\mathscr{P}'$.

$$\mathscr{P} \,//\, \mathscr{P}' \Leftrightarrow \vec{n} \text{ et } \overrightarrow{n'} \text{ sont colinéaires}$$
$$\Leftrightarrow \text{il existe } \alpha \in \mathbb{R} \text{ tel que } \overrightarrow{n'} = \alpha\vec{n}.$$

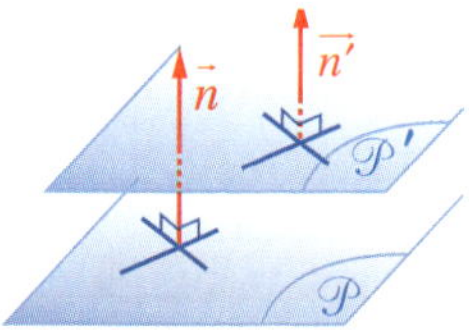

III Perpendicularité de deux plans de l'espace

Soit $\mathscr{P}$ et $\mathscr{P}'$ deux plans de l'espace,
$\vec{n} \neq \vec{0}$ un vecteur normal à $\mathscr{P}$
et $\overrightarrow{n'} \neq 0$ un vecteur normal à $\mathscr{P}'$.

$$\mathscr{P} \perp \mathscr{P}' \Leftrightarrow \vec{n} \text{ et } \overrightarrow{n'}$$
$$\Leftrightarrow \vec{n} \cdot \overrightarrow{n'} = 0$$

→ Fiche 54

APPLICATION Établir le parallélisme ou la perpendicularité de deux plans de l'espace

Dans l'espace muni d'un repère orthonormé $\left(O\,;\vec{i},\vec{j},\vec{k}\right)$, on considère le plan $\mathcal{P}_1$ d'équation cartésienne $-2x+y+z-6=0$ et le plan $\mathcal{P}_2$ d'équation cartésienne $x-2y+4z-9=0$.

1. Démontrer que les plans $\mathcal{P}_1$ et $\mathcal{P}_2$ sont perpendiculaires.

2. Démontrer que le plan $\mathcal{P}_3$ d'équation cartésienne $4x-2y-2z+1=0$ est parallèle au plan $\mathcal{P}_1$.

3. Démontrer que le plan $\mathcal{P}_4$ d'équation cartésienne $2x+2y+2z+5=0$ est perpendiculaire au plan $\mathcal{P}_1$.

POINT MÉTHODE

Dans tous les cas, déterminez un vecteur normal aux plans considérés : si un plan $\mathcal{P}$ de l'espace a pour équation cartésienne $ax+by+cz+d=0$ avec $(a\,;b\,;c\,;d)\in\mathbb{R}^4$ et $(a\,;\,b\,;\,c)\neq(0;0;0)$, alors le vecteur $\vec{n}(a\,;\,b\,;\,c)$ est un vecteur normal au plan $\mathcal{P}$. → Fiche 54

1. Déterminez un vecteur normal à chacun des deux plans, puis démontrez qu'ils sont orthogonaux.

2. Démontrez qu'un vecteur normal à $\mathcal{P}_3$ est colinéaire à un vecteur normal à $\mathcal{P}_1$.

3. Déterminez un vecteur normal à $\mathcal{P}_4$, puis démontrez qu'il est orthogonal au vecteur normal de $\mathcal{P}_1$ déterminé en **1.**.

Solution

1. Le plan $\mathcal{P}_1$ a pour équation cartésienne $-2x+y+z-6=0$, donc $\overrightarrow{n_1}(-2\,;1\,;1)$ est un vecteur normal à ce plan. De même, le plan $\mathcal{P}_2$ a pour équation cartésienne $x-2y+4z-9=0$, donc $\overrightarrow{n_2}(1;-2\,;4)$ est un vecteur normal à ce plan.

$\overrightarrow{n_1}\cdot\overrightarrow{n_2}=-2\times1+1\times(-2)+1\times4=-2-2+4=0$, donc le plan $\mathcal{P}_1$ est perpendiculaire au plan $\mathcal{P}_2$.

2. Le plan $\mathcal{P}_3$ a pour équation cartésienne $4x-2y-2z+1=0$, donc $\overrightarrow{n_3}(4\,;-2\,;-2)$ est un vecteur normal à ce plan. $\overrightarrow{n_3}=-2\overrightarrow{n_1}$, donc les plans $\mathcal{P}_1$ et $\mathcal{P}_3$ sont parallèles.

3. Le plan $\mathcal{P}_4$ a pour équation cartésienne $2x+2y+2z+5=0$, donc $\overrightarrow{n_4}(2\,;2\,;2)$ est un vecteur normal à ce plan. D'après le **1.**, $\overrightarrow{n_1}(-2\,;1\,;1)$ est un vecteur normal au plan $\mathcal{P}_1$. $\overrightarrow{n_1}\cdot\overrightarrow{n_4}=-2\times2+1\times2+1\times2=-4+2+2=0$, donc le plan $\mathcal{P}_1$ est perpendiculaire au plan $\mathcal{P}_4$.

50 Déterminer l'intersection d'une droite et d'un plan de l'espace

Lorsqu'une droite et un plan de l'espace ne sont pas parallèles, ils sont sécants et leur intersection est un point. On peut, dans un repère orthonormé de l'espace, déterminer les coordonnées de ce point.

RAPPEL DE COURS

L'espace est muni d'un repère orthonormé $\left(O ; \vec{i}, \vec{j}, \vec{k}\right)$.

I Définitions

→ Fiche 52

- Une représentation paramétrique de la droite d passant par le point $A(x_A ; y_A ; z_A)$ et de vecteur directeur $\vec{u}(\alpha;\beta;\gamma)$ est $\begin{cases} x = \alpha t + x_A \\ y = \beta t + y_A \\ z = \gamma t + z_A \end{cases}, t \in \mathbb{R}$.

$\vec{u} \neq \vec{0}$, ce qui équivaut à $\alpha \neq 0$ ou $\beta \neq 0$ ou $\gamma \neq 0$.

- Une équation cartésienne d'un plan $\mathcal{P}$ dont le vecteur $\vec{n}(a;b;c)$ non nul est un vecteur normal est $ax + by + cz + d = 0$ avec $d \in \mathbb{R}$.

→ Fiche 53

II Intersection d'une droite et d'un plan

Soit d une droite de représentation paramétrique $\begin{cases} x = \alpha t + x_A \\ y = \beta t + y_A \\ z = \gamma t + z_A \end{cases}, t \in \mathbb{R}$

et $\mathcal{P}$ un plan d'équation cartésienne $ax + by + cz + d = 0$.

Le vecteur $\vec{u}(\alpha;\beta;\gamma)$ est un vecteur directeur de la droite d et le vecteur $\vec{n}(a;b;c)$ est un vecteur normal au plan $\mathcal{P}$.

- La droite d et le plan $\mathcal{P}$ sont parallèles équivaut à **$\vec{u}(\alpha;\beta;\gamma)$ et $\vec{n}(a;b;c)$ sont orthogonaux**, c'est-à-dire à $\boldsymbol{\alpha a + \beta b + \gamma c = 0}$.

Dans ce cas, l'intersection de d et $\mathcal{P}$ est vide ou est égale à d.

- Si $\boldsymbol{\alpha a + \beta b + \gamma c \neq 0}$, alors la droite d et le plan $\mathcal{P}$ ne sont pas parallèles, et leur intersection est un point.

Dans ce cas, déterminer les coordonnées du point d'intersection de d et $\mathcal{P}$ revient à résoudre le système d'équations suivant, d'inconnue t :

$$\begin{cases} x = \alpha t + x_A \\ y = \beta t + y_A \\ z = \gamma t + z_A \\ ax + by + cz + d = 0 \end{cases}$$

Pour cela, on remplace x par $\alpha t + x_A$, y par $\beta t + y_A$, z par $\gamma t + z_A$ dans l'équation $ax + by + cz + d = 0$.

APPLICATION Déterminer l'intersection d'une droite et d'un plan non parallèles

Dans l'espace muni d'un repère orthonormé $\left(O ; \vec{i}, \vec{j}, \vec{k}\right)$, on considère le plan $\mathscr{P}$ dont une équation cartésienne est $x - 2y + z + 1 = 0$ et la droite d dont une représentation paramétrique est $\begin{cases} x = 2t \\ y = 3t - 2 \\ z = 3 - 4t \end{cases}$, $t \in \mathbb{R}$.

1. Démontrer que la droite d et le plan $\mathscr{P}$ ne sont pas parallèles.
2. Déterminer les coordonnées du point d'intersection de d et $\mathscr{P}$.

POINT MÉTHODE

1. Si $\vec{u} \neq \vec{0}$ est un vecteur directeur de d et $\vec{n} \neq \vec{0}$ un vecteur normal à $\mathscr{P}$: $d // \mathscr{P} \Leftrightarrow \vec{u}$ et $\vec{n}$ orthogonaux $\Leftrightarrow \vec{n} \cdot \vec{u} = 0$.
Il suffit donc de vérifier que $\vec{n} \cdot \vec{u} \neq 0$.

2. Résolvez un système d'équations d'inconnue t, puis déduisez-en les coordonnées du point M.

Solution

1. Le vecteur $\vec{n}(1 ; -2 ; 1)$ est un vecteur normal au plan $\mathscr{P}$ et le vecteur $\vec{u}(2 ; 3 ; -4)$ est un vecteur directeur de la droite d.

$\vec{n} \cdot \vec{u} = 1 \times 2 + (-2) \times 3 + 1 \times (-4) = -14 \neq 0$, donc la droite d et le plan $\mathscr{P}$ ne sont pas parallèles.

2. Une droite et un plan qui ne sont pas parallèles sont sécants.

Pour déterminer les coordonnées $(x ; y ; z)$ du point M d'intersection de d et $\mathscr{P}$, on résout le système d'inconnue t : $\begin{cases} x - 2t \\ y = 3t - 2 \\ z = 3 - 4t \\ x - 2y + z + 1 = 0 \end{cases}$

En remplaçant x, y et z par leur expression en fonction de t dans la dernière équation, on obtient :

$2t - 2(3t - 2) + 3 - 4t + 1 = 2t - 6t + 4 + 3 - 4t + 1 = -8t + 8 = 0$ soit $8t = 8$ et $t = 1$.

Donc M a pour coordonnées : $x = 2 \times 1 = 2$; $y = 3 \times 1 - 2 = 1$; $z = 3 - 4 \times 1 = -1$, soit $M(2 ; 1 ; -1)$.

Quiz express

Vérifiez que vous avez bien retenu les points clés des **fiches 44 à 50**.

L'espace est muni d'un repère orthonormé $\left(O\,;\,\vec{i},\vec{j},\vec{k}\right)$.

Étudier la position relative de deux droites

1 Si deux droites sont parallèles, alors toute droite orthogonale à l'une est orthogonale à l'autre.

☐ **a.** Vrai ☐ **b.** Faux

2 Si deux droites sont orthogonales, alors toute droite orthogonale à l'une est parallèle à l'autre.

☐ **a.** Vrai ☐ **b.** Faux

FICHE 44

Étudier l'orthogonalité ou le parallélisme de deux droites

3 d est une droite de vecteur directeur $\vec{u}(-4\,;4\,;0)$ et Δ une droite de vecteur directeur $\vec{v}(1;\,1;\,0)$.

☐ **a.** $d\,//\,\Delta$ ☐ **b.** $d \perp \Delta$ ☐ **c.** ni l'un, ni l'autre

4 d est une droite de vecteur directeur $\vec{u}(4\,;4\,;0)$ et Δ une droite de vecteur directeur $\vec{v}(1;\,1;\,0)$.

☐ **a.** $(d)\,//\,\Delta$ ☐ **b.** $(d) \perp \Delta$ ☐ **c.** ni l'un, ni l'autre

FICHE 45

Étudier la position relative d'une droite et d'un plan

5 Si une droite est orthogonale à un plan, alors elle est orthogonale à toutes les droites incluses dans ce plan.

☐ **a.** Vrai ☐ **b.** Faux

6 Si une droite est orthogonale à une autre droite, alors elle est orthogonale à tous les plans contenant cette droite.

☐ **a.** Vrai ☐ **b.** Faux

FICHE 46

Étudier l'orthogonalité ou le parallélisme d'une droite et d'un plan

7 d est une droite de vecteur directeur $\vec{u}(2\,;-1\,;-3)$ et $\mathscr{P}$ un plan de vecteur normal $\vec{n}(1\,;-1\,;1)$.

☐ **a.** $d\,//\,\mathscr{P}$ ☐ **b.** $d \perp \mathscr{P}$ ☐ **c.** ni l'un, ni l'autre

8 d est une droite de vecteur directeur $\vec{u}(-2\,;2\,;-2)$ et $\mathscr{P}$ un plan de vecteur normal $\vec{n}(-1\,;-1\,;-1)$.

☐ **a.** $d\,//\,\mathscr{P}$ ☐ **b.** $d \perp \mathscr{P}$ ☐ **c.** ni l'un, ni l'autre

FICHE 47

Étudier la position relative de deux plans

9 Deux plans sécants sont perpendiculaires.

☐ **a.** Vrai ☐ **b.** Faux

10 Si deux plans sont parallèles, alors tout plan sécant avec l'un est sécant avec l'autre.

☐ **a.** Vrai ☐ **b.** Faux

FICHE 48

Étudier l'orthogonalité ou le parallélisme de deux plans

11 $\mathscr{P}$ est un plan de vecteur normal $\vec{n}(1\,;2\,;1)$ et $\mathscr{Q}$ un plan de vecteur normal $\overrightarrow{n'}(2\,;1\,;2)$.

☐ **a.** $\mathscr{P}\,//\,\mathscr{Q}$ ☐ **b.** $\mathscr{P} \perp \mathscr{Q}$ ☐ **c.** ni l'un, ni l'autre

12 $\mathscr{P}$ est un plan de vecteur normal $\vec{n}(2\,;-4\,;-1)$ et $\mathscr{Q}$ un plan de vecteur normal $\overrightarrow{n'}(3\,;1\,;2)$.

☐ **a.** $\mathscr{P}\,//\,\mathscr{Q}$ ☐ **b.** $\mathscr{P} \perp \mathscr{Q}$ ☐ **c.** ni l'un, ni l'autre

FICHE 49

Déterminer l'intersection de droites et de plans

d est la droite dont une représentation paramétrique est $\begin{cases} x = 2t+3 \\ y = t+3 \\ z = t \end{cases}$, $t \in \mathbb{R}$.

13 $\mathscr{P}$ est le plan d'équation cartésienne $x+2y-3z+1=0$.

Le point A$(-1\,;1\,;-2)$ est le point d'intersection de la droite d et du plan $\mathscr{P}$.

☐ **a.** Vrai ☐ **b.** Faux

14 $\mathscr{Q}$ est le plan d'équation cartésienne $x-y-z=0$.

☐ **a.** $d \cap \mathscr{Q} = \varnothing$ ☐ **b.** $\delta \perp \mathscr{Q}$ ☐ **c.** $d \cap \mathscr{Q} = d$

FICHE 50

RÉPONSES

1. a • **2.** b • **3.** b • **4.** c • **5.** a • **6.** b • **7.** a • **8.** c • **9.** b • **10.** a • **11.** c • **12.** b • **13.** b • **14.** c. car d et $\mathscr{Q}$ sont parallèles et ont le point B(3 ; 3 ; 0) en commun.

SUJET 29 | Équations cartésiennes et position relative de plans

DURÉE 50 MIN

→ **Fiche 48** Étudier la position relative de deux plans de l'espace
→ **Fiche 49** Établir l'orthogonalité ou le parallélisme de deux plans de l'espace
→ **Fiche 53** Déterminer une équation cartésienne d'un plan de l'espace

L'espace est muni d'un repère orthonormé $\left(O ;\vec{i}, \vec{j}, \vec{k}\right)$.

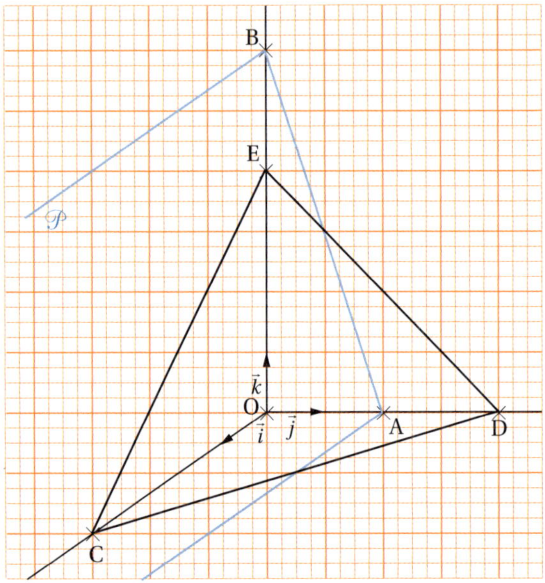

Sur la figure ci-dessus, on a placé les points $A(0;2;0)$, $B(0;0;6)$, $C(4;0;0)$, $D(0;4;0)$ et $E(0;0;4)$.

Le plan $\mathscr{P}$ d'équation cartésienne $3y+z=6$ est représenté par ses traces sur le plan de base.

1. a. Démontrer que les points C, D et E déterminent un plan que l'on notera (CDE).

b. Vérifier que le plan (CDE) a pour équation $x+y+z=4$.

2. a. Justifier que les plans $\mathscr{P}$ et (CDE) sont sécants. On note Δ leur intersection.

b. Sans justifier, représenter Δ en couleur (ou à défaut en traits pointillés) sur la figure.

3. On considère les points $F(2;0;0)$ et $G(0;3;0)$. On note $\mathcal{Q}$ le plan parallèle à l'axe $\left(O;\vec{k}\right)$ et contenant les points F et G.

a. Placer sur la figure les points F et G. Sans justifier, représenter le plan $\mathcal{Q}$ par ses traces sur le plan de base, d'une autre couleur (ou à défaut en larges pointillés).

b. Déterminer les réels a et b tels que $ax + by = 6$ est une équation du plan $\mathcal{Q}$.

4. L'intersection des plans (CDE) et $\mathcal{Q}$ est une droite Δ'.

Sans justifier, représenter la droite Δ' d'une troisième couleur (à défaut en très larges pointillés).

DÉMARRONS ENSEMBLE

1.a. Démontrez, par exemple, que les vecteurs $\overrightarrow{CE}$ et $\overrightarrow{CD}$ ne sont pas colinéaires. → **Fiche 53**

b. Il suffit de vérifier que les coordonnées des points C, D et E vérifient l'équation donnée.

2. a. Démontrez que les vecteurs normaux de ces plans ne sont pas colinéaires. → **Fiche 48**

b. Trouvez deux points appartenant à la droite Δ.

3. a. Utilisez le fait que le plan $\mathcal{Q}$ est parallèle à l'axe $\left(O;\vec{k}\right)$.

b. Sachant que les points F et G appartiennent à ce plan, résolvez des équations d'inconnues a et b.

4. Trouvez deux points appartenant à la droite Δ'.

CORRIGÉ

1. a. Démontrer que trois points donnés déterminent un plan.

$\overrightarrow{CD}(0-4\ ;4-0\ ;0-0)$ soit $\overrightarrow{CD}(-4\ ;4;0) \neq (0;0;0)$;

$\overrightarrow{CE}(0-4;0-0;4-0)$ soit $\overrightarrow{CE}(-4;0;4) \neq (0;0;0)$.

Les vecteurs $\overrightarrow{CD}$ et $\overrightarrow{CE}$ ne sont pas colinéaires, donc les points C, D et E ne sont pas alignés et déterminent un plan, noté (CDE).

Il n'existe pas de réel α tel que $\overrightarrow{CE} = \alpha\overrightarrow{CD}$.

b. Vérifier qu'une équation cartésienne convient pour un plan

Notons $\mathcal{R}$ le plan d'équation $x + y + z = 4$ et vérifions que les points C, D et E appartiennent à $\mathcal{R}$: $C(4;0;0)$ et $4+0+0=4$; $D(0;4;0)$ et $0+4+0=4$; $E(0;0;4)$ et $0+0+4=4$.

Ainsi, les plans $\mathcal{R}$ et (CDE) ont trois points communs non alignés, donc ils sont confondus et $x + y + z = 4$ est une équation de (CDE).

2. a. Démontrer que deux plans sont sécants

Un vecteur normal au plan (CDE) est $\vec{n}(1\,;1\,;1)$. Un vecteur normal au plan $\mathscr{P}$ d'équation $3y+z=6$ est $\vec{n'}(0\,;3\,;1)$. Les vecteurs $\vec{n}(1\,;1\,;1)$ et $\vec{n'}(0\,;3\,;1)$ ne sont pas colinéaires, donc les plans (CDE) et $\mathscr{P}$ ne sont pas parallèles, et sont donc sécants.

→ Fiche 49

b. Représenter l'intersection de deux plans

Pour dessiner l'intersection de deux plans sécants, qui est une droite, il suffit de déterminer deux points qui appartiennent à ces deux plans, puis de tracer la droite passant par ces deux points.

Voir la figure ci-après.

→ Fiche 48

3. a. Placer des points et représenter un plan

Le plan $\mathscr{Q}$ passe par les points F et G, et est parallèle à l'axe $\left(\mathrm{O};\vec{k}\right)$.

Ses traces sur les plans $\left(\mathrm{O};\vec{j},\vec{k}\right)$ et $\left(\mathrm{O};\vec{i},\vec{k}\right)$ sont parallèles à l'axe $\left(\mathrm{O};\vec{k}\right)$.

Voir la figure ci-après.

b. Déterminer une équation cartésienne d'un plan

D'après l'énoncé, le plan $\mathscr{Q}$ a une équation cartésienne de la forme :

$ax+by=6$ avec $(a\,;b)\in\mathbb{R}^2$.

$\mathrm{F}(2\,;0\,;0)\in\mathscr{Q} \Leftrightarrow a\times 2+b\times 0=6 \Leftrightarrow a=3.$

$\mathrm{G}(0\,;3\,;0)\in\mathscr{Q} \Leftrightarrow a\times 0+b\times 3=6 \Leftrightarrow b=2.$

Donc une équation cartésienne du plan $\mathscr{Q}$ est $3x+2y=6$.

4. Représenter l'intersection de deux plans

Pour dessiner l'intersection de deux plans non parallèles, qui est une droite, il suffit de déterminer deux points qui appartiennent à ces deux plans, puis de tracer la droite passant par ces deux points.

→ Fiche 48

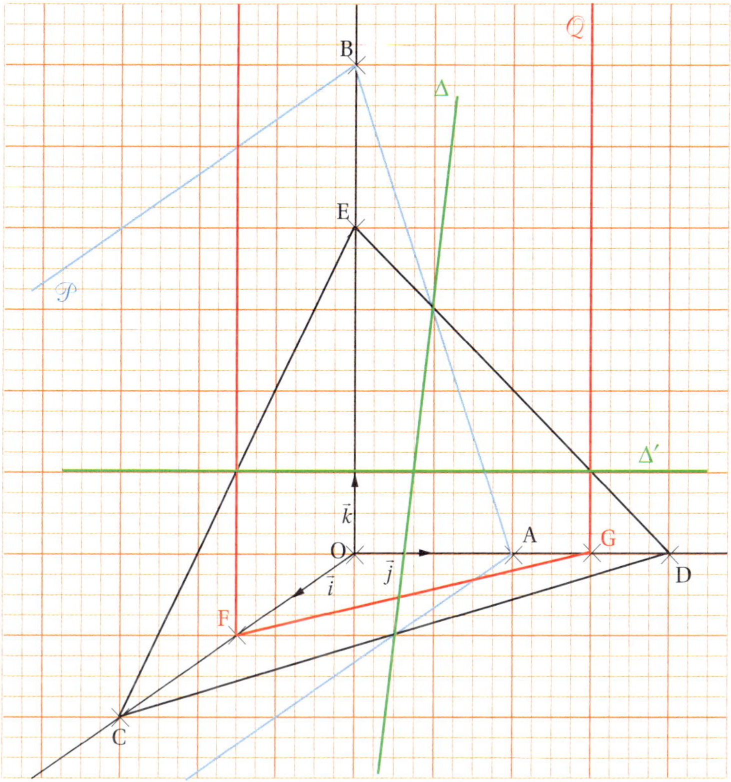

B
Δ
$\mathscr{Q}$
E
$\mathscr{P}$
Δ′
$\vec{k}$
A
G
O
$\vec{j}$
$\vec{i}$
D
F
C

SUJET 30 | Équations cartésiennes et position relative de plans. Représentation paramétrique d'une droite. Position relative d'une droite et d'un plan

DURÉE 60 MIN

→ **Fiche 46** Étudier la position relative d'une droite et d'un plan de l'espace
→ **Fiche 47** Établir l'orthogonalité ou le parallélisme d'une droite et d'un plan de l'espace avec les vecteurs
→ **Fiche 48** Étudier la position relative de deux plans
→ **Fiche 49** Étudier l'orthogonalité ou le parallélisme de deux plans de l'espace
→ **Fiche 50** Déterminer l'intersection d'une droite et d'un plan de l'espace
→ **Fiche 52** Déterminer une représentation paramétrique d'une droite de l'espace
→ **Fiche 53** Déterminer une équation cartésienne d'un plan de l'espace
→ **Fiche 57** Démontrer l'orthogonalité à l'aide du produit scalaire

L'espace est rapporté à un repère orthonormé $\left(O;\vec{i},\vec{j},\vec{k}\right)$.
On considère la droite $\mathscr{D}$ passant par les points $A(3;0;6)$ et $I(0;0;6)$.
On appelle $\mathscr{P}$ le plan d'équation $2y+z-6=0$ et $\mathscr{Q}$ le plan d'équation $y-2z+12=0$.

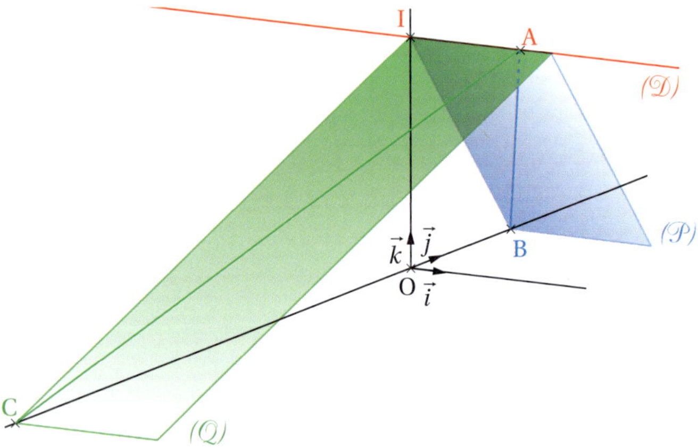

1. Démontrer que les plans $\mathscr{P}$ et $\mathscr{Q}$ sont perpendiculaires.

2. Démontrer que l'intersection des plans $\mathscr{P}$ et $\mathscr{Q}$ est la droite $\mathscr{D}$.

3. a. Démontrer que les plans $\mathscr{P}$ et $\mathscr{Q}$ coupent l'axe $\left(O;\vec{j}\right)$.

b. Déterminer les coordonnées des points B et C, intersections respectives des plans $\mathcal{P}$ et $\mathcal{Q}$ avec l'axe $\left(O\,;\vec{j}\right)$.

4. Démontrer qu'une équation cartésienne du plan $\mathcal{R}$ passant par B et de vecteur normal $\overrightarrow{AC}$ est $x+4y+2z-12=0$.

5. a. Donner une représentation paramétrique de la droite (OA).

b. Démontrer que la droite (OA) et le plan $\mathcal{R}$ sont sécants en un point H dont on déterminera les coordonnées.

6. Que représente le point H pour le triangle ABC ? Justifier.

DÉMARRONS ENSEMBLE

1. Déterminez un vecteur normal à chacun des plans. → **Fiches 53 et 57**
2. Démontrez que les points I et A appartiennent aux deux plans. → **Fiche 48**
3. Démontrez que des vecteurs normaux aux plans $\mathcal{P}$ et $\mathcal{Q}$ ne sont pas orthogonaux au vecteur $\vec{j}$. Que peut-on dire des coordonnées d'un point de l'axe $\left(O\,;\vec{j}\right)$? → **Fiches 46 et 47**
4. Déterminez les coordonnées du vecteur $\overrightarrow{AC}$ et relisez éventuellement la **Fiche 53**.
5. Relisez éventuellement la **Fiche 52**, et démontrez que les vecteurs $\overrightarrow{OA}$ et $\overrightarrow{AC}$ ne sont pas orthogonaux. Puis relisez la **Fiche 50**.
6. Démontrez que le point H appartient au plan (ABC), puis utilisez d'une part la définition du point H, d'autre part ses coordonnées.
Que peut-on dire du vecteur $\overrightarrow{BH}$? du vecteur $\overrightarrow{AH}$?

CORRIGÉ

1. Démontrer que deux plans sont perpendiculaires

Un vecteur normal du plan $\mathcal{P}$ d'équation $2y+z-6=0$ est $\vec{n}(0\,;2\,;1)$.

→ Fiche 53

Un vecteur normal du plan $\mathcal{Q}$ d'équation $y-2z+12=0$ est $\vec{n'}(0\,;1\,;-2)$.

$\vec{n}\cdot\vec{n'}=0\times0+2\times1+1\times(-2)=2-2=0$, donc les vecteurs $\vec{n}$ et $\vec{n'}$ sont orthogonaux.

→ Fiche 57

On en déduit que les plans $\mathcal{P}$ et $\mathcal{Q}$ sont perpendiculaires.

→ Fiche 49

2. Déterminer l'intersection de deux plans

Les plans $\mathscr{P}$ et $\mathscr{Q}$ sont sécants, donc leur intersection est une droite. Démontrons qu'il s'agit de la droite $\mathscr{D} = (\text{AI})$.

→ Fiche 48

Pour cela, il suffit de démontrer que A et I appartiennent à $\mathscr{P}$ et à $\mathscr{Q}$.

$A(3;0;6)$ et $I(0;0;6)$; $\mathscr{P} : 2y+z-6=0$; $Q : y-2z+12=0$.

$2\times0+6-6=0$, donc $A\in\mathscr{P}$, et $0-2\times6+12=0$, donc $A\in\mathscr{Q}$;

$2\times0+6-6=0$, donc $I\in\mathscr{P}$, et $0-2\times6+12=0$, donc $I\in\mathscr{Q}$.

Les coordonnées de A vérifient l'équation, donc $A\in\mathscr{P}$.

Ainsi, les points A et I appartiennent à l'intersection des plans $\mathscr{P}$ et $\mathscr{Q}$ qui est une droite, donc l'intersection des plans $\mathscr{P}$ et $\mathscr{Q}$ est la droite $\mathscr{D} = (\text{AI})$.

3. Étudier la position relative d'un plan et d'une droite

a. Démontrons que les plans $\mathscr{P}$ et $\mathscr{Q}$ ne sont pas parallèles à l'axe $\left(O\,;\vec{j}\right)$.

$\vec{n}(0;2;1)$ et $\vec{n'}(0;1;-2)$ sont des vecteurs normaux aux plans $\mathscr{P}$ et $\mathscr{Q}$ respectivement, et $\vec{j}(0;1;0)$ est un vecteur directeur de l'axe $\left(O\,;\vec{j}\right)$.

$\vec{n}\cdot\vec{j}=0\times0+2\times1+1\times0=2\neq0$, donc $\vec{n}$ et $\vec{j}$ ne sont pas orthogonaux.

On en déduit que le plan $\mathscr{P}$ n'est pas parallèle à l'axe $(O\,;\vec{j})$.

→ Fiche 47

De même, $\vec{n'}\cdot\vec{j}=0\times0+1\times1-2\times0=1\neq0$, donc $\vec{n'}$ et $\vec{j}$ ne sont pas orthogonaux. On en déduit que le plan $\mathscr{Q}$ n'est pas parallèle à l'axe $\left(O\,;\vec{j}\right)$.

Les deux plans $\mathscr{P}$ et $\mathscr{Q}$ coupent donc l'axe $\left(O\,;\vec{j}\right)$.

b. Déterminons les coordonnées des points B et C, intersections respectives des plans $\mathscr{P}$ et $\mathscr{Q}$ avec l'axe $\left(O\,;\vec{j}\right)$.

B appartient à l'axe $\left(O\,;\vec{j}\right)$, donc B a pour coordonnées $(0\,;\,y_B\,;\,0)$.

D'autre part, B appartient à $\mathscr{P}$, donc $2y_B+0-6=0$, soit $y_B=3$.

B a donc pour coordonnées $(0\,;3\,;0)$.

De même, C appartient à l'axe $\left(O\,;\vec{j}\right)$, donc C a pour coordonnées $(0\,;\,y_C\,;\,0)$.

D'autre part, C appartient à $\mathscr{Q}$, donc $y_C-2\times0+12=0$, soit $y_C=-12$.

C a donc pour coordonnées $(0\,;-12\,;0)$.

4. Déterminer une équation cartésienne d'un plan

$\overrightarrow{AC}$ a pour coordonnées $(0-3;-12-0;0-6)$,

soit $\left(-3;-12;-6\right)\neq(0;0;0)$.

Le vecteur $\overrightarrow{AC}\left(-3;-12;-6\right)$ est un vecteur normal au plan $\mathscr{R}$, donc $\mathscr{R}$ a une équation cartésienne de la forme $-3x-12y-6z+d=0$.

→ Fiche 53

Déterminons la valeur de d.

Le point $B(0;3;0)$ appartient à $\mathscr{R}$, donc ses coordonnées vérifient l'équation du plan : $-3\times0-12\times3-6\times0+d=-36+d=0$, soit $d=36$.

Une équation cartésienne du plan $\mathscr{R}$ est donc $-3x-12y-6z+36=0$ ou encore $x+4y+2z-12=0$ en divisant tous les termes par -3.

5. a. Déterminer une représentation paramétrique d'une droite

La droite (OA) passe par le point $O(0;0;0)$ et a pour vecteur directeur $\overrightarrow{OA}(3;0;6)$, donc une représentation paramétrique de cette droite est : $\begin{cases}x=3t\\y=0\\z=6t\end{cases}, t\in\mathbb{R}$.

→ Fiche 52

b. Étudier la position relative d'une droite et d'un plan

$\overrightarrow{AC}(-3;-12;-6)$ est un vecteur normal au plan $\mathscr{R}$ et $\overrightarrow{OA}(3;0;6)$ est un vecteur directeur de (OA).

$\overrightarrow{AC}\cdot\overrightarrow{OA}=-3\times3-12\times0-6\times6=-9-36=-45\neq0$,

donc $\overrightarrow{AC}$ et $\overrightarrow{OA}$ ne sont pas orthogonaux, ce qui prouve que le plan $\mathscr{R}$ et la droite (OA) ne sont pas parallèles. Ils sont donc sécants, en un point H.

→ Fiches 46 et 47

Déterminer les coordonnées de H revient à déterminer le réel t

→ Fiche 50

tel que $\begin{cases}x=3t\\y=0\\z=6t\\x+4y+2z-12=0\end{cases}$, c'est-à-dire tel que $\begin{cases}x=3t\\y=0\\z=6t\\3t+2\times6t-12=0\end{cases}$

La dernière équation donne $15t-12=0$, soit $15t=12$ et $t=\frac{12}{15}=\frac{4}{5}$.

H a donc pour coordonnées $\left(3\times\frac{4}{5};0;6\times\frac{4}{5}\right)$ soit $\left(\frac{12}{5};0;\frac{24}{5}\right)$.

6. Démontrer qu'un point est l'orthocentre d'un triangle

• Démontrons que les points A, B et C définissent un plan, c'est-à-dire qu'ils ne sont pas alignés.

$\overrightarrow{AB}$ a pour coordonnées $(0-3;3-0;0-6)$ soit $(-3;3;-6)$.

$\overrightarrow{AC}$ a pour coordonnées $(-3;-12;-6)$.

Les vecteurs $\overrightarrow{AB}$ et $\overrightarrow{AC}$ ne sont pas colinéaires, donc les points A, B et C ne sont pas alignés et ils définissent un plan.

• Démontrons que le point H appartient au plan (ABC).

$O \in (BC)$, donc $O \in (ABC)$. De plus, $A \in (ABC)$, donc $(OA) \subset (ABC)$.

$H \in (OA)$, donc $H \in (ABC)$.

• Les points B et H appartiennent au plan $\mathscr{R}$ de vecteur normal $\overrightarrow{AC}$, donc les vecteurs $\overrightarrow{BH}$ et $\overrightarrow{AC}$ sont orthogonaux, ce qui prouve que les droites (BH) et (AC) sont orthogonales. Or elles sont coplanaires, donc elles sont perpendiculaires.

Ainsi, (BH) est la hauteur issue de B dans le triangle ABC.

• Démontrons que les droites (AH) et (BC) sont perpendiculaires.

$\overrightarrow{BC}(0;-15;0)$ et $\overrightarrow{AH}\left(\dfrac{12}{5}-3\ ;\ 0-0\ ;\ \dfrac{24}{5}-6\right)$ soit $\overrightarrow{AH}\left(-\dfrac{3}{5}\ ;\ 0\ ;\ -\dfrac{6}{5}\right)$.

$\overrightarrow{BC}\cdot\overrightarrow{AH}=0\times\left(-\dfrac{3}{5}\right)-15\times 0+0\times\left(-\dfrac{6}{5}\right)=0$, ce qui prouve que les vecteurs $\overrightarrow{AH}$ et $\overrightarrow{BC}$ sont orthogonaux.

Les droites (AH) et (BC) sont donc orthogonales. Or elles sont coplanaires, donc elles sont perpendiculaires.
Ainsi, (AH) est la hauteur issue de A dans le triangle ABC.
• Deux des trois hauteurs du triangle ABC se coupent en H, donc H est l'orthocentre du triangle ABC.

SUJET 31 | Représentation paramétrique d'une droite – Position relative d'une droite et d'un plan, de deux droites

DURÉE 60 MIN

→ **Fiche 44** Étudier la position relative de deux droites de l'espace
→ **Fiche 45** Établir l'orthogonalité ou le parallélisme de deux droites de l'espace avec des vecteurs
→ **Fiche 46** Étudier la position relative d'une droite et d'un plan de l'espace
→ **Fiche 50** Déterminer l'intersection d'une droite et d'un plan de l'espace
→ **Fiche 52** Déterminer une représentation paramétrique d'une droite de l'espace
→ **Fiche 53** Déterminer une équation cartésienne d'un plan de l'espace

L'espace est muni d'un repère orthonormé $\left(O;\vec{i},\vec{j},\vec{k}\right)$.

On note $\mathscr{D}$ la droite passant par les points $A(3;-3;0)$ et $B(4;-1;-1)$.

1. Démontrer qu'une représentation paramétrique de la droite $\mathscr{D}$ est :

$$\begin{cases} x=3+t \\ y=-3+2t \\ z=-t \end{cases},\ t\in\mathbb{R}.$$

2. On note $\mathscr{D}'$ la droite ayant pour représentation paramétrique :

$$\begin{cases} x = 3k+1 \\ y = -k+3 \\ z = k-2 \end{cases}, k \in \mathbb{R}.$$

a. Donner un vecteur directeur $\vec{u}$ de la droite $\mathscr{D}'$.

b. Démontrer que les droites $\mathscr{D}$ et $\mathscr{D}'$ sont orthogonales.

c. Démontrer que les droites $\mathscr{D}$ et $\mathscr{D}'$ ne sont pas sécantes.

3. On considère le plan $\mathscr{P}$ d'équation $2x+y+4z-3=0$.

a. Démontrer que le plan $\mathscr{P}$ contient la droite $\mathscr{D}$.

b. Démontrer que le plan $\mathscr{P}$ et la droite $\mathscr{D}'$ se coupent en un point C dont on précisera les coordonnées.

4. On considère la droite Δ passant par le point C et de vecteur directeur $\vec{v}(1;2;-1)$.

a. Démontrer que les droites Δ et $\mathscr{D}$ sont strictement parallèles.

b. Démontrer que les droites Δ et $\mathscr{D}'$ sont sécantes.

DÉMARRONS ENSEMBLE

1. $\mathscr{D}$ est la droite passant par le point A et de vecteur directeur le vecteur $\overrightarrow{AB}$.
→ **Fiche 52**

2. a. Relisez éventuellement la **Fiche 52**.

b. Calculer $\overrightarrow{AB} \cdot \vec{u}$. → **Fiches 45 et 57**.

c. Utiliser les représentations paramétriques de $\mathscr{D}$ et $\mathscr{D}'$, et raisonnez par l'absurde en supposant que $\mathscr{D}$ et $\mathscr{D}'$ ont un point I commun.

3. a. Démontrez que tout point de la droite $\mathscr{D}$ appartient au plan $\mathscr{P}$. → **Fiche 46**

b. Trouvez la valeur du paramètre *k* pour qu'un point de la droite $\mathscr{D}'$ appartienne au plan $\mathscr{P}$. → **Fiche 50**

4. a. Considérez un vecteur directeur de chaque droite. → **Fiche 45**
Puis pensez au point C.

b. Si deux droites sont parallèles, alors toute droite orthogonale à l'une est orthogonale à l'autre. Puis pensez encore au point C. → **Fiche 44**

CORRIGÉ

1. Déterminer une représentation paramétrique d'une droite

La droite $\mathscr{D}$ passe par le point $A(3;-3;0)$ et a pour vecteur directeur le vecteur $\overrightarrow{AB}$, de coordonnées $(4-3;-1-(-3);-1-0)$ soit $\overrightarrow{AB}(1;2;-1)$ D'où une représentation paramétrique de $\mathscr{D}$: $\begin{cases} x=3+t \\ y=-3+2t \\ z=-t \end{cases}, t \in \mathbb{R}$.

→ Fiche 52

2. a. Trouver un vecteur directeur d'une droite à partir d'une représentation paramétrique de cette droite

La droite $\mathscr{D}'$ a pour représentation paramétrique $\begin{cases} x=3k+1 \\ y=-k+3 \\ z=k-2 \end{cases}$ avec $k \in \mathbb{R}$,

donc le vecteur $\vec{u}(3;-1;1)$ est un vecteur directeur de $\mathscr{D}$.

En pratique les coordonnées de $\vec{u}$ sont les coefficients du paramètre → Fiche 52

b. Démontrer que deux droites sont orthogonales

$\overrightarrow{AB}(1;2;-1)$ est un vecteur directeur de $\mathscr{D}$ et $\vec{u}(3;-1;1)$ un vecteur directeur de $\mathscr{D}'$.

$\overrightarrow{AB} \cdot \vec{u} = 1\times 3+2\times(-1)-1\times 1 = 3-2-1=0$, ce qui signifie que les vecteurs $\overrightarrow{AB}$ et $\vec{u}$ sont orthogonaux.

→ Fiche 57

Les droites $\mathscr{D}$ et $\mathscr{D}'$ sont donc orthogonales.

c. Démontrer que deux droites ne sont pas sécantes en utilisant des représentations paramétriques

Il existe un point $I(x_I\,;y_I\,;\,z_I)$ appartenant à $\mathscr{D}$ et à $\mathscr{D}'$ si, et seulement si, il existe deux réels t et k tels que :

$\begin{cases} x_I=3+t \\ y_I=-3+2t \\ z_I=-t \end{cases}$ et $\begin{cases} x_I=3k+1 \\ y_I=-k+3 \\ z_I=k-2 \end{cases}$

Attention, les deux paramètres n'ont pas obligatoirement la même valeur.

On raisonne par l'absurde.

On suppose que le point I existe ; on obtient alors $\begin{cases} 3+t=3k+1 \\ -3+2t=-k+3 \\ -t=k-2 \end{cases}$

soit $\begin{cases} 3+t=3k+1 \\ -3+2t=-k+3 \\ t=-k+2 \end{cases}$

On exprime t en fonction de k.

D'où, en remplaçant t par $-k+2$ dans les deux autres équations :

$$\begin{cases} 3-k+2 = 3k+1 \\ -3+2(-k+2) = -k+3, \\ t=-k+2 \end{cases} \text{puis} \begin{cases} 4 = 4k \\ -2 = k \\ t=-k+2 \end{cases} \text{soit} \begin{cases} 1 = k \\ -2 = k \\ t=-k+2 \end{cases}$$

ce qui est impossible.

Les droites $\mathscr{D}$ et $\mathscr{D}'$ ne sont donc pas sécantes.

La conclusion « $k=1$ et $k=2$ » est absurde, donc l'hypothèse de départ est fausse : il n'existe aucun point I commun à $\mathscr{D}$ et $\mathscr{D}'$.

3. a. Étudier la position relative d'une droite et d'un plan

Démontrons que tout point de la droite $\mathscr{D}$ appartient au plan $\mathscr{P}$.

Soit $M(x\,;y\,;z)$ un point quelconque appartenant à la droite $\mathscr{D}$;

il existe un réel t tel que $\begin{cases} x=3+t \\ y=-3+2t \\ z=-t \end{cases}$

Or, $2(3+t)+(-3+2t)+4\times(-t)-3 = 6+2t-3+2t-4t-3=0$.

Ainsi, les coordonnées du point M vérifient une équation cartésienne de $\mathscr{P}$, ce qui prouve que M appartient à $\mathscr{P}$.

Ce résultat est vrai pour un point quelconque de la droite $\mathscr{D}$, donc pour tous les points de $\mathscr{D}$.

On peut ainsi conclure que le plan $\mathscr{P}$ contient la droite $\mathscr{D}$.

b. Déterminer l'intersection d'une droite et d'un plan

- Démontrons que le plan $\mathscr{P}$ et la droite $\mathscr{D}'$ ne sont pas parallèles, ce qui revient à démontrer qu'ils sont sécants.

Une droite et un plan de l'espace sont soit parallèles soit sécants.
➜ Fiche 46

Une équation cartésienne du plan $\mathscr{P}$ est $2x+y+4z-3=0$, donc un vecteur normal au plan $\mathscr{P}$ est $\vec{n}(2\,;1\,;4)$.

➜ Fiche 53

Un vecteur directeur de la droite $\mathscr{D}'$ est $\vec{u}(3\,;-1\,;1)$.

$\vec{n}\cdot\vec{u} = 2\times3+1\times(-1)+4\times1 = 6-1+4 = 9 \neq 0$, donc les vecteurs $\vec{n}$ et $\vec{u}$ ne sont pas orthogonaux.

On en déduit que le plan $\mathscr{P}$ et la droite $\mathscr{D}'$ ne sont parallèles. Ils sont donc sécants et leur intersection est un point.

• Déterminons les coordonnées du point C, intersection de $\mathscr{P}$ et $\mathscr{D}'$.

→ Fiche 50

Le point C $(x_C ; y_C ; z_C)$ appartient à $\mathscr{D}'$, donc il existe un réel k tel que :

$$\begin{cases} x_C = 3k+1 \\ y_C = -k+3 \\ z_C = k-2 \end{cases}$$

Pour déterminer la valeur de k, on écrit que le point C appartient au plan $\mathscr{P}$, c'est-à-dire que les coordonnées de C vérifient aussi une équation de $\mathscr{P}$:
$2x+y+4z-3=0$, donc $2(3k+1)+(-k+3)+4(k-2)-3=0$, soit
$6k+2-k+3+4k-8-3=9k-6=0$, puis $9k=6$ et $k=\dfrac{6}{9}=\dfrac{2}{3}$.

En remplaçant k par $\dfrac{2}{3}$, on obtient $\begin{cases} x_C = 3\times\dfrac{2}{3}+1=2+1=3 \\ y_C = -\dfrac{2}{3}+3=-\dfrac{2}{3}+\dfrac{9}{3}=\dfrac{7}{3} \\ z_C = \dfrac{2}{3}-2=\dfrac{2}{3}-\dfrac{6}{3}=-\dfrac{4}{3} \end{cases}$

Donc le point C a pour coordonnées $\left(3;\dfrac{7}{3};-\dfrac{4}{3}\right)$.

4. Étudier la position relative de deux droites

a. $\mathscr{D}$ et Δ ont pour vecteurs directeurs respectifs $\overrightarrow{AB}(1;2;-1)$ et $\vec{v}(1;2;-1)$.
$\vec{v}=\overrightarrow{AB}$, donc les droites $\mathscr{D}$ et Δ sont parallèles.

→ Fiche 45

De plus, le point C appartient à Δ, mais n'appartient pas à $\mathscr{D}$.
En effet, C appartient à $\mathscr{D}'$, et $\mathscr{D}$ et $\mathscr{D}'$ n'ont aucun point commun (voir **2. c.**).

On en déduit que les droites $\mathscr{D}$ et Δ sont strictement parallèles.

b. Les droites $\mathscr{D}$ et Δ sont parallèles, et les droites $\mathscr{D}$ et $\mathscr{D}'$ sont orthogonales (voir **2. b.**). Donc les droites Δ et $\mathscr{D}'$ sont orthogonales.

→ Fiche 44

De plus, le point C appartient à Δ et à $\mathscr{D}'$.

On en déduit que les droites Δ et $\mathscr{D}'$ sont perpendiculaires (en C).

GÉOMÉTRIE

Géométrie vectorielle dans l'espace

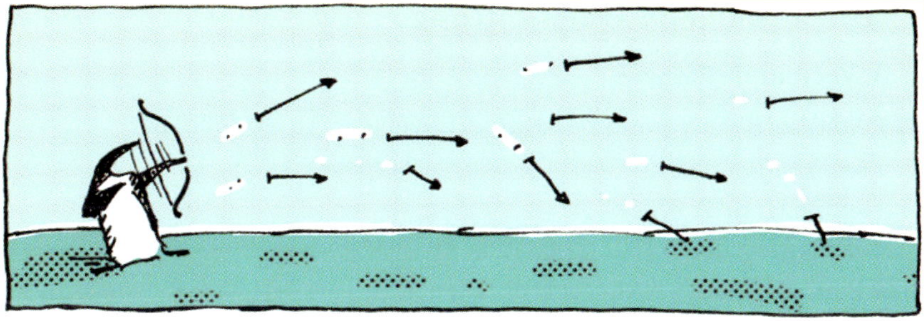

FICHES

BILAN

SUJETS CORRIGÉS

51 Utiliser les vecteurs de l'espace

On peut étendre à l'espace la notion de vecteur, vue dans le plan, et les opérations associées.

RAPPEL DE COURS

I Définitions et opérations

1. Vecteur de l'espace

- Soit A et B deux points de l'espace. Le vecteur $\overrightarrow{AB}$ est défini par :
  - sa direction : celle de la droite (AB) de l'espace.
  - son sens : de A vers B.
  - sa norme, notée $\|\overrightarrow{AB}\|$: la distance $AB = \|\overrightarrow{AB}\|$.
- Pour tous points A, B, C et D de l'espace :

$\overrightarrow{AB} = \overrightarrow{CD} \Leftrightarrow$ ABDC est un parallélogramme.

2. Addition de deux vecteurs

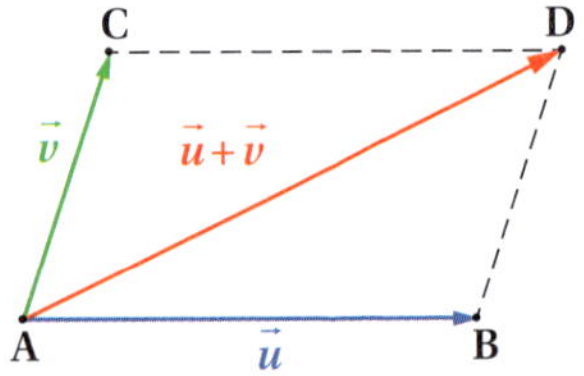

- On définit le vecteur $\vec{u}+\vec{v}$ en construisant un parallélogramme :

si $\vec{u} = \overrightarrow{AB}$ et $\vec{v} = \overrightarrow{AC}$, alors $\vec{u}+\vec{v} = \overrightarrow{AD}$ tel que ABDC est un parallélogramme.

- Pour tous points A, B et C de l'espace : $\overrightarrow{AB} + \overrightarrow{BC} = \overrightarrow{AC}$ (relation de Chasles).
- Le vecteur $\overrightarrow{AB}$ admet un opposé $-\overrightarrow{AB} = \overrightarrow{BA}$ et $\vec{0}$ est le vecteur nul.

3. Multiplication d'un vecteur par un réel

- Soit $\vec{u} \neq \vec{0}$ un vecteur de l'espace et $\alpha \neq 0$ un réel.

Le produit du vecteur $\vec{u}$ par le réel α est le vecteur noté $\alpha\vec{u}$ qui a :
- la même direction que $\vec{u}$;
- le même sens que $\vec{u}$ si $\alpha > 0$, le sens contraire si $\alpha < 0$;
- pour norme $\|\alpha\vec{u}\| = |\alpha| \times \|\vec{u}\|$.

Si $\vec{u} = \vec{0}$ ou $\alpha = 0$, alors $\alpha\vec{u} = \vec{0}$.

- Pour tous nombres réels α et β, et tous vecteurs $\vec{u}$ et $\vec{v}$ de l'espace :

$$\alpha(\vec{u}+\vec{v}) = \alpha\vec{u} + \alpha\vec{v} \quad \text{et} \quad (\alpha+\beta)\vec{u} = \alpha\vec{u} + \beta\vec{u}$$

II Vecteurs colinéaires et points alignés

- Soit $\vec{u}$ et $\vec{v}$ deux vecteurs de l'espace.

$\vec{u}$ et $\vec{v}$ sont colinéaires $\Leftrightarrow$ il existe un réel α tel que $\vec{v}=\alpha\vec{u}$.

- Soit A, B et C trois points de l'espace.

A, B, C alignés $\Leftrightarrow$ $\overrightarrow{AB}$ et $\overrightarrow{AC}$ colinéaires $\Leftrightarrow$ il existe un réel α tel que $\overrightarrow{AC}=\alpha\overrightarrow{AB}$.

III Coordonnées et norme d'un vecteur

L'espace est muni d'un repère orthonormé $\left(O\,;\vec{i},\vec{j},\vec{k}\right)$.

- Pour tous vecteurs $\vec{u}(x\,;y\,;z)$ et $\vec{v}(x'\,;y'\,;z')$ de l'espace, et tout réel α :

$$\vec{u}+\vec{v}(x+x'\,;y+y'\,;z+z') \text{ et } \alpha\vec{u}(\alpha x\,;\alpha y\,;\alpha z)$$

- Pour tous points $A(x_A\,;y_A\,;z_A)$ et $B(x_B\,;y_B\,;z_B)$ de l'espace :

$$\overrightarrow{AB}\,(x_B-x_A\,;\,y_B-y_A\,;\,z_B-z_A) \text{ et } I\left(\frac{x_A+x_B}{2}\,;\,\frac{y_A+y_B}{2}\,;\,\frac{z_A+z_B}{2}\right)$$

où I est le milieu de [AB].

- Pour tous vecteurs $\vec{u}(x\,;y\,;z)$ de l'espace : $\|\vec{u}\|=\sqrt{x^2+y^2+z^2}$

- Pour tous points $A(x_A\,;y_A\,;z_A)$ et $B(x_B\,;y_B\,;z_B)$ de l'espace :

$$\|\overrightarrow{AB}\|=\sqrt{(x_B-x_A)^2+(y_B-y_A)^2+(z_B-z_A)^2}=AB$$

APPLICATION Utiliser les vecteurs de l'espace

Dans l'espace muni d'un repère orthonormé $\left(O\,;\vec{i},\vec{j},\vec{k}\right)$, on considère les points $A(2\,;-1\,;3)$, $B(-1\,;-2\,;5)$ et $C(8\,;1\,;-1)$.

1. Démontrer que les points A, B et C sont alignés.
2. Calculer les coordonnées du milieu I du segment [AC].

POINT MÉTHODE

1. Calculez les coordonnées de $\overrightarrow{AB}$ et $\overrightarrow{AC}$, puis cherchez un réel α tel que $\overrightarrow{AC}=\alpha\overrightarrow{AB}$.

Solution

1. $\overrightarrow{AB}$ a pour coordonnées $(-1-2\,;-2-(-1)\,;5-3)$ soit $\overrightarrow{AB}(-3\,;-1\,;2)$.

$\overrightarrow{AC}$ a pour coordonnées $(8-2\,;1-(-1)\,;-1-3)$ soit $\overrightarrow{AC}(6\,;2\,;-4)$.

Ainsi, $\overrightarrow{AC}=-2\overrightarrow{AB}$, ce qui signifie que les vecteurs $\overrightarrow{AB}$ et $\overrightarrow{AC}$ sont colinéaires, c'est-dire que les points A, B et C sont alignés.

2. $I\left(\frac{2+8}{2}\,;\frac{-1+1}{2}\,;\frac{3+(-1)}{2}\right)$ soit $I(5\,;0\,;1)$.

52 Déterminer une représentation paramétrique d'une droite de l'espace

Dans l'espace muni d'un repère, une représentation paramétrique d'une droite est un système de trois équations, que l'on obtient en utilisant la caractérisation d'une droite par un point et un vecteur directeur.

RAPPEL DE COURS

I Caractérisation d'une droite de l'espace

Soit A un point et $\vec{u}$ un vecteur non nul.

La droite passant par A et de vecteur directeur $\vec{u}$ est l'ensemble des points M de l'espace tels que $\overrightarrow{\mathbf{AM}} = t\vec{u}$ avec $t \in \mathbb{R}$.

Remarque : Les droites de l'espace qui admettent aussi $\vec{u}$ pour vecteur directeur sont les droites parallèles à la droite d. Il en existe une infinité.

$\vec{u}$ détermine la **direction** de la droite d.

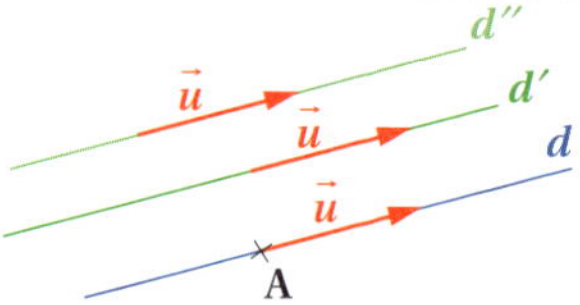

II Représentation paramétrique d'une droite de l'espace

- La relation vectorielle $\overrightarrow{AM} = t\vec{u}$, avec $t \in \mathbb{R}$, qui définit la droite d passant par A et de vecteur directeur $\vec{u}$, permet d'obtenir, dans un repère de l'espace, un système d'équations qui caractérise d.

En effet, avec $A(x_A ; y_A ; z_A)$ et $\vec{u}(a ; b ; c) \neq \vec{0}$, on obtient :

$\vec{u}$ non nul équivaut à $(a ; b ; c) \neq (0 ; 0 ; 0)$.

$M(x ; y ; z) \in d$, il existe un réel t tel que $\overrightarrow{AM} = t\vec{u}$

$\Leftrightarrow$ il existe un réel t tel que $\begin{cases} x - x_A = ta \\ y - y_A = tb \\ z - z_A = tc \end{cases}$ $\Leftrightarrow$ il existe un réel t tel que $\begin{cases} x = ta + x_A \\ y = tb + y_A \\ z = tc + z_A \end{cases}$

- L'écriture $\begin{cases} x = ta + x_A \\ y = tb + y_A \\ z = tc + z_A \end{cases}$, $t \in \mathbb{R}$, avec $(a ; b ; c) \neq (0 ; 0 ; 0)$, est une représentation paramétrique de la droite d passant par le point $A(x_A ; y_A ; z_A)$ et de vecteur directeur $\vec{u}(a ; b ; c)$ non nul.

On dit « paramétrique » car t est un paramètre qui décrit d.

Remarque : Il suffit de choisir un autre point et un autre vecteur directeur de d pour obtenir une autre représentation paramétrique de d.

Une droite d admet une infinité de représentations paramétriques.

APPLICATION Déterminer une représentation paramétrique d'une droite de l'espace

Dans l'espace muni d'un repère $\left(O;\vec{i},\vec{j},\vec{k}\right)$, on considère la droite $\mathscr{D}$ dont $\begin{cases} x=-5+3t \\ y=1+2t \\ z=-2t \end{cases}$, $t\in\mathbb{R}$, est une représentation paramétrique.

1. Déterminer une représentation paramétrique de la droite Δ définie par les points $A(8;0;8)$ et $B(10;3;10)$.

2. Démontrer que les droites $\mathscr{D}$ et Δ ne sont pas parallèles.

POINT MÉTHODE

1. Les points A et B sont distincts, donc ils définissent bien une droite, la droite Δ passant par le point A et de vecteur directeur $\overrightarrow{AB}$.

2. Démontrez que des vecteurs directeurs des droites $\mathscr{D}$ et Δ ne sont pas colinéaires. →Fiche 45

Solution

1. $\overrightarrow{AB}$ a pour coordonnées $(10-8;3-0;10-8)$, soit $\overrightarrow{AB}(2;3;2)$.

Δ est la droite définie par le point A et le vecteur directeur $\overrightarrow{AB}\neq\vec{0}$.

Donc une représentation paramétrique de Δ est $\begin{cases} x=2t+8 \\ y=3t \\ z=2t+8 \end{cases}$, $t\in\mathbb{R}$.

2. D'après la représentation paramétrique donnée de la droite $\mathscr{D}$, $\vec{u}(3;2;-2)$ est un vecteur directeur de $\mathscr{D}$. Or les vecteurs $\overrightarrow{AB}(2;3;2)$ et $\vec{u}(3;2;-2)$ ne sont pas colinéaires, donc les droites $\mathscr{D}$ et Δ ne sont pas parallèles.

Il n'existe pas de réel α tel que $\vec{u}=\alpha\overrightarrow{AB}$.

53 Déterminer une équation cartésienne d'un plan de l'espace

Dans l'espace muni d'un repère orthonormé, on peut déterminer une équation cartésienne d'un plan à l'aide d'un vecteur normal à ce plan.

RAPPEL DE COURS

I Caractérisation d'un plan de l'espace

- Un plan $\mathcal{P}$ de l'espace est défini par la donnée d'un point A et de deux vecteurs $\vec{u}$ et $\vec{v}$ non colinéaires et non nuls. Le plan $\mathcal{P}$ passant par A et de vecteurs directeurs $\vec{u}$ et $\vec{v}$ est l'ensemble des points M de l'espace tel que $\overrightarrow{AM} = t_1\vec{u} + t_2\vec{v}$ avec $(t_1 ; t_2) \in \mathbb{R}^2$.

Exemple : Si A, B et C sont trois points de l'espace non alignés et distincts deux à deux, les vecteurs $\overrightarrow{AB}$ et $\overrightarrow{AC}$ ne sont pas colinéaires, donc les points A, B et C forment un plan, le plan noté (ABC).

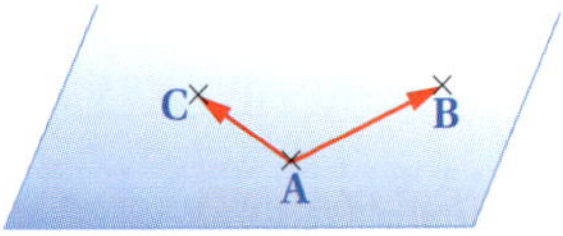

Remarque : Les plans de l'espace qui admettent aussi $\vec{u}$ et $\vec{v}$ pour vecteurs directeurs sont les plans parallèles au plan $\mathcal{P}$. Il en existe une infinité. Le couple $(\vec{u} ; \vec{v})$ détermine la **direction** du plan $\mathcal{P}$.

II Équation cartésienne d'un plan de l'espace

- Un vecteur $\vec{n}$ non nul de l'espace est un vecteur normal à un plan $\mathcal{P}$ lorsqu'il est orthogonal à deux vecteurs non colinéaires du plan $\mathcal{P}$.

- Soit A un point et $\vec{n}$ un vecteur non nul de l'espace. Le plan passant par A et de vecteur normal $\vec{n}$ est l'ensemble des points M de l'espace tels que les vecteurs $\overrightarrow{AM}$ et $\vec{n}$ vérifient $\overrightarrow{AM} \cdot \vec{n} = 0$.

→ Fiche 57

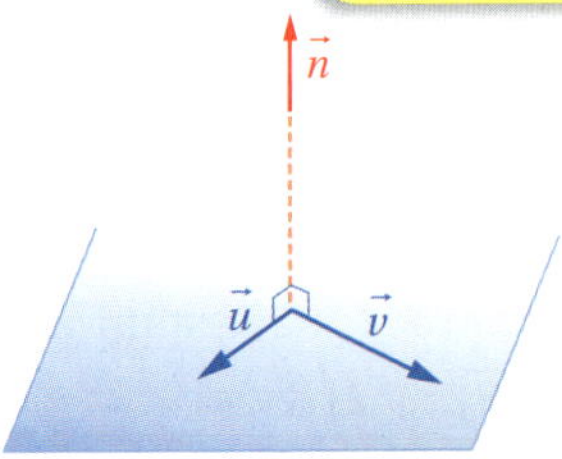

- Dans un repère **orthonormé** de l'espace, l'égalité $\overrightarrow{AM} \cdot \vec{n} = 0$, qui définit le plan $\mathcal{P}$ passant par A et de vecteur normal $\vec{n}(a ; b ; c)$, permet d'obtenir une **équation cartésienne** du plan $\mathcal{P}$, de la forme $\boldsymbol{ax + by + cz + d = 0}$, avec d réel.

$\vec{n}$ non nul équivaut à $(a ; b ; c) \neq (0 ; 0 ; 0)$.

■ Réciproquement, dans un repère **orthonormé** de l'espace, toute équation de la forme $ax+by+cz+d=0$, avec a, b, c, d réels et $(a;b;c)\neq(0;0;0)$ est **une** équation cartésienne d'un plan $\mathscr{P}$ dont le vecteur $\vec{n}(a;b;c)$ est un vecteur normal.

Exemple : $2x-y+3z+5=0$ est une équation d'un plan dont un vecteur normal est le vecteur $\vec{n}(2;-1;3)$.

APPLICATION Déterminer une équation cartésienne d'un plan

Dans l'espace muni d'un repère orthonormé $(O;\vec{i},\vec{j},\vec{k})$, on considère les points $A(1;0;2)$, $B(1;1;4)$ et $C(-1;1;1)$.

1. Démontrer que les points A, B et C ne sont pas alignés.

2. a. Vérifier que le vecteur $\vec{n}$ de coordonnées $(3;4;-2)$ est orthogonal aux vecteurs $\overrightarrow{AB}$ et $\overrightarrow{AC}$.

b. En déduire une équation cartésienne du plan (ABC).

POINT MÉTHODE

1. Démontrez que les vecteurs $\overrightarrow{AB}$ et $\overrightarrow{AC}$ ne sont pas colinéaires.
2. a. Calculez $\vec{n}\cdot\overrightarrow{AB}$ et $\vec{n}\cdot\overrightarrow{AC}$. → Fiche 57

b. Pour trouver « d », écrivez que A (ou B ou C) appartient au plan (ABC).

Solution

1. $\overrightarrow{AB}$ a pour coordonnées $(1-1;1-0;4-2)$ soit $\overrightarrow{AB}(0;1;2)$.
$\overrightarrow{AC}$ a pour coordonnées $(-1-1;1-0;1-2)$ soit $\overrightarrow{AC}(-2;1;-1)$.
Les vecteurs $\overrightarrow{AB}$ et $\overrightarrow{AC}$ ne sont pas colinéaires, donc les points A, B et C ne sont pas alignés. Ils définissent donc un plan, noté (ABC).

> Il n'existe pas de réel α tel que $\overrightarrow{AB}=\alpha\overrightarrow{AC}$.

2. a. $\vec{n}\cdot\overrightarrow{AB}=3\times0+4\times1-2\times2=4-4=0$ donc $\vec{n}\perp\overrightarrow{AB}$.
$\vec{n}\cdot\overrightarrow{AC}=3\times(-2)+4\times1-2\times(-1)=-6+4+2=0$ donc $\vec{n}\perp\overrightarrow{AC}$.
$\vec{n}$ est donc orthogonal aux vecteurs $\overrightarrow{AB}$ et $\overrightarrow{AC}$.

b. $\vec{n}(3;4;-2)$ est donc un vecteur normal au plan (ABC).
On en déduit que le plan (ABC) admet une équation cartésienne de la forme $3x+4y-2z+d=0$ avec $d\in\mathbb{R}$.
$A\in(ABC)$, donc $3x_A+4y_A-2z_A+d=0$ soit $3-4+d=0$ et $d=1$.
Le plan (ABC) a donc pour équation cartésienne
$3x+4y-2z+1=0$.

> On peut vérifier que les coordonnées des points B et C vérifient aussi cette équation cartésienne du plan.

54 Démontrer en utilisant la décomposition de vecteurs

Pour résoudre des problèmes d'alignement ou de coplanarité dans l'espace, on peut utiliser le calcul vectoriel, sans utiliser un repère, grâce à la colinéarité et à la coplanarité de vecteurs.

RAPPEL DE COURS

I Vecteurs colinéaires et points alignés

- Soit $\vec{u}$ et $\vec{v}$ deux vecteurs de l'espace.

$\vec{u}$ et $\vec{v}$ sont colinéaires $\Leftrightarrow$ il existe un réel α tel que $\vec{v} = \alpha\vec{u}$.

- Soit A, B et C trois points de l'espace.

Les points A, B et C sont alignés si, et seulement si, les vecteurs $\overrightarrow{AB}$ et $\overrightarrow{AC}$ sont colinéaires. Autrement dit :

A, B et C alignés $\Leftrightarrow$ il existe un réel α tel que $\overrightarrow{AC} = \alpha\overrightarrow{AB}$.

II Vecteurs coplanaires et points coplanaires

1. Vecteurs coplanaires

Soit $\vec{u}$, $\vec{v}$ et $\vec{w}$ trois vecteurs de l'espace tels que $\vec{u}$ et $\vec{v}$ ne sont pas colinéaires.

$\vec{u}$, $\vec{v}$ et $\vec{w}$ sont coplanaires $\Leftrightarrow$ il existe deux réels α et β tels que $\vec{w} = \alpha\vec{u} + \beta\vec{v}$

$\vec{w}$ est une combinaison linéaire des vecteurs $\vec{u}$ et $\vec{v}$ qui sont des vecteurs directeurs d'un plan.

2. Décomposition d'un vecteur selon trois vecteurs non coplanaires

Soit $\vec{u}$, $\vec{v}$ et $\vec{w}$ trois vecteurs non coplanaires de l'espace.

- Tout vecteur de l'espace s'écrit de façon unique sous la forme d'une combinaison linéaire de $\vec{u}$, $\vec{v}$ et $\vec{w}$. Autrement dit : pour tout vecteur $\vec{t}$ de l'espace, il existe un unique triplet $(\alpha\,;\beta\,;\gamma)$ de réels tel que $\vec{t} = \alpha\vec{u} + \beta\vec{v} + \gamma\vec{w}$.

Remarque : Pour tout point O de l'espace, $\left(O\,;\vec{u},\vec{v},\vec{w}\right)$ est un repère de l'espace. En particulier, lorsque $\vec{u}$, $\vec{v}$ et $\vec{w}$ sont orthogonaux deux à deux, le repère $\left(O\,;\vec{u},\vec{v},\vec{w}\right)$ est orthogonal.

3. Points coplanaires

- Quatre points A, B, C et D de l'espace sont coplanaires si, et seulement si, il existe deux réels α et β tels que $\overrightarrow{AD} = \alpha\overrightarrow{AB} + \beta\overrightarrow{AC}$.

APPLICATION Démontrer en utilisant la décomposition de vecteurs

ABCDEFGH est le cube représenté ci-contre.

On considère le point I tel que :

$\overrightarrow{AI} = \frac{1}{3}\overrightarrow{AB} + \frac{1}{3}\overrightarrow{AD} + \frac{1}{3}\overrightarrow{AE}$.

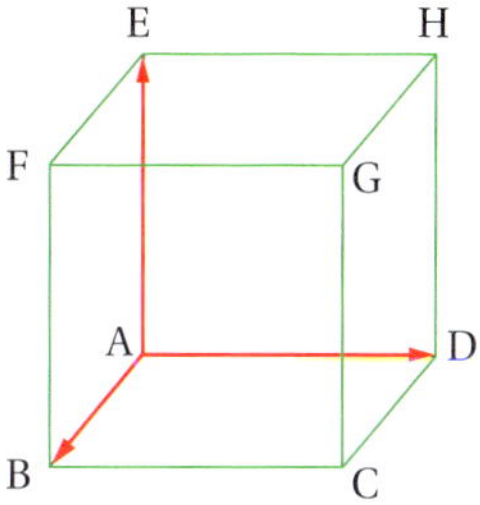

1. Démontrer que les points A, I et G sont alignés.
2. Démontrer que les points A, C, E et I sont coplanaires.

POINT MÉTHODE

1. Décomposez le vecteur $\overrightarrow{AG}$ selon trois vecteurs (non coplanaires).
2. Transformez l'écriture du vecteur $\overrightarrow{AI}$.

Solution

1. D'après la relation de Chasles : $\overrightarrow{AG} = \overrightarrow{AB} + \overrightarrow{BC} + \overrightarrow{CG}$.

Or, dans le cube ABCDEFGH : $\overrightarrow{BC} = \overrightarrow{AD}$ et $\overrightarrow{CG} = \overrightarrow{AE}$.

Donc $\overrightarrow{AG} = \overrightarrow{AB} + \overrightarrow{AD} + \overrightarrow{AE}$.

Comme $\overrightarrow{AI} = \frac{1}{3}\overrightarrow{AB} + \frac{1}{3}\overrightarrow{AD} + \frac{1}{3}\overrightarrow{AE}$, on obtient : $\overrightarrow{AG} = 3\overrightarrow{AI}$.

Les vecteurs $\overrightarrow{AI}$ et $\overrightarrow{AG}$ sont colinéaires, donc les points A, I et G sont alignés.

2. ABCD est un parallélogramme, donc $\overrightarrow{AC} = \overrightarrow{AB} + \overrightarrow{AD}$.

On a donc $\frac{1}{3}\overrightarrow{AB} + \frac{1}{3}\overrightarrow{AD} = \frac{1}{3}\overrightarrow{AC}$.

D'où : $\overrightarrow{AI} = \frac{1}{3}\overrightarrow{AC} + \frac{1}{3}\overrightarrow{AE}$,

ce qui signifie que les points A, C, E et I sont coplanaires.

55 Démontrer en utilisant les coordonnées de vecteurs

Comme dans le plan, l'utilisation des coordonnées de vecteurs ou de points dans un repère de l'espace permet de résoudre de nombreux problèmes.

RAPPEL DE COURS

I Coordonnées de vecteurs et de points de l'espace

1. Coordonnées de vecteurs et du milieu d'un segment

L'espace est muni d'un repère $\left(O;\vec{i},\vec{j},\vec{k}\right)$.

- Soit $A(x_A\,;y_A\,;z_A)$ et $B(x_B\,;y_B\,;z_B)$ deux points de l'espace, et α un réel.
  - $\overrightarrow{\mathbf{AB}}(x_B-x_A\,;y_B-y_A\,;z_B-z_A)$
  - $\alpha\overrightarrow{\mathbf{AB}}\left(\alpha(x_B-x_A);\alpha(y_B-y_A);\alpha(z_B-z_A)\right)$
  - **Le milieu I de [AB]** a pour coordonnées $\left(\dfrac{x_A+x_B}{2};\dfrac{y_A+y_B}{2};\dfrac{z_A+z_B}{2}\right)$
- Soit $\vec{u}(x\,;y\,;z)$ et $\vec{v}(x'\,;y'\,;z')$ deux vecteurs de l'espace.

$$\vec{\boldsymbol{u}}+\vec{\boldsymbol{v}}\left(x+x'\,;y+y'\,;z+z'\right)$$

2. Produit scalaire de deux vecteurs et norme d'un vecteur

L'espace est muni d'un repère **orthonormé** $\left(O;\vec{i},\vec{j},\vec{k}\right)$.

- Soit $\vec{u}(x\,;y\,;z)$ et $\vec{v}(x'\,;y'\,;z')$ deux vecteurs de l'espace.
  - $\vec{\boldsymbol{u}}\cdot\vec{\boldsymbol{v}}=xx'+yy'+zz'$
  - $\left\|\vec{\boldsymbol{u}}\right\|=\sqrt{x^2+y^2+z^2}$
- Soit $A(x_A\,;y_A\,;z_A)$ et $B(x_B\,;y_B\,;z_B)$ deux points de l'espace, et α un réel.

$$\left\|\overrightarrow{AB}\right\|=\sqrt{(x_B-x_A)^2+(y_B-y_A)^2+(z_B-z_A)^2}=AB$$

II Colinéarité, alignement et parallélisme

Pour tous points A, B, C et D de l'espace :

- Il existe un réel α tel que $\overrightarrow{CD}=\alpha\overrightarrow{AB}$

  $\Leftrightarrow$ les vecteurs $\overrightarrow{AB}$ et $\overrightarrow{CD}$ sont colinéaires

  $\Leftrightarrow$ les droites (AB) et (CD) sont parallèles

- Il existe un réel α tel que $\overrightarrow{AC} = \alpha\overrightarrow{AB}$
  $\Leftrightarrow$ les vecteurs $\overrightarrow{AB}$ et $\overrightarrow{AC}$ sont colinéaires
  $\Leftrightarrow$ les points A, B et C sont alignés.

En effet, dans ce cas, (AB) et (AC) sont parallèles et ont A en commun.

APPLICATION Démontrer en utilisant les coordonnées de vecteurs

Dans l'espace muni d'un repère orthonormé $\left(O;\vec{i},\vec{j},\vec{k}\right)$, on considère les points $A(1;0;2)$, $B(2;1;0)$ et $C(0;1;2)$.

1. Démontrer que les points A, B et C déterminent un plan (ABC).
2. Démontrer que le triangle ABC est rectangle.

POINT MÉTHODE

1. Calculez les coordonnées des vecteurs $\overrightarrow{AB}$ et $\overrightarrow{AC}$ et démontrez que $\overrightarrow{AB}$ et $\overrightarrow{AC}$ ne sont pas colinéaires.
2. Utilisez la réciproque du théorème de Pythagore dans le plan (ABC).

Solution

1. $\overrightarrow{AB}$ a pour coordonnées $(2-1;1-0;0-2)$ soit $\overrightarrow{AB}(1;1;-2)$.

$\overrightarrow{AC}$ a pour coordonnées $(0-1;1-0;2-2)$ soit $\overrightarrow{AC}(-1;1;0)$.

Il n'existe pas de réel α tel que $\overrightarrow{AC} = \alpha\overrightarrow{AB}$, donc les vecteurs $\overrightarrow{AB}$ et $\overrightarrow{AC}$ ne sont pas colinéaires.

On en déduit que les points A, B et C ne sont pas alignés, et qu'ils déterminent donc un plan (ABC).

2. Calculons les distances AB, AC et BC :

$$AB = \sqrt{(2-1)^2+(1-0)^2+(0-2)^2} = \sqrt{1^2+1^2+(-2)^2} = \sqrt{6}.$$

$$AC = \sqrt{(0-1)^2+(1-0)^2+(2-2)^2} = \sqrt{(-1)^2+1^2+0^2} = \sqrt{2}.$$

$$BC = \sqrt{(0-2)^2+(1-1)^2+(2-0)^2} = \sqrt{(-2)^2+0^2+2^2} = \sqrt{8}.$$

D'où : $BC^2 = 8$ et $AB^2 + AC^2 = 6+2 = 8$.

Ainsi, $BC^2 = AB^2 + AC^2$.

Donc, d'après la réciproque du théorème de Pythagore, le triangle ABC est rectangle en A, d'hypoténuse [BC].

56 Calculer le produit scalaire de deux vecteurs de l'espace

Deux vecteurs non nuls de l'espace étant toujours coplanaires, la définition du produit scalaire donnée dans le plan peut être étendue à l'espace. On retrouve alors les mêmes propriétés.

RAPPEL DE COURS

I Définition

Soit $\vec{u}$ et $\vec{v}$ deux vecteurs de l'espace.

- Si $\vec{u}=\vec{0}$ ou $\vec{v}=\vec{0}$, alors $\vec{u}\cdot\vec{v}=0$.
- Si $\vec{u}\neq\vec{0}$ et $\vec{v}\neq\vec{0}$, alors $\vec{u}\cdot\vec{v}=\|\vec{u}\|\times\|\vec{v}\|\times\cos(\vec{u}\,;\vec{v})$.

Remarque : Le produit scalaire de deux vecteurs de l'espace, comme du plan, est un nombre réel, qui ne dépend pas du repère choisi.

$(\vec{u}\,;\vec{v})$ est ici la mesure de l'angle géométrique de vecteurs, défini en géométrie plane.

II Propriétés

Pour tous vecteurs $\vec{u}$, $\vec{v}$ et $\vec{w}$ de l'espace, et tout nombre réel α :

- $\vec{u}\cdot\vec{v}=\vec{v}\cdot\vec{u}$
- $(\alpha\vec{u})\cdot\vec{v}=\alpha(\vec{u}\cdot\vec{v})=\vec{u}\cdot(\alpha\vec{v})$
- $\vec{u}\cdot(\vec{v}+\vec{w})=\vec{u}\cdot\vec{v}+\vec{u}\cdot\vec{w}$
- $(\vec{u}+\vec{v})\cdot\vec{w}=\vec{u}\cdot\vec{w}+\vec{v}\cdot\vec{w}$
- $\vec{u}\cdot\vec{u}=\|\vec{u}\|^2$, noté aussi $\vec{u}^2$
- $\vec{u}\cdot\vec{v}=0 \Leftrightarrow \vec{u}=\vec{0}$ ou $\vec{v}=\vec{0}$ ou $\vec{u}\perp\vec{v}$
- $\vec{u}\cdot\vec{v}=\frac{1}{2}\left(\|\vec{u}\|^2+\|\vec{v}\|^2-\|\vec{u}-\vec{v}\|^2\right)=\frac{1}{2}\left(\|\vec{u}+\vec{v}\|^2-\|\vec{u}\|^2-\|\vec{v}\|^2\right)$

$\vec{u}^2$ est appelé le carré scalaire du vecteur $\vec{u}$.

III Expression analytique du produit scalaire dans un repère orthonormé

L'espace est muni d'un repère orthonormé $(O\,;\vec{i},\vec{j},\vec{k})$.

Soit $\vec{u}(x\,;y\,;z)$ et $\vec{v}(x'\,;y'\,;z')$ deux vecteurs de l'espace.

- $\vec{u}\cdot\vec{v}=xx'+yy'+zz'$
- $\|\vec{u}\|=\sqrt{x^2+y^2+z^2}$

Remarque : $AB=\|\overrightarrow{AB}\|=\sqrt{(x_B-x_A)^2+(y_B-y_A)^2+(z_B-z_A)^2}$

(avec $\vec{u}=\overrightarrow{AB}$, A $(x_A\,;y_A\,;z_A)$ et B $(x_B\,;y_B\,;z_B)$).

APPLICATION Calculer des distances dans l'espace

Dans l'espace muni d'un repère orthonormé $\left(O;\vec{i},\vec{j},\vec{k}\right)$, on considère le tétraèdre ABCD de sommets :

$A(0;0;3)$, $B\left(2\sqrt{2};0;-1\right)$, $C\left(-\sqrt{2};-\sqrt{6};-1\right)$, $D\left(-\sqrt{2};\sqrt{6};-1\right)$.

On note R, S, T et U les milieux respectifs des arêtes [AC], [AD], [BD] et [BC].

Un tétraèdre est régulier si toutes ses arêtes sont de même longueur.

1. Démontrer que le tétraèdre ABCD est régulier.

2. a. Démontrer que le quadrilatère RSTU est un parallélogramme.

b. Ce parallélogramme a-t-il des propriétés supplémentaires ? Expliquer.

POINT MÉTHODE

1. Démontrez que les longueurs AB, AC, AD, BC, BD et CD sont toutes égales.

2. b. Démontrez que les côtés [RS] et [ST] sont perpendiculaires et que RS = ST.

Solution

1. $AB=\sqrt{\left(2\sqrt{2}\right)^2+(-1-3)^2}=\sqrt{8+16}=\sqrt{24}$.

On démontre de même que $AC=AD=BC=BD=CD=\sqrt{24}$.

Le tétraèdre ABCD est un tétraèdre régulier.

2. a. Le point R est le milieu de [AC], donc il a pour coordonnées $\left(\frac{0-\sqrt{2}}{2};\frac{0-\sqrt{6}}{2};\frac{3-1}{2}\right)$ soit $R\left(-\frac{\sqrt{2}}{2};-\frac{\sqrt{6}}{2};1\right)$. On obtient de même :

→ Fiche 55

$S\left(-\frac{\sqrt{2}}{2};\frac{\sqrt{6}}{2};1\right)$; $T\left(\frac{\sqrt{2}}{2};\frac{\sqrt{6}}{2};-1\right)$; $U\left(\frac{\sqrt{2}}{2};-\frac{\sqrt{6}}{2};-1\right)$.

On en déduit que $\overrightarrow{RS}\left(0;\sqrt{6};0\right)$ et $\overrightarrow{UT}\left(0;\sqrt{6};0\right)$.

Ainsi, $\overrightarrow{RS}=\overrightarrow{UT}$, donc le quadrilatère RSTU est un parallélogramme.

b. On a $\overrightarrow{RS}\left(0;\sqrt{6};0\right)$. De même $\overrightarrow{ST}\left(\sqrt{2};0;-2\right)$.

$RS=\sqrt{0^2+\left(\sqrt{6}\right)^2+0^2}=\sqrt{6}$ et $ST=\sqrt{\left(\sqrt{2}\right)^2+0^2+(-2)^2}=\sqrt{6}$.

De plus, $\overrightarrow{RS}\cdot\overrightarrow{ST}=0\times\sqrt{2}+\sqrt{6}\times 0+0\times(-2)=0$.

Ainsi, dans le plan (RST), les côtés consécutifs [RS] et [ST] du parallélogramme RSTU sont perpendiculaires et de même longueur.

Le parallélogramme RSTU est donc un carré.

Un parallélogramme qui a un angle droit est un rectangle et un rectangle dont deux côtés consécutifs sont égaux est un carré.

57 Démontrer l'orthogonalité à l'aide du produit scalaire

Le produit scalaire permet de traduire analytiquement l'orthogonalité dans le plan, mais aussi dans l'espace.

RAPPEL DE COURS

I Droites orthogonales

Soit d une droite de vecteur directeur $\vec{u} \neq \vec{0}$, et Δ une droite de vecteur directeur $\vec{v} \neq \vec{0}$.

$$d \perp \Delta \Leftrightarrow \vec{u} \cdot \vec{v} = 0$$

Remarque : Deux droites orthogonales et sécantes sont perpendiculaires.

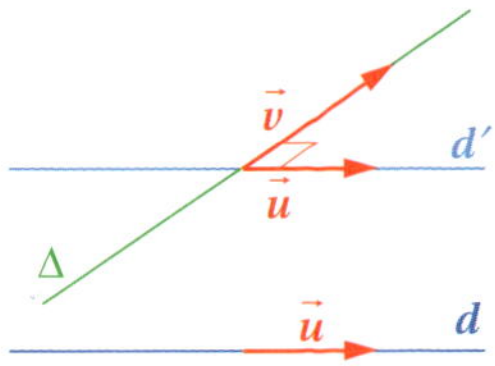

II Droites et plans perpendiculaires

Soit d une droite de vecteur directeur $\vec{u} \neq \vec{0}$, et $\mathscr{P}$ un plan de vecteurs directeurs non colinéaires $\vec{v} \neq \vec{0}$ et $\vec{w} \neq \vec{0}$.

$$d \perp \mathscr{P} \Leftrightarrow \vec{u} \cdot \vec{v} = 0 \text{ et } \vec{u} \cdot \vec{w} = 0$$

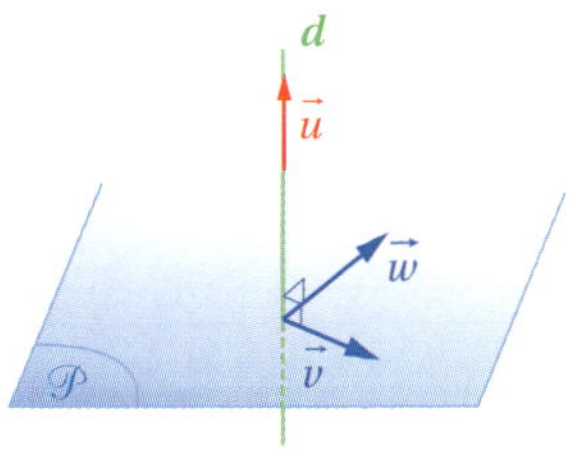

III Plans perpendiculaires

Soit $\mathscr{P}$ un plan de vecteur normal $\vec{n} \neq \vec{0}$ et $\mathscr{P}'$ un plan de vecteur normal $\vec{n'} \neq \vec{0}$.

$$\mathscr{P} \perp \mathscr{P}' \Leftrightarrow \vec{n} \cdot \vec{n'} = 0$$

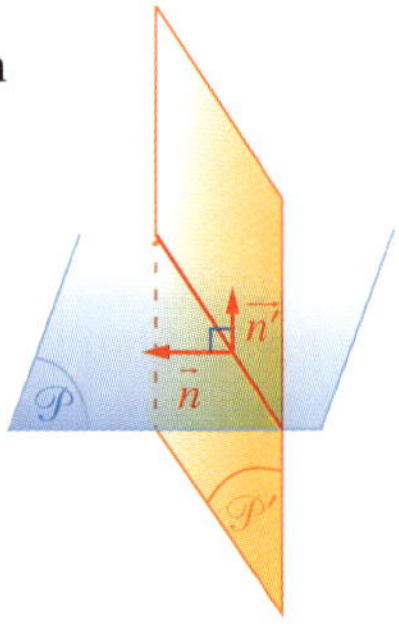

APPLICATION Démontrer l'orthogonalité à l'aide du produit scalaire

Dans l'espace muni d'un repère orthonormé $\left(O\,;\vec{i},\vec{j},\vec{k}\right)$, on considère le plan $\mathscr{P}$ passant par le point $B(1\,;-2\,;1)$ et de vecteur normal $\vec{n}(-2\,;1\,;5)$, et le plan $\mathscr{R}$ dont $x+2y-7=0$ est une équation cartésienne.

1. Démontrer que les plans $\mathscr{P}$ et $\mathscr{R}$ sont perpendiculaires.

2. Démontrer que l'intersection des plans $\mathscr{P}$ et $\mathscr{R}$ est la droite passant par le point $C(-1\,;4\,;-1)$ et de vecteur directeur $\vec{u}(2\,;-1\,;1)$.

POINT MÉTHODE

1. Commencez par déterminer un vecteur normal au plan $\mathscr{R}$. → Fiche 53

2. Vérifiez que C appartient à $\mathscr{P}$ et à $\mathscr{R}$, puis que $\vec{u}$ est orthogonal à un vecteur normal au plan $\mathscr{P}$ et à un vecteur normal au plan $\mathscr{R}$.

Solution

1. Le plan $\mathscr{R}$ a pour équation cartésienne $x+2y-7=0$. Donc $\overrightarrow{n'}(1\,;2\,;0)$ est un vecteur normal à $\mathscr{R}$. Or $\vec{n}\cdot\overrightarrow{n'}=-2\times1+1\times2+5\times0=0$, donc les plans $\mathscr{P}$ et $\mathscr{R}$ sont perpendiculaires.

2. Des plans sécants et non confondus se coupent selon une droite. Notons Δ la droite d'intersection de $\mathscr{P}$ et $\mathscr{R}$.

• Démontrons d'abord que le point C appartient bien aux deux plans $\mathscr{P}$ et $\mathscr{R}$: $-1+2\times4-7=0$, donc les coordonnées de C vérifient une équation cartésienne du plan $\mathscr{R}$, ce qui prouve que C appartient à $\mathscr{R}$.

Déterminons une équation cartésienne du plan $\mathscr{P}$.

$\vec{n}(-2\,;1\,;5)$ est un vecteur normal au plan $\mathscr{P}$, donc $\mathscr{P}$ admet une équation cartésienne de la forme : $-2x+y+5z+d=0$ avec $d\in\mathbb{R}$.

Pour obtenir la valeur de d, on écrit que le point $B(1\,;-2\,;1)$ appartient à $\mathscr{P}$: $-2\times1-2+5\times1+d=1+d=0$, soit $d=-1$. Une équation cartésienne de $\mathscr{P}$ est $-2x+y+5z-1=0$. Or $-2\times(-1)+4+5\times(-1)-1=0$, donc C appartient à $\mathscr{P}$.

On en déduit que C appartient à Δ.

• Vérifions maintenant que $\vec{u}(2\,;-1\,;1)$ est un vecteur directeur de Δ.

Pour cela, il suffit de vérifier que $\vec{u}$ est orthogonal à $\vec{n}$ et à $\overrightarrow{n'}$.

Or : $\vec{n}\cdot\vec{u}=-2\times2+1\times(-1)+5\times1=0$ et $\overrightarrow{n'}\cdot\vec{u}=1\times2+2\times(-1)+0\times1=0$.

Donc le vecteur $\vec{u}$ est un vecteur directeur de la droite Δ.

• Conclusion : L'intersection des plans $\mathscr{P}$ et $\mathscr{R}$ est la droite Δ passant par le point $C(-1\,;4\,;-1)$ et de vecteur directeur $\vec{u}(2\,;-1\,;1)$.

Quiz express

Vérifiez que vous avez bien retenu les points clés des **fiches 51 à 57**.

L'espace est muni d'un repère orthonormé $\left(O\,;\vec{i},\vec{j},\vec{k}\right)$.

Utiliser les vecteurs de l'espace

On considère les points $A(1\,;-1\,;3)$, $B(1\,;1\,;3)$ et $C(1\,;1\,;-3)$.

1 Les points A, B et C sont alignés.

☐ **a.** Vrai ☐ **b.** Faux

2 Les coordonnées du milieu I du segment [AB] sont :

☐ **a.** $(0\,;2\,;0)$ ☐ **b.** $(2\,;0\,;6)$ ☐ **c.** $(1\,;0\,;3)$

3 Si I est le milieu du segment [AB], on a :

☐ **a.** $\overrightarrow{IA}+\overrightarrow{IB}=\vec{0}$ ☐ **b.** $\overrightarrow{AI}=\frac{1}{2}\overrightarrow{AB}$ ☐ **c.** $\overrightarrow{IA}=\overrightarrow{IB}$

FICHE 51

Déterminer une équation paramétrique d'une droite de l'espace

4 Une représentation paramétrique de la droite (OA) avec $A(-2\,;1\,;4)$ est :

☐ **a.** $\begin{cases} x=-2t \\ y=t \\ z=4t \end{cases}, t\in\mathbb{R}$ ☐ **b.** $\begin{cases} x=t-2 \\ y=t+1 \\ z=t+4 \end{cases}, t\in\mathbb{R}$ ☐ **c.** $\begin{cases} x=-2t-2 \\ y=t+1 \\ z=4t+4 \end{cases}, t\in\mathbb{R}$

5 $\begin{cases} x=-t+5 \\ y=3t+1 \\ z=-2t+4 \end{cases}, t\in\mathbb{R}$ est une représentation paramétrique d'une droite d.

Un vecteur directeur de la droite d est :

☐ **a.** $\vec{u}(5\,;1\,;4)$ ☐ **b.** $\vec{u}(-1\,;3\,;-2)$ ☐ **c.** $\vec{u}(4\,;4\,;2)$

6 Le(s) point(s) appartenant à la droite d définie dans la question **5** est (sont) :

☐ **a.** $B(5\,;1\,;4)$ ☐ **b.** $A\,(-1\,;3\,;-2)$ ☐ **c.** $C\,(4\,;4\,;2)$

FICHE 52

Déterminer une équation cartésienne d'un plan de l'espace

7 Les points $A(1\,;1\,;1)$, $B(2\,;-3\,;-1)$ et $C(0\,;5\,;3)$ forment un plan (ABC).

☐ **a.** Vrai

☐ **b.** Faux

8 Un vecteur normal au plan d'équation cartésienne $2x-3y+4z-1=0$ est :

☐ **a.** $\vec{n}\,(2\,;-3\,;4)$ ☐ **b.** $\vec{n}\,(1\,;-4\,;3)$ ☐ **c.** $\vec{n}\,(-4\,;6\,;-8)$

9 Une équation cartésienne du plan $\mathcal{P}$ passant par le point $A(2\,;-1\,;2)$ et dont $\vec{n}\,(1\,;-2\,;3)$ est un vecteur normal est :

☐ **a.** $x-2y+3z+2=0$ ☐ **b.** $x-2y+3z-10=0$ ☐ **c.** $2x-y+2z-10=0$

FICHE 53

Calculer le produit scalaire de deux vecteurs de l'espace

On considère les points $A(2\,;4\,;1)$, $B(1\,;4\,;-3)$ et $C(3\,;1\,;-3)$.

10 $\overrightarrow{AB}\cdot\overrightarrow{AC}=\cdots$

☐ **a.** 15 ☐ **b.** –2 ☐ **c.** 7

11 $\overrightarrow{AB}\cdot\overrightarrow{BC}=\cdots$

☐ **a.** 15 ☐ **b.** –2 ☐ **c.** 7

12 $AC=\left\|\overrightarrow{AC}\right\|=\cdots$

☐ **a.** 26 ☐ **b.** $\sqrt{8}$ ☐ **c.** $\sqrt{26}$

FICHE 56

Démontrer l'orthogonalité à l'aide du produit scalaire

Les droites $\mathcal{D}$ et Δ ont pour représentations paramétriques respectives :

$$\begin{cases}x=2t-1\\y=-t+3\\z=3t+1\end{cases},\ t\in\mathbb{R}\quad\text{et}\quad\begin{cases}x=2k+2\\y=-5k\\z=-3k+4\end{cases},\ k\in\mathbb{R}.$$

Les plans $\mathcal{P}$ et $\mathcal{Q}$ ont pour équations cartésiennes respectives :

$$-2x+y-3z+2=0 \quad\text{et}\quad 2x-y+3z+5=0.$$

13 Les droites $\mathcal{D}$ et Δ sont orthogonales :

☐ **a.** Vrai ☐ **b.** Faux

14 La droite $\mathcal{D}$ et le plan $\mathcal{P}$ sont perpendiculaires.

☐ **a.** Vrai ☐ **b.** Faux

15 Les plans $\mathcal{P}$ et $\mathcal{Q}$ sont perpendiculaires.

☐ **a.** Vrai ☐ **b.** Faux

FICHE 57

RÉPONSES

1. b • **2.** c • **3.** a et b • **4.** a et c • **5.** b • **6.** a et c • **7.** b • **8.** a et c • **9.** b • **10.** a • **11.** b • **12.** c • **13.** a • **14.** a • **15.** b.

SUJET 32 | Équations cartésiennes et position relative de plans

DURÉE 60 MIN

→ **Fiche 50** Déterminer l'intersection d'une droite et d'un plan de l'espace
→ **Fiche 51** Utiliser les vecteurs de l'espace
→ **Fiche 52** Déterminer une représentation paramétrique d'une droite de l'espace
→ **Fiche 53** Déterminer une équation cartésienne d'un plan de l'espace
→ **Fiche 56** Calculer le produit scalaire de deux vecteurs de l'espace

PARTIE A

On considère deux points A et D de l'espace et on désigne par I le milieu du segment [AD].

1. Démontrer que pour tout point M de l'espace, $\overrightarrow{MD} \cdot \overrightarrow{MA} = MI^2 - IA^2$.

2. En déduire l'ensemble $\mathscr{E}$ des points de l'espace tels que $\overrightarrow{MD} \cdot \overrightarrow{MA} = 0$.

PARTIE B

Dans l'espace rapporté au repère orthonormé $\left(O\,;\vec{i},\vec{j},\vec{k}\right)$, on considère les points $A(3\,;0\,;0)$, $B(0\,;6\,;0)$, $C(0\,;0\,;4)$ et $D(-5\,;0\,;1)$.

1. a. Démontrer que les points A, B et C déterminent un plan que l'on notera (ABC).

b. Vérifier que le vecteur $\vec{n}(4\,;2\,;3)$ est normal au plan (ABC).

c. Déterminer une équation cartésienne du plan (ABC).

2. a. Déterminer une représentation paramétrique de la droite Δ, perpendiculaire au plan (ABC) et passant par D.

b. En déduire les coordonnées du point H, projeté orthogonal de D sur le plan (ABC).

H est le point du plan (ABC) tel que le vecteur $\overrightarrow{HD}$ est un vecteur normal à ce plan.

c. Calculer la distance DH, qui est la distance du point D au plan (ABC).

d. Démontrer que H appartient à l'ensemble $\mathscr{E}$ défini par la **partie A**.

DÉMARRONS ENSEMBLE

PARTIE A

1. Utilisez la relation de Chasles pour décomposer $\overrightarrow{MD}$ et $\overrightarrow{MA}$, puis développez l'expression obtenue en cherchant à simplifier le résultat. → **Fiche 56**

2. Les points I et A étant donnés, quel est l'ensemble des points M de l'espace vérifiant MI = IA ?

PARTIE B

1. a. Démontrez, par exemple, que $\overrightarrow{AB}$ et $\overrightarrow{AC}$ ne sont pas colinéaires.

b. Démontrez que $\vec{n}\cdot\overrightarrow{AB}=\vec{n}\cdot\overrightarrow{AC}=0$. → **Fiche 56**

c. Relisez éventuellement la **Fiche 53**.

2. a. Remarquez que $\vec{n}$ est un vecteur directeur de la droite Δ.

b. H est le point d'intersection de la droite Δ et du plan (ABC). → **Fiche 50**

c. Il s'agit de calculer la distance DH. → **Fiche 56**

d. Calculez $\overrightarrow{HD}\cdot\overrightarrow{HA}$ et concluez. → **Fiche 56**

CORRIGÉ

PARTIE A

1. Démontrer une égalité en lien avec le produit scalaire

Soit M un point de l'espace.

D'après la relation de Chasles, $\overrightarrow{MD}=\overrightarrow{MI}+\overrightarrow{ID}$ et $\overrightarrow{MA}=\overrightarrow{MI}+\overrightarrow{IA}$,

→ Fiche 51

donc : $\overrightarrow{MD}\cdot\overrightarrow{MA}=\left(\overrightarrow{MI}+\overrightarrow{ID}\right)\cdot\left(\overrightarrow{MI}+\overrightarrow{IA}\right)$

$=\overrightarrow{MI}\cdot\left(\overrightarrow{MI}+\overrightarrow{IA}\right)+\overrightarrow{ID}\cdot\left(\overrightarrow{MI}+\overrightarrow{IA}\right)$

→ Fiche 56

$=\overrightarrow{MI}\cdot\overrightarrow{MI}+\overrightarrow{MI}\cdot\overrightarrow{IA}+\overrightarrow{ID}\cdot\overrightarrow{MI}+\overrightarrow{ID}\cdot\overrightarrow{IA}$

$=\overrightarrow{MI}^2+\overrightarrow{MI}\cdot\overrightarrow{IA}+\overrightarrow{MI}\cdot\overrightarrow{ID}-\overrightarrow{IA}\cdot\overrightarrow{IA}$

car $\overrightarrow{ID}\cdot\overrightarrow{MI}=\overrightarrow{MI}\cdot\overrightarrow{ID}$ et $\overrightarrow{ID}=-\overrightarrow{IA}$

$=\overrightarrow{MI}^2+\overrightarrow{MI}\cdot\left(\overrightarrow{IA}+\overrightarrow{ID}\right)-\overrightarrow{IA}^2$

en factorisant l'expression $\overrightarrow{MI}\cdot\overrightarrow{IA}+\overrightarrow{MI}\cdot\overrightarrow{ID}$

$=\overrightarrow{MI}^2+\overrightarrow{MI}\cdot\vec{0}-\overrightarrow{IA}^2$ car $\overrightarrow{IA}+\overrightarrow{ID}=\vec{0}$

$=\overrightarrow{MI}^2-\overrightarrow{IA}^2$ car $\overrightarrow{MI}\cdot\vec{0}=0$

$=MI^2-IA^2$.

Comme en géométrie plane :
I milieu de [AD]
$\Leftrightarrow \overrightarrow{ID}+\overrightarrow{IA}=\vec{0}$
$\Leftrightarrow \overrightarrow{ID}=-\overrightarrow{IA}$

Ainsi, pour tout point M de l'espace, $\overrightarrow{MD}\cdot\overrightarrow{MA}=MI^2-IA^2$.

Le produit scalaire de deux vecteurs est un réel.

2. Trouver un ensemble de points vérifiant une égalité

Pour un point M de l'espace :

$M\in\mathscr{E}\Leftrightarrow\overrightarrow{MD}\cdot\overrightarrow{MA}=0\Leftrightarrow MI^2-IA^2=0$ d'après le résultat précédent

$\Leftrightarrow MI^2=IA^2\Leftrightarrow MI=IA$ car les distances sont des réels positifs.

L'ensemble $\mathscr{E}$ est donc la sphère de centre I et de rayon IA.

PARTIE B

1. a. Démontrer que trois points donnés déterminent un plan

$\overrightarrow{AB}(0-3\,;6-0\,;0-0)$ soit $\overrightarrow{AB}(-3\,;6\,;0)\neq(0\,;0\,;0)$.

$\overrightarrow{AC}(0-3\,;0-0\,;4-0)$ soit $\overrightarrow{AC}(-3\,;0\,;4)\neq(0\,;0\,;0)$.

Les vecteurs $\overrightarrow{AB}$ et $\overrightarrow{AC}$ ne sont pas colinéaires, donc les points A, B et C ne sont pas alignés et déterminent un plan, noté (ABC).

Il n'existe pas de réel α tel que $\overrightarrow{AC}=\alpha\overrightarrow{AB}$.

b. Vérifier qu'un vecteur est normal à un plan

Démontrons que le vecteur $\vec{n}(4\,;2\,;3)$ est normal au plan (ABC).

$\vec{n}\cdot\overrightarrow{AB}=4\times(-3)+2\times6+3\times0=-12+12+0=0$ et

$\vec{n}\cdot\overrightarrow{AC}=4\times(-3)+2\times0+3\times4=-12+0+12=0$.

Donc $\vec{n}$ est orthogonal à $\overrightarrow{AB}$ et à $\overrightarrow{AC}$.

Or, $\overrightarrow{AB}$ et $\overrightarrow{AC}$ sont des vecteurs directeurs du plan (ABC), donc le vecteur $\vec{n}(4\,;2\,;3)$ est un vecteur normal au plan (ABC).

→ Fiche 57

c. Déterminer une équation cartésienne d'un plan

$\vec{n}(4\,;2\,;3)$ est un vecteur normal au plan (ABC), donc le plan (ABC) a une équation cartésienne de la forme $4x+2y+3z+d=0$, avec $d\in\mathbb{R}$.

→ Fiche 53

Déterminons la valeur de d.

Le point A appartient au plan (ABC), donc ses coordonnées vérifient l'équation du plan : $4\times3+2\times0+3\times0+d=12+d=0$, soit $d=-12$.

Une équation cartésienne du plan (ABC) est donc $4x+2y+3z-12=0$.

2. a. Déterminer une représentation paramétrique d'une droite

La droite Δ est orthogonale au plan (ABC), donc le vecteur normal $\vec{n}$ au plan (ABC) est un vecteur directeur de la droite Δ.

Deux droites perpendiculaires à un même plan sont parallèles.

Δ est la droite passant par le point $D(-5\,;0\,;1)$ et de vecteur directeur $\vec{n}(4\,;2\,;3)$, donc une représentation paramétrique de Δ est :

$$\begin{cases}x=4t-5\\y=2t\\z=3t+1\end{cases},\ t\in\mathbb{R}.$$

→ Fiche 52

b. Déterminer le point d'intersection d'une droite et d'un plan

• La droite Δ et le plan (ABC) étant perpendiculaires par définition, ils sont sécants en un seul point H.

→ Fiche 46

• Déterminer les coordonnées $(x_H ; y_H ; z_H)$ de H revient à déterminer le réel t tel que :

$$\begin{cases} x_H = 4t - 5 \\ y_H = 2t \\ z_H = 3t + 1 \\ 4x_H + 2y_H + 3z_H - 12 = 0 \end{cases}$$

D'après ce qui précède, on sait que ce réel existe et est unique.
→ Fiche 50

c'est-à-dire tel que :

$$\begin{cases} x_H = 4t - 5 \\ y_H = 2t \\ z_H = 3t + 1 \\ 4 \times (4t - 5) + 2 \times (2t) + 3 \times (3t + 1) - 12 = 0 \end{cases}$$

La dernière équation donne $16t - 20 + 4t + 9t + 3 - 12 = 0$, soit $29t - 29 = 0$ d'où $t = 1$.

En remplaçant t par 1, on a : $\begin{cases} x_H = 4 \times 1 - 5 = -1 \\ y_H = 2 \times 1 = 2 \\ z_H = 3 \times 1 + 1 = 4 \end{cases}$

Donc le point H a pour coordonnées $(-1 ; 2 ; 4)$.

c. Calculer une distance

$D(-5 ; 0 ; 1)$ et $H(-1 ; 2 ; 4)$, donc :

$$\begin{aligned} DH &= \sqrt{(-1-(-5))^2 + (2-0)^2 + (4-1)^2} \\ &= \sqrt{4^2 + 2^2 + 3^2} \\ &= \sqrt{16 + 4 + 9} = \sqrt{29}. \end{aligned}$$

→ Fiche 51

d. Démontrer qu'un point vérifie une propriété

Par définition de l'ensemble $\mathscr{E}$: $H \in \mathscr{E} \Leftrightarrow \overrightarrow{HD} \cdot \overrightarrow{HA} = 0$.

Or :

$\overrightarrow{HD}(-5-(-1) ; 0-2 ; 1-4)$, soit $\overrightarrow{HD}(-4 ; -2 ; -3)$.

$\overrightarrow{HA}(3-(-1) ; 0-2 ; 0-4)$, soit $\overrightarrow{HA}(4 ; -2 ; -4)$.

$\overrightarrow{HD} \cdot \overrightarrow{HA} = (-4) \times 4 + (-2) \times (-2) + (-3) \times (-4) = -16 + 4 + 12 = 0$.

Le point H appartient à la sphère $\mathscr{E}$ de centre I et de rayon IA.

SUJET 33 | Équations cartésiennes et position relative de plans Distance d'un point à une droite

DURÉE 60 MIN

→Fiche 48 Étudier la position relative de deux plans de l'espace
→Fiche 52 Déterminer une représentation paramétrique d'une droite de l'espace
→Fiche 53 Déterminer une équation cartésienne d'un plan de l'espace
→Fiche 56 Calculer le produit scalaire de deux vecteurs de l'espace

Dans l'espace muni d'un repère orthonormé $\left(O\,;\vec{i},\vec{j},\vec{k}\right)$, on considère les points $A(1;2;2)$, $B(3;2;1)$ et $C(1;3;3)$.

1. a. Démontrer que les points A, B et C déterminent un plan que l'on note $\mathscr{P}_1$.

b. Vérifier que $x-2y+2z-1=0$ est une équation cartésienne du plan $\mathscr{P}_1$.

2. On considère le plan $\mathscr{P}_2$ d'équation cartésienne $x-3y+2z+2=0$.

a. Démontrer que les plans $\mathscr{P}_1$ et $\mathscr{P}_2$ sont sécants. On note Δ leur droite d'intersection.

b. Démontrer que le point C appartient à la droite Δ.

c. Vérifier que $\vec{u}(2\,;0\,;-1)$ est un vecteur directeur de la droite Δ.

d. En déduire que $\begin{cases} x=2t+1 \\ y=3 \\ z=-t+3 \end{cases}$, $t\in\mathbb{R}$,

est une représentation paramétrique de la droite Δ.

3. a. Démontrer qu'il existe un unique point H appartenent à Δ tel que les vecteurs $\overrightarrow{AH}$ et $\vec{u}$ sont orthogonaux. Déterminer les coordonnées de H.

b. Que peut-on en déduire pour les droites (AH) et Δ ?

c. Calculer AH.

Remarque : Par analogie avec les définitions vues dans le plan, on dit que le point H est le projeté othogonal du point A sur la droite Δ et que AH est la distance du point A à la droite Δ, notée $d(A\,;\Delta)$.

DÉMARRONS ENSEMBLE

1. a. Démontrez, par exemple, que les vecteurs $\overrightarrow{AB}$ et $\overrightarrow{AC}$ ne sont pas colinéaires.

b. Démontrez que le vecteur $\vec{n}(1;-2;2)$ est un vecteur normal au plan $\mathscr{P}_1$.
→ Fiche 53

2. a. Démontrez que les vecteurs normaux de ces plans ne sont pas colinéaires.
→ Fiches 48 et 49

b. Démontrez que le point C appartient au plan $\mathcal{P}_1$ et au plan $\mathcal{P}_2$.
c. Considérez une droite de vecteur directeur $\vec{u}$ et démontrez que le vecteur $\vec{u}$ est orthogonal à un vecteur normal à chacun des deux plans.
d. Lisez la **Fiche 52**.
3. a. Résolvez dans $\mathbb{R}$ l'équation $\overrightarrow{AH}\cdot\vec{u}=0$ d'inconnue t. → **Fiche 56**
b. Remarquez que (AH) et Δ sont orthogonales et ont un point commun.
c. Utilisez les coordonnées du point A et du point H.

CORRIGÉ

1. a. Démontrer que trois points donnés déterminent un plan

$\overrightarrow{AB}(3-1\,;2-2\,;1-2)$ soit $\overrightarrow{AB}(2\,;0\,;-1)\neq(0\,;0\,;0)$.

$\overrightarrow{AC}(1-1\,;3-2\,;3-2)$ soit $\overrightarrow{AC}(0\,;1\,;1)\neq(0\,;0\,;0)$.

Les vecteurs $\overrightarrow{AB}$ et $\overrightarrow{AC}$ ne sont pas colinéaires, donc les points A, B et C ne sont pas alignés et déterminent un plan, noté $\mathcal{P}_1$.

Il n'existe pas de réel α tel que $\overrightarrow{AC}=\alpha\overrightarrow{AB}$.

b. Déterminer une équation cartésienne d'un plan

Notons π le plan dont $x-2y+2z-1=0$ est une équation cartésienne et démontrons que $\pi=\mathcal{P}_1$.

On sait que $x-2y+2z-1=0$ est une équation cartésienne d'un plan. → Fiche 53

• De l'équation, on déduit que $\vec{n}(1\,;-2\,;2)$ est un vecteur normal au plan π.

Or : $\vec{n}\cdot\overrightarrow{AB}=1\times2+(-2)\times0+2\times(-1)=2-2=0$

et $\vec{n}\cdot\overrightarrow{AC}=1\times0+(-2)\times1+2\times1=-2+2=0$.

Comme $\left(\overrightarrow{AB}\,;\overrightarrow{AC}\right)$ est un couple de vecteurs directeurs du plan $\mathcal{P}_1$, on en déduit que $\vec{n}(1\,;-2\,;2)$ est aussi un vecteur normal au plan $\mathcal{P}_1$.

Les plans π et $\mathcal{P}_1$ sont donc parallèles.

→ Fiche 53

• De plus, $A(1\,;2\,;2)$ et $1-2\times2+2\times2-1=0$;

donc A appartient au plan π.

• Ainsi, les plans π et $\mathcal{P}_1$ sont parallèles et ont un point commun. Ils sont donc confondus et $x-2y+2z-1=0$ est une équation cartésienne du plan $\mathcal{P}_1$.

2. a. Démontrer que deux plans sont sécants

Un vecteur normal du plan plan $\mathcal{P}_2$ d'équation $x-3y+2z+2=0$ est $\vec{n}'(1\,;-3\,;2)$.

Les vecteurs $\vec{n}(1\,;-2\,;2)$ et $\vec{n}'(1\,;-3\,;2)$ ne sont pas colinéaires, donc les plans $\mathcal{P}_1$ et $\mathcal{P}_2$ sont sécants et leur intersection est une droite, notée Δ.

b. Démontrer qu'un point appartient à la droite d'intersection de deux plans

Démontrer que C appartient à Δ revient à démontrer que C appartient à $\mathscr{P}_1$ et à $\mathscr{P}_2$, c'est-à-dire que les coordonnées de C vérifient une équation cartésienne de chacun des deux plans.

$C(1;3;3)$ et $1-2\times3+2\times3-1=1-6+6-1=0$, donc $C\in\mathscr{P}_1$.

De même, $1-3\times3+2\times3+2=1-9+6+2=0$, donc $C\in\mathscr{P}_2$.

Donc le point C appartient à la droite Δ.

Dans l'espace, une droite ne peut pas être définie par une équation cartésienne. En revanche, le système $\begin{cases}x-2y+2z-1=0\\x-3y+2z+2=0\end{cases}$ définit la droite Δ.

c. Démontrer qu'un vecteur est un vecteur directeur d'une droite

Notons d une droite de vecteur directeur $\vec{u}(2;0;-1)$ et démontrons que d est parallèle à Δ, ce qui prouvera que $\vec{u}$ est un vecteur directeur de Δ.

- $\vec{n}(1;-2;2)$ est un vecteur normal au plan $\mathscr{P}_1$

et $\vec{n}\cdot\vec{u}=1\times2+(-2)\times0+2\times(-1)=2+0-2=0$, donc $\vec{n}\perp\vec{u}$.

On en déduit que d est parallèle au plan $\mathscr{P}_1$.

→ Fiche 47

- De même, $\vec{n'}(1;-3;2)$ est un vecteur normal au plan $\mathscr{P}_2$

et $\vec{n'}\cdot\vec{u}=1\times2+(-3)\times0+2\times(-1)=2+0-2=0$, donc $\vec{n'}\perp\vec{u}$.

On en déduit que d est parallèle au plan $\mathscr{P}_2$.

- La droite d est donc parallèle à la droite Δ, intersection de $\mathscr{P}_1$ et $\mathscr{P}_2$.

Ainsi, $\vec{u}$ étant un vecteur directeur de d, il est aussi un vecteur directeur de Δ.

Les droites d et Δ ont la même direction.

d. Déterminer une représentation paramétrique d'une droite

Δ est la droite passant par le point $C(1;3;3)$ et de vecteur directeur $\vec{u}(2;0;-1)$. Une représentation paramétrique de Δ est donc :

$$\begin{cases}x=2t+1\\y=3\\z=-t+3\end{cases},\ t\in\mathbb{R}.$$

→ Fiche 52

3. a. Exprimer un produit scalaire et résoudre une équation

Compte tenu de la représentation paramétrique de Δ, un point M appartenant à la droite Δ a pour coordonnées $(2t+1;3;-t+3)$ avec t appartenant à $\mathbb{R}$.

$\overrightarrow{AM}$ et $\vec{u}$ sont orthogonaux $\Leftrightarrow\ \overrightarrow{AM}\cdot\vec{u}=0$.

$A(1;2;2)$, donc $\overrightarrow{AM}(2t+1-1\,;3-2\,;-t+3-2)$,

soit $\overrightarrow{AM}(2t\,;1;-t+1)$, et $\vec{u}(2;0;-1)$. Donc :

$$\overrightarrow{AM}\cdot\vec{u}=0\Leftrightarrow 2t\times2+1\times0+(-t+1)\times(-1)=0$$
$$\Leftrightarrow 4t+t-1=0\Leftrightarrow 5t=1\Leftrightarrow t=\frac{1}{5}.$$

Ainsi, il existe un unique réel t tel que les vecteurs $\overrightarrow{AM}$ et $\vec{u}$ sont orthogonaux, donc il existe un unique point de Δ tel que $\overrightarrow{AM}$ et $\vec{u}$ sont orthogonaux.

Notons H ce point ; H a pour coordonnées $\left(2\times\frac{1}{5}+1\,;3\,;-\frac{1}{5}+3\right)$, soit $\left(\frac{7}{5}\,;3\,;\frac{14}{5}\right)$.

On remplace t par $\frac{1}{5}$ dans l'expression générale des coordonnées d'un point de Δ.

b. Démontrer que deux droites sont perpendiculaires

La droite Δ a pour vecteur directeur $\vec{u}$, et les vecteurs $\overrightarrow{AH}$ et $\vec{u}$ sont orthogonaux, donc les droites Δ et (AH) sont orthogonales.

De plus, elles sont sécantes en H.

Donc les droites Δ et (AH) sont perpendiculaires en H.

c. Calculer une distance

$H\left(\frac{7}{5}\,;3\,;\frac{14}{5}\right)$ et $A(1\,;2\,;2)$, donc :

$$AH=\sqrt{\left(\frac{7}{5}-1\right)^2+(3-2)^2+\left(\frac{14}{5}-2\right)^2}$$

→ Fiche 51

$$=\sqrt{\left(\frac{2}{5}\right)^2+1^2+\left(\frac{4}{5}\right)^2}$$

$$=\sqrt{\frac{4}{25}+1+\frac{16}{25}}$$

$$=\sqrt{\frac{4+25+16}{25}}$$

$$=\sqrt{\frac{45}{25}}$$

$$=\frac{3\sqrt{5}}{5}.$$

SUJET 34 | Géométrie dans un cube

DURÉE 70 MIN

→ **Fiche 46** Étudier la position relative d'une droite et d'un plan de l'espace
→ **Fiche 47** Établir l'orthogonalité ou le parallélisme d'une droite et d'un plan de l'espace avec les vecteurs
→ **Fiche 50** Déterminer l'intersection d'une droite et d'un plan de l'espace
→ **Fiche 51** Utiliser les vecteurs de l'espace
→ **Fiche 52** Déterminer une représentation paramétrique d'une droite de l'espace
→ **Fiche 53** Déterminer une équation cartésienne d'un plan de l'espace
→ **Fiche 54** Démontrer en utilisant la décomposition de vecteurs
→ **Fiche 56** Calculer le produit scalaire de deux vecteurs de l'espace

On considère un cube ABCDEFGH d'arête 1.

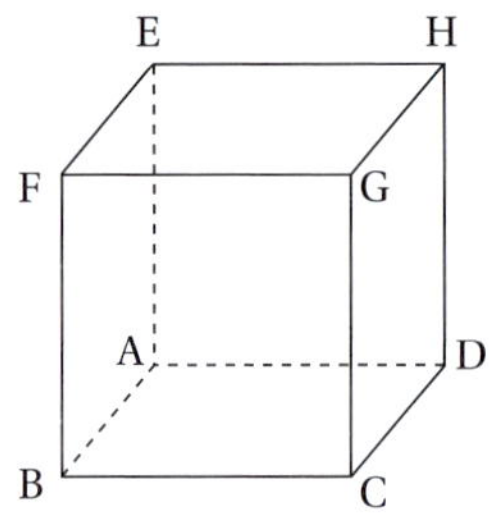

1. a. Exprimer plus simplement le vecteur $\overrightarrow{AB}+\overrightarrow{AD}+\overrightarrow{AE}$.

b. En déduire que $\overrightarrow{AG}\cdot\overrightarrow{BD}=0$ et $\overrightarrow{AG}\cdot\overrightarrow{BE}=0$.

2. Déduire de la question précédente que la droite (AG) est perpendiculaire au plan (BDE).

3. Soit I le point défini par l'égalité vectorielle $\overrightarrow{IB}+\overrightarrow{ID}+\overrightarrow{IE}=\vec{0}$.

a. Justifier que le point I appartient au plan (BDE).

b. Déduire du **1. a.** que le point I est le point d'intersection de la droite (AG) et du plan (BDE), et préciser la position du point I sur le segment (AG).

4. Dans cette question, l'espace est muni du repère orthonormé $\left(A\,;\overrightarrow{AB},\overrightarrow{AD},\overrightarrow{AE}\right)$.

a. Déterminer une équation cartésienne du plan (BDE).

b. Déterminer une représentation paramétrique de la droite Δ passant par le point H et perpendiculaire au plan (BDE).

c. Déterminer les coordonnées du point d'intersection, noté J, de la droite Δ et du plan (BDE).

d. En déduire la distance JH, qui est la distance du point H au plan (BDE).

DÉMARRONS ENSEMBLE

1. a. Utilisez des égalités vectorielles et la relation de Chasles. → **Fiche 51**
b. Décomposez le vecteur $\overrightarrow{AG}$ et observez les vecteurs qui sont orthogonaux sur la figure. → **Fiche 54**
2. Démontrez que le vecteur $\overrightarrow{AG}$ est orthogonal à deux vecteurs directeurs du plan (BDE). → **Fiches 46 et 47**
3. a. Exprimez le vecteur $\overrightarrow{BI}$ comme une combinaison linéaire des vecteurs $\overrightarrow{BD}$ et $\overrightarrow{BE}$ en utilisant la relation de Chasles. → **Fiche 54**
b. Demontrez que les vecteurs $\overrightarrow{AI}$ et $\overrightarrow{AG}$ sont colinéaires.
4. a. Déterminez les coordonnées des points A et G, puis du vecteur $\overrightarrow{AG}$ qui est un vecteur normal au plan (BDE). → **Fiche 53**
b. Déterminez un vecteur directeur de la droite Δ et les coordonnées du point H. → **Fiche 47**
c. Exprimez que les coordonnées $(x_J\,;y_J\,;z_J)$ de J en fonction d'un réel t et écrivez que $(x_J\,;y_J\,;z_J)$ vérifie l'équation cartésienne trouvée en **4. a.**.
→ **Fiche 50**
d. Exprimez la distance JH en fonction des coordonnées des points J et H.
→ **Fiche 56**

CORRIGÉ

1. a. Réduire une somme vectorielle

ABCD est un carré donc $\overrightarrow{AD}=\overrightarrow{BC}$
et AEGC est un parallélogramme donc $\overrightarrow{AE}=\overrightarrow{CG}$.
D'où : $\overrightarrow{AB}+\overrightarrow{AD}+\overrightarrow{AE}=\overrightarrow{AB}+\overrightarrow{BC}+\overrightarrow{CG}$
$=\overrightarrow{AG}$ d'après la relation de Chasles.

Configuration du parallélogramme qui, ici est un carré.

b. Démontrer que le produit scalaire de deux vecteurs est nul

• En utilisant le résultat précédent, on a :
$\overrightarrow{AG}\cdot\overrightarrow{BD}=\left(\overrightarrow{AB}+\overrightarrow{AD}+\overrightarrow{AE}\right)\cdot\overrightarrow{BD}=\left(\overrightarrow{AC}+\overrightarrow{AE}\right)\cdot\overrightarrow{BD}$ car $\overrightarrow{AB}+\overrightarrow{AD}=\overrightarrow{AC}$.
$=\overrightarrow{AC}\cdot\overrightarrow{BD}+\overrightarrow{AE}\cdot\overrightarrow{BD}$.

→ Fiche 56

Or, les vecteurs $\overrightarrow{AC}$ et $\overrightarrow{BD}$ sont orthogonaux car les diagonales d'un carré sont perpendiculaires, donc $\overrightarrow{AC}\cdot\overrightarrow{BD}=0$.

De plus, la droite (AE) est orthogonale au plan (BDC) donc à toutes les droites incluses dans ce plan et en particulier à la droite (BD).

→ Fiche 46

Les vecteurs $\overrightarrow{AE}$ et $\overrightarrow{BD}$ sont donc orthogonaux et $\overrightarrow{AE} \cdot \overrightarrow{BD} = 0$.
Finalement, $\overrightarrow{AG} \cdot \overrightarrow{BD} = 0$.

$\overrightarrow{AG}$ et $\overrightarrow{BD}$ sont orthogonaux.

• De même :
$\overrightarrow{AG} \cdot \overrightarrow{BE} = \left(\overrightarrow{AB} + \overrightarrow{AD} + \overrightarrow{AE}\right) \cdot \overrightarrow{BE} = \left(\overrightarrow{AF} + \overrightarrow{AD}\right) \cdot \overrightarrow{BE}$ car $\overrightarrow{AB} + \overrightarrow{AE} = \overrightarrow{AF}$.

Donc $\overrightarrow{AG} \cdot \overrightarrow{BE} = \overrightarrow{AF} \cdot \overrightarrow{BE} + \overrightarrow{AD} \cdot \overrightarrow{BE}$.

Or les vecteurs $\overrightarrow{AF}$ et $\overrightarrow{BE}$ sont orthogonaux car les diagonales d'un carré sont perpendiculaires, donc $\overrightarrow{AF} \cdot \overrightarrow{BE} = 0$.

De plus, la droite (AD) est orthogonale au plan (ABE) donc à toutes les droites incluses dans ce plan et en particulier à la droite (BE).

Les vecteurs $\overrightarrow{AD}$ et $\overrightarrow{BE}$ sont donc orthogonaux et $\overrightarrow{AD} \cdot \overrightarrow{BE} = 0$.
Finalement, $\overrightarrow{AG} \cdot \overrightarrow{BE} = 0$.

$\overrightarrow{AG}$ et $\overrightarrow{BE}$ sont orthogonaux.

2. Démontrer qu'une droite est perpendiculaire à un plan

• D'après **1. b.**, le vecteur $\overrightarrow{AG}$ est orthogonal aux vecteurs $\overrightarrow{BD}$ et $\overrightarrow{BE}$, donc la droite (AG) est orthogonale à la droite (BD) et à la droite (BE).

→ Fiche 45

De plus, les droites (BD) et (BE) sont sécantes.

Ainsi, la droite (AG) est orthogonale à deux droites sécantes du plan (BDE).

→ Fiche 46

Elle est donc perpendiculaire à ce plan.

3. a. Démontrer qu'un point donné de l'espace appartient à un plan

Le point I est défini par l'égalité vectorielle $\overrightarrow{IB} + \overrightarrow{ID} + \overrightarrow{IE} = \vec{0}$.

Avec la relation de Chasles, on a :
$\overrightarrow{IB} + \left(\overrightarrow{IB} + \overrightarrow{BD}\right) + \left(\overrightarrow{IB} + \overrightarrow{BE}\right) = \vec{0}$, soit $3\overrightarrow{IB} + \overrightarrow{BD} + \overrightarrow{BE} = \vec{0}$,

ou encore $\overrightarrow{BD} + \overrightarrow{BE} = -3\overrightarrow{IB} = 3\overrightarrow{BI}$.

On en déduit : $\overrightarrow{BI} = \dfrac{1}{3}\overrightarrow{BD} + \dfrac{1}{3}\overrightarrow{BE}$.

Ainsi, le vecteur $\overrightarrow{BI}$ s'écrit comme une combinaison linéaire des vecteurs $\overrightarrow{BD}$ et $\overrightarrow{BE}$, ce qui prouve que les points B, D, E et I sont coplanaires.

→ Fiche 54

Le point I appartient donc au plan (BDE).

b. Démontrer qu'un point donné de l'espace appartient à une droite

$\overrightarrow{IB} + \overrightarrow{ID} + \overrightarrow{IE} = \vec{0}$, donc en utilisant la relation de Chasles :
$\left(\overrightarrow{IA} + \overrightarrow{AB}\right) + \left(\overrightarrow{IA} + \overrightarrow{AD}\right) + \left(\overrightarrow{IA} + \overrightarrow{AE}\right) = \vec{0}$,
soit $3\overrightarrow{IA} + \overrightarrow{AB} + \overrightarrow{AD} + \overrightarrow{AE} = \vec{0}$.

Or, d'après **1.a.**, $\overrightarrow{AB}+\overrightarrow{AD}+\overrightarrow{AE}=\overrightarrow{AG}$.

Donc $3\overrightarrow{IA}+\overrightarrow{AG}=\vec{0}$.

Ainsi, $\overrightarrow{AG}=3\overrightarrow{AI}$, ou encore $\overrightarrow{AI}=\frac{1}{3}\overrightarrow{AG}$.

Les vecteurs $\overrightarrow{AI}$ et $\overrightarrow{AG}$ sont colinéaires, donc les points A, G et I sont alignés.

→ Fiche 54

Comme I appartient aussi au plan (BDE), c'est le point d'intersection de la droite (AG) et du plan (BDE).

4. a. Déterminer une équation cartésienne d'un plan

La droite (AG) est perpendiculaire au plan (BDE), donc le vecteur $\overrightarrow{AG}$ est un vecteur normal au plan (BDE).

Déterminons ses coordonnées dans le repère orthonormé $(A\,;\,\overrightarrow{AB},\,\overrightarrow{AD},\,\overrightarrow{AE})$.

Dans ce repère, $A(0\,;0\,;0)$ et $G(1\,;1\,;1)$ car $\overrightarrow{AG}=\overrightarrow{AB}+\overrightarrow{AD}+\overrightarrow{AE}$,

donc $\overrightarrow{AG}$ a pour coordonnées $(1\,;1\,;1)$.

Le plan (BDE) admet donc une équation cartésienne de la forme

$x+y+z+d=0$ avec $d\in\mathbb{R}$.

→ Fiche 53

Pour déterminer d, on utilise le fait que le point B, par exemple, appartient au plan (BDE).

Dans le repère orthonormé $(A\,;\overrightarrow{AB},\overrightarrow{AD},\overrightarrow{AE})$, B a pour coordonnées $(1\,;0\,;0)$ et ses coordonnées vérifient l'équation $x+y+z+d=0$,

c'est-à-dire que $1+0+0+d=1+d=0$,

soit $d=-1$.

Une équation cartésienne du plan (BDE) est donc $x+y+z-1=0$.

b. Déterminer une représentation paramétrique d'une droite

Les droites Δ et $\overrightarrow{AG}$ étant toutes les deux perpendiculaires au plan (BDE), elles sont parallèles, et le vecteur $\overrightarrow{AG}(1\,;1\,;1)$ est un vecteur directeur de Δ.

→ Fiche 44

Ainsi, Δ est la droite passant par le point $H(0\,;1\,;1)$ et de vecteur directeur $\overrightarrow{AG}(1\,;1\,;1)$,

donc une représentation paramétrique de Δ est :

$$\begin{cases} x=t \\ y=t+1 \\ z=t+1 \end{cases},\ t\in\mathbb{R}.$$

→ Fiche 52

c. Déterminer le point d'intersection d'une droite et d'un plan

La droite Δ et le plan (DBE) sont perpendiculaires, donc ils sont sécants en un seul point.

→ Fiche 46

Notons J ce point et déterminons ses coordonnées $(x_J\,;y_J\,;z_J)$ dans le repère $(A\,;\overrightarrow{AB},\overrightarrow{AD},\overrightarrow{AE})$:

J appartient à Δ et à (BDE), donc il existe un réel t tel que :

→ Fiche 50

$$\begin{cases} x_J = t \\ y_J = t+1 \\ z_J = t+1 \\ x_J + y_J + z_J - 1 = 0 \end{cases}$$

La dernière équation donne $t+(t+1)+(t+1)-1=0$, soit $3t+1=0$, donc $t=-\frac{1}{3}$.

En remplaçant t par $-\frac{1}{3}$, on obtient : $\begin{cases} x_J = -\frac{1}{3} \\ y_J = -\frac{1}{3}+1=\frac{2}{3} \\ z_J = -\frac{1}{3}+1=\frac{2}{3} \end{cases}$

Donc le point J a pour coordonnées $\left(-\frac{1}{3};\frac{2}{3};\frac{2}{3}\right)$.

d. Calculer une distance

$H(0;1;1)$ et $J\left(-\frac{1}{3};\frac{2}{3};\frac{2}{3}\right)$, donc :

$$JH=\sqrt{\left(0-\left(-\frac{1}{3}\right)\right)^2+\left(1-\frac{2}{3}\right)^2+\left(1-\frac{2}{3}\right)^2}$$

→ Fiche 51

$$JH=\sqrt{\left(\frac{1}{3}\right)^2+\left(\frac{1}{3}\right)^2+\left(\frac{1}{3}\right)^2}$$

$$JH=\sqrt{\frac{1}{9}+\frac{1}{9}+\frac{1}{9}}=\sqrt{\frac{1}{3}}.$$

$$JH=\frac{1}{\sqrt{3}}=\frac{\sqrt{3}}{3}.$$

$$JH=\frac{\sqrt{3}}{3}.$$

SUJET 35 | Position relative de plans Intersection de trois plans

DURÉE 75 MIN

→ **Fiche 47** Établir l'orthogonalité ou le parallélisme d'une droite et d'un plan de l'espace avec les vecteurs
→ **Fiche 48** Étudier la position relative de deux plans de l'espace
→ **Fiche 50** Déterminer l'intersection d'une droite et d'un plan de l'espace
→ **Fiche 53** Déterminer une équation cartésienne d'un plan de l'espace

L'espace est muni d'un repère orthonormé $\left(\text{O}\,;\,\vec{i},\vec{j},\vec{k}\right)$.
On complètera le repère ci-dessous au fur et à mesure de l'exercice.

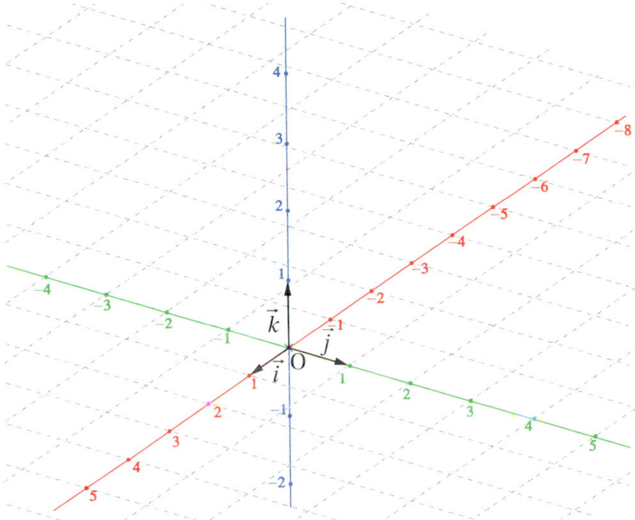

1. On donne le plan $\mathscr{P}$ d'équation $2x+2y+3z=6$.

a. Déterminer les coordonnées des points A, B et C, intersections du plan $\mathscr{P}$ avec, respectivement, les axes $\left(\text{O}\,;\vec{i}\right)$, $\left(\text{O}\,;\vec{j}\right)$ et $\left(\text{O}\,;\vec{k}\right)$ du repère $\left(\text{O}\,;\,\vec{i},\vec{j},\vec{k}\right)$.
Placer ces points dans le repère $\left(\text{O}\,;\,\vec{i},\vec{j},\vec{k}\right)$.
On rappelle que l'axe $\left(\text{O}\,;\vec{i}\right)$, par exemple, est défini par le système d'équations $\begin{cases} y=0 \\ z=0 \end{cases}$.

b. Tracer les droites d'intersection du plan $\mathscr{P}$ avec les plans de coordonnées du repère $\left(\text{O}\,;\,\vec{i},\vec{j},\vec{k}\right)$. (On admettra que le plan $\mathscr{P}$ n'est parallèle à aucun plan de coordonnées du repère et que les intersections sont des droites.)

2. On considère le plan $\mathcal{Q}$ d'équation $x+2y=2$.

a. Déterminer les coordonnées des points d'intersections du plan $\mathcal{Q}$ avec l'axe $\left(\mathrm{O}\,;\vec{i}\right)$ et avec l'axe $\left(\mathrm{O}\,;\vec{j}\right)$.

Placer ces points dans le repère $\left(\mathrm{O}\,;\,\vec{i},\vec{j},\vec{k}\right)$.

b. Démontrer, par deux méthodes différentes, que le plan $\mathcal{Q}$ et l'axe $\left(\mathrm{O}\,;\vec{k}\right)$ sont parallèles.

c. Tracer les droites d'intersections du plan $\mathcal{Q}$ avec les plans de coordonnées du repère $\left(\mathrm{O}\,;\,\vec{i},\vec{j},\vec{k}\right)$.

d. Tracer la droite d'intersection des deux plans $\mathcal{P}$ et $\mathcal{Q}$.

3. On considère les points $\mathrm{D}(1\,;0\,;0)$, $\mathrm{E}(0\,;-4\,;0)$ et $\mathrm{F}(0\,;0\,;4)$.

a. Démontrer que les points D, E et F définissent un plan que l'on note $\mathcal{R}$.

b. Démontrer que le vecteur $\vec{n}(4\,;-1\,;1)$ est un vecteur normal au plan $\mathcal{R}$ et en déduire une équation cartésienne du plan $\mathcal{R}$.

c. Calculer les coordonnées du point G, intersection des trois plans $\mathcal{P}$, $\mathcal{Q}$ et $\mathcal{R}$.

DÉMARRONS ENSEMBLE

1. a. Remarquez que, pour chaque point, deux des trois coordonnées sont nulles. Calculez la troisième à l'aide de l'équation du plan $\mathcal{P}$.

b. Trouvez deux points appartenant à chaque intersection avec les plans de coordonnées du repère. → **Fiche 48**

2. a. Remarquez que, pour chaque point, deux des trois coordonnées sont nulles. Calculez la troisième à l'aide de l'équation du plan $\mathcal{Q}$.

b. Raisonnez par l'absurde en utilisant le même raisonnement qu'en **2. a.** ou utilisez un vecteur normal au plan $\mathcal{Q}$. → **Fiche 47**

c. Utilisez le fait que le plan $\mathcal{Q}$ est parallèle à un des axes de coordonnées.

d. Trouvez deux points appartenant à l'intersection des deux plans $\mathcal{P}$ et $\mathcal{Q}$.
→ **Fiche 48**

3. a. Démontrez, par exemple, que les vecteurs $\overrightarrow{\mathrm{DE}}$ et $\overrightarrow{\mathrm{DF}}$ ne sont pas colinéaires.

b. Démontrez que $\vec{n}\cdot\overrightarrow{\mathrm{DE}}=\vec{n}\cdot\overrightarrow{\mathrm{DF}}=0$. → **Fiches 53 et 56**

c. Résolvez un système de trois équations à trois inconnues. → **Fiche 13**

CORRIGÉ

1. a. Déterminer les coordonnées de points d'intersection

- Le point $\mathrm{A}(x\,;y\,;z)$ appartient au plan $\mathcal{P}$ d'équation $2x+2y+3z=6$ et à l'axe $\left(\mathrm{O}\,;\vec{i}\right)$ défini par le système d'équations $\begin{cases} y=0 \\ z=0 \end{cases}$.

Les coordonnées du point A vérifient donc le système $\begin{cases} 2x+2y+3z=6 \\ y=0 \\ z=0 \end{cases}$

En particulier, $2x+2\times 0+3\times 0=6$ soit $2x=6$ et $x=3$.

D'où : $\mathrm{A}(3\,;0\,;0)$.

• Le point $\mathrm{B}(x\,;y\,;z)$ appartient au plan $\mathscr{P}$ d'équation $2x+2y+3z=6$ et à l'axe $\left(\mathrm{O}\,;\vec{j}\right)$ défini par le système d'équations $\begin{cases} x=0 \\ z=0 \end{cases}$.

Les coordonnées du point B vérifient donc le système $\begin{cases} 2x+2y+3z=6 \\ x=0 \\ z=0 \end{cases}$

En particulier, $2\times 0+2y+3\times 0=6$ soit $2y=6$ et $y=3$.

D'où : $\mathrm{B}(0\,;3\,;0)$.

• Le point $\mathrm{C}(x\,;y\,;z)$ appartient au plan $\mathscr{P}$ d'équation $2x+2y+3z=6$ et à l'axe $\left(\mathrm{O}\,;\vec{k}\right)$ défini par le système d'équations $\begin{cases} x=0 \\ y=0 \end{cases}$.

Les coordonnées du point C vérifient donc le système $\begin{cases} 2x+2y+3z=6 \\ x=0 \\ y=0 \end{cases}$

En particulier, $2\times 0+2\times 0+3z=6$ soit $3z=6$ et $z=2$.

D'où : $\mathrm{C}(0\,;0\,;2)$.

Voir la figure ci-après.

b. Représenter l'intersection de deux plans sécants

Pour dessiner l'intersection de deux plans sécants, qui est une droite, il suffit de déterminer deux points qui appartiennent à ces deux plans, puis de tracer la droite passant par ces deux points.

→ Fiche 49

• Les points A et C appartiennent au plan $\mathscr{P}$ et au plan $\left(\mathrm{O}\,;\vec{i},\vec{k}\right)$ qui sont non parallèles et donc sécants selon une droite, la droite (AC).

• Les points A et B appartiennent au plan $\mathscr{P}$ et au plan $\left(\mathrm{O}\,;\vec{i},\vec{j}\right)$ qui sont non parallèles et donc sécants selon une droite, la droite (AB).

• Les points B et C appartiennent au plan $\mathscr{P}$ et au plan $\left(\mathrm{O}\,;\vec{j},\vec{k}\right)$ qui sont non parallèles et donc sécants selon une droite, la droite (BC).

Voir la figure ci-après.

2. a. Déterminer les coordonnées de points d'intersection

On utilise le même raisonnement qu'au **1.a.**

Les coordonnées du point $M(x\,;y\,;z)$ d'intersection du plan $\mathcal{Q}$ d'équation $x+2y=2$ et de l'axe $\left(O\,;\vec{i}\right)$ vérifient le système :

$$\begin{cases} x+2y=2 \\ y=0 \\ z=0 \end{cases} \quad \text{donc } M(2\,;0\,;0),$$

et les coordonnées du point $N(x\,;y\,;z)$ d'intersection du plan $\mathcal{Q}$ et de l'axe $\left(O\,;\vec{j}\right)$ vérifient le système $\begin{cases} x+2y=2 \\ x=0 \\ z=0 \end{cases}$ donc $N(0\,;1\,;0)$.

b. Démontrer qu'une droite et un plan de l'espace sont parallèles

- 1re méthode :

Démontrons que l'axe $\left(O\,;\vec{k}\right)$ et le plan $\mathcal{Q}$ ne sont pas sécants.

Si c'était le cas, les coordonnées du point d'intersection vérifieraient le système $\begin{cases} x+2y=2 \\ x=0 \\ y=0 \end{cases}$ donc $\begin{cases} x=2 \\ x=0 \\ y=0 \end{cases}$.

La première et la deuxième sont en contradiction donc, c'est impossible.

Le plan $\mathcal{Q}$ et l'axe $\left(O\,;\vec{k}\right)$ ne sont pas sécants, ils sont donc parallèles.

- 2e méthode :

Le plan $\mathcal{Q}$ a pour équation $x+2y=2$, donc le vecteur $\vec{n}(1\,;2\,;0)$ est normal au plan. Or $\vec{n}\cdot\vec{k}=1\times0+2\times0+0\times1=0$.

Donc le plan $\mathcal{Q}$ et l'axe $\left(O\,;\vec{k}\right)$ sont parallèles.

→ Fiche 47

c. Représenter l'intersection de deux plans sécants

Pour dessiner l'intersection de deux plans sécants, qui est une droite, il suffit de déterminer deux points qui appartiennent à ces deux plans, puis de tracer la droite passant par ces deux points.

→ Fiche 48

- Les points M et N appartiennent au plan $\mathcal{Q}$ et au plan $\left(O\,;\vec{i}\,;\vec{j}\right)$ qui sont non parallèles et donc sécants selon une droite, la droite (MN).
- Le plan $\mathcal{Q}$ passe par les points M et N, et est parallèle à l'axe $\left(O\,;\vec{k}\right)$.

Ses traces sur les plans $\left(O\,;\vec{i},\vec{k}\right)$ et $\left(O\,;\vec{j},\vec{k}\right)$ sont les droites parallèles à l'axe $\left(O\,;\vec{k}\right)$, passant respectivement par le point M et par le point N.

Voir la figure ci-après.

d. Représenter l'intersection de deux plans sécants

À partir des tracés précédents, nous pouvons observer que deux points des plans de coordonnées $\left(O\,;\vec{i},\vec{k}\right)$ et $\left(O\,;\vec{j},\vec{k}\right)$ du repère appartiennent aux plans $\mathscr{P}$ et $\mathscr{Q}$. La droite d'intersection des plans $\mathscr{P}$ et $\mathscr{Q}$ est la droite passant par ces deux points.

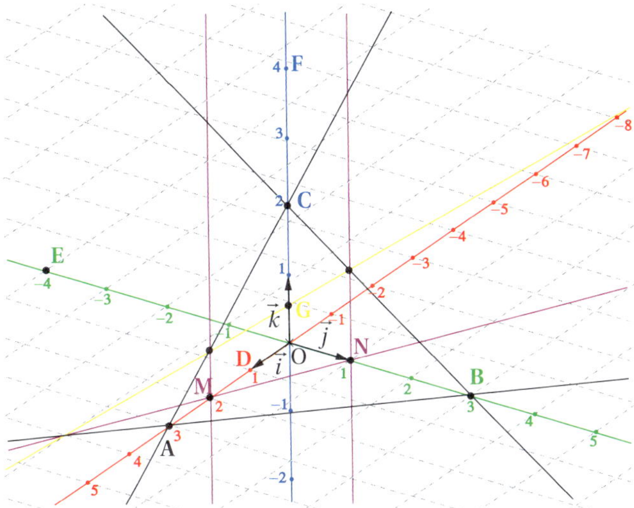

3. a. Démontrer que trois points donnés définissent un plan

$\overrightarrow{DE}(0-1\,;-4-0\,;0-0)$ soit $\overrightarrow{DE}\left(-1\,;-4\,;0\right)\neq(0\,;0\,;0)$.

$\overrightarrow{DF}(0-1\,;0-0\,;4-0)$ soit $\overrightarrow{DF}\left(-1\,;0\,;4\right)\neq(0\,;0\,;0)$.

Les vecteurs $\overrightarrow{DE}$ et $\overrightarrow{DF}$ ne sont pas colinéaires, donc les points D, E et F ne sont pas alignés et déterminent un plan, noté $\mathscr{R}$.

Il n'existe pas de réel α tel que $\overrightarrow{DE}=\alpha\overrightarrow{DF}$.

b. Vérifier qu'un vecteur est un vecteur normal à un plan et déterminer une équation cartésienne de ce plan

- Les vecteurs $\overrightarrow{DE}$ et $\overrightarrow{DF}$ sont deux vecteurs directeurs du plan $\mathscr{R}$.

Or : $\vec{n}\cdot\overrightarrow{DE}=4\times(-1)+(-1)\times(-4)+1\times0=-4+4=0$

et $\vec{n}\cdot\overrightarrow{DF}=4\times(-1)+(-1)\times0+1\times4=-4+4=0$

donc $\vec{n}\perp\overrightarrow{DE}$ et $\vec{n}\perp\overrightarrow{DF}$.

Le vecteur $\vec{n}$ est orthogonal aux vecteurs $\overrightarrow{DE}$ et $\overrightarrow{DF}$, donc $\vec{n}$ est un vecteur normal au plan $\mathscr{R}$.

Le plan $\mathscr{R}$ a donc une équation cartésienne de la forme $4x-y+z+d=0$.

→ Fiche 53

• Déterminons la valeur de d.

Le point D$(1;0;0)$ appartient au plan $\mathscr{R}$, donc ses coordonnées vérifient l'équation $4x-y+z+d=0$:

$4\times1-0+0+d=4+d=0$, soit $d=-4$.

• Une équation cartésienne du plan $\mathscr{R}$ est donc $4x-y+z-4=0$.

c. Déterminer le point d'intersection de trois plans de l'espace

Le point G appartient aux plans $\mathscr{P}$, $\mathscr{Q}$, $\mathscr{R}$, d'équations cartésiennes respectives $2x+2y+3z=6$, $x+2y=2$ et $4x-y+z-4=0$.

Les coordonnées du point G$(x;y;z)$ vérifient donc le système d'équations :

$$\begin{cases}2x+2y+3z=6\\x+2y=2\\4x-y+z-4=0\end{cases}$$

Résolvons-le :

→ Fiche 13

$$\begin{cases}2x+2y+3z=6\\x+2y=2\\4x-y+z-4=0\end{cases}\Leftrightarrow\begin{cases}2x+2y+3z=6\\x=2-2y\\4x-y+z-4=0\end{cases}$$

$$\Leftrightarrow\begin{cases}2(2-2y)+2y+3z=6\\x=2-2y\\4(2-2y)-y+z-4=0\end{cases}\Leftrightarrow\begin{cases}4-4y+2y+3z=6\\x=2-2y\\8-8y-y+z-4=0\end{cases}$$

$$\Leftrightarrow\begin{cases}-2y+3z=2\\x=2-2y\\-9y+z=-4\end{cases}\Leftrightarrow\begin{cases}-2y+3z=2\\x=2-2y\\z=9y-4\end{cases}\Leftrightarrow\begin{cases}-2y+3(9y-4)=2\\x=2-2y\\z=9y-4\end{cases}$$

$$\Leftrightarrow\begin{cases}-2y+27y-12=2\\x=2-2y\\z=9y-4\end{cases}\Leftrightarrow\begin{cases}25y=14\\x=2-2y\\z=9y-4\end{cases}\Leftrightarrow\begin{cases}y=\dfrac{14}{25}\\x=2-2\times\dfrac{14}{25}=\dfrac{22}{25}\\z=9\times\dfrac{14}{25}-4=\dfrac{26}{25}\end{cases}$$

On calcule y, puis x et z qui sont fonction de y seulement.

Le point d'intersection des plans $\mathscr{P}$, $\mathscr{Q}$, $\mathscr{R}$ est le point G$\left(\dfrac{22}{25};\dfrac{14}{25};\dfrac{26}{25}\right)$.

Probabilités discrètes

FICHES

BILAN

SUJETS CORRIGÉS

58 Calculer la probabilité d'un événement

Dans cette fiche, on rappelle les formules vues dans les années antérieures qui permettent de poser les bases du calcul des probabilités.

RAPPEL DE COURS

P est une probabilité définie sur un ensemble fini Ω.

A et B sont des parties de Ω.

- **Probabilité de l'événement impossible** : $P(\varnothing)=0$.
- **Probabilité de l'événement certain** : $P(\Omega)=1$.
- **Probabilité d'un événement** : $0 \leqslant P(A) \leqslant 1$.

Lorsque vous calculez une probabilité, le résultat doit être un nombre compris entre 0 et 1.

- **Équiprobabilité**

Dans le cas d'une expérience dont les issues sont équiprobables, la probabilité d'un événement A est : $P(A)=\dfrac{\text{nombre d'issues de } A}{\text{nombre d'issues de } \Omega}=\dfrac{card(A)}{card(\Omega)}$.

- **Probabilité de l'événement contraire** de A, noté $\overline{A}$:

$P(\overline{A})=1-P(A)$.

Il est parfois plus simple de calculer la probabilité de l'événement contraire !

- **Probabilité de la réunion de deux événements *A* et *B*** :

$P(A \cup B)=P(A)+P(B)-P(A \cap B)$.

Remarque : Si les événements A et B sont incompatibles :

$P(A \cup B)=P(A)+P(B)$.

A et B sont incompatibles si : $A \cap B=\varnothing$.

APPLICATION Calculer la probabilité d'un événement

Une urne contient quinze boules indiscernables au toucher : sept boules vertes numérotées de 1 à 7 ; cinq boules bleues numérotées de 1 à 5 ; et trois boules rouges numérotées de 1 à 3.

On est en situation d'équiprobabilité.

On tire une boule de l'urne.

On note :
V l'événement : « la boule tirée est verte ».
I l'événement : « la boule tirée porte un numéro impair ».

1. Calculer la probabilité que la boule tirée soit verte.

2. Calculer la probabilité que la boule tirée porte un numéro impair.

3. Calculer la probabilité que la boule tirée soit verte et porte un numéro impair.

4. Calculer la probabilité que la boule tirée soit verte ou porte un numéro impair.

5. Calculer la probabilité que la boule tirée ne soit pas verte et porte un numéro pair.

POINT MÉTHODE

1. , **2.** et **3.** Comptez le nombre de boules qui conviennent et divisez par le nombre total de boules de l'urne.
4. Identifiez l'événement dont vous devez calculer la probabilité puis utilisez la formule.
5. Déterminez la probabilité de l'événement contraire.

Solution

1. L'urne contient 7 boules vertes pour 15 boules au total, donc : $P(V)=\frac{7}{15}$.

2. L'urne contient 9 boules portant un numéro impair pour 15 boules au total, donc : $P(I)=\frac{9}{15}=\frac{3}{5}$.

3. L'urne contient 4 boules vertes portant un numéro impair pour 15 boules au total, donc : $P(V\cap I)=\frac{4}{15}$.

4. « la boule tirée est verte ou porte un numéro impair » est l'événement $V\cup I$.

On a : $P(V\cup I)=P(V)+P(I)-P(V\cap I)=\frac{7}{15}+\frac{9}{15}-\frac{4}{15}=\frac{12}{15}=\frac{4}{5}$.

5. Le contraire de l'événement : $\overline{V}\cap\overline{I}$ « la boule tirée n'est pas verte et porte un numéro pair » est l'événement : $V\cup I$ « la boule tirée est verte ou porte un numéro impair ».

Le contraire de « et » est « ou ».

Ainsi : $P(\overline{V}\cap\overline{I})=P(\overline{V\cup I})=1-P(V\cup I)=1-\frac{4}{5}=\frac{1}{5}$.

59 Calculer à l'aide des probabilités conditionnelles

La probabilité d'un événement peut dépendre de la connaissance d'un autre événement. On définit alors la notion de probabilité conditionnelle.

RAPPEL DE COURS

I Définition

A étant un événement de probabilité non nul, la probabilité conditionnelle de l'événement B sachant A est : $P_A(B)=\dfrac{P(A\cap B)}{P(A)}$.

Exemple :

Dans un restaurant japonais, la vente à emporter représente 80 % des commandes. Les commandes à emporter comportant des sushis représentent 50 % de l'ensemble des commandes.

On choisit une commande au hasard et on note :

E l'événement : « la commande est celle d'une vente à emporter ».

S l'événement : « la commande contient des sushis ».

D'après l'énoncé, $P(E)=0{,}8$ et $P(E\cap S)=0{,}5$.

La probabilité que la commande contienne des sushis sachant que c'est une commande à emporter est : $P_E(S)=\dfrac{P(E\cap S)}{P(E)}=\dfrac{0{,}5}{0{,}8}=0{,}625$.

II Utiliser les probabilités conditionnelles

- La définition de la probabilité conditionnelle permet de calculer la **probabilité de l'intersection** : $P(A\cap B)=P(A)\times P_A(B)$.

- B étant la réunion des événements incompatibles $A\cap B$ et $\overline{A}\cap B$, on en déduit la **formule des probabilités totales** : $P(B)=P(A\cap B)+P(\overline{A}\cap B)$.

Remarque : A et B jouent des rôles symétriques. On a également :
$P(A\cap B)=P(B)\times P_B(A)$.

APPLICATION Calculer à l'aide des probabilités conditionnelles

Une urne contient cinq boules indiscernables au toucher : deux boules rouges et trois boules vertes. On tire successivement deux boules de l'urne sans remettre la première boule tirée dans l'urne.
On note :
R_1 l'événement : « la première boule tirée est rouge ».
R_2 l'événement : « la deuxième boule tirée est rouge ».

1. Calculer $P_{R_1}(R_2)$ et $P_{\overline{R_1}}(R_2)$.
2. Calculer la probabilité pour que les deux boules tirées soient rouges.
3. Calculer la probabilité pour que la première boule tirée soit verte et la deuxième soit rouge.
4. Calculer la probabilité pour que la deuxième boule tirée soit rouge.
5. Sachant que la deuxième boule tirée est rouge, quelle est la probabilité pour que la première boule tirée soit rouge ?

POINT MÉTHODE

1. Pas besoin de formule ici : utilisez la composition de l'urne après un tirage.
2. et 3. Utilisez la formule donnant la probabilité de l'intersection.
4. Utilisez la formule des probabilités totales.
5. Utilisez la définition de la probabilité conditionnelle.

Solution

1. Après le tirage d'une boule rouge, l'urne contient une boule rouge et trois boules vertes, donc : $P_{R_1}(R_2)=\frac{1}{4}$. Après le tirage d'une boule verte, l'urne contient deux boules rouges et deux boules vertes, donc : $P_{\overline{R_1}}(R_2)=\frac{2}{4}=\frac{1}{2}$.

2. On calcule : $P(R_1\cap R_2)=P(R_1)\times P_{R_1}(R_2)=\frac{2}{5}\times\frac{1}{4}=\frac{1}{10}$.

3. On calcule : $P(\overline{R_1}\cap R_2)=P(\overline{R_1})\times P_{\overline{R_1}}(R_2)=\frac{3}{5}\times\frac{1}{2}=\frac{3}{10}$.

4. D'après la formule des probabilités totales :
$$P(R_2)=P(R_1\cap R_2)+P(\overline{R_1}\cap R_2)=\frac{1}{10}+\frac{3}{10}=\frac{2}{5}.$$

5. On veut calculer la probabilité conditionnelle $P_{R_2}(R_1)$. Par définition :
$$P_{R_2}(R_1)=\frac{P(R_1\cap R_2)}{P(R_2)}=\frac{\frac{1}{10}}{\frac{2}{5}}=\frac{1}{10}\times\frac{5}{2}=\frac{1}{4}.$$

60 Construire et exploiter un arbre pondéré

La représentation des données d'un exercice dans un arbre pondéré permet de traiter plus facilement les exercices contenant des probabilités conditionnelles.

RAPPEL DE COURS

- La somme des probabilités des branches issues d'un même nœud vaut 1 : $P(A)+P(\overline{A})=1$ et $P_A(B)+P_A(\overline{B})=1$.

Cette propriété est utilisée pour construire l'arbre de probabilité.

- La probabilité d'un chemin est le produit des probabilités des branches qui y aboutissent : $P(A\cap B)=P(A)\times P_A(B)$.
- La probabilité d'un événement est la somme des probabilités des chemins qui y aboutissent : $P(B)=P(A\cap B)+P(\overline{A}\cap B)$.

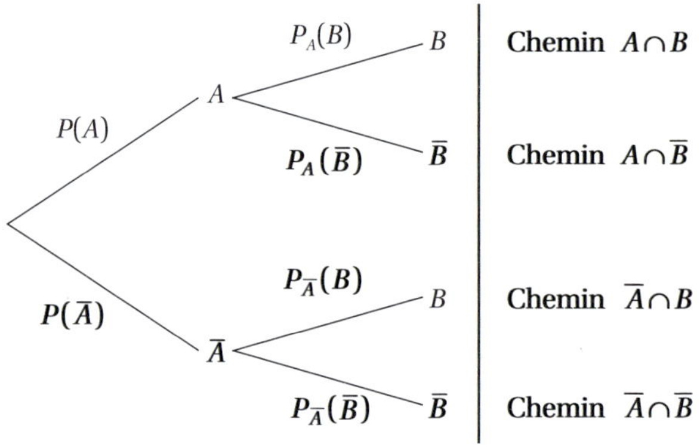

Remarque : Sur les branches de l'arbre figurent des probabilités, c'est-à-dire des nombres compris entre 0 et 1.

APPLICATION Construire et exploiter un arbre de probabilité

Lorsqu'ils vont passer une soirée chez des amis, les parents de Clémentine pensent à emmener sa tétine trois fois sur quatre.

- Lorsqu'elle a sa tétine, Clémentine s'endort quatre fois sur cinq.
- Lorsqu'elle n'a pas sa tétine, Clémentine s'endort trois fois sur dix.

On choisit une soirée au hasard et on note :

T : « Clémentine a sa tétine ».

D : « Clémentine s'endort ».

1. À l'aide des informations fournies par le texte, indiquer la valeur des probabilités $P(T)$, $P_T(D)$ et $P_{\overline{T}}(D)$.

2. Construire l'arbre de probabilités associé à cette situation.

3. Calculer la probabilité de l'événement $T \cap D$.

4. Calculer la probabilité pour que Clémentine s'endorme.

POINT MÉTHODE

2. L'énoncé donne les probabilités conditionnelles $P_T(D)$ et $P_{\overline{T}}(D)$: commencez l'arbre par les événements T et $\overline{T}$.
3. Multipliez les probabilités sur les branches menant à l'événement $T \cap D$.
4. Additionnez les probabilités des chemins menant à l'événement D.

Solution

1. D'après l'énoncé :
$P(T)=\frac{3}{4}=0{,}75$, $P_T(D)=\frac{4}{5}=0{,}8$ et $P_{\overline{T}}(D)=\frac{3}{10}=0{,}3$.

2. La question **1.** donne certaines probabilités.

La somme des probabilités portées sur les branches issues d'un même nœud vaut 1, donc : $P(\overline{T})=0{,}25$, $P_T(\overline{D})=0{,}2$ et $P_{\overline{T}}(\overline{D})=0{,}7$.

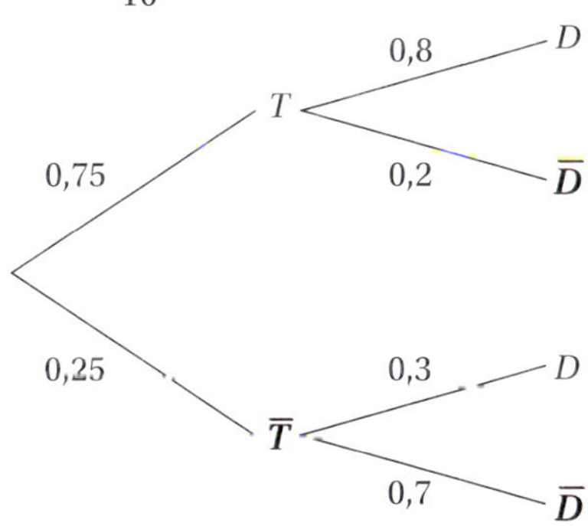

3. On suit le chemin $T \cap D$ sur l'arbre de probabilités :
$P(T \cap D)-P(T)\cap P_T(D)$
$=0{,}75\times 0{,}8$
$=0{,}6$.

4. Les chemins $T \cap D$ et $\overline{T} \cap D$ aboutissent à l'événement D, donc :

$P(D)=P(T\cap D)+P(\overline{T}\cap D)$,

$P(D)=0{,}6+0{,}25\times 0{,}3$,

$P(D)=0{,}675$.

La probabilité que Clémentine s'endorme est 0,675.

61 Étudier et utiliser l'indépendance de deux événements

Deux événements peuvent être indépendants. Comment le démontrer ou comment utiliser cette propriété pour effectuer des calculs ?

I Définition

Les événements A et B sont indépendants si :
$P(A \cap B) = P(A) \times P(B)$.

Attention, ce n'est pas une formule ! C'est vrai, uniquement lorsque les événements sont indépendants.

Remarque :

Pour démontrer que deux événements sont indépendants, on doit donc calculer $P(A) \times P(B)$ et $P(A \cap B)$, puis comparer les deux résultats obtenus.

Conséquence :

Si les événements A et B sont indépendants, alors : $P(B) = P_A(B)$.

II Utiliser l'indépendance de deux événements

Théorème :
Si A et B sont indépendants, alors $\overline{A}$ et B sont indépendants.

Exemple :

Une urne contient trois boules rouges et deux boules vertes indiscernables au toucher. On tire successivement deux boules en remettant la première boule tirée dans l'urne. On note :

R_1 (resp. V_1) l'événement : « la première boule tirée est rouge (resp. verte) » ;

R_2 (resp. V_2) l'événement : « la deuxième boule tirée est rouge (resp. verte) ».

On souhaite calculer les probabilités des événements suivants :

A : « les deux boules tirées sont rouges » ;

B : « les deux boules tirées ont des couleurs différentes ».

Étant donné que l'on remet la première boule tirée dans l'urne, les événements R_1 et R_2 sont indépendants ainsi que les éléments R_1 et V_2 ; V_1 et R_2 ; V_1 et V_2.

Ainsi : $P(A)=P(R_1 \cap R_2)=P(R_1)\times P(R_2)=\frac{3}{5}\times\frac{3}{5}=\frac{9}{25}$,

et : $P(B)=P(R_1 \cap V_2)+P(V_1 \cap R_2)=P(R_1)\times P(V_2)+P(V_1)\times P(R_2)$,

donc : $P(B)=\frac{3}{5}\times\frac{2}{5}+\frac{2}{5}\times\frac{3}{5}=\frac{12}{25}$.

On utilise ici la définition de l'indépendance pour effectuer des calculs : si A et B sont indépendants, alors $P(A \cap B) = P(A)\times P(B)$.

APPLICATION Étudier l'indépendance de deux événements

On considère l'arbre de probabilité suivant :

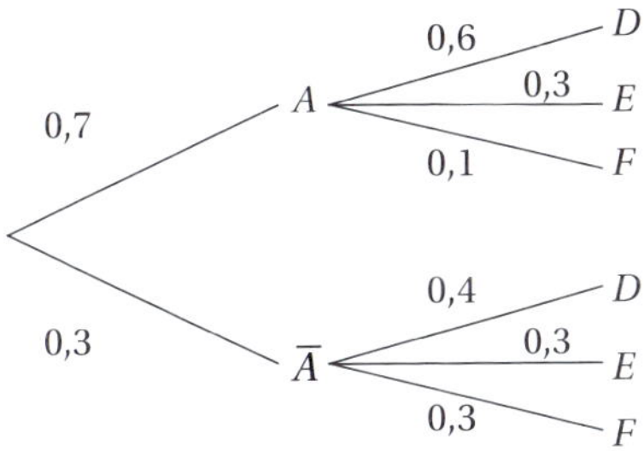

1. Les événements A et D sont-ils indépendants ?

2. Les événements A et E sont-ils indépendants ?

POINT MÉTHODE

1. Calculez la probabilité de l'événement D, puis comparez $P(A)\times P(D)$ et $P(A\cap D)$.

Solution

1. Les chemins $A\cap D$ et $\overline{A}\cap D$ aboutissent à l'événement D, donc : $P(D)=P(A\cap D)+P(\overline{A}\cap D)=0{,}7\times 0{,}6+0{,}3\times 0{,}4=0{,}54$; donc :

$P(A)\times P(D)=0{,}7\times 0{,}54=0{,}378$ et $P(A\cap D)=0{,}7\times 0{,}6=0{,}42$.

Ainsi : $P(A)\times P(D)\neq P(A\cap D)$; les événements A et D ne sont donc pas indépendants.

2. Les chemins $A\cap E$ et $\overline{A}\cap E$ aboutissent à l'événement E, donc : $P(E)=P(A\cap E)+P(\overline{A}\cap E)=0{,}7\times 0{,}3+0{,}3\times 0{,}3=0{,}3$; donc :

$P(A)\times P(E)=0{,}7\times 0{,}3=0{,}21$ et $P(A\cap E)=0{,}7\times 0{,}3=0{,}21$.

Ainsi : $P(A)\times P(E)=P(A\cap E)$; les événements A et E sont donc indépendants.

62 Étudier une loi de probabilité discrète

La loi binomiale s'applique lorsque l'on reproduit n fois une épreuve de Bernoulli, épreuve n'ayant que deux issues possibles (par exemple, être malade ou non).

RAPPEL DE COURS

P est une probabilité définie sur un ensemble fini Ω. X est une variable aléatoire discrète définie sur Ω et à valeurs dans $\{x_1\,;x_2\,;...;x_n\}$.

I Généralités sur les variables aléatoires

L'événement « X prend la valeur x_i » s'écrit $(X = x_i)$.

- **Établir** la **loi de probabilité** de X, c'est donner les valeurs $P(X = x_1)$, $P(X = x_2)$, ... , $P(X = x_n)$.
- L'**espérance** de la variable aléatoire X est :

$$E(X) = x_1 P(X = x_1) + x_2 P(X = x_2) + ... + x_n P(X = x_n)$$
$$= \sum_{i=1}^{n} x_i P(X = x_i).$$

- La **variance** de la variable aléatoire X est $V(X) = E([X - E(X)]^2)$.

Il faut déterminer l'ensemble des valeurs x_i puis calculer la probabilité associée à chaque valeur $P(X = x_i)$.

Avant de calculer l'espérance, il faut d'abord établir la loi de probabilité.

II Loi binomiale

1. Loi de Bernoulli

- X est une variable aléatoire suivant la loi de Bernoulli de paramètre p si : $P(X = 1) = p$ et $P(X = 0) = 1 - p$.
- L'**espérance** de cette loi de Bernoulli est $E[X] = p$.
- La **variance** de cette loi de Bernoulli est $V(X) = p(1 - p)$.

Une épreuve de Bernoulli ne comporte que deux issues possibles.

2. Loi binomiale

- X est une variable aléatoire suivant la loi binomiale de paramètres n et p si pour tout entier k tel que $0 \leqslant k \leqslant n$, on a :

$$P(X = k) = \binom{n}{k} p^k (1 - p)^{n-k}.$$

- L'**espérance** de cette loi binomiale est : $E[X] = np$.
- La **variance** de cette loi binomiale est : $V(X) = np(1 - p)$.

C'est la loi du nombre de succès d'une expérience de Bernoulli ayant deux issues.

APPLICATION Reconnaître et utiliser la loi binomiale

On effectue 40 tirages, avec remise, d'une boule, dans une urne contenant 7 boules noires et 1 boule blanche indiscernables au toucher.

On note X la variable aléatoire égale au nombre de boules blanches tirées.

1. Déterminer la loi de probabilité de la variable aléatoire X.

2. Calculer la probabilité de tirer 10 boules blanches. Arrondir au millième.

3. Calculer l'espérance de X. Interpréter ce résultat.

POINT MÉTHODE

1. Remarquez que l'on répète 40 fois la même expérience.

2. et **3.** Utilisez les propriétés de la loi de X.

Solution

1. On effectue 40 épreuves identiques et indépendantes ayant deux issues. À chaque tirage, la probabilité de tirer une boule blanche est $\frac{1}{8}$. X suit donc la loi binomiale de paramètres $n = 40$ et $p = \frac{1}{8}$.

$$P(x=k) = \binom{40}{k}\left(\frac{1}{8}\right)^k\left(1-\frac{1}{8}\right)^{40-k}$$

$$= \binom{40}{k}\left(\frac{1}{8}\right)^k\left(\frac{7}{8}\right)^{40-k}$$

2. X suit la loi binomiale de paramètres $n = 40$ et $p = \frac{1}{8}$, donc :

$$P(X=10) = \binom{40}{10}\left(\frac{1}{8}\right)^{10}\left(1-\frac{1}{8}\right)^{40-10} \approx 0{,}014.$$

La probabilité de tirer 10 boules blanches est d'environ 0,014.

3. X suit la loi binomiale de paramètres $n = 40$ et $p = \frac{1}{8}$, donc :

$E(X) = n \times p = 40 \times \frac{1}{8} = 5.$

Si on répète un grand nombre de fois les 40 tirages, on aura, en moyenne, 5 boules blanches.

Quiz express

Vérifiez que vous avez bien retenu les points clés des **fiches 58 à 62**.

Calculer la probabilité d'un événement

1 Si les événements A et B sont incompatibles, alors :

☐ **a.** $P(A) = P(B)$ ☐ **b.** $P(A \cup B) = 1$ ☐ **c.** $P(A \cap B) = 0$

2 Si les événements A et B sont contraires, alors :

☐ **a.** $P(A) = P(B)$ ☐ **b.** $P(A) = 1 - P(B)$ ☐ **c.** $P(A \cup B) = 0$

FICHE 58

Calculer à l'aide des probabilités conditionnelles

A et B sont deux événements tels que : $P(A) = 0{,}8$; $P_A(B) = 0{,}3$ et $P_{\overline{A}}(\overline{B}) = 0{,}6$.

3 $P_{\overline{A}}(B)$ est égal à :

☐ **a.** 0,2 ☐ **b.** 0,4 ☐ **c.** 0,7

4 $P(A \cap B)$ est égal à :

☐ **a.** 0,24 ☐ **b.** 0,3 ☐ **c.** 0,375

5 $P(\overline{A} \cap B)$ est égal à :

☐ **a.** 0,5 ☐ **b.** 0,32 ☐ **c.** 0,08

6 $P(B)$ est égal à :

☐ **a.** 0,32 ☐ **b.** 0,5 ☐ **c.** 0,7

7 $P_B(A)$ est égal à :

☐ **a.** 0,24 ☐ **b.** 0,3 ☐ **c.** 0,75

FICHE 59

Calculer à l'aide d'un arbre pondéré

On considère l'arbre de probabilité ci-contre :

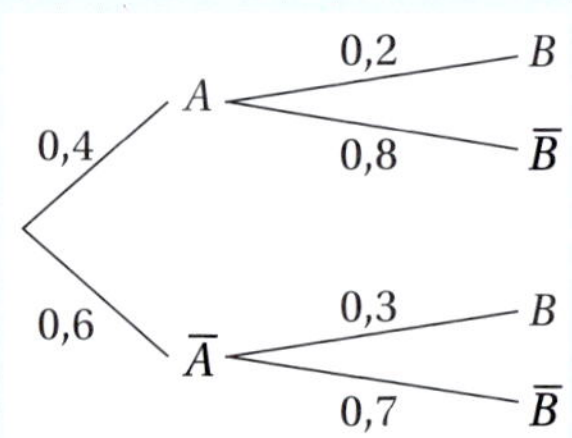

8 $P_A(B)$ est égal à :

☐ **a.** 0,08 ☐ **b.** 0,2 ☐ **c.** 0,5

9 $P(A \cap B)$ est égal à :

☐ **a.** 0,08 ☐ **b.** 0,2 ☐ **c.** 0,5

10 $P(B)$ est égal à :

☐ **a.** 0,06 ☐ **b.** 0,26 ☐ **c.** 0,5

11 $P(A \cup B)$ est égal à :

☐ **a.** 0,104 ☐ **b.** 0,58 ☐ **c.** 0,66

FICHE 60

Étudier et utiliser l'indépendance de deux événements

12 Si les événements A et B sont indépendants, alors :

☐ **a.** $P(A \cup B) = P(A) + P(B)$

☐ **b.** $P(A \cap B) = P(A) \times P(B)$ ☐ **c.** $P_A(B) = P(A)$

13 A, B et C sont trois événements tels que : $P(A) = 0,4$; $P(B) = 0,6$; $P(C) = 0,8$; $P(A \cap B) = 0,2$; $P(A \cap C) = 0,4$ et $P(B \cap C) = 0,48$.

On peut dire que :

☐ **a.** Les événements A et B sont indépendants.

☐ **b.** Les événements A et C sont indépendants.

☐ **c.** Les événements B et C sont indépendants.

14 A et B sont deux événements indépendants tels que $P(A) = 0,3$ et $P(B) = 0,5$. $P_B(A)$ est égal à :

☐ **a.** 0,15 ☐ **b.** 0,3 ☐ **c.** 0,5

FICHE 61

Étudier une loi de probabilité discrète

Lambert lance 10 fois de suite une pièce de monnaie bien équilibrée. Soit X la variable aléatoire égale au nombre de « pile » obtenus.

15 La variable aléatoire X suit :

☐ **a.** la loi de Bernoulli de paramètre $n = 10$.

☐ **b.** la loi de Bernoulli de paramètre $p = \frac{1}{2}$.

☐ **c.** la loi binomiale de paramètres $n = 10$ et $p = \frac{1}{2}$.

16 $P(X = 5)$ est égal à :

☐ **a.** $\left(\frac{1}{2}\right)^5$ ☐ **b.** $\left(\frac{1}{2}\right)^{10}$ ☐ **c.** $\binom{10}{5} \times \left(\frac{1}{2}\right)^{10}$

17 X a pour espérance :

☐ **a.** 5 ☐ **b.** 0,5 ☐ **c.** 0,05

FICHE 61

RÉPONSES

1. c • **2.** b • **3.** b • **4.** a • **5.** c • **6.** a • **7.** c • **8.** b • **9.** a • **10.** b • **11.** b • **12.** b • **13.** c
• **14.** b • **15.** c • **16.** c • **17.** a

SUJET 36 | Tirages dans une urne

DURÉE 40 MIN

→ Fiche 31 Utiliser les propriétés algébriques de la fonction logarithme
→ Fiche 58 Calculer la probabilité d'un événement
→ Fiche 60 Construire et exploiter un arbre pondéré
→ Fiche 61 Étudier et utiliser l'indépendance de deux événements
→ Fiche 62 Étudier une loi de probabilité discrète

Une urne contient 10 boules indiscernables au toucher : 3 boules blanches et 7 boules noires.

PARTIE A Tirages avec remise

Dans cette partie, on effectue des tirages successifs en remettant la boule tirée dans l'urne. On s'arrête dès que l'on a tiré une boule blanche.

1. Calculer la probabilité de l'événement A : « on n'a pas tiré de boule blanche lors des deux premiers tirages ».

2. Calculer la probabilité de l'événement B : « deux tirages suffisent pour tirer une boule blanche ».

3. On note p_n la probabilité de l'événement C_n : « n tirages suffisent pour tirer une boule blanche ». Démontrer que : $p_n = 1 - 0{,}7^n$.

4. Combien de tirages sont nécessaires pour avoir au moins 99 % de chances de tirer une boule blanche ?

PARTIE B Tirages sans remise

Dans cette partie, on effectue deux tirages successifs sans remettre la première boule tirée dans l'urne. On note :

B_1 l'événement : « la première boule tirée est blanche ».

B_2 l'événement : « la deuxième boule tirée est blanche ».

Soit X la variable aléatoire égale au nombre de boules blanches tirées.

On pourra utiliser un arbre de probabilité.

1. Démontrer que : $P(X=0)=\dfrac{7}{15}$.

2. Déterminer la loi de probabilité de X.

3. Calculer l'espérance de X.

DÉMARRONS ENSEMBLE

PARTIE A

1. Justifiez que les tirages sont indépendants. → Fiche 61

2. Remarquez qu'il y a un lien entre les événements A et B. → Fiche 58

3. Calculez d'abord la probabilité de l'événement $\overline{C_n}$. → Fiche 61

PARTIE B

Commencez par construire l'arbre de probabilité associé à la situation. → Fiche 60

1. Remarquez que l'événement $[X=0]$ est égal à $\overline{B_1} \cap \overline{B_2}$, puis utilisez l'arbre de probabilité. → Fiche 60

2. Écrivez les événements $[X=1]$ et $[X=2]$ en fonction des événements B_1 et B_2.

CORRIGÉ

PARTIE A Tirages avec remise

1. Utiliser l'indépendance

Comme, après chaque tirage, on remet la boule tirée dans l'urne, les tirages sont indépendants.

L'événement A est réalisé si l'on a tiré deux fois de suite une boule noire dans une urne contenant 7 boules noires pour 10 boules au total :

$P(A)=\left(\frac{7}{10}\right)^2=0,49$.

2. Faire le lien entre deux événements

L'événement contraire de B est « deux tirages ne suffisent pas pour tirer une boule blanche ». A est donc l'événement contraire de B.

Ainsi : $P(B)=1-P(\overline{B})=1-P(A)=1-0,49=0,51$.

Souvenez-vous :
$P(\overline{A})=1-P(A)$
→ Fiche 58

3. Utiliser l'événement contraire

L'événement $\overline{C_n}$ est réalisé si l'on a tiré n boules noires lors des n tirages indépendants. Ainsi : $p_n=P(C_n)=1-P(\overline{C_n})=1-\left(\frac{7}{10}\right)^n$.

4. Résoudre une inéquation

Pour avoir 99 % de chances de tirer une boule blanche, on doit avoir : $p_n \geqslant 0{,}99$. On résout l'inéquation :

$p_n \geqslant 0{,}99 \Leftrightarrow 1-(0{,}7)^n \geqslant 0{,}99$

$p_n \geqslant 0{,}99 \Leftrightarrow -(0{,}7)^n \geqslant -0{,}01$

$p_n \geqslant 0{,}99 \Leftrightarrow (0{,}7)^n \leqslant 0{,}01$

$p_n \geqslant 0{,}99 \Leftrightarrow \ln\left((0{,}7)^n\right) \leqslant \ln(0{,}01)$

$p_n \geqslant 0{,}99 \Leftrightarrow n\ln(0{,}7) \leqslant \ln(0{,}01)$

$p_n \geqslant 0{,}99 \Leftrightarrow n \geqslant \dfrac{\ln(0{,}01)}{\ln(0{,}7)}$.

Pensez à changer le sens de l'inégalité car ln(0,7) est négatif.
→ Fiche 31

Comme $\dfrac{\ln(0{,}01)}{\ln(0{,}7)} \approx 12{,}9$, il faudra 13 tirages pour avoir 99 % de chances de tirer une boule blanche.

PARTIE B Tirages sans remise

L'urne contient 3 boules blanches pour 10 boules au total, donc :

$P(B_1) = \dfrac{3}{10}$.

Si l'on a tiré une boule blanche au 1er tirage, il reste 2 boules blanches pour 9 au total, donc :

$P_{B_1}(B_2) = \dfrac{2}{9}$.

Si l'on a tiré une boule noire au 1er tirage, il reste 3 boules blanches pour 9 au total, donc :

$P_{\overline{B_1}}(B_2) = \dfrac{3}{9} = \dfrac{1}{3}$.

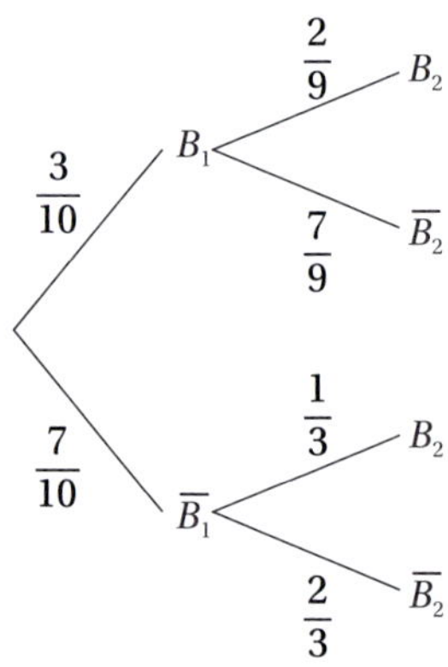

On complète l'arbre en utilisant les propriétés d'un arbre de probabilité.

→ Fiche 60

1. Utiliser un arbre de probabilités

L'événement $[X=0]$ est réalisé si l'on a tiré deux boules noires, donc :

$P(X=0) = P(\overline{B_1} \cap \overline{B_2}) = P(\overline{B_1}) \times P_{\overline{B_1}}(\overline{B_2}) = \dfrac{7}{10} \times \dfrac{2}{3} = \dfrac{7}{15}$.

2. Déterminer la loi de probabilité d'une variable aléatoire

L'événement $[X=1]$ est réalisé si l'on a tiré une boule blanche puis une boule noire ou une boule noire puis une boule blanche, donc :

$P(X=1)=P(B_1 \cap \overline{B_2})+P(\overline{B_1} \cap B_2)=\frac{3}{10}\times\frac{7}{9}+\frac{7}{10}\times\frac{1}{3}=\frac{7}{15}.$

L'événement $[X=2]$ est réalisé si l'on a tiré deux boules blanches, donc :

$P(X=2)=P(B_1 \cap B_2)=\frac{3}{10}\times\frac{2}{9}=\frac{1}{15}.$

3. Calculer l'espérance d'une variable aléatoire

→ Fiche 62

Par définition de l'espérance de la variable aléatoire X :

$E(X)=0\times P(X=0)+1\times P(X=1)+2\times P(X=2)=\frac{7}{15}+\frac{2}{15}=\frac{3}{5}=0{,}6.$

SUJET 37 | Arbre pondéré, loi binomiale

DURÉE 40 MIN

→ **Fiche 59** Calculer à l'aide des probabilités conditionnelles
→ **Fiche 60** Construire et exploiter un arbre pondéré
→ **Fiche 62** Étudier une loi de probabilité discrète

Les parties A et B sont indépendantes.

Une épidémie touche la population française. 5 % des Français sont affectés.

PARTIE A Fiabilité d'un test de dépistage

La probabilité que le test de dépistage soit positif sachant que la personne est malade est 0,9. La probabilité que le test de dépistage soit négatif sachant que la personne n'est pas malade est 0,8.

On choisit un Français au hasard et on lui faire le test.

On note :

M l'événement : « la personne est malade ».

T l'événement : « le test est positif ».

1. Représenter les données de l'énoncé à l'aide d'un arbre pondéré.

2. a. Démontrer que : $P(T)=0{,}235$.

b. Quelle est la probabilité que le test donne un résultat erroné ?

3. Quelle est la probabilité que la personne soit malade sachant que le test est positif ? (Arrondir au centième.)

PARTIE B Utilisation de la loi binomiale

Dans cette partie, on choisit au hasard et de façon indépendante 20 personnes de la population française. On note X la variable aléatoire égale au nombre de malades parmi ces 20 personnes.

1. Justifier que X suit une loi binomiale dont on déterminera les paramètres.

2. Calculer la probabilité que 5 personnes soient malades. (Arrondir au millième.)

3. Calculer l'espérance de X. Interpréter ce résultat.

DÉMARRONS ENSEMBLE

PARTIE A

1. L'énoncé donne les probabilités conditionnelles $P_M(T)$ et $P_{\overline{M}}(\overline{T})$: commencez l'arbre par les événements M et $\overline{M}$. → **Fiche 60**

2. a. Utilisez les propriétés d'un arbre de probabilités. → **Fiche 60**

b. Identifiez les événements correspondants à un résultat erroné.

3. Utilisez la définition de la probabilité conditionnelle. → **Fiche 59**

PARTIE B

1. Identifiez l'expérience qui est répétée. → **Fiche 62**

2. et **3.** Appliquez le cours sur la loi binomiale. → **Fiche 62**

CORRIGÉ

PARTIE A Fiabilité d'un test de dépistage

1. Construire un arbre de probabilités

L'épidémie touche 5 % des français, donc :

$P(M)=\dfrac{5}{100}=0{,}05$.

Si la personne est malade, la probabilité que le test soit positif est 0,9, donc :

$P_M(T)=0{,}9$.

Si la personne n'est pas malade, la probabilité que le test soit négatif est 0,8, donc :

$P_{\overline{M}}(\overline{T})=0{,}8$.

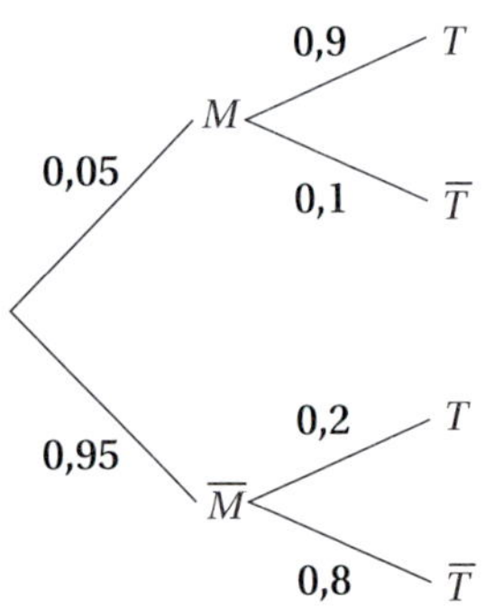

On complète l'arbre en utilisant les propriétés d'un arbre de probabilité.

→ Fiche 60

2. Calculer à l'aide d'un arbre de probabilités

a. D'après la formule des probabilités totales et en suivant les chemins $M \cap T$ et $\overline{M} \cap T$ sur l'arbre de probabilités :

$P(T) = P(M \cap T) + P(\overline{M} \cap T) = 0{,}05 \times 0{,}9 + 0{,}95 \times 0{,}2 = 0{,}235$.

b. Le résultat du test est erroné lorsque la personne est malade et que son test est négatif ou lorsque la personne n'est pas malade et que son test positif, c'est-à-dire lorsque les événements $M \cap \overline{T}$ et $\overline{M} \cap T$ sont réalisés. Ces événements étant disjoints :

$P(M \cap \overline{T}) + P(\overline{M} \cap T) = 0{,}05 \times 0{,}1 + 0{,}95 \times 0{,}2 = 0{,}195$.

La probabilité que le test donne un résultat erroné est $0{,}195$.

3. Calculer une probabilité conditionnelle

La probabilité que la personne soit malade sachant que le test est positif est le nombre $P_T(M)$.

On calcule :

$$P_T(M) = \frac{P(M \cap T)}{P(T)} = \frac{0{,}05 \times 0{,}9}{0{,}235} = \frac{0{,}045}{0{,}235} \approx 0{,}19.$$

La probabilité que la personne soit malade sachant que le test est positif est environ 0,19.

PARTIE B Utilisation de la loi binomiale

1. Justifier qu'une variable aléatoire suit la loi binomiale

On effectue 20 épreuves identiques et indépendantes : choisir une personne et regarder si elle est malade. La probabilité qu'une personne soit malade est 0,05, donc X suit la loi binomiale de paramètres $n = 20$ et $p = 0{,}05$.

2. Calculer une probabilité à l'aide de la loi binomiale

X suit la loi binomiale de paramètres $n = 20$ et $p = 0{,}05$, donc :

$$P(X = 5) = \binom{20}{5} 0{,}05^5 (1 - 0{,}05)^{20-5} \approx 0{,}002.$$

Souvenez-vous : $P(X = k) = \binom{n}{k} p^k (1 - p)^{n-k}$.
→ Fiche 62

3. Calculer l'espérance d'une loi binomiale

X suit la loi binomiale de paramètres $n = 20$ et $p = 0{,}05$, donc :

$E(X) = n \times p = 20 \times 0{,}05 = 1$.

Si on répète un grand nombre de fois le choix de 20 personnes, on aura, en moyenne, 1 malade par groupe de 20 personnes.

SUJET 38 | Utilisation de l'indépendance

DURÉE 50 MIN

→ **Fiche 58** Calculer la probabilité d'un événement
→ **Fiche 59** Calculer à l'aide des probabilités conditionnelles
→ **Fiche 61** Étudier et utiliser l'indépendance de deux événements

PARTIE A Restitution organisée de connaissances

On rappelle que deux événements A et B sont indépendants si et seulement si : $P(A \cap B) = P(A) \times P(B)$.

Soient A et B deux événements associés à une expérience aléatoire.

Démontrer que si A et B sont indépendants, alors $\overline{A}$ et B le sont aussi.

PARTIE B Calculs avec des événements indépendants

Chaque jour, Jeanne ne peut pas utiliser son portable au travail lorsque l'un des deux événements suivants se produit :

D : « son portable est déchargé » ;

O : « elle a oublié son portable chez elle ».

On suppose que ces deux événements sont indépendants.

Elle a observé, d'une part, que la probabilité de D est égale à 0,05 et, d'autre part, qu'elle oublie son portable un jour sur dix.

1. Un jour de travail donné, quelle est la probabilité que Jeanne oublie son portable et qu'il ne soit pas déchargé ?

2. Un jour de travail donné, quelle est la probabilité pour qu'elle ne puisse pas se servir de son portable ?

3. Au cours d'une semaine, elle travaille 5 jours. On admet que le fait qu'elle oublie son portable est indépendant du fait qu'elle l'oublie ou non les jours suivants. Quelle est la probabilité de l'événement A : « elle a oublié son portable au moins une fois dans la semaine » ?

DÉMARRONS ENSEMBLE

PARTIE A

Calculez $P(B \cap \overline{A})$ à l'aide de la formule des probabilités totales. → **Fiche 59**

PARTIE B

1. Déterminez l'événement dont vous devez calculer la probabilité puis utilisez la PARTIE A.

2. Calculez $P(D \cup O)$. → **Fiche 58**

3. Calculez la probabilité de l'événement contraire de A.

CORRIGÉ

PARTIE A

D'après la formule des probabilités totales :
$P(B) = P(B \cap A) + P(B \cap \overline{A})$, ainsi : $P(B \cap \overline{A}) = P(B) - P(B \cap A)$ **[1]**.

Comme A et B sont indépendants : $P(B \cap A) = P(B) \times P(A)$.

Donc, en remplaçant dans la relation **[1]** :
$P(B \cap \overline{A}) = P(B) - P(B) \times P(A) = P(B)(1 - P(A)) = P(B) \times P(\overline{A})$.

On a démontré que : $P(B \cap \overline{A}) = P(B) \times P(\overline{A})$, ce qui signifie que les événements $\overline{A}$ et B sont indépendants.

PARTIE B

1. Utilisation de l'indépendance

On souhaite calculer la probabilité de l'événement $O \cap \overline{D}$.

D'après la **partie A**, comme les événements O et D sont indépendants, les événements O et $\overline{D}$ sont indépendants, donc :

$P(O \cap \overline{D}) = P(O) \times P(\overline{D}) = \frac{1}{10} \times (1 - 0{,}05) = 0{,}095$.

→ Fiche 61

La probabilité que Jeanne oublie son portable et qu'il ne soit pas déchargé est 0,095.

2. Calcul de la probabilité de la réunion d'événements

Souvenez vous : $P(A \cup B) = P(A) + P(B) - P(A \cap B)$.
→ Fiche 58

Jeanne ne peut pas se servir de son portable s'il est déchargé ou si elle l'oublie, on doit donc calculer $P(D \cup O)$.

Comme les événements O et D sont indépendants :

$P(D \cup O) = P(D) + P(O) - P(D \cap O) = P(D) + P(O) - P(D) \times P(O)$.

Ainsi : $P(D \cup O) = 0{,}05 + 0{,}1 - 0{,}05 \times 0{,}1 = 0{,}145$.

La probabilité pour qu'elle ne puisse pas se servir de son portable est 0,145.

3. Calcul avec des expériences indépendantes successives

L'événement contraire de A est $\overline{A}$: « Jeanne n'a pas oublié son portable pendant la semaine ».

Comme le fait qu'elle oublie son portable est indépendant du fait qu'elle l'oublie les jours suivants, on a :

$P(\overline{A}) = P(\overline{O})^5 = (1 - 0{,}1)^5 = 0{,}9^5$, et donc :

$P(A) = 1 - P(\overline{A}) = 1 - 0{,}9^5 = 0{,}40951$.

Souvenez vous : $P(\overline{A}) = 1 - P(A)$.
→ Fiche 58

SUJET 39 | Probabilités et suites

DURÉE 50 MIN

→ **Fiche 7** Étudier une suite géométrique
→ **Fiche 59** Calculer à l'aide des probabilités conditionnelles
→ **Fiche 60** Construire et exploiter un arbre pondéré
→ **Fiche 61** Étudier et utiliser l'indépendance de deux événements

Louis et Arthur jouent à un jeu de société dans lequel il n'y a pas d'égalité. Les deux joueurs ont la même probabilité de gagner la première partie. En revanche, si Louis gagne une partie, la probabilité qu'il gagne la suivante est 0,7 ; s'il perd, la probabilité qu'il perde la suivante est 0,9. n étant un entier naturel non nul, on note G_n l'événement : « Louis gagne la n-ième partie ».

PARTIE A Deux parties

On suppose, ici, que Louis et Arthur font deux parties.

1. Décrire l'énoncé à l'aide d'un arbre de probabilités.

2. Calculer la probabilité que Louis gagne les deux parties.

3. Démontrer que : $P(G_2)=0{,}4$.

4. Sachant que Louis a gagné la deuxième partie, quelle est la probabilité qu'il ait gagné la première ?

5. Les événements G_1 et G_2 sont-ils indépendants ?

PARTIE B Plusieurs parties

On suppose, ici, que les joueurs font plusieurs parties.
n étant un entier naturel non nul, on note : $p_n = P(G_n)$.

1. À l'aide de l'énoncé, donner les valeurs de p_1, $P_{G_n}(G_{n+1})$ et $P_{\overline{G_n}}(G_{n+1})$.

2. Montrer que, pour tout entier naturel n non nul, $p_{n+1} = 0{,}6p_n + 0{,}1$.

3. Pour tout entier naturel n non nul, on pose : $v_n = p_n - 0{,}25$.
Démontrer que la suite (v_n) est géométrique de raison 0,6.

4. Exprimer v_n en fonction de n, puis p_n en fonction de n.

5. Calculer la limite de la suite (p_n) et interpréter ce résultat.

DÉMARRONS ENSEMBLE

PARTIE A

1. L'énoncé donne les probabilités conditionnelles $P_{G_1}(G_2)$ et $P_{\overline{G_1}}(\overline{G_2})$: commencez l'arbre par les événements G_1 et $\overline{G_1}$. → **Fiche 60**

2. et **3.** Utilisez les propriétés d'un arbre de probabilités. → **Fiche 60**

4. Utilisez la définition de la probabilité conditionnelle. → **Fiche 59**

5. Comparez $P(G_1)\times P(G_2)$ et $P(G_1\cap G_2)$. → **Fiche 61**

PARTIE B

1. Utilisez la formule des probabilités totales. → **Fiche 59**

2. Exprimez v_{n+1} en fonction de p_n puis calculez $\frac{v_{n+1}}{v_n}$. → **Fiche 7**

4. et **5.** Utilisez les propriétés des suites géométriques. → **Fiche 7**

CORRIGÉ

PARTIE A

1. Construire un arbre de probabilités

Les deux joueurs ont la même probabilité de gagner la 1ère partie, donc : $P(G_1)=0{,}5$.

Si Louis gagne la 1ère partie, la probabilité qu'il gagne la suivante est 0,7, donc :

$P_{G_1}(G_2)=0{,}7$.

Si Louis perd la 1ère partie, la probabilité qu'il perde la suivante est 0,9, donc :

$P_{\overline{G_1}}(\overline{G_2})=0{,}9$.

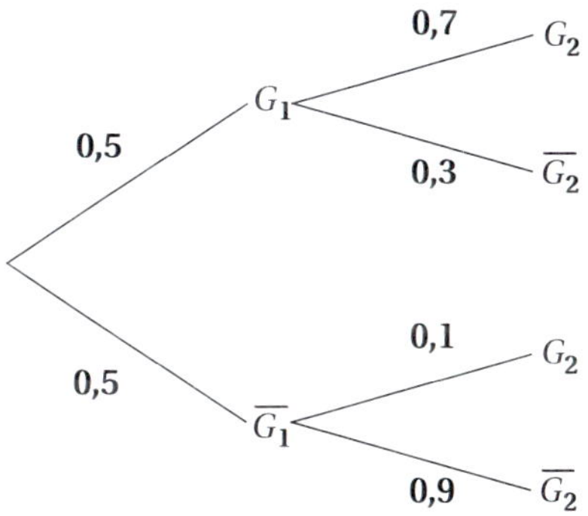

On complète l'arbre en utilisant les propriétés d'un arbre de probabilité.

→ Fiche 60

2. Calculer la probabilité d'une intersection à l'aide d'un arbre

Louis gagne les deux parties correspond à l'événement $G_1\cap G_2$. On a :

$P(G_1\cap G_2)=P(G_1)\times P_{G_1}(G_2)=0{,}5\times 0{,}7=0{,}35$.

La probabilité que Louis gagne les deux parties est donc : 0,35.

3. Calculer à l'aide d'un arbre

D'après la formule des probabilités totales et en suivant les chemins $G_1 \cap G_2$ et $\overline{G_1} \cap G_2$ sur l'arbre de probabilités :

$P(G_2) = P(G_1 \cap G_2) + P(\overline{G_1} \cap G_2) = 0{,}35 + 0{,}5 \times 0{,}1 = 0{,}4$.

4. Calculer une probabilité conditionnelle

La probabilité que Louis ait gagné la 1ère partie sachant qu'il a gagné la 2e est le nombre $P_{G_2}(G_1)$. On calcule :

$$P_{G_2}(G_1) = \frac{P(G_1 \cap G_2)}{P(G_2)} = \frac{0{,}35}{0{,}4} = 0{,}875.$$

La probabilité que Louis ait gagné la 1ère partie, sachant qu'il a gagné la 2e est 0,875.

5. Étudier l'indépendance de deux événements

D'une part : $P(G_1) \times P(G_2) = 0{,}5 \times 0{,}4 = 0{,}2$.

D'autre part : $P(G_1 \cap G_2) = 0{,}35$. Ainsi : $P(G_1) \times P(G_2) \neq P(G_1 \cap G_2)$.

Les événements G_1 et G_2 ne sont donc pas indépendants.

PARTIE B

1. Traduire l'énoncé en termes de probabilités

D'après l'énoncé : $p_1 = 0{,}5$, $P_{G_n}(G_{n+1}) = 0{,}7$ et $P_{\overline{G_n}}(\overline{G_{n+1}}) = 0{,}9$.

2. Utiliser la formule des probabilités totales

D'après la formule des probabilités totales :

$P(G_{n+1}) = P(G_{n+1} \cap G_n) + P(G_{n+1} \cap \overline{G_n})$, puis :

$p_{n+1} = P(G_n) \times P_{G_n}(G_{n+1}) + P(\overline{G_n}) \times P_{\overline{G_n}}(G_{n+1})$,

Comme $P(\overline{G_n}) = 1 - P(G_n) = 1 - p_n$ et

$P_{\overline{G_n}}(G_{n+1}) = 1 - P_{\overline{G_n}}(\overline{G_{n+1}}) = 1 - 0{,}9 = 0{,}1$, on a :

$p_{n+1} = p_n \times 0{,}7 + (1 - p_n) \times 0{,}1$, et donc :

$p_{n+1} = 0{,}6 p_n + 0{,}1$.

3. Démontrer qu'une suite est géométrique

Par définition : $v_{n+1} = p_{n+1} - 0{,}25 = 0{,}6 p_n + 0{,}1 - 0{,}25 = 0{,}6 p_n - 0{,}15$.

Ainsi, pour tout entier naturel n,

$$\frac{v_{n+1}}{v_n} = \frac{0{,}6 p_n - 0{,}15}{p_n - 0{,}25} = \frac{0{,}6(p_n - 0{,}25)}{p_n - 0{,}25} = 0{,}6.$$

(v_n) est donc une suite géométrique de raison 0,6.

4. Exprimer le terme général d'une suite géométrique

$v_1 = p_1 - 0{,}25 = 0{,}5 - 0{,}25 = 0{,}25$.

(v_n) est la suite géométrique de raison 0,6 et de premier terme $v_1 = 0{,}25$, donc :

pour tout entier naturel n non nul, $v_n = v_1 \times 0{,}6^{n-1}$, c'est-à-dire : $v_n = 0{,}25 \times 0{,}6^{n-1}$.

Comme $v_n = p_n - 0{,}25$, alors $p_n = v_n + 0{,}25$. D'où :

pour tout entier naturel n non nul, $p_n = 0{,}25 \times 0{,}6^{n-1} + 0{,}25$.

> Attention à l'indice du premier terme. Ici, c'est 1, donc $u_n = u_1 \times q^{n-1}$.
> → Fiche 7

5. Calculer la limite d'une somme

Comme $0 < 0{,}6 < 1$, alors : $\lim\limits_{n \to +\infty} 0{,}6^{n-1} = 0$.

Par produit : $\lim\limits_{n \to +\infty} 0{,}25 \times 0{,}6^{n-1} = 0$, puis par somme : $\lim\limits_{n \to +\infty} p_n = 0{,}25$.

Si n est grand, Louis a une chance sur quatre de gagner la n-ième partie.

Probabilités continues

FICHES

BILAN

SUJETS CORRIGÉS

63 Utiliser la loi uniforme sur un intervalle [*a* ; *b*]

Les lois à densité, ou lois continues, sont nécessaires pour modéliser certaines situations comme, par exemple, le temps d'attente d'un événement. La loi uniforme est un premier exemple de loi continue.

RAPPEL DE COURS

I Généralités sur les lois à densité

1. Définition

On dit que la variable aléatoire X admet la **densité de probabilité *f*** sur un intervalle I si pour tous les réels a et b de I tels que $a \leqslant b$:

$$P\left(X \in [a;b]\right) = P(a \leqslant X \leqslant b) = \int_a^b f(t)\,\mathrm{d}t.$$

Remarque : On dit que X suit une loi continue, ou loi à densité.

2. Propriétés

Soit X une loi continue sur I. Soient a et b deux réels de I tels que $a \leqslant b$:

- $P(X = a) = P(a \leqslant X \leqslant a) = 0$.
- $P(a \leqslant X \leqslant b) = P(a \leqslant X < b) = P(a < X \leqslant b) = P(a < X < b)$.

II Loi uniforme sur [a ; b]

- La **fonction de densité *f*** de la loi uniforme sur $[a;b]$ est définie sur $[a;b]$ par $f(t) = \dfrac{1}{b-a}$.
- L'**espérance** de la variable aléatoire X suivant la loi uniforme sur $[a;b]$ est : $E(X) = \displaystyle\int_a^b \frac{t}{b-a}\,\mathrm{d}t = \frac{a+b}{2}$.

Vous devez savoir retrouver ce résultat en caculant l'intégrale.

Exemple :
La fonction de densité de la loi uniforme sur $[0;1]$ est la fonction constante sur $[0;1]$ égale à 1.
Son espérance est donc : $\displaystyle\int_0^1 t\,\mathrm{d}t = \left[\frac{t^2}{2}\right]_0^1 = \frac{1}{2}$.

APPLICATION Calculer avec la loi uniforme sur un intervalle [a ; b]

Lors du départ d'un 100 mètres, on modélise le temps de réaction d'un athlète, exprimé en ms, par une variable aléatoire X suivant la loi uniforme sur $[125;200]$.

1. On considère que l'athlète fait un bon départ si son temps de réaction est inférieur à 140 ms. Calculer la probabilité pour qu'il fasse un bon départ.

2. Calculer l'espérance de X. Interpréter ce résultat.

POINT MÉTHODE

1. Traduisez l'énoncé en terme d'événement, puis utilisez la fonction de densité de la loi uniforme sur $[125;200]$.

2. Calculez $\int_{125}^{200} t f(t)\mathrm{d}t$ où f est la fonction de densité de la loi uniforme sur $[125;200]$.

Solution

1. Un bon départ correspond à l'événement $[125 \leqslant X \leqslant 140]$. On calcule la probabilité de cet événement en utilisant la fonction de densité de la loi uniforme sur $[125;200]$:

$$P(125 \leqslant X \leqslant 140) = \int_{125}^{140} \frac{1}{75}\,\mathrm{d}t = \left[\frac{t}{75}\right]_{125}^{140} = \frac{140}{75} - \frac{125}{75} = 0{,}2.$$

Par définition, c'est la fonction définie sur $[125;200]$ par $f(t) = \frac{1}{200-125} = \frac{1}{75}$

La probabilité pour que l'athlète fasse un bon départ est 0,2.

2. On calcule l'espérance de X :

$$E(X) = \int_{125}^{200} \frac{t}{75}\,\mathrm{d}t = \left[\frac{t^2}{150}\right]_{125}^{200} = \frac{40\,000}{150} - \frac{15\,625}{150} = 162{,}5.$$

Le temps de réaction moyen de l'athlète est donc 162,5 ms.

64 Calculer une probabilité dans le cadre de la loi exponentielle

La loi exponentielle est une loi continue qui permet de modéliser certains phénomènes physiques comme la durée de vie d'un noyau radioactif ou celle d'un composant électronique.

RAPPEL DE COURS

I Définition

La loi exponentielle de paramètre $\lambda > 0$ est une loi continue de **densité de probabilité f** définie sur $[0\,;+\infty[$ par : $f(t) = \lambda e^{-\lambda t}$.

II Calculs de probabilités

Soit X une variable aléatoire, suivant la loi exponentielle de paramètre $\lambda > 0$ et soit x un réel positif. La **probabilité** que la variable X prenne une valeur inférieure à x est :

$$P(X \leqslant x) = \int_0^x f(t)\,dt = \int_0^x \lambda e^{-\lambda t}\,dt.$$

On est donc amené à calculer l'intégrale $\int_0^x e^{-\lambda t}\,dt$. Pour cela, on utilise la fonction $t \mapsto -e^{-\lambda t}$ qui est une primitive de la fonction $t \mapsto \lambda e^{-\lambda t}$.

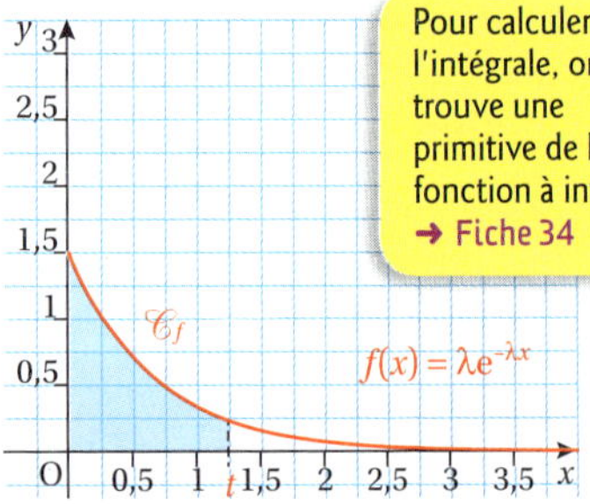

Pour calculer l'intégrale, on trouve une primitive de la fonction à intégrer.
→ Fiche 34

III Propriétés

- L'**espérance** d'une variable aléatoire T, suivant la loi exponentielle de paramètre $\lambda > 0$, est : $E[T] = \lim\limits_{x \to +\infty} \int_0^x t\lambda e^{-\lambda t}\,dt = \dfrac{1}{\lambda}$.

Remarque : L'espérance de T correspond à la durée moyenne de vie du phénomène représenté par T.

Démonstration de ce résultat : Voir sujet **41. A.2.**.

- Pour tous réels positifs t et h, on a : $P_{T \geqslant t}(T \geqslant t + h) = P(T \geqslant h)$.

Remarque : Cette propriété caractérise la loi exponentielle. On dit que c'est une loi de durée de vie sans vieillissement.

Si T représente une durée de vie, la probabilité que cette durée de vie soit supérieure à h est indépendante du temps t déjà écoulé.

APPLICATION Calculer avec la loi exponentielle

La durée de vie, exprimée en heures, d'un smartphone est une variable aléatoire T suivant la loi exponentielle de paramètre $\lambda = 0{,}0005$.

1. Calculer la probabilité que le smartphone ait une durée de vie de 1 000 heures ou plus ; de 2 000 heures ou plus.

2. Sachant que le smartphone a fonctionné pendant 2 000 heures, quelle est la probabilité qu'il tombe en panne dans les 1 000 prochaines heures ?

POINT MÉTHODE

1. • Traduisez l'énoncé en termes d'événements. Par exemple, une durée de vie supérieure à 1 000 heures correspond à l'événement $[T \geqslant 1\,000]$.
• Utilisez le fait que $[T \geqslant 1\,000]$ et $[T < 1\,000]$ sont des événements contraires.

Solution

1. Une durée de vie supérieure à 1 000 heures correspond à l'événement $[T \geqslant 1\,000]$. On calcule donc $P(T \geqslant 1\,000) = 1 - P(T < 1\,000)$

$$= 1 - \int_0^{1\,000} 0{,}000\,5\,\mathrm{e}^{-0{,}000\,5\,x}\,\mathrm{d}x.$$

D'où $P(T \geqslant 1000) = 1 - \left[-\mathrm{e}^{-0{,}000\,5\,x}\right]_0^{1\,000} = 1 - (-\mathrm{e}^{-0{,}5} + 1) = \mathrm{e}^{-0{,}5}$.

De même $P(T \geqslant 2\,000) = 1 - \left[-\mathrm{e}^{-0{,}000\,5\,x}\right]_0^{2\,000} = \mathrm{e}^{-1}$.

> $[T \geqslant 1\,000]$ et $[T < 1\,000]$ sont des événements contraires, donc $P(T \geqslant 1\,000) = 1 - P(T < 1\,000)$

2. La probabilité que le smartphone tombe en panne dans les 1 000 prochaines heures, sachant qu'il a fonctionné 2 000 heures est la probabilité que sa durée de vie soit inférieure à 2 000 + 1 000 = 3 000 heures, sachant que cette durée de vie est supérieure à 2 000 heures.

> Souvenez-vous : $P_A(B) = \dfrac{P(A \cap B)}{P(A)}$
> → Fiche 59

On calcule donc $P_{T>2\,000}(T \leqslant 2\,000 + 1\,000)$ soit $P_{T>2\,000}(T \leqslant 3\,000)$.

$$P_{T>2\,000}(T \leqslant 3\,000) = \frac{P\left([T > 2\,000] \cap [T \leqslant 3\,000]\right)}{P(T > 2\,000)} = \frac{P(2\,000 < T \leqslant 3\,000)}{P(T > 2\,000)} \;;$$

$$P_{T>2\,000}(T \leqslant 3\,000) = \frac{\int_{2\,000}^{3\,000} 0{,}000\,5\,\mathrm{e}^{-0{,}0005\,x}\,\mathrm{d}x}{\mathrm{e}^{-1}} = \frac{\left[-\mathrm{e}^{-0{,}000\,5\,x}\right]_{2\,000}^{3\,000}}{\mathrm{e}^{-1}} = \frac{-\mathrm{e}^{-1{,}5} + \mathrm{e}^{-1}}{\mathrm{e}^{-1}}.$$

D'où $P_{T>2\,000}(T \leqslant 3\,000) = 1 - \mathrm{e}^{-0{,}5}$ c'est-à-dire $P(T \leqslant 1\,000)$.

Autrement dit, le smartphone a la même probabilité de tomber en panne pendant ses 1 000 premières heures de fonctionnement que pendant les 1 000 heures suivant les 2 000 heures de fonctionnement.

> On retrouve la propriété de durée de vie sans vieillissement de la loi exponentielle.

65 Découvrir la loi normale

La loi normale permet de modéliser des situations où les données gravitent autour d'une moyenne.

RAPPEL DE COURS

I Loi normale $\mathcal{N}(0,1)$

1. Définition

Une variable aléatoire X suit la **loi normale centrée réduite** notée $\mathcal{N}$**(0,1)** si, pour tous réels a et b tels que $a < b$, on a :

$$P(a \leqslant X \leqslant b) = \int_a^b \frac{1}{\sqrt{2\pi}} e^{-\frac{x^2}{2}} dx = \int_a^b f(x)dx.$$

La fonction f définie sur $\mathbb{R}$ par $f(x) = \frac{1}{\sqrt{2\pi}} e^{-\frac{x^2}{2}}$ est la **fonction de densité** de la loi $\mathcal{N}(0,1)$.

Il n'existe pas de primitive usuelle de cette fonction : pour calculer des probabilités, on utilisera la calculatrice. → Fiche 67

2. Propriétés

On a représenté la fonction de densité f de la loi normale $\mathcal{N}(0,1)$ dans le repère ci-contre.

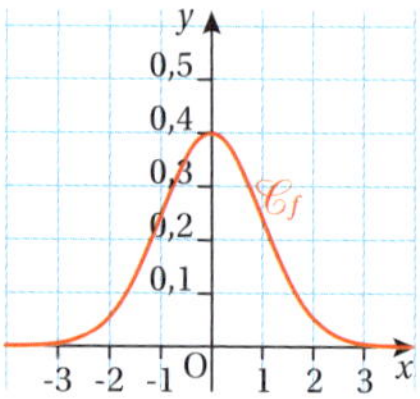

- La fonction f est **continue** sur $\mathbb{R}$.
- L'aire totale sous la courbe vaut 1, ce qui signifie que $P\left(X \in \left]-\infty ; +\infty\right[\right) = 1$.
- La fonction f est **paire**, donc la courbe est symétrique par rapport à l'axe des ordonnées.
- Pour tous réels a et b tels que $a < b$:
$P(a \leqslant X \leqslant b) = P(-b \leqslant X \leqslant -a)$; $P(X \leqslant -a) = P(X \geqslant a)$ et en particulier : $P(X \leqslant 0) = P(X \geqslant 0) = \frac{1}{2}$.
- L'**espérance** de X est : $E(X) = \lim\limits_{x \to -\infty} \int_x^0 tf(t)dt + \lim\limits_{y \to +\infty} \int_0^y tf(t)dt = 0$.
- La **variance** de X est : $V(X) = E\left((X - E(X))^2\right) = 1$.
- L'**écart-type** de X est : $\sigma = \sqrt{V(X)} = 1$.

3. Théorèmes

- Soient $\alpha \in \left]0;1\right[$ et X une variable aléatoire suivant la loi normale $\mathcal{N}(0,1)$.
Il existe un unique réel positif u_α tel que $P(-u_\alpha \leqslant X \leqslant u_\alpha) = 1-\alpha$.
- $u_{0,05} \approx 1,96$ c'est-à-dire : $P(-1,96 \leqslant X \leqslant 1,96) \approx 0,95$.
- $u_{0,01} \approx 2,58$ c'est-à-dire : $P(-2,58 \leqslant X \leqslant 2,58) \approx 0,99$.

Démonstration de ce théorème : Voir sujet 42 A.2..

Retenez ces valeurs.

II Définition de la loi normale $\mathcal{N}(\mu,\sigma^2)$

La variable aléatoire X suit la loi normale $\mathcal{N}(\mu,\sigma^2)$ si $\frac{X-\mu}{\sigma}$ suit la loi normale $\mathcal{N}(0,1)$.

La fonction de densité de cette loi n'est pas au programme.

APPLICATION Utiliser les valeurs de u_α

Une entreprise fabrique des assiettes artisanales. On suppose que la variable aléatoire X égale au diamètre, en cm, d'une de ces assiettes suit la loi normale d'espérance $\mu = 25$ et d'écart-type $\sigma = 0,1$.

1. Donner le diamètre moyen de chaque assiette.

2. Pour être vendues à des hôtels de luxe, il ne doit pas y avoir trop d'écart entre les diamètres des assiettes. Dans quel intervalle, centré en la moyenne, le diamètre doit-il être pour que 95 % des assiettes soient acceptées ?

POINT MÉTHODE

2. Utilisez le fait que $\frac{X-\mu}{\sigma}$ suit la loi normale $\mathcal{N}(0,1)$, puis $u_{0,05} \approx 1,96$.

Solution

1. Le diamètre moyen de chaque assiette est l'espérance de X, donc 25 cm.

2. On souhaite conserver 95 % des assiettes, ce qui équivaut à dire que chaque assiette a une probabilité d'être acceptée égale à 0,95. X suit la loi normale $\mathcal{N}(25, 0,1^2)$, donc $\frac{X-25}{0,1}$ suit la loi normale $\mathcal{N}(0,1)$ et il existe un unique réel positif $u_{0,05}$ tel que : $P\left(-u_{0,05} \leqslant \frac{X-25}{0,1} \leqslant u_{0,05}\right) = 0,95$.

On sait que $u_{0,05} \approx 1,96$; on résout :

$-1,96 \leqslant \frac{X-25}{0,1} \leqslant 1,96 \Leftrightarrow -0,196 \leqslant X-25 \leqslant 0,196$, d'où :

$24,804 \leqslant X \leqslant 25,196$.

Le diamètre des assiettes appartient à l'intervalle $[24,804 ; 25,196]$.

66 Connaître les propriétés de la loi normale $\mathcal{N}(\mu,\sigma^2)$

Certaines valeurs de $\mathcal{N}(\mu,\sigma^2)$ sont à connaître et permettent de résoudre plus rapidement certains problèmes.

RAPPEL DE COURS

I Propriétés de la loi normale $\mathcal{N}(\mu,\sigma^2)$

Soit X une variable aléatoire suivant la loi normale $\mathcal{N}\left(\mu,\sigma^2\right)$.

- L'**espérance** de X est $E(X)=\mu$.
- La **variance** de X est $V(X)=E\left((X-E(X))^2\right)=\sigma^2$.
- L'**écart-type** de X est $\sqrt{V(X)}=\sigma$.
- Pour tout réel x tel que $x\leqslant\mu$, on a $P(X\leqslant x)=0{,}5-P(x\leqslant X\leqslant\mu)$.
- Pour tout réel x tel que $x\geqslant\mu$, on a $P(X\leqslant x)=0{,}5+P(\mu\leqslant X\leqslant x)$.

II Probabilités de la loi normale $\mathcal{N}(\mu,\sigma^2)$

Soit X une variable aléatoire suivant la loi normale $\mathcal{N}\left(\mu,\sigma^2\right)$. Alors :

$P(\mu-\sigma\leqslant X\leqslant\mu+\sigma)\approx 0{,}68$ à 10^{-2} près.

$P(\mu-2\sigma\leqslant X\leqslant\mu+2\sigma)\approx 0{,}95$ à 10^{-2} près.

$P(\mu-3\sigma\leqslant X\leqslant\mu+3\sigma)\approx 0{,}997$ à 10^{-3} près.

68 % de l'aire sous la courbe est située entre $\mu-\sigma$ et $\mu+\sigma$;

95 % de l'aire sous la courbe est située entre $\mu-2\sigma$ et $\mu+2\sigma$;

99,7 % de l'aire sous la courbe est située entre $\mu-3\sigma$ et $\mu+3\sigma$.

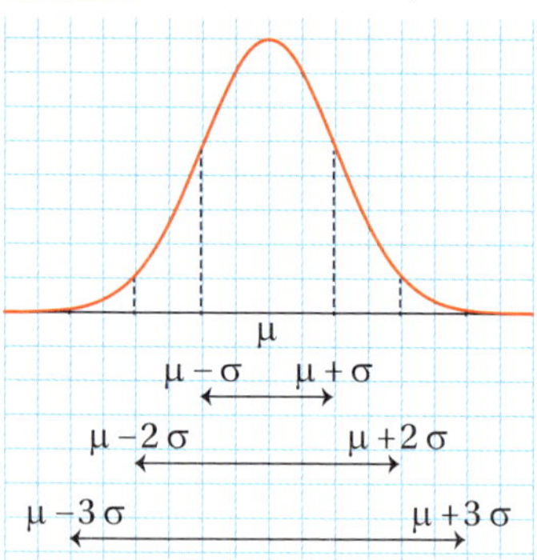

Sur le graphique, on a représenté la fonction de densité de la loi normale.

APPLICATION Utiliser les valeurs particulières de la loi normale $\mathcal{N}(\mu,\sigma^2)$

Un chocolatier fabrique des truffes en chocolat. On suppose que la variable aléatoire X égale au diamètre, en cm, d'une de ces truffes suit la loi normale $\mathcal{N}(\mu, \sigma^2)$ où $\mu = 3$. Les truffes destinées à être vendues sont classées en deux calibres : C1 si le diamètre est compris entre 2,95 cm et 3,05 cm ; C2 si elle n'a pas pour calibre C1 et si le diamètre est compris entre 2,9 cm et 3,1 cm. Le reste de la production est offert aux employés.

1. Sachant que le chocolatier vend toutes ses truffes calibrées C1 dans des boîtes, ce qui représente environ 68 % de sa production, calculer l'écart type de la variable aléatoire X.

2. Les truffes calibrées C2 sont vendues à un restaurant pour accompagner le café. Quel est le pourcentage de la production vendue au restaurant ?

3. Le chocolatier décide de créer un calibre C3 pour les truffes destinées à être vendues au détail. Sachant que les calibres C1, C2 et C3 contiennent 99,7 % des truffes dont le diamètre est centré en 3 cm, calculer le diamètre minimal et le diamètre maximal d'une truffe pour qu'elle puisse être vendue.

POINT MÉTHODE

1. Utilisez $P(\mu-\sigma \leqslant X \leqslant \mu+\sigma) \approx 0{,}68$.
2. Calculez d'abord le pourcentage de la production appartenant au calibre C1 ou C2.
3. Utilisez $P(\mu-3\sigma \leqslant X \leqslant \mu+3\sigma) \approx 0{,}997$.

Solution

1. On sait que le calibre C1 représente environ 68 % de la production, donc $P(2{,}95 \leqslant X \leqslant 3{,}05) \approx 0{,}68$. Or, X suit la loi normale $\mathcal{N}(\mu, \sigma^2)$, donc, d'après le cours $P(\mu-\sigma \leqslant X \leqslant \mu+\sigma) \approx 0{,}68$. On en déduit que $\mu-\sigma = 2{,}95$ et $\mu+\sigma = 3{,}05$. Comme $\mu = 3$, on a $\sigma = 0{,}05$.

2. On remarque que $\mu - 2\sigma = 3 - 0{,}1 = 2{,}9$ et $\mu + 2\sigma = 3{,}1$. De plus, $P(\mu-2\sigma \leqslant X \leqslant \mu+2\sigma) = P(2{,}9 \leqslant X \leqslant 3{,}1) \approx 0{,}95$, ce qui signifie que 95 % des truffes ont pour calibre C1 ou C2.

$95 - 68 = 27$, donc 27 % des truffes ont un calibre C2 et sont vendues au restaurant.

3. 99,7 % de la production est vendue et on sait que $P(\mu-3\sigma \leqslant X \leqslant \mu+3\sigma) \approx 0{,}997$ d'où $P(2{,}85 \leqslant X \leqslant 3{,}15) \approx 0{,}997$. Pour être vendue, une truffe doit avoir un diamètre minimal de 2,85 cm et un diamètre maximal de 3,15 cm.

67 Calculer des probabilités de la loi $\mathcal{N}(\mu,\sigma^2)$ à l'aide de la calculatrice

Pour effectuer des calculs de probabilités dans le cadre de la loi uniforme ou de la loi exponentielle, on utilise des primitives des fonctions de densité. Or, il n'existe pas de primitive usuelle pour la fonction de densité de la loi normale. Pour cette raison, il est nécessaire de savoir utiliser la calculatrice.

RAPPEL DE COURS

Soit X une variable aléatoire suivant la loi normale $\mathcal{N}\left(\mu,\sigma^2\right)$.

- Pour les réels a et b tels que $a \leqslant b$, la calculatrice permet de calculer $P(a \leqslant X \leqslant b)$.

Texas Instruments (83+ et modèles suivants)	Casio (Graph 35+ et modèles suivants)
[DISTR] *(en tapant* [2nd] *puis)* [VARS] [2:normalFRép(] *Puis rentrez les valeurs : a, b,* μ *et* σ *en les séparant par des virgules afin d'afficher :* normalFRép(*a*, *b*, μ, σ). *Tapez* [ENTER].	[MENU] [STAT] [DIST] [NORM] [Ncd] *Puis rentrez les valeurs : a dans* Lower, *b dans* Upper, σ *puis* μ. *Tapez* [EXE].

Attention : La calculatrice ne permet pas de calculer $P(X \leqslant x)$ pour x réel. Dans ce cas :

- Si $x \leqslant \mu$, alors $P(X \leqslant x) = 0{,}5 - P(x \leqslant X \leqslant \mu)$.
- Si $x \geqslant \mu$, alors $P(X \leqslant x) = 0{,}5 + P(\mu \leqslant X \leqslant x)$.

→ Fiche 66

- Pour le réel λ fixé, la calculatrice permet de calculer une valeur approchée du réel x tel que : $P(X \leqslant x) = \lambda$.

Texas Instruments (83+ et modèles suivants)	Casio (Graph 35+ et modèles suivants)
[DISTR] *(en tapant* [2nd] *puis* [VARS]*)* [3:FracNormale(] *Puis rentrez les valeurs :* λ, μ *et* σ *en les séparant par des virgules afin d' afficher :* FracNormale(λ, μ, σ). *Tapez* [ENTER].	[MENU] [STAT] [DIST] [NORM] [InvN] *Puis rentrez les valeurs :* λ *dans* Area, σ *puis* μ. *Tapez* [EXE].

Remarque : Pour calculer une valeur approchée du réel x tel que $P(X > x) = \lambda$, on utilise la formule $P(X \leqslant x) = 1 - P(X > x) = 1 - \lambda$.

APPLICATION Calculer dans le cadre de la loi $\mathcal{N}(\mu,\sigma^2)$

On modélise le poids d'abattage, en grammes, d'un poulet élevé en batterie par une variable aléatoire X suivant la loi normale d'espérance $\mu = 1700$ et d'écart-type $\sigma = 75$.

1. Calculer la probabilité, arrondie à 10^{-3} près, pour que le poulet abattu ait un poids compris entre 1 600 g et 1 850 g.

2. Calculer la probabilité, arrondie à 10^{-3} près, pour que le poulet ait un poids inférieur à 1 600 g.

3. Déterminer le poids minimal, arrondi à un gramme près, des 25 % de poulets les plus lourds.

POINT MÉTHODE

1. Utilisez la calculatrice pour calculer $P(1600 \leqslant X \leqslant 1850)$.
2. Utilisez $P(X \leqslant 1600) = P(X \leqslant 1700) - P(1600 \leqslant X \leqslant 1700)$.
3. Remarquez qu'il s'agit de déterminer x tel que $P(X \geqslant x) = 0{,}25$.

Solution

1. À l'aide de la calculatrice : $P(1600 \leqslant X \leqslant 1850) \approx 0{,}886$.

2. On a $P(X \leqslant 1600) = P(X \leqslant 1700) - P(1600 \leqslant X \leqslant 1700)$, et comme 1 700 est la moyenne : $P(X \leqslant 1600) = 0{,}5 - P(1600 \leqslant X \leqslant 1700)$.

À l'aide de la calculatrice :

$P(X \leqslant 1600) = 0{,}5 - P(1600 \leqslant X \leqslant 1700) \approx 0{,}091$.

3. On doit déterminer le poids x tel que : $P(X \geqslant x) = 0{,}25$, c'est-à-dire : $1 - P(X < x) = 0{,}25$, et donc : $P(X < x) = 0{,}75$.

À l'aide de la calculatrice : $x \approx 1751$.

Les 25 % de poulets les plus lourds ont un poids d'au moins 1 751 grammes.

68 Connaître l'intervalle de fluctuation asymptotique au seuil de 95 %

L'intervalle de fluctuation asymptotique au seuil de 95 % permet d'accepter ou de rejeter des hypothèses en travaillant sur un échantillon de la population.

RAPPEL DE COURS

Démonstration de ce théorème : Voir sujet 44 A.2..

I Intervalle de fluctuation asymptotique

Théorème

Soit n un entier naturel et X_n une variable aléatoire suivant la loi binomiale de paramètres n et p. Soit $\alpha \in \left]0\,;1\right[$.

On note u_α l'unique réel strictement positif tel que $\int_{-u_\alpha}^{u_\alpha} f(t)\mathrm{d}t = 1-\alpha$ où f est la fonction de densité de la loi normale $\mathcal{N}(0\,,\,1)$.

On note $I_n = \left[p - u_\alpha \dfrac{\sqrt{p(1-p)}}{\sqrt{n}}\ ;\ p + u_\alpha \dfrac{\sqrt{p(1-p)}}{\sqrt{n}}\right]$.

Alors $\lim\limits_{n \to +\infty} P\left(\dfrac{X_n}{n} \in I_n\right) = 1-\alpha$.

Ce théorème donne l'expression d'un intervalle de fluctuation asymptotique au seuil $1-\alpha$ de la variable aléatoire de fréquence $F_n = \dfrac{X_n}{n}$ qui, à tout échantillon de taille n, associe la fréquence obtenue f.

II Intervalle de fluctuation asymptotique au seuil de 95 %

→ Fiche 66

On a vu que $u_{0,05} \approx 1{,}96$.

L'intervalle de fluctuation asymptotique au seuil de 95 % est donc : $I_n = \left[p - 1{,}96\dfrac{\sqrt{p(1-p)}}{\sqrt{n}}\ ;\ p + 1{,}96\dfrac{\sqrt{p(1-p)}}{\sqrt{n}}\right]$.

Il existe plusieurs intervalles de fluctuation asymptotique au seuil de 95 % ; on choisira celui-ci, centré en p, car il a la plus petite amplitude.

Utilisation : On connaît une proportion p d'une modalité d'un caractère dans une population. Observer cette modalité dans un échantillon de taille n, choisi au hasard, revient à répéter une épreuve de Bernoulli (on suppose que la taille de l'échantillon ne modifie pas la proportion p).

La proportion de cette modalité a une probabilité de 0,95 d'appartenir à l'intervalle de fluctuation asymptotique au seuil de 95 % dès que $n \geqslant 30$, $np \geqslant 5$ et $n(1-p) \geqslant 5$ qui sont les conditions de validité de l'approximation.

En faisant cette approximation, on approche le terme de la suite $\lim_{n \to +\infty} P\left(\frac{X_n}{n} \in I_n\right)$ par sa limite 0,95.

APPLICATION Utiliser l'intervalle de fluctuation asymptotique au seuil de 95 %

On considère que 31 % des femmes canadiennes qui ont eu un enfant en 2011 l'ont allaité pendant au moins 6 mois. Des chercheurs souhaitent savoir si la proportion est la même dans la région du Québec.

1. Déterminer l'intervalle de fluctuation asymptotique au seuil de 95 % de la proportion de femmes canadiennes ayant allaité pendant au moins 6 mois sur un échantillon de 400 femmes canadiennes ayant eu un enfant en 2011. *On arrondira les bornes de l'intervalle au millième.*

2. Sur un échantillon aléatoire de 400 femmes québécoises ayant eu un enfant en 2011, 98 ont allaité leur enfant pendant au moins 6 mois. Que peut-on en conclure ?

POINT MÉTHODE

1. Appliquez la formule $I_n = \left[p - 1{,}96\frac{\sqrt{p(1-p)}}{\sqrt{n}}\ ;\ p + 1{,}96\frac{\sqrt{p(1-p)}}{\sqrt{n}}\right]$.
2. Calculez la proportion de femmes ayant allaité plus de 6 mois et regardez si cette proportion appartient à l'intervalle de fluctuation.

Solution

1. On calcule l'intervalle de fluctuation asymptotique au seuil de 95 % pour une proportion $p = 0{,}31$ et un échantillon de taille $n = 400$:

$$\left[0{,}31 - 1{,}96\frac{\sqrt{0{,}31(1-0{,}31)}}{\sqrt{400}}\ ;\ 0{,}31 + 1{,}96\frac{\sqrt{0{,}31(1-0{,}31)}}{\sqrt{400}}\right] \approx [0{,}265\,;0{,}355].$$

2. On calcule la proportion de femmes québécoises ayant allaité pendant plus de 6 mois : $\frac{98}{400} = 0{,}245$. Or, 0,245 n'appartient pas à l'intervalle de fluctuation asymptotique au seuil de 95 %, ce qui signifie que l'hypothèse selon laquelle la proportion de femmes québécoises qui allaitent pendant au moins 6 mois est 0,31 est rejetée. Les chercheurs concluent que cette proportion est plus faible au Québec.

L'intervalle trouvé dans la question 1. est calculé avec l'hypothèse d'une proportion de 31 %.

69 Utiliser un intervalle de confiance

Dans la fiche précédente, on a défini les intervalles de fluctuation qui sont utilisés lorsque p est connu ou si l'on fait une hypothèse sur sa valeur. Les intervalles de confiance, définis dans cette fiche, seront utilisés pour estimer p par intervalle ou pour comparer des proportions estimées.

RAPPEL DE COURS

I Situation

On souhaite estimer une proportion p dans une population donnée. On sélectionne un échantillon de taille n pour obtenir une valeur de la fréquence f. La théorie de la fluctuation d'échantillonnage permet d'affirmer que, sous certaines conditions, f appartient à l'intervalle $\left[p-\frac{1}{\sqrt{n}} ; p+\frac{1}{\sqrt{n}}\right]$ avec une probabilité d'au moins 95 %. On peut montrer que c'est équivalent au fait que p appartient à l'intervalle $\left[f-\frac{1}{\sqrt{n}} ; f+\frac{1}{\sqrt{n}}\right]$.

II Intervalle de confiance

Un intervalle de confiance pour une proportion p à un niveau de confiance de 95 % est $\left[f-\frac{1}{\sqrt{n}} ; f+\frac{1}{\sqrt{n}}\right]$ où f est la fréquence observée sur un échantillon de taille n, sous les conditions : $n \geqslant 30$, $nf \geqslant 5$ et $n(1-f) \geqslant 5$.

Remarque : On dit que l'intervalle $\left[f-\frac{1}{\sqrt{n}} ; f+\frac{1}{\sqrt{n}}\right]$ est un intervalle de confiance de la proportion inconnue p au niveau de confiance 0,95.

Pour chaque échantillon choisi dans la population, on obtient un intervalle de confiance différent.

APPLICATION Estimer une proportion par intervalle

Le 15 décembre 2011, le CSA a publié un sondage concernant les intentions de vote aux présidentielles de 2012. Le sondage a été effectué sur un échantillon de 859 personnes inscrites sur les listes électorales que l'on suppose choisi de manière aléatoire (ce n'est pas le cas en pratique). On a publié les résultats suivants, pour les trois premiers candidats :

François Hollande 32 %	Nicolas Sarkozy 26 %	Marine Le Pen 16 %

1. Déterminer, pour chaque candidat, un intervalle de confiance, au niveau de confiance de 95 %. Arrondir les bornes à 0,001 près.

2. Un journaliste affirme que, si le vote avait lieu en décembre 2011, Nicolas Sarkozy aurait un meilleur score que Marine Le Pen et François Hollande aurait un meilleur score que Nicolas Sarkozy. A-t-il raison au niveau de confiance de 95 % ?

3. Calculer la taille minimale de l'échantillon pour obtenir un intervalle de confiance d'amplitude inférieure ou égale à 1 %.

POINT MÉTHODE

1. Calculez $\left[f-\frac{1}{\sqrt{n}};f+\frac{1}{\sqrt{n}}\right]$ où f est la fréquence observée et n la taille de l'échantillon.
2. Comparez les intervalles de confiance.
3. Calculez l'amplitude de l'intervalle de confiance en fonction de n.

Solution

1. On effectue un sondage sur un échantillon de taille $n=859$.

François Hollande : $\left[0,32-\frac{1}{\sqrt{859}}\ ;\ 0,32+\frac{1}{\sqrt{859}}\right]\approx\left[0,286\ ;\ 0,354\right]$.

De même, Nicolas Sarkozy : $\left[0,226\,;0,294\right]$ et Marine Le Pen : $\left[0,126\,;0,194\right]$.

2. D'après la question **1.**, les intention de vote, pour Marine Le Pen, sont comprises entre 12,6 % et 19,4 % et, pour Nicolas Sarkozy, entre 22,6 % et 29,4 %, donc Nicolas Sarkozy devrait obtenir un meilleur score que Marine Le Pen en décembre 2011 et la première affirmation est vraie.

En revanche les intervalles $\left[0,286\,;0,354\right]$ et $\left[0,226\,;0,294\right]$ ne sont pas disjoints et on ne peut pas affirmer que François Hollande obtiendrait un meilleur score que Nicolas Sarkozy. La deuxième affirmation est fausse.

3. L'intervalle de confiance a pour amplitude : $f+\frac{1}{\sqrt{n}}-\left(f+\frac{1}{\sqrt{n}}\right)=\frac{2}{\sqrt{n}}$. On résout donc : $\frac{2}{\sqrt{n}}\leqslant 0,01 \Leftrightarrow \frac{2}{0,01}\leqslant\sqrt{n}\Leftrightarrow 200^2\leqslant n$.

On doit donc choisir un échantillon de 40 000 personnes.

Quiz express

Vérifiez que vous avez bien retenu les points clés des **fiches 63 à 69**.

Calculer une probabilité dans le cadre de la loi uniforme

1 La fonction de densité f de la loi uniforme sur $[0;2]$ est définie sur $[0;2]$ par :

☐ **a.** $f(t)=\frac{t}{2}$ ☐ **b.** $f(t)=2t$ ☐ **c.** $f(t)=\frac{1}{2}$

2 Soit X une variable aléatoire suivant la loi uniforme sur $[a;b]$.

$P\left(\frac{a+b}{2}\leqslant X\leqslant b\right)=$ ☐ **a.** $\frac{a}{2}$ ☐ **b.** $\frac{1}{2}$ ☐ **c.** $\frac{b}{2}$

FICHE 63

Calculer une probabilité dans le cadre de la loi exponentielle

3 La fonction de densité f de la loi exponentielle de paramètre $\lambda>0$ est définie sur $[0;+\infty[$ par :

☐ **a.** $f(t)=\mathrm{e}^{-\lambda t}$ ☐ **b.** $f(t)=1-\mathrm{e}^{-\lambda t}$ ☐ **c.** $f(t)=\lambda\mathrm{e}^{-\lambda t}$

Soit X une variable aléatoire suivant la loi exponentielle de paramètre $\lambda>0$.

4 $P(X>t)=$ ☐ **a.** $\mathrm{e}^{-\lambda t}$ ☐ **b.** $1-\mathrm{e}^{-\lambda t}$ ☐ **c.** $\lambda\mathrm{e}^{-\lambda t}$

5 $P(1\leqslant X\leqslant 2)=$ ☐ **a.** $\mathrm{e}^{-\lambda}-\mathrm{e}^{-2\lambda}$ ☐ **b.** $1-\mathrm{e}^{-\lambda}$ ☐ **c.** $\mathrm{e}^{-2\lambda}-\mathrm{e}^{-\lambda}$

6 X a pour espérance : ☐ **a.** λ ☐ **b.** 1 ☐ **c.** $\frac{1}{\lambda}$

FICHE 64

Calculer une probabilité dans le cadre de la loi normale

7 La fonction de densité f de la loi normale $\mathcal{N}(0\,,\,1)$ est définie sur $\mathbb{R}$ par :

☐ **a.** $f(x)=\frac{1}{\sqrt{\pi}}\mathrm{e}^{-\frac{x^2}{2}}$ ☐ **b.** $f(x)=\frac{1}{\sqrt{2\pi}}\mathrm{e}^{-\frac{x^2}{2}}$ ☐ **c.** $f(x)=\frac{1}{\sqrt{2\pi}}\mathrm{e}^{-x^2}$

8 Soit X une variable aléatoire suivant la loi normale $\mathcal{N}(\mu,\sigma^2)$. Associer chaque événement à la valeur approchée de sa probabilité :

$X\in[\mu-\sigma;\mu+\sigma]$ • • 0,997

$X\in[\mu-2\sigma;\mu+2\sigma]$ • • 0,95

$X\in[\mu-3\sigma;\mu+3\sigma]$ • • 0,68

9 Soit Y une variable aléatoire suivant la loi normale $\mathcal{N}(0,\,1)$. Alors :

☐ **a.** $P(-1{,}96\leqslant Y\leqslant 1{,}96)\approx 0{,}95$ ☐ **c.** $P(-2{,}58\leqslant Y\leqslant 2{,}58)\approx 0{,}95$

☐ **b.** $P(-1{,}96\leqslant Y\leqslant 1{,}96)\approx 0{,}99$ ☐ **d.** $P(-2{,}58\leqslant Y\leqslant 2{,}58)\approx 0{,}99$

Soit Z une variable aléatoire suivant la loi normale $\mathcal{N}(5,2^2)$.

10 $P(4 \leqslant Z \leqslant 7) \approx$ ☐ **a.** 0,19 ☐ **b.** 0,29 ☐ **c.** 0,53

11 $P(Z \leqslant 6) \approx$ ☐ **a.** 0,19 ☐ **b.** 0,31 ☐ **c.** 0,69

12 Une valeur approchée du réel x tel que $P(Z \leqslant x) = 0,9$ est :
☐ **a.** 2,43 ☐ **b.** 7,56 ☐ **c.** 8,41

FICHES 65, 66, ET 67

Utiliser les intervalles de fluctuation et de confiance

On lance 100 fois une pièce de monnaie bien équilibrée. On note p_0 la proportion du nombre de piles par rapport au nombre de lancers.

13 p_0 appartient, avec une probabilité de 0,95, à :
☐ **a.** l'intervalle de fluctuation asymptotique au seuil de 95 %.
☐ **b.** l'intervalle de confiance au niveau de confiance 0,95.

14 Cet intervalle est :
☐ **a.** $[0,4 ; 0,6]$ ☐ **b.** $[0,402 ; 0,598]$ ☐ **c.** $[0,45 ; 0,55]$

15 On a effectué l'expérience avec trois pièces de monnaie et on a noté les résultats obtenus. Quelle pièce ne semble pas bien équilibrée ?

Pièce	☐ **a.**	☐ **b.**	☐ **c.**
Résultat	43 « pile »	53 « pile »	63 « pile »

16 On a lancé une autre pièce de monnaie et obtenu 45 % de « pile ». On a conclu que cette pièce n'était pas bien équilibrée. Quelle est la valeur minimale du nombre de lancers effectués ?
☐ **a.** 101 ☐ **b.** 385 ☐ **c.** 400

17 On souhaite estimer la proportion p_S de français sachant skier. On est amené à utiliser :
☐ **a.** l'intervalle de fluctuation asymptotique au seuil de 95 %.
☐ **b.** l'intervalle de confiance au niveau de confiance 0,95.

18 Dans un échantillon de 400 personnes représentatif de la population française, on a compté 128 personnes sachant skier. Avec un niveau de confiance de 0,95, p_S appartient à :
☐ **a.** $[0,27 ; 0,37]$ ☐ **b.** $[0,274 ; 0,366]$ ☐ **c.** $[0,3175 ; 0,3225]$

FICHES 68 ET 69

RÉPONSES

1. c. • **2.** b. • **3.** c. • **4.** a. • **5.** a. • **6.** c. • **7.** b. • **8.** $P(X \in [\mu-\sigma ; \mu+\sigma]) \approx 0,68$; $P(X \in [\mu-2\sigma ; \mu+2\sigma]) \approx 0,95$; $P(X \in [\mu-3\sigma ; \mu+3\sigma]) \approx 0,997$ • **9.** a. et d. • **10.** c. • **11.** c. • **12.** b. • **13.** a. • **14.** b. • **15.** c. • **16.** b. • **17.** b. • **18.** a.

SUJET 40 | Temps d'attente dans un parc

DURÉE 40 MIN

→ **Fiche 12** Résoudre une équation dans $\mathbb{R}$
→ **Fiche 59** Calculer à l'aide des probabilités conditionnelles
→ **Fiche 63** Utiliser la loi uniforme sur un intervalle $[a;b]$
→ **Fiche 64** Calculer une probabilité dans le cadre de la loi exponentielle

Dans un parc à ciel ouvert, la marmotte n'est pas toujours de sortie. Le but de cet exercice est de savoir pendant combien de temps attendre devant la sortie du terrier pour pouvoir l'observer. Le temps d'attente, exprimé en heures, est une variable aléatoire X.

PARTIE A Modélisation à l'aide d'une loi uniforme

Dans cette partie, on suppose que X suit la loi uniforme sur $[0;2]$.

1. a. Calculer la probabilité d'attendre moins d'une heure.

b. Calculer $P(0{,}25 \leqslant X \leqslant 0{,}75)$. Que représente cette probabilité ?

2. Calculer le temps t nécessaire pour avoir 95 % de chance d'observer la marmotte. On donnera le résultat en heures et en minutes.

PARTIE B Modélisation à l'aide d'une loi exponentielle

Dans cette partie, on suppose que X suit la loi exponentielle de paramètre λ.

1. Montrer que $P(X \leqslant 1) = 1 - e^{-\lambda}$.

2. Déterminer λ pour que la probabilité d'attendre moins d'une heure soit de 0,5. Donner la valeur exacte puis une valeur approchée à 10^{-2} près.

Dans la suite de l'exercice, on prendra $\lambda = 0{,}69$.

3. Calculer $P(X > 2)$.

4. Calculer la probabilité conditionnelle $P_{X>2}(X \leqslant 3)$. Pouvait-on prévoir ce résultat ?

5. Calculer le temps t nécessaire pour avoir 95 % de chance d'observer la marmotte. On donnera une valeur approchée du résultat en heures et en minutes.

DÉMARRONS ENSEMBLE

PARTIE A

1. Traduisez l'énoncé en terme d'événements : un temps d'attente de moins d'une heure correspond à l'événement $[X \leqslant 1]$. Utilisez la fonction de densité de la loi uniforme pour calculer les probabilités. → **Fiche 63**

2. Résolvez l'équation (→ **Fiche 12**) après avoir exprimé $P(X \leqslant t)$ en fonction de t.

PARTIE B

1. Exprimez la probabilité à calculer à l'aide de la fonction de densité de la loi exponentielle, puis calculez la probabilité en trouvant une primitive. → Fiche 64

3. Utilisez le fait que $[X \geqslant 2]$ et $[X < 2]$ sont des événements contraires puis calculez la probabilité comme dans la question **1.** → Fiche 64

4. Utilisez la formule de la probabilité conditionnelle. → Fiche 59

5. Reprenez le raisonnement de la question **2.** de la **PARTIE A** puis résolvez l'équation comme dans la question **2.** de la **PARTIE B**.

CORRIGÉ

PARTIE A Modélisation à l'aide d'une loi uniforme

1. Calculer une probabilité avec la loi uniforme

a. Un temps d'attente inférieur à 1 heure correspond à l'événement $[X \leqslant 1]$.

On calcule : $P(X \leqslant 1) = \int_0^1 \frac{1}{2}\mathrm{d}x = \left[\frac{x}{2}\right]_0^1 = \frac{1}{2}$.

> Utilisez la fonction de densité de la loi uniforme sur [0 ; 2]. → Fiche 63

b. $P(0{,}25 \leqslant X \leqslant 0{,}75) = \int_{0{,}25}^{0{,}75} \frac{1}{2}\mathrm{d}x = \left[\frac{x}{2}\right]_{0{,}25}^{0{,}75} = \frac{0{,}75}{2} - \frac{0{,}25}{2} = 0{,}25$.

Ainsi, la probabilité d'attendre la marmotte entre un quart d'heure et trois quarts d'heure est de 0,25.

2. Résoudre une équation

On cherche t tel que $P(X \leqslant t) = 0{,}95$, donc on résout :

$$\int_0^t \frac{1}{2}\mathrm{d}x = 0{,}95 \Leftrightarrow \left[\frac{x}{2}\right]_0^t = 0{,}95 \Leftrightarrow \frac{t}{2} = 0{,}95 \Leftrightarrow t = 1{,}9.$$

Il faudra donc attendre 1,9 heures soit 1 heure et 0,9 heure, c'est-à-dire 1 h 54 min.

> Multipliez par 60 pour transformer les heures en minutes.

PARTIE B Modélisation à l'aide d'une loi exponentielle

1. Calculer une probabilité avec la loi exponentielle

$$P(X \leqslant 1) = \int_0^1 \lambda e^{-\lambda x}\mathrm{d}x = \left[-e^{-\lambda x}\right]_0^1 = -e^{-\lambda} + e^0 = 1 - e^{-\lambda}.$$

> Souvenez-vous de la primitive de la fonction $x \mapsto \lambda e^{-\lambda x}$ → Fiche 64

2. Résoudre une équation

La probabilité d'attendre moins d'une heure étant $P(X \leqslant 1)$, on résout :

$1 - e^{-\lambda} = 0{,}5 \Leftrightarrow e^{-\lambda} = 0{,}5 \Leftrightarrow -\lambda = \ln(0{,}5) \Leftrightarrow \lambda = \ln(2)$.

La valeur exacte est $\ln(2)$ dont une valeur approchée à 10^{-2} près est 0,69.

3. Calculer une probabilité avec la loi exponentielle

$P(X>2)=1-P(X\leqslant 2)=1-\int_0^2 0{,}69\mathrm{e}^{-0{,}69x}\,\mathrm{d}x=1-\left[-\mathrm{e}^{-0{,}69x}\right]_0^2=\mathrm{e}^{-1{,}38}.$

4. Calculer une probabilité conditionnelle

$P_{X>2}(X\leqslant 3)=\dfrac{P([X>2]\cap[X\leqslant 3])}{P(X>2)}$;

$P_{X>2}(X\leqslant 3)=\dfrac{P(2<X\leqslant 3)}{P(X>2)}$;

$P_{X>2}(X\leqslant 3)=\dfrac{\int_2^3 0{,}69\mathrm{e}^{-0{,}69x}\,dx}{\mathrm{e}^{-1{,}38}}$;

$P_{X>2}(X\leqslant 3)=\dfrac{\left[-\mathrm{e}^{-0{,}69x}\right]_2^3}{\mathrm{e}^{-1{,}38}}$;

$P_{X>2}(X\leqslant 3)=\dfrac{-\mathrm{e}^{-2{,}07}+\mathrm{e}^{-1{,}38}}{\mathrm{e}^{-1{,}38}}$;

$P_{X>2}(X\leqslant 3)=1-\mathrm{e}^{-0{,}69}.$

Souvenez-vous : $P_A(B)=\dfrac{P(A\cap B)}{P(A)}$
→ Fiche 59

On remarque que : $P_{X>2}(X\leqslant 3)=P(X\leqslant 1)$.

Remplacez λ par 0,69 dans la question **1.**

Cela signifie que la probabilité d'attendre moins de 3 heures pour observer la marmotte sachant qu'on a attendu 2 heures sans la voir est la même que la probabilité d'attendre moins d'une heure pour la voir : on retrouve la propriété de la loi exponentielle qui est une loi sans vieillissement.

5. Résolution d'équation avec la fonction exponentielle

On cherche t tel que : $P(X\leqslant t)=0{,}95$. On résout donc :

$\int_0^t 0{,}69\mathrm{e}^{-0{,}69x}\,dx=0{,}95 \Leftrightarrow \left[-\mathrm{e}^{-0{,}69x}\right]_0^t=0{,}95 \Leftrightarrow -\mathrm{e}^{-0{,}69t}+1=0{,}95,$

$-\mathrm{e}^{-0{,}69t}+1=0{,}95 \Leftrightarrow \mathrm{e}^{-0{,}69t}=0{,}05 \Leftrightarrow -0{,}69t=\ln 0{,}05 \Leftrightarrow t=\dfrac{\ln 20}{0{,}69}.$

Comme $\dfrac{\ln 20}{0{,}69}\approx 4{,}34$, il faudra attendre 4 heures et environ 0,34 heure, c'est-à-dire environ 4 h 20 min.

SUJET 41 | Extension de garantie

DURÉE 40 MIN

→ Fiche 18 Déterminer la limite d'une fonction
→ Fiche 33 Déterminer les primitives d'une fonction continue sur un intervalle
→ Fiche 34 Calculer une intégrale
→ Fiche 64 Calculer une probabilité dans le cadre de la loi exponentielle

PARTIE A Restitution organisée de connaissances

On rappelle que l'espérance d'une variable aléatoire suivant la loi exponentielle de paramètre $\lambda > 0$ est la limite quand x tend vers $+\infty$ de $\int_0^x \lambda t e^{-\lambda t} dt$.

1. Montrer que la fonction f définie sur $[0;+\infty[$ par $f(t) = \lambda t e^{-\lambda t}$ où λ est un réel strictement positif, admet pour primitive la fonction
$F : t \mapsto -te^{-\lambda t} - \frac{1}{\lambda}e^{-\lambda t}$.

2. Démontrer qu'une variable aléatoire suivant la loi exponentielle de paramètre $\lambda > 0$ a pour espérance $\frac{1}{\lambda}$.

PARTIE B Durée de vie d'un appareil électroménager

On modélise la durée de vie, exprimée en jours, d'un aspirateur sans sac par une variable aléatoire X suivant la loi exponentielle de paramètre $\lambda = 0{,}000\,4$.

Dans cette partie, on supposera qu'une année dure 365 jours et que lorsque l'aspirateur tombe en panne, il n'est pas réparable.

1. Calculer la durée de vie moyenne de l'aspirateur.

2. Calculer la probabilité pour que l'aspirateur tombe en panne au cours des deux premières années de fonctionnement. Arrondir au millième.

3. Calculer la probabilité pour que l'aspirateur tombe en panne entre le début de la 3e année et la fin de la 5e. Donner la valeur exacte.

4. L'aspirateur est vendu 150 € et avec une garantie de deux ans.

a. On suppose que si l'aspirateur tombe en panne, on doit en racheter un au même prix. Calculer le coût moyen, arrondi au centime d'euros, de l'aspirateur entre le début de la 3e année et la fin de la 5e.

b. L'extension de garantie, qui permet le remplacement de l'aspirateur si une panne intervient entre le début de la 3e année et la fin de la 5e, coûte 50 €. Est-ce avantageux de prendre une extension de garantie ?

DÉMARRONS ENSEMBLE

PARTIE A

1. Démontrez, en calculant la dérivée de la fonction F, que pour tout réel t de $[0;+\infty[$: $F'(t)=f(t)$. → **Fiche 33**

2. Exprimez $\int_0^x \lambda t e^{-\lambda t} dt$ en fonction de x à l'aide de la primitive calculée dans la question **1.** puis calculez sa limite quand x tend vers $+\infty$. → **Fiche 18**

PARTIE B

1. Utilisez la PARTIE A.

2. et **3.** Exprimez la probabilité à calculer à l'aide de la fonction de densité de la loi exponentielle, puis calculez la probabilité en trouvant une primitive.
→ **Fiche 64**

CORRIGÉ

PARTIE A Restitution organisée de connaissances

1. Démontrer qu'une fonction est une primitive

La fonction F est dérivable sur $[0;+\infty[$ et :

$F'(t)=-1\times e^{-\lambda t}-t\times(-\lambda)e^{-\lambda t}-\frac{1}{\lambda}\times(-\lambda)e^{-\lambda t}=-e^{-\lambda t}+\lambda t e^{-\lambda t}+e^{-\lambda t}$, et

donc, pour tout réel t appartenant à $[0;+\infty[$: $F'(t)=\lambda t e^{-\lambda t}=f(t)$.

La fonction F est donc une primitive de la fonction f.

2. Calculer l'espérance de la loi exponentielle

Pour x appartenant à $[0;+\infty[$, d'après la question **1.**, on a :

→ Fiche 34

$\int_0^x \lambda t e^{-\lambda t} dt=\int_0^x f(t)dt = F(x)-F(0)$, ainsi :

$$\int_0^x \lambda t e^{-\lambda t}\, dt=-xe^{-\lambda x}-\frac{1}{\lambda}e^{-\lambda x}+0\times e^{-\lambda\times 0}+\frac{1}{\lambda}e^{-\lambda\times 0}=-xe^{-\lambda x}-\frac{e^{-\lambda x}}{\lambda}+\frac{1}{\lambda}.$$

On souhaite calculer la limite quand x tend vers $+\infty$.

λ étant strictement positif, $\lim\limits_{x\to+\infty} e^{-\lambda x}=0$ et par quotient : $\lim\limits_{x\to+\infty} -\frac{e^{-\lambda x}}{\lambda}=0$.

On a : $-xe^{-\lambda x}=\frac{1}{\lambda}\left(-\lambda xe^{-\lambda x}\right)$. λ étant strictement positif : $\lim\limits_{x\to+\infty} -\lambda x=-\infty$.

Or, on sait que : $\lim\limits_{X\to-\infty} Xe^{X}=0$, donc : $\lim\limits_{x\to+\infty} -\lambda xe^{-\lambda x}=0$.

→ Fiche 18

On en déduit, par produit, que : $\lim\limits_{x\to+\infty} -xe^{-\lambda x}=0$.

Par somme : $E(X)=\lim\limits_{x\to+\infty}\int_0^x \lambda t e^{-\lambda t}dt=\lim\limits_{x\to+\infty}(-xe^{-\lambda x}-\frac{e^{-\lambda x}}{\lambda}+\frac{1}{\lambda})=\frac{1}{\lambda}$.

PARTIE B Durée de vie d'un appareil électroménager

1. Calculer une moyenne avec la loi exponentielle

La durée de vie moyenne est l'espérance de X : $E(X)=\dfrac{1}{0{,}000\,4}=2\,500$.

L'aspirateur a donc une durée de vie moyenne de 2 500 jours.

2. Calculer une probabilité avec la loi exponentielle

Il y a $2\times 365=730$ jours en deux ans, donc on calcule :

$$P(X\leqslant 730)=\int_0^{730}0{,}000\,4\mathrm{e}^{-0{,}000\,4\,x}\mathrm{d}x$$

$$P(X\leqslant 730)=\left[-\mathrm{e}^{-0{,}000\,4\,x}\right]_0^{730}=-\mathrm{e}^{-0{,}292}+\mathrm{e}^0$$

→ Fiche 64

$$P(X\leqslant 730)=-\mathrm{e}^{-0{,}292}+\mathrm{e}^0$$

$$P(X\leqslant 730)=1-\mathrm{e}^{-0{,}292}\approx 0{,}253.$$

3. Calculer une probabilité avec la loi exponentielle

Il y a $5\times 365=1825$ jours en cinq ans, donc on calcule :

$$P(730<X\leqslant 1825)=\int_{730}^{1825}0{,}000\,4\mathrm{e}^{-0{,}000\,4\,x}\mathrm{d}x$$

$$P(730<X\leqslant 1825)=-\mathrm{e}^{-0{,}73}+\mathrm{e}^{-0{,}292}$$

$$P(730<X\leqslant 1825)=\mathrm{e}^{-0{,}292}-\mathrm{e}^{-0{,}73}.$$

4. Prendre une extension de garantie ?

a. On doit racheter un aspirateur à 150 € s'il tombe en panne entre le début de la 3e année et la fin de la 5e, ce qui coûtera en moyenne :

$$150\times P(730<X\leqslant 1825)=150\times(\mathrm{e}^{-0{,}292}-\mathrm{e}^{-0{,}73})\approx 39{,}73.$$

Cela coûtera 39,73 € en moyenne.

b. Si on choisit l'extension de garantie, on paiera 50 € en moyenne que l'aspirateur tombe en panne ou non. Comme $39{,}73<50$, ce n'est pas avantageux de prendre l'extension de garantie.

SUJET 42 | Calibrage d'une pièce industrielle

DURÉE 40 MIN

→ **Fiche 15** Étudier une équation du type $f(x) = k$
→ **Fiche 63** Utiliser la loi uniforme sur un intervalle
→ **Fiche 65** Découvrir la loi normale
→ **Fiche 66** Connaître les propriétés de la loi normale $\mathcal{N}(\mu,\sigma^2)$
→ **Fiche 67** Calculer des probabilités de la loi $\mathcal{N}(\mu,\sigma^2)$ à l'aide de la calculatrice

PARTIE A Restitution organisée de connaissances

Soit X une variable aléatoire suivant la loi normale $\mathcal{N}(0,1)$.

On admet que la fonction g définie sur $[0\,;+\infty[$ par $g(x)=P(-x \leqslant X \leqslant x)$ est continue et strictement croissante sur $[0\,;+\infty[$.

1. Calculer $g(0)$ et $\lim\limits_{x\to+\infty} g(x)$.

2. Soit $\alpha \in]0\,;1[$. Démontrer qu'il existe un unique réel positif u_α tel que $P(-u_\alpha \leqslant X \leqslant u_\alpha)=1-\alpha$.

PARTIE B Modélisation à l'aide d'une loi normale

Dans une entreprise industrielle, une machine M_1 permet de fabriquer des pièces. On note L_1 la variable aléatoire qui à chaque pièce associe sa longueur en cm. On suppose que L_1 suit la loi normale d'espérance $\mu = 200$ et d'écart type $\sigma_1 = 2{,}5$.

1. a. Quelle est la probabilité, arrondie au centième, que la longueur d'une pièce soit comprise entre 197,5 cm et 202,5 cm ?

b. En déduire la probabilité, arrondie au centième, que la longueur d'une pièce soit inférieure à 202,5 cm.

Une pièce est bien calibrée si sa longueur est comprise entre 196 cm et 204 cm.

2. Calculer la probabilité, arrondie au centième, qu'une pièce soit bien calibrée.

3. Les pièces qui ne sont pas bien calibrées sont perdues. Le directeur décide d'acheter une nouvelle machine M_2 permettant de fabriquer les mêmes pièces. On suppose que la longueur L_2, exprimée en cm, d'une pièce sortant de cette nouvelle machine est une variable aléatoire suivant la loi normale d'espérance $\mu = 200$ et d'écart type σ_2.

a. 99 % des pièces sortant de la machine M_2 sont bien calibrées. Montrer que : $P\left(-\dfrac{4}{\sigma_2} \leqslant \dfrac{L_2-200}{\sigma_2} \leqslant \dfrac{4}{\sigma_2}\right)=0{,}99$.

b. En déduire, en utilisant la **partie A**, la valeur de σ_2 arrondie au centième.

DÉMARRONS ENSEMBLE

PARTIE A

1. Utilisez le fait que X suit une la loi normale. → **Fiche 65**

2. Appliquez le théorème des valeurs intermédiaires à la fonction g. → **Fiche 15**

PARTIE B

1. Remarquez que $\mu-\sigma=197{,}5$ et que $\mu+\sigma=202{,}5$. → **Fiche 66**

2. Utilisez la calculatrice. → **Fiche 67**

3. Utilisez la valeur particulière : $u_{0,01}\approx 2{,}58$. → **Fiche 67**

CORRIGÉ

PARTIE A Restitution organisée de connaissances

1. Utiliser les propriétés de la loi normale

Par définition, $g(0)=P(-0\leqslant X\leqslant 0)=P(X=0)=0$ car X suit une loi continue.

→ Fiche 63

Par définition, $g(x)=P(-x\leqslant X\leqslant x)=\int_{-x}^{x} f(t)\mathrm{d}t$ où f est la fonction de densité de la loi normale $\mathcal{N}(0,1)$.

Comme $\lim\limits_{x\to+\infty} -x=-\infty$ et $\lim\limits_{x\to+\infty} x=+\infty$,

$\lim\limits_{x\to+\infty}\int_{-x}^{x} f(t)\mathrm{d}t=P\left(X\in\left]-\infty\,;+\infty\right[\right)=1$,

→ Fiche 65

donc $\lim\limits_{x\to+\infty} g(x)=1$.

2. Appliquer le théorème des valeurs intermédiaires

Comme $\alpha\in\left]0\,;1\right[$, on a $0<\alpha<1 \Leftrightarrow 0>-\alpha>-1 \Leftrightarrow 1>1-\alpha>0$.

On en déduit que $1-\alpha\in\left]0\,;1\right[$.

La fonction g est continue et strictement croissante sur $\left[0\,;+\infty\right[$ et on va vu, dans la question **1.**, que $g(0)=0$ et $\lim\limits_{x\to+\infty} g(x)=1$.

Comme $1-\alpha\in\left]0\,;1\right[$, d'après le théorème des valeurs intermédiaires, il existe un unique réel positif, noté u_α, tel que $g(u_\alpha)=1-\alpha$.

Par définition de la fonction g, $P(-u_\alpha\leqslant X\leqslant u_\alpha)=1-\alpha$.

PARTIE B Modélisation à l'aide d'une loi normale

1. Utiliser les valeurs particulières de la loi normale

a. Comme $\mu - \sigma = 197{,}5$ et $\mu + \sigma = 202{,}5$, d'après les propriétés de la loi normale :

$P(197{,}5 \leqslant L_1 \leqslant 202{,}5) = P(\mu - \sigma \leqslant L_1 \leqslant \mu + \sigma) \approx 0{,}68$.

La probabilité qu'une pièce mesure entre 197,5 cm et 202,5 cm est environ 0,68.

> Retenez les valeurs particulières. → Fiche 66

b. D'après les propriétés de la loi normale et la question précédente :

$P(200 \leqslant L_1 \leqslant 202{,}5) = 0{,}5 \times P(197{,}5 \leqslant L_1 \leqslant 202{,}5) \approx 0{,}34$.

Or $P(L_1 \leqslant 202{,}5) = 0{,}5 + P(200 \leqslant L_1 \leqslant 202{,}5)$, donc :

$P(L_1 \leqslant 202{,}5) = 0{,}84$.

> Pensez aux propriétés de la loi normale. → Fiche 66

La probabilité que la longueur d'une pièce soit inférieure à 202,5 cm est environ 0,84.

2. Utiliser la calculatrice dans le cadre de la loi normale

On utilise la calculatrice : $P(196 \leqslant L_1 \leqslant 204) \approx 0{,}89$.

> → Fiche 67

La probabilité que la pièce soit bien calibrée est environ 0,89.

3. Utiliser une valeur particulière de u_α

a. 99 % des pièces sont bien calibrées, ce qui est équivalent au fait que chaque pièce a une probabilité égale à 0,99 d'être bien qualibrée, donc :

$P(196 \leqslant L_2 \leqslant 204) = 0{,}99$.

Or : $196 \leqslant L_2 \leqslant 204 \Leftrightarrow -4 \leqslant L_2 - 200 \leqslant 4 \Leftrightarrow -\dfrac{4}{\sigma_2} \leqslant \dfrac{L_2 - 200}{\sigma_2} \leqslant \dfrac{4}{\sigma_2}$.

Ainsi $P\left(-\dfrac{4}{\sigma_2} \leqslant \dfrac{L_2 - 200}{\sigma_2} \leqslant \dfrac{4}{\sigma_2}\right) = 0{,}99$.

b. Par définition, la variable aléatoire $\dfrac{L_2 - 200}{\sigma_2}$ suit la loi normale centrée réduite.

> Retenez les valeurs particulières. → Fiche 65

On sait que $u_{0,01} \approx 2{,}58$, donc :

$$P\left(-2{,}58 \leqslant \frac{L_2 - 200}{\sigma_2} \leqslant 2{,}58\right) \approx 0{,}99.$$

On en déduit, à l'aide de la question précédente que $\dfrac{4}{\sigma_2} \approx 2{,}58$, puis : $\sigma_2 \approx \dfrac{4}{2{,}58}$.

Une valeur approchée de σ_2 est donc 1,55.

SUJET 43 | Poids de différents types de foies gras

DURÉE 50 MIN

→ **Fiche 13** Résoudre un système de deux équations à deux inconnues
→ **Fiche 65** Découvrir la loi normale
→ **Fiche 66** Connaître les propriétés de la loi normale $\mathcal{N}(\mu,\sigma^2)$
→ **Fiche 67** Calculer des probabilités de la loi $\mathcal{N}(\mu,\sigma^2)$ à l'aide de la calculatrice

PARTIE A Utiliser la calculatrice dans le cadre de la loi normale

Le mulard est une espèce de canard hybride. Il est très utilisé dans la fabrication du foie gras. On suppose que le poids d'un foie gras de canard mulard, exprimé en grammes, est une variable aléatoire X suivant la loi normale $\mathcal{N}(607{,}113^2)$.

Dans cette partie, on arrondira les probabilités au millième.

1. Calculer, à l'aide de la calculatrice, $P(500 \leqslant X \leqslant 650)$.

2. a. Donner la valeur de $P(X < 607)$.

b. En déduire, à l'aide de la calculatrice, la probabilité qu'un foie gras de canard mulard pèse moins de 700 grammes.

3. Calculer, à l'aide de la calculatrice, la valeur de x, arrondie à l'unité, telle que : $P(X \leqslant x) = 0{,}85$. Interpréter ce résultat.

PARTIE B Déterminer les valeurs de μ et de σ

D'autres espèces de canard sont utilisées pour la fabrication du foie gras : le canard de Barbarie et le canard hinny. On suppose que le poids d'un foie gras de canard de Barbarie, respectivement d'un canard hinny, exprimé en grammes, est une variable aléatoire Y, respectivement Z, suivant la loi normale $\mathcal{N}(\mu_B{,}85^2)$, respectivement $\mathcal{N}(\mu_H{,}\sigma_H^2)$. Selon les normes européennes, le foie gras de canard, quel que soit son espèce, doit peser plus de 300 grammes pour être commercialisé.

1. 0,74 % des foies gras de canard de Barbarie ne peuvent être commercialisés.

a. Déterminer, à l'aide de la calculatrice, la valeur de y, arrondie au millième, telle que $P\left(\dfrac{Y-\mu_B}{85} \leqslant y\right) = 0{,}007\,4$.

b. En déduire la valeur de μ_B arrondie à l'unité.

2. La probabilité qu'un foie gras de canard hinny ne puisse pas être commercialisé est 0,0078 et la probabilité pour que son poids soit compris entre 300 et 550 grammes est 0,477.

a. On admet que :

$$P\left(\frac{Z-\mu_H}{\sigma_H} \leqslant -2,42\right)=0,007\,8 \text{ et } P\left(-2,42 \leqslant \frac{Z-\mu_H}{\sigma_H} \leqslant -0,04\right)=0,477.$$

Montrer que μ_H et σ_H vérifient le système suivant : $\begin{cases}\mu_H = 300+2,42\sigma_H\\ \mu_H = 550+0,04\sigma_H\end{cases}$

b. En déduire les valeurs de μ_H et de σ_H arrondies à l'unité.

DÉMARRONS ENSEMBLE

PARTIE A

1. Utilisez la calculatrice. → **Fiche 67**

2. b. Remarquez que $P(X \leqslant 700) = P(X < 607) + P(607 \leqslant X \leqslant 700)$.

3. Utilisez la calculatrice. → **Fiche 67**

PARTIE B

1. a. Utilisez la définition de la loi normale $\mathcal{N}(\mu,\sigma^2)$. → **Fiche 65**

2. a. Faites le lien entre l'énoncé et les probabilités données.

CORRIGÉ

PARTIE A Utiliser la calculatrice dans le cadre de la loi normale

1. Utiliser la calculatrice

À l'aide de la calculatrice : $P(500 \leqslant X \leqslant 650) \approx 0,476$.

2. Utiliser une propriété de la loi normale

a. X suit la loi normale d'espérance 607, donc $P(X < 607) = 0,5$.

b. On calcule $P(X \leqslant 700)$ en remarquant que :

$P(X \leqslant 700) = P(X < 607) + P(607 \leqslant X \leqslant 700)$.

À l'aide de la calculatrice : $P(607 \leqslant X \leqslant 700) \approx 0,295$.

Ainsi $P(X \leqslant 700) \approx 0,795$.

La probabilité qu'un foie gras de canard mulard pèse moins de 700 grammes est environ 0,795.

Pensez aux propriétés de la loi normale.
→ Fiche 66

3. Utiliser la calculatrice

À l'aide de la calculatrice, la valeur de x, arrondie à l'unité, telle que $P(X \leqslant x) = 0,85$ est 724.

Un foie gras de canard mulard a une probabilité d'environ 0,85 de peser moins de 724 g.

PARTIE B Déterminer les valeurs de μ et de σ

1. Déterminer l'espérance d'une loi normale

→ Fiche 65

a. Par définition, la variable aléatoire $\frac{Y-\mu_B}{85}$ suit la loi normale centrée réduite. À l'aide de la calculatrice, la valeur de y, arrondie au millième, telle que $P\left(\frac{Y-\mu_B}{85} \leqslant y\right) = 0{,}007\,4$ est $-2{,}437$.

b. 0,74 % des foie gras de canard de Barbarie ne peuvent être commercialisés, donc $P(Y \leqslant 300) = 0{,}007\,4$.

Or $Y \leqslant 300 \Leftrightarrow Y - \mu_B \leqslant 300 - \mu_B \Leftrightarrow \frac{Y-\mu_B}{85} \leqslant \frac{300-\mu_B}{85}$.

On en déduit que $P\left(\frac{Y-\mu_B}{85} \leqslant \frac{300-\mu_B}{85}\right) = 0{,}007\,4$ et en identifiant : $\frac{300-\mu_B}{85} = y$.

D'après **a.**, $y \approx -2{,}437$ d'où $\frac{300-\mu_B}{85} \approx -2{,}437$, puis

$\mu_B \approx 2{,}437 \times 85 + 300$ et finalement $\mu_B \approx 507$.

2. Déterminer l'espérance et l'écart type d'une loi normale

a. La probabilité qu'un foie gras de canard hinny ne puisse être commercialisé est 0,0078, ce qui signife que $P(Z \leqslant 300) = 0{,}007\,8$.

Or $Z \leqslant 300 \Leftrightarrow Z - \mu_H \leqslant 300 - \mu_H \Leftrightarrow \frac{Z-\mu_H}{\sigma_H} \leqslant \frac{300-\mu_H}{\sigma_H}$.

Ainsi : $P\left(\frac{Z-\mu_H}{\sigma_H} \leqslant \frac{300-\mu_H}{\sigma_H}\right) = 0{,}007\,8$.

Or $P\left(\frac{Z-\mu_H}{\sigma_H} \leqslant -2{,}42\right) = 0{,}007\,8$. En identifiant : $\frac{300-\mu_H}{\sigma_H} = -2{,}42$ [1].

La probabilité pour que le poids d'un foie gras de canard hinny soit compris entre 300 et 550 grammes est 0,477, donc $P(300 \leqslant Z \leqslant 550) = 0{,}477$.

Par les même calculs que précédemment :

$300 \leqslant Z \leqslant 550 \Leftrightarrow \frac{300-\mu_H}{\sigma_H} \leqslant \frac{Z-\mu_H}{\sigma_H} \leqslant \frac{550-\mu_H}{\sigma_H}$.

Or $P\left(-2{,}42 \leqslant \frac{Z-\mu_H}{\sigma_H} \leqslant -0{,}04\right) = 0{,}477$, donc $\frac{550-\mu_H}{\sigma_H} = -0{,}04$ [2].

[1] et [2] donnent le système :

$$\begin{cases} 300-\mu_H = -2{,}42\sigma_H \\ 550-\mu_H = -0{,}04\sigma_H \end{cases} \Leftrightarrow \begin{cases} \mu_H = 300 + 2{,}42\sigma_H \\ \mu_H = 550 + 0{,}04\sigma_H \end{cases}$$ que l'on notera (S).

→ Fiche 13

b. On résout le système (S) :

$$(S) \Leftrightarrow \begin{cases} \mu_H = 300 + 2{,}42\sigma_H \\ 300 + 2{,}42\sigma_H = 550 + 0{,}04\sigma_H \end{cases} \Leftrightarrow \begin{cases} \mu_H = 300 + 2{,}42\sigma_H \\ 2{,}38\sigma_H = 250 \end{cases}.$$

Ainsi : $\sigma_H = \dfrac{250}{2{,}38} \approx 105$ et en remplaçant : $\mu_H = 300 + 2{,}42 \times \dfrac{250}{2{,}38} \approx 554$.

SUJET 44 | Intervalles de fluctuation et de confiance

DURÉE 40 MIN

→ **Fiche 65** Découvrir la loi normale
→ **Fiche 68** Connaître l'intervalle de fluctuation asymptotique au seuil de 95 %
→ **Fiche 69** Utiliser un intervalle de confiance

PARTIE A Restitution organisée de connaissances

On admet le théorème de Moivre-Laplace :

Si X_n suit la loi binomiale de paramètres n et p, et si a et b sont deux réels tels que $a < b$, alors $\lim\limits_{n \to +\infty} P\left(a \leqslant \dfrac{X_n - np}{\sqrt{np(1-p)}} \leqslant b\right) = \int_a^b f(t)\,dt$ où f est la fonction de densité de la loi normale $\mathcal{N}(0,1)$.

Soit X_n une variable aléatoire suivant la loi binomiale de paramètres n et p.

Soit $\alpha \in \left]0\,;1\right[$.

On admet qu'il existe un unique réel positif u_α tel que $\int_{-u_\alpha}^{u_\alpha} f(t)\mathrm{d}t = 1 - \alpha$.

On note $I_n = \left[p - u_\alpha \dfrac{\sqrt{p(1-p)}}{\sqrt{n}}\ ;\ p + u_\alpha \dfrac{\sqrt{p(1-p)}}{\sqrt{n}}\right]$.

1. Démontrer que $P\left(\dfrac{X_n}{n} \in I_n\right) = P\left(-u_\alpha \leqslant \dfrac{X_n - np}{\sqrt{np(1-p)}} \leqslant u_\alpha\right)$.

2. Démontrer que $\lim\limits_{n \to +\infty} P\left(\dfrac{X_n}{n} \in I_n\right) = 1 - \alpha$.

PARTIE B Utilisation d'intervalles de fluctuation

On appellera « maigre » une personne dont l'indice de masse corporel est strictement inférieur à 18,5. On admet que, parmi les Français âgés de 18 à 25 ans, la proportion de « maigres » est 0,118.

1. a. Calculer l'intervalle de fluctuation asymptotique au seuil de 95 % de la proportion de « maigres » sur un échantillon de 120 Français âgés de 18 à 25 ans. *On arrondira les bornes de l'intervalle au millième.*

b. Dans un échantillon de 120 étudiants français âgés de 18 à 25 ans, on a compté 9 « maigres ». Cet échantillon est-il représentatif de la population pour ce caractère ?

2. Dans une école de danse, parmi les élèves âgés de 18 à 25 ans, la proportion de « maigres » est de 0,21. Des chercheurs ont conclu que cette proportion n'était pas représentative de la population française. Déterminer le nombre minimum d'élèves de 18 à 25 ans dans cette école.

PARTIE C Utilisation d'intervalles de confiance

Dans une faculté, 250 étudiants préparent un concours. Faute de place, certains étudiants, choisis au hasard, ont suivi les cours par visioconférence. Les résultats obtenus sont donnés dans le tableau ci-dessous.

Réussite au concours	Cours en visioconférence	Cours avec un professeur	Total
Oui	13	44	57
Non	99	94	193
Total	112	138	250

1. Calculer l'intervalle de confiance au seuil de 95 % de la proportion de réussite au concours pour chaque méthode d'apprentissage. *On arrondira les bornes des intervalles au millième.*

2. Peut-on en conclure au seuil de 95 % qu'une des deux méthodes d'apprentissage est meilleure ?

DÉMARRONS ENSEMBLE

PARTIE A

1. Raisonnez par équivalences successives sur les inéquations.

2. Appliquez le théorème de Moivre-Laplace. → **Fiche 65**

PARTIE B

1. a. Appliquez la formule. → **Fiche 68**

2. Exprimez la borne supérieure de l'intervalle de fluctuation en fonction de n puis résolvez une inéquation. → **Fiche 68**

PARTIE C

1. Appliquez la formule. → **Fiche 69**

2. Comparez les intervalles. → **Fiche 69**

CORRIGÉ

PARTIE A Restitution organisée de connaissances

1. Travailler par équivalences sur des inégalités

On raisonne par équivalences :

$$\frac{X_n}{n} \in I_n \Leftrightarrow p - u_\alpha \frac{\sqrt{p(1-p)}}{\sqrt{n}} \leqslant \frac{X_n}{n} \leqslant p + u_\alpha \frac{\sqrt{p(1-p)}}{\sqrt{n}}$$

$$\frac{X_n}{n} \in I_n \Leftrightarrow -u_\alpha \frac{\sqrt{p(1-p)}}{\sqrt{n}} \leqslant \frac{X_n}{n} - p \leqslant u_\alpha \frac{\sqrt{p(1-p)}}{\sqrt{n}}$$

$$\frac{X_n}{n} \in I_n \Leftrightarrow -u_\alpha \frac{\sqrt{p(1-p)}}{\sqrt{n}} \leqslant \frac{X_n - np}{n} \leqslant u_\alpha \frac{\sqrt{p(1-p)}}{\sqrt{n}}$$

$$\frac{X_n}{n} \in I_n \Leftrightarrow -u_\alpha \leqslant \frac{X_n - np}{n} \times \frac{\sqrt{n}}{\sqrt{p(1-p)}} \leqslant u_\alpha$$

$$\frac{X_n}{n} \in I_n \Leftrightarrow -u_\alpha \leqslant \frac{X_n - np}{\sqrt{np(1-p)}} \leqslant u_\alpha .$$

2. Appliquer le théorème de Moivre-Laplace

Comme $-u_\alpha < u_\alpha$, d'après le théorème de Moivre-Laplace :

$$\lim_{n\to+\infty} P\left(-u_\alpha \leqslant \frac{X_n - np}{\sqrt{np(1-p)}} \leqslant u_\alpha\right) = \int_{-u_\alpha}^{u_\alpha} f(t)\mathrm{d}t = 1-\alpha.$$

Par définition du réel strictement positif u_α.

D'après la question **1.**, on a donc $\lim_{n\to+\infty} P\left(\frac{X_n}{n} \in I_n\right) = 1-\alpha$.

PARTIE B Utilisation d'intervalles de fluctuation

1. Calculer et utiliser un intervalle de fluctuation asymptotique

→ Fiche 68

a. Par définition de l'intervalle de fluctuation asymptotique au seuil de 95 % pour une proportion de 0,118 et un échantillon de taille 120 :

$$\left[0{,}118 - 1{,}96\frac{\sqrt{0{,}118 \times 0{,}882}}{\sqrt{120}} \; ; \; 0{,}118 + 1{,}96\frac{\sqrt{0{,}118 \times 0{,}882}}{\sqrt{120}}\right] \approx [0{,}060 ; 0{,}176].$$

b. On calcule la proportion de « maigres » parmi les étudiants : $\frac{9}{120} = 0{,}075$.

Comme $0{,}075 \in [0{,}060 ; 0{,}176]$, cet échantillon est représentatif de la population pour ce caractère.

2. Déterminer la taille minimum d'un échantillon

Il faut et il suffit que la borne supérieure de l'intervalle de fluctuation asymptotique soit inférieur à 0,21. On résout donc l'inéquation suivante :

$$(I) \Leftrightarrow 0{,}118+1{,}96\frac{\sqrt{0{,}118\times 0{,}882}}{\sqrt{n}}<0{,}21$$

$$(I) \Leftrightarrow 1{,}96\frac{\sqrt{0{,}118\times 0{,}882}}{\sqrt{n}}<0{,}092$$

$$(I) \Leftrightarrow \frac{1}{\sqrt{n}}<\frac{0{,}092}{1{,}96\sqrt{0{,}118\times 0{,}882}}$$

$$(I) \Leftrightarrow \sqrt{n}>\frac{1{,}96\sqrt{0{,}118\times 0{,}882}}{0{,}092}$$

$$(I) \Leftrightarrow n>\frac{1{,}96^2\times 0{,}118\times 0{,}882}{0{,}092^2}.$$

Comme $\frac{1{,}96^2\times 0{,}118\times 0{,}882}{0{,}092^2}\approx 47{,}2$, le nombre minimum d'élèves dans cet école est 48.

PARTIE C Utilisation d'intervalles de confiance

1. Déterminer un intervalle de confiance au seuil de 95 %

Par définition de l'intervalle de confiance au seuil de 95 % pour les élèves ayant suivi les cours en visioconférence :

→ Fiche 69

$$I_V=\left[\frac{13}{112}-\frac{1}{\sqrt{112}};\frac{13}{112}+\frac{1}{\sqrt{112}}\right]\approx[0{,}022;0{,}211].$$

De même, pour les élèves ayant suivi les cours avec un professeur :

$$I_P=\left[\frac{44}{138}-\frac{1}{\sqrt{138}};\frac{44}{138}+\frac{1}{\sqrt{138}}\right]\approx[0{,}234;0{,}404].$$

2. Exploiter des intervalles de confiance

Les intervalles de confiance précédents n'ayant pas d'intersection commune, on peut comparer les deux méthodes et conclure que l'apprentissage avec le professeur donne de meilleurs résultats !

Index

L

M, N

P

R

S

T

V

Achevé d'imprimer par BONA à Turin - Italie
Dépôt légal : 96258-5/01- juin 2012